AF252831

PHYSIQUE QUALITATIVE

Où l'on répond à la question

QU'EST-CE QUE L'ÉLECTRICITÉ?

ET A D'AUTRES

PAR

Charles DUGUET

ANCIEN CAPITAINE D'ARTILLERIE

BERGER-LEVRAULT & Cie, LIBRAIRES-ÉDITEURS

PARIS | NANCY

5, RUE DES BEAUX-ARTS | MÊME MAISON

1889

PHYSIQUE QUALITATIVE

NANCY, IMPRIMERIE BERGER-LEVRAULT ET Cie.

A

LA MÉMOIRE DE MON PÈRE

DU MÊME AUTEUR

Déformation des corps solides. Limite d'élasticité et résistance à la rupture. Première partie. Statique spéciale. Chez Gauthier-Villars, 55, quai des Augustins, Paris.

Déformation des corps solides. Limite d'élasticité et résistance à la rupture. Deuxième partie. Statique générale. Chez Berger-Levrault et Cie, Nancy et Paris.

PHYSIQUE QUALITATIVE

Où l'on répond à la question

QU'EST-CE QUE L'ÉLECTRICITÉ?

ET A D'AUTRES

PAR

Charles DUGUET

ANCIEN CAPITAINE D'ARTILLERIE

BERGER-LEVRAULT & Cie, LIBRAIRES-ÉDITEURS

PARIS | NANCY

5, RUE DES BEAUX-ARTS | MÊME MAISON

1889

INTRODUCTION

« Il ne s'est rien fait de rien. — L'univers est l'agrégat de la matière et du vide. — Le destin n'est autre chose que l'universalité des causes ou des activités propres des atomes.

« On ne conçoit ni formation, ni résolution sans idée de composition ; et l'on n'a point d'idée de composition sans admettre des particules simples, primitives, constituantes. Ce sont ces particules que nous nommons *atomes*. — Les atomes ont des qualités spécifiques qui les différencient : grandeur, figure, pesanteur et celles qui en dérivent. Il ne faut pas mettre au nombre de celles-ci le froid, le chaud et d'autres semblables ; ce serait confondre des qualités immuables avec des effets momentanés. — C'est par la différence des atomes que s'expliquent la plupart des phénomènes. — L'atome est la cause première par qui tout est et la matière première dont tout est.

« L'atome est actif essentiellement et par lui-même. Cette activité est une énergie intrinsèque de la matière, qu'il faut regarder comme la conservation du mouvement dans la nature. Elle descend de l'atome à l'élément, de l'élément au composé. — Toute activité produit ou le *mouvement* ou la *tendance*. — Les vicissitudes des composés ne sont que des *modes de mouvement* et des suites de l'activité essentielle des atomes qui les constituent.

« Les qualités propres des atomes ne sont pas en grand nombre ; elles suffisent cependant pour l'infinie variété des qualités des composés. De la séparation des atomes plus ou moins grande naissent le dense, le rare, l'opaque, le transparent ; c'est de là qu'il faut déduire encore la fluidité, la liquidité, la dureté... »

(*Philosophie d'Épicure,* restaurée en 1649 par Gassendi. — Diderot, *Encyclopédie.*)

« Démocrite a imaginé des petits corps qui avaient diverses figures, grandeurs et mouvements, par les divers mélanges desquels tous les corps sensibles étaient composés ('). — Toutes les variétés qui sont en la matière dépendent du mouvement de ses parties. — Tout ce qui est dans les objets que nous appelons lumière, couleurs, odeurs, goûts, sons, chaleur ou froideur et leurs autres qualités qui se sentent par l'attouchement, et ainsi ce que nous appelons leurs formes substantielles, n'est en eux autre chose que les diverses figures, situations, grandeurs et mouvements de leurs parties, qui sont tellement disposées qu'elles peuvent mouvoir nos nerfs en toutes les diverses façons qui sont requises pour exciter en notre âme tous les divers sentiments qu'ils y excitent...

« Il est certain que les corps sensibles sont composés de parties insensibles... Et c'est beaucoup mieux philosopher de juger de ce qui arrive à ces petits corps par l'exemple de ce que nous voyons arriver en ceux que nous sentons et de rendre raison par ce moyen de tout ce qui est dans la nature, que, pour rendre raison des mêmes choses, en in-

---

1. Descartes rejette la philosophie de Démocrite et d'Épicure parce qu'elle suppose ces petits corps indivisibles, pesants et séparés par des espaces vides. Les raisons qu'il donne montrent combien le cerveau de ce fondateur d'un nouveau régime intellectuel était encore sous l'empire de l'ancien régime théologico-métaphysique. « Il faut que deux corps s'entre-touchent lorsqu'il n'y a rien entre eux, parce qu'il y aurait contradiction que deux corps fussent éloignés, c'est-à-dire qu'il y eût de la distance de l'un à l'autre et que néanmoins cette distance ne fût rien. — Moi, je nie qu'il y ait de la pesanteur en aucun corps, en tant qu'il est considéré seul, parce que c'est une qualité qui dépend du mutuel rapport que plusieurs corps ont les uns aux autres. — Dieu n'a pu se priver soi-même du pouvoir qu'il a de diviser la matière, à cause qu'il n'est pas possible qu'il diminue sa toute-puissance... Nous dirons donc que la plus petite partie étendue qui puisse être au monde peut toujours être divisée, parce qu'elle est telle de sa nature. » (Descartes, *Principes.*)

venter je ne sais quelles autres qui n'ont aucun rapport avec celles que nous sentons... chacune de ces qualités pouvant plus difficilement être connue que toutes les choses qu'on prétend expliquer par leur moyen.

« Je ne reconnais aucune différence entre les machines que font les artisans et les divers corps que la nature seule compose... Il est certain que toutes les règles des mécaniques appartiennent à la physique, en sorte que toutes les choses qui sont artificielles sont avec cela naturelles. »

(Descartes, *Principes de la philosophie*. 1644.)

« Au fond, les qualités secondes ou sensibles ne sont autre chose dans les objets que la puissance de produire en nous diverses sensations, par la modification de leurs qualités premières, c'est-à-dire de la grosseur, figure, contexture et du mouvement de leurs parties élémentaires, imperceptibles...

« Le doux, le bleu, le chaud dans l'idée n'est autre chose dans les corps auxquels on donne ces noms qu'une certaine grosseur, figure et mouvement des particules insensibles dont ils sont composés...

« La sensation du chaud et du froid n'est autre chose que l'augmentation ou la diminution du mouvement des petites parties de notre corps, causées par les corpuscules de quelque autre corps... »

(Locke, *L'Entendement*. 1690.)

« D'une façon générale, il est exact de dire que tout dépend de la matière et du mouvement, et nous revenons ainsi à la vraie philosophie, déjà professée par Galilée, lequel ne voyait dans la nature que mouvement et matière, ou modification simple de celle-ci par transposition des parties ou diversité du mouvement. Ainsi disparaît cette légion de fluides et de forces abstraites qui à tout propos étaient introduits pour expliquer chaque fait particulier. » (Secchi, *Unité des forces physiques*. 1860.)

« Les petites particules des corps n'ont-elles pas certaines vertus ou forces par où elles agissent à certaine distance les unes sur les autres pour produire la plupart des phénomènes de la nature? Car c'est une chose connue que des corps agissent les uns sur les autres par les attractions de la Gravité, du Magnétisme et de l'Électricité ; et de ces exemples qui nous indiquent le cours ordinaire de la nature, on peut inférer qu'il n'est pas hors d'apparence qu'il ne puisse y avoir encore d'autres puissances attractives, la nature étant très conforme à elle-même..... Les attractions de la Gravité, du Magnétisme et de l'Électricité s'étendent jusqu'à des distances fort sensibles ; il peut y avoir d'autres attractions qui s'étendent à de si petites distances qu'elles ont échappé jusqu'ici à nos observations ; et peut-être que l'attraction électrique peut s'étendre à ces sortes de petites distances, sans même être excitée par le frottement...

« Pour moi, j'aime mieux conclure de la Cohésion des corps, que leurs particules s'attirent mutuellement par une force qui, dans le contact immédiat, est extrêmement puissante ; qui, à de petites distances, produit les opérations chimiques, et qui ne s'étend pas fort loin de ces particules par quelque effet sensible... Sur ce pied-là, la nature se trouvera très simple et très conforme à elle-même, produisant tous les grands mouvements des corps célestes par l'attraction d'une pesanteur réciproque entre ces corps ; et presque tous les petits mouvements de leurs particules, par quelques autres puissances attractives et repoussantes, réciproques entre ces particules...

« Je n'emploie ici le mot d'*Attraction* que pour signifier en général une force quelconque, par laquelle les corps tendent réciproquement les uns vers les autres, quelle qu'en soit la cause. »   (Newton, *Optique*. 1700.)

« C'est un phénomène constant dans la nature et dont la généralité a été bien établie par Boerhaave, que lorsqu'on échauffe un corps, il augmente de dimensions dans tous les sens. — L'écartement des molécules par la chaleur est une loi générale et constante de la Nature. Et par le refroidissement les molécules se rapprochent les unes des autres. Mais comme nous sommes bien éloignés de pouvoir obtenir un degré de froid absolu, il en résulte que nous n'avons pas encore pu parvenir à rapprocher le plus qu'il est possible les molécules d'aucun corps, et que par conséquent les molécules d'aucun corps ne se touchent dans la nature ; conclusion très singulière et à laquelle cependant il est impossible de se refuser.

« Les molécules des corps peuvent être considérées comme obéissant à deux forces, l'une répulsive, l'autre attractive, entre lesquelles elles sont en équilibre.

« Dans le travail que nous avons fait en commun, M. de Morveau, M. Bertholet, M. de Fourcroy et moi, sur la réforme du langage chimique... nous avons désigné la cause de la chaleur par le nom de *calorique*. Indépendamment de ce que cette expression remplit notre objet dans le système que nous avons adopté, elle a encore un autre avantage, c'est de pouvoir s'adapter à toutes sortes d'opinions ; puisque, rigoureusement parlant, nous ne sommes pas même obligés de supposer que le calorique soit une matière réelle : il suffit que ce soit une cause répulsive quelconque qui écarte les molécules de la matière, et on peut ainsi en envisager les effets d'une manière abstraite et mathématique. »

(Lavoisier, *Chimie*. 1793[1].)

---

1. « Les diverses affections de la matière, chaleur, lumière, électricité, magnétisme, affinité chimique et mouvement, sont corrélatives ou sont dans la dépendance mutuelle et réciproque l'une de l'autre ; aucune d'elles dans un sens absolu, ne peut être dite la cause essentielle des autres ; mais chacune d'elles peut produire toutes les autres ou se convertir en elles. » Le sage Grove sort malgré lui de sa prudente réserve ; il dit, un peu plus loin : « Je suis très fortement enclin à croire que les diverses affections de la matière sont et seront finalement résolues en mode de mouvement. »

(Grove, *Corrélation des forces physiques*. 1848.)

Le fait des *variations de volume* est la base positive, expérimentale, de la doctrine épicurienne qui fait des objets un agrégat de corpuscules séparés par des *vides*.

Les *combinaisons en proportions définies* résultent, non de la pénétration des substances, mais de la juxtaposition d'éléments chimiques, d'atomes ayant un poids fini, déterminé (Dalton, 1808); contrairement à la loi de continuité de Leibnitz : « la nature ne fait pas de saut. » C'est par sauts que la nature passe d'un corps simple à un autre corps simple, d'un composé défini à un autre composé; de l'oxygène à l'hydrogène, de l'oxyde de carbone au gaz carbonique.

Sans attacher un sens rigoureux à l'étymologie, nous regardons comme invariables la masse, la forme, les dimensions des atomes. Ce qui ne veut pas dire qu'ils le sont réellement, absolument; mais seulement que, dans les théories physiques, on peut faire abstraction des déformations atomiques. Qu'un cerveau maladif voie, si cela lui convient, dans les atomes des mondes habités; les habitants des atomes n'auront pas plus d'influence sur les phénomènes physiques que les habitants de la lune sur le branle des astres.

Les formes cristallines et, en général, les propriétés physiques et physiologiques sont liées à la forme et à la disposition des corpuscules. Les faibles variations d'angle qui différencient les formes cristallines des corps ayant des formules chimiques semblables, montrent que la disposition de la molécule a, en certaines circonstances et à certain point de vue, plus d'importance que la substance chimique de quelques-uns des atomes qui la composent, (Mitscherlich, 1818.)

Tous les corps susceptibles de manifester, dans certaines conditions, les mêmes propriétés chimiques, sont formés d'*atomes* identiques. Les objets qui, dans l'état actuel, particulier, où ils se trouvent, manifestent les mêmes propriétés physiques et chimiques, sont formés de *molécules* identiques.

Les molécules des corps composés sont formées d'atomes différents; les molécules des corps simples sont formées d'un atome ou de plusieurs atomes identiques.

La *composition chimique* dépend de l'espèce et de la position relative des atomes; l'*état physique* des corps simples ou composés dépend de la composition, de la forme, de la structure, des positions relatives et des mouvements des molécules. Par état physique il faut entendre non seulement les trois états classiques : *solide, liquide, gaz;* mais aussi les différents états que prennent les corps *polymorphes*, l'*état radiant* de Crookes, les *solides-liquides* de l'espèce des *bulles*, et tous les divers états mécaniques, calorifiques, électriques, magnétiques et lumineux.

« C'est, ce me semble, faire grand tort au raisonnement humain de ne vouloir pas qu'il aille plus loin que les yeux.

« Touchant les choses que nos sens n'aperçoivent point, il suffit d'expliquer comment elles peuvent être. — Et je croirai avoir assez fait si les causes que j'ai expliquées sont telles que tous les effets qu'elles peuvent produire se trouvent semblables à ceux que nous voyons dans le monde, sans m'informer si c'est par elles ou par d'autres qu'ils sont

produits. Même je crois qu'il est aussi utile pour la vie de connaître des causes ainsi imaginées que si l'on avait la connaissance des vraies... Et Aristote n'a jamais prétendu rien faire de plus que cela, car il dit lui-même au commencement du septième chapitre du premier livre des *Météores* : « Pour ce qui est des choses qui ne sont pas ma-
« nifestes aux sens, il pense les démontrer suffisamment
« et autant qu'on peut désirer avec raison, s'il fait seule-
« ment voir qu'elles peuvent être telles qu'il les explique. »

(Descartes, Principes.)

« Toute la difficulté de la philosophie paraît consister à trouver, par les phénomènes que nous connaissons, les forces qu'emploie la nature.

« Je ne dissimule pas l'hypothèse. »

(Newton, Principes mathématiques de philosophie na-
turelle. 1686.)

« En supposant même que l'existence du calorique fût une hypothèse, on verra dans la suite qu'elle explique d'une manière très heureuse les phénomènes de la nature. »

(Lavoisier, Chimie.)

« Il y a dans la nature de nombreuses opérations qui échappent aux yeux du corps et qui doivent prendre une figure devant les yeux de l'esprit. »

(Tyndall, La Matière et la Force. 1862.)

« C'est cependant encore une question de savoir si Épicure a jamais présenté ces principes comme des assertions ob-jectives. Si, par hasard, ils n'avaient été pour lui que des maximes de l'usage spéculatif de la raison, il aurait mon-tré en cela un esprit plus véritablement philosophique qu'aucun des philosophes de l'antiquité. »

(Kant, Critique de la raison pure. 1781.)

« Il faut en tout cas former l'hypothèse la plus simple et la plus sympathique que comporte l'ensemble des renseignements à représenter.

« La conception corpusculaire, irrévocablement réduite à un simple artifice logique, ne convient qu'à la physique... où son office est vraiment indispensable. »

(Auguste Comte, *Politique et Philosophie positives*. 1851.)

Que l'on considère avec Comte l'emploi des molécules et des atomes comme un procédé logique analogue à l'artifice des infiniment petits en mathématiques ; que l'on admette, avec d'autres philosophes, que l'épreuve ultime de la vérité, que la raison suffisante d'une proposition est l'inconcevabilité de sa négative, et que l'on regarde en conséquence les corpuscules comme ayant une existence réelle ; que la théorie moléculaire soit prise pour expression de la réalité ou, plus positivement, comme une hypothèse servant à relier les faits ; que les atomes et molécules soient ou non regardés comme des êtres de raison : ces éléments doivent, en tout cas, être conçus comme des corps et non comme des points matériels ; comme des *corps*, mais non comme des *objets*. Quelqu'un espère-t-il encore voir des molécules ; les voir avec leurs mouvements rapides à travers les lentilles du microscope, formées elles-mêmes de molécules ?

Les corpuscules sont des êtres subjectifs, conventionnels, que l'on peut douer de telles propriétés, de tels mouvements que l'on jugera utiles ; c'est ainsi, du moins, que je l'entends. Toute hypothèse de cette espèce, résultat du rapprochement des phénomènes observés et de l'imagination, est permise si elle n'est contredite par aucun fait nettement constaté ; elle est utile si elle rattache à la théorie corpusculaire des faits qui jusqu'alors en étaient restés indépendants.

La planète Neptune n'eût-elle jamais été vue, fût-elle un astre purement fictif : sa grandiose conception n'en eût pas moins remis de l'ordre dans les perturbations et rendu de grands services à l'astronomie. Personne n'a vu la figure du ferment rabique ; et Pasteur guérit la rage en cultivant ce microbe hypothétique, peut-être absolument fictif.

« Que si toute cette matière était parfaitement et constamment homogène ; je veux dire si toutes ces parties n'avaient qu'une seule propriété et ne pouvaient en acquérir aucune autre par le mouvement : on peut juger qu'il ne s'établirait entre ces diverses parties que des rapports purement mécaniques ou de situation.

« Mais si, au contraire, la matière est douée de plusieurs propriétés différentes ; si de plus elle est susceptible d'en acquérir un grand nombre d'autres entièrement nouvelles, par l'effet des combinaisons postérieures que le mouvement doit toujours amener ; de là naîtront nécessairement des phénomènes aussi réguliers qu'innombrables ; et la nature des mouvements, ainsi que les propriétés de la matière elle-même, étant une fois déterminées, on voit clairement que tous les phénomènes doivent être produits et s'enchaîner dans un certain ordre, par une nécessité non moins puissante que celle qui force un corps grave à suivre les lois de la pesanteur. »

(Cabanis, *Rapports du physique et du moral*. 1800.)

« Les propriétés des corps ne résultent pas seulement de la nature et des proportions de la matière, mais encore de l'arrangement de cette matière. En outre, il arrive, comme on sait, que les propriétés qui apparaissent et disparaissent dans la synthèse et dans l'analyse ne peuvent pas être considérées comme une simple addition ou une pure soustraction des corps composants. C'est ainsi, par exemple, que les propriétés de l'oxygène et de l'hydrogène ne nous rendent pas compte des propriétés de l'eau, qui résulte cependant de leur combinaison.

(Claude Bernard, *Introduction à la médecine expérimentale*. 1865.)

Les scolastiques distinguaient la figure, disposition des parties extérieures, et la forme ou disposition des parties intérieures. Tous les philosophes épicuriens distinguent les qualités premières ou élémentaires, des qualités secondes ou sensibles. Sans cette distinction l'atome n'aurait aucune utilité.

L'atome est incolore ; il n'émet pas d'odeur ;
Il ignore le chaud, le froid et la tiédeur.
(*Lucrèce*. Trad. André Lefèvre.)

Les corpuscules ont certaines propriétés des objets, mais non toutes ; l'élasticité, la liquidité, la température, par exemple, qui résultent des actions réciproques des éléments, n'appartiennent pas à l'atome lui-même.

Les propriétés des objets peuvent être divisées en propriétés spéciales aux différents états physiques et en propriétés générales ; et dans celles-ci il faut distinguer les propriétés communes aux atomes et aux objets, telles que la forme, la pesanteur, des qualités particulières aux objets :

<table>
<tr><td rowspan="3">Propriétés générales des objets.</td><td>Propriétés communes aux objets et aux atomes.</td><td>Matière, substance ou espèce chimique.
Forme (grandeur, volume, masse, ellipsoïde d'inertie).
Position (situation et orientation).
Forces (attraction et répulsion, centrale et polaire, pesanteur, forces électriques, magnétiques, affinité, cohésion).</td></tr>
<tr><td>Propriétés particulières aux objets.</td><td>Chaleur et température.
Électricité franklinique.
Courant voltaïque.
Magnétisme.
Lumière. Radiations.
Élasticité. Vibrations.
Odeur et goût.</td></tr>
<tr><td>Propriétés spéciales aux divers états physiques.</td><td>État radiant.
Gaz. — Expansibilité. Diffusion. Condensation. Vaporisation.
Liquides. — Liquidité ou mobilité. Diffusion. Fusion. Dissolution.
Liquide-solides. — Contractilité superficielle des liquides, des bulles et nappes. Mouiller. Capillarité. Hygrométrie. Osmose.
Adhérence. Collage. Solidification. Frottement.
Solides. — Cristallisation. Clivage. Feuilleté. Cohésion. Résistance. Élasticité. Limite d'élasticité. Déformations permanentes. — Polymorphisme. Colloïdes. Cristalloïdes. (Cristallites[1].)
Corps à grande surface. — Poudres. Fils. Membranes. Corps poreux.</td></tr>
</table>

Les propriétés des objets sont corrélatives ; les actions chimiques produisent de la chaleur, de l'électricité ; la chaleur et l'électricité produisent des actions

______

1. Cristallites : formes bizarres qu'on aperçoit, sous de très forts grossissements, dans les éclats polis de matières vitreuses, silicates, soufre..... On les regarde comme des cristaux rudimentaires, des embryons de cristaux, des intermédiaires entre l'état cristallisé et l'état amorphe. En réalité, leurs figures se rapprochent plus de celles des microbes, des spicules d'éponges, que de la forme polyédrique des microlithes, cristaux microscopiques spécifiés. Si l'on songe que beaucoup de microbes ne sont vus qu'à des grossissements énormes, grâce à des éclairages spéciaux et au moyen de certaines colorations électives, on sera persuadé qu'un grand nombre de *corps figurés* nous échappent dans les solides transparents.

chimiques; dans certaines conditions, les variations de
température déterminent un courant électrique; le courant voltaïque produit un peu d'électricité statique et
inversement. Les propriétés des atomes ne sont pas
toutes indépendantes les unes des autres. La forme,
la rotation des atomes déterminent peut-être l'espèce
chimique. Et si la pesanteur est universelle, indépendante de la matière, de la forme, des mouvements de
l'ensemble ou des parties, il n'en est pas de même des
forces d'où résultent l'affinité, la cohésion, l'élasticité,
le magnétisme et presque toutes les propriétés des
objets.

C'est un axiome physique que tout *dépend* de la
matière et du mouvement.

« L'Univers, ce vaste assemblage de tout ce qui existe,
ne nous offre partout que de la matière et du mouvement. »

(D'Holbac, *Système de la nature.*)

La moderne théorie de la chaleur a donné une nouvelle vigueur et comme un cachet de réalité aux spé-
culations épicuriennes. Les molécules sont animées de
mouvements divers, et la perte de forces vives du
grand Carnot n'est plus qu'une transformation de la
force vive d'ensemble des objets en travaux de toute
sorte et en force vive corpusculaire, qu'une transformation d'énergie externe en chaleur ou énergie interne. Depuis Mayer (1842), on admet comme un
dogme l'*équivalence mécanique de la chaleur*, c'est-à-
dire la proportionnalité entre les nombres qui expri-
ment certaines forces vives et l'expression numérique

de la chaleur correspondante ; proportionnalité constatée dans des circonstances nombreuses et diverses.

Dire aussi absolument que dans la nature il n'y a que de la matière et du mouvement, c'est à peu près comme si l'on disait que dans les *Principes de Philosophie naturelle*, dans le *Cid*, dans l'*Ouverture du Tannhäuser*, il n'y a que du blanc et du noir ; c'est ne voir partout, comme Hamlet, que des mots, des notes, des lettres. Il y a cela et autre chose. Les propriétés des objets diffèrent autant des propriétés des corpuscules que l'heure diffère de l'aiguille et des engrenages, que l'idée ou le sentiment de Newton, de Corneille, de Wagner, diffère des signes représentatifs. Comme les signes conventionnels, les atomes sont un langage, et comme tout noble langage, un moyen de penser plus encore que de communiquer.

Deux corps gravitent l'un vers l'autre ; il y a là de la *matière en mouvement*, mais il y a autre chose : la *propriété* qu'ont les corps de graviter l'un vers l'autre. Deux corps ont la propriété de s'attirer, comme d'autres ont la propriété de vivre, de dégager de la chaleur, de faire de l'eau ; on disait autrefois la *vertu*, mot qui n'a d'autre défaut que d'être pris pour une explication. La vertu est remplacée par la propriété, qui n'a rien d'occulte ou de mystérieux, n'étant absolument que l'expression d'un fait constaté ou franchement et nettement supposé. Nous voyons donc dans la nature, *de la matière en mouvement, douée de propriétés diverses*. Et l'on ne *déduira* jamais du choc des molécules, pourquoi la pomme tombe sur la terre et la terre sur le soleil, pourquoi, en se combinant, l'oxygène et l'hydrogène font de l'eau, pourquoi le charbon brûle, pourquoi une graine germe et vit, pourquoi l'homme pense et a le sentiment du devoir.

Et pourtant tout se tient. Partout nous découvrons des rapports entre les phénomènes les plus radicalement hétérogènes. Y a-t-il plus de différence entre la chaleur, la nutrition, l'électricité et les actions chimiques, qu'entre un solide et un liquide ? Chacun consent aujourd'hui que l'eau, la glace, la vapeur sont une même matière, formée des mêmes éléments différemment disposés et agités. Malgré quelques résistances, il y a tendance générale à considérer toutes les propriétés comme des manifestations de la matière; de cette matière une et diverse qu'on retrouve partout, dans les fluides comme dans les solides, chez les vivants comme chez les morts, dans les entrailles de la terre, dans les bolides et jusqu'en les étoiles extérieures à notre monde solaire. Tendance à chercher l'explication dans les *relations hypothétiques* entre les propriétés constatées des objets et les propriétés supposées des éléments. Tendance à chercher le *mécanisme* des choses; et personnellement nous n'avons pas d'autre but : relier les phénomènes en attribuant un mécanisme à chacun en faisant dépendre chaque fait de l'espèce, de la disposition, des mouvements et des forces corpusculaires. Imaginer un alphabet physique; exprimer tout avec quelques signes : un petit nombre d'atomes, animés de mouvements divers et exerçant entre eux des actions mécaniques.

Les grands phénomènes astronomiques, les marées, la pesanteur, sont ramenés à la gravitation élémen-

taire indépendante de l'orientation et du mouvement.
Les propriétés de l'aimant à la polarité des corpuscules. L'expansibilité et les lois simples des gaz à
l'indépendance d'éléments animés de grandes vitesses.
La transformation équivalente du travail en calories a
réduit la chaleur à une manifestation de la force vive
corpusculaire, indépendante de l'espèce de mouvement
des éléments, abstraction faite cependant de tous les
mouvements d'ensemble des corps objectivement invariables. L'hypothèse d'Avogadro sur la dualité des
molécules gazeuses résulte des lois de Gay-Lussac;
elle a exigé une induction plus profonde, et c'est
pour cela qu'on lui garde le nom d'hypothèse, quoiqu'elle soit aussi utile et partant aussi légitime que
d'autres hypothèses décorées du nom de principes.

Chercher le mécanisme de l'électricité, c'est vouloir
la représenter par un mode de mouvement. Or le caractère le plus net, le plus saillant de l'électricité statique, c'est l'existence sous deux formes opposées,
positive et négative, qui s'annulent en s'ajoutant. Si
donc l'électricité correspond à des mouvements corpusculaires, ces mouvements ont un sens; ayant un sens
ils sont continus; et s'ils sont continus, ce sont des
rotations. Ainsi, en supposant que l'électricité de frottement est un mode de mouvement corpusculaire, elle
correspond à des mouvements continus de rotation,
dont le sens détermine le signe. Les corps, les éléments
électrisés s'attirent ou se repoussent; d'où il résulte
que les corpuscules ont la propriété de s'attirer ou de
se repousser suivant le sens de leurs rotations relatives. Et les éléments des objets non électrisés, animés

d'oscillations tournantes, pourront s'attirer et se repousser alternativement.

Quant au courant électrique, à la température et autres propriétés, avant d'en chercher le mécanisme, il faut d'abord établir une théorie des états physiques, ramener la solidité, la liquidité elles-mêmes à des modes de mouvements définis. C'est ce que nous avons fait; après quoi nous pouvons dire d'une façon générale :

Tandis que la chaleur est indépendante de l'espèce de mouvement, la température des solides, comme celle des gaz, ne dépend que des translations corpusculaires. Le courant électrique est de la chaleur ordonnée en ligne; comme la transmission nerveuse, une suite de mouvements nutritifs en ordre linéaire. En un mot :

L'électricité c'est l'ordre dans les mouvements corpusculaires.

Dans la translation des objets, tous les éléments ont une composante commune, quels que soient d'ailleurs les mouvements intérieurs; et, en général, tout mouvement d'ensemble implique un ordre dans les mouvements des corpuscules. Ce n'est pas de cet ordre qu'il s'agit; l'électricité, comme la température, ne dépend en rien des mouvements d'ensemble des objets.

En dernière analyse, les moteurs industriels résultent d'une certaine ordonnance dans les mouvements corpusculaires : ordre naturel du vent, des cours d'eau; ordre artificiel des machines à gaz, mouvements calorifiques dirigés par un tube, arme à feu ou cylindre à vapeur. *L'électricité* comme nous l'entendons, est un nouveau moyen de domestiquer les mouvements corpusculaires en les mettant en *ordre*, un nouveau moyen d'ordonner la chaleur, destiné sans doute à un grand avenir industriel.

La Châtre, juin 1887.

DUGUET.

PHYSIQUE QUALITATIVE

PREMIÈRE PARTIE

THÉORIES STATIQUES SPÉCIALES

Où les éléments des corps sont considérés comme des quantités numériques (théorie arithmétique ou des proportions définies) ; comme des polyèdres infiniment petits (théories analytiques ou géométriques) ; comme des points matériels (théories mécaniques statiques).

---

1. — Principes généraux de la mécanique.

Point matériel. — Limite vers laquelle tend un corps indéfiniment condensé ; il n'a ni dimensions, ni forme, ni propriétés qui en dérivent. Son seul mouvement est la translation. C'est un corps, abstraction faite de ses dimensions, de sa forme, de sa rotation. Il a une masse ; il peut être pesant, magnétique, électrisé. Sa *vitesse* moyenne est le rapport de la longueur de la *trajectoire* au *temps* mis à la parcourir ; elle est généralement exprimée en mètres par seconde. Sa vitesse à une époque déterminée est la limite du rapport de l'arc de trajectoire au temps correspondant

$$v = \frac{ds}{dt}.$$

Son *accélération* (Galiléo, 1600) est la limite du rapport de la variation de vitesse au temps correspondant

$$j = \frac{dv}{dt} = \frac{d^2s}{dt^2}.$$

Son mouvement est accéléré ou retardé suivant que l'accélération est positive ou négative. Le signe de la vitesse indique le sens conventionnel du mouvement.

Le mouvement est uniforme lorsque la vitesse est constante, ou l'accélération nulle; il est uniformément accéléré ou retardé lorsque l'accélération est constante.

La vitesse et l'accélération de la projection d'un point sur un axe fixe sont égales à la projection de la vitesse et de l'accélération du point sur le même axe (Euler, 1760). (La vitesse et l'accélération étant représentées en grandeur, direction et sens par une droite.)

Inertie du point matériel (Képler, 1600). — Lorsqu'un point matériel se meut uniformément en ligne droite, il n'est sollicité par aucune *force*.

Lorsqu'un point matériel en repos se met en mouvement, il est soumis à l'action d'une *force*; la direction suivant laquelle *le point d'application* commence à se mouvoir est la *direction de la force*.

Indépendance des effets des forces appliquées à un point matériel (Galiléo). — Les mouvements relatifs des différents points d'un système ne sont pas altérés par la *translation* ou *circulation* du système, c'est-à-dire par un mouvement dans lequel tous les points décrivent des trajectoires, droites ou courbes, égales et parallèles.

Une force agit sur un point matériel en mouvement et sollicité par des forces quelconques, absolument comme si elle était seule et si le point était en repos.

Ce principe conduit immédiatement à la *composition, en une résultante, des forces appliquées à un point matériel*; à la proportionnalité des forces aux accélérations; à la condition d'*équilibre*, repos ou mouvement uniforme, correspondant à une résultante nulle.

Masse d'un point matériel. — Rapport de la force appliquée à l'accélération produite

$$F = m \cdot j = m \frac{dv}{dt} = m \frac{d^2s}{dt^2}.$$

La projection d'un point matériel sur un axe fixe se meut comme un point matériel de même masse, ayant pour vitesse la projection de la vitesse du point et soumis à l'action d'une force égale à la projection sur l'axe de la force qui sollicite actuellement le point mobile (Euler). (La force étant représentée en grandeur, direction et sens par une droite.) La projection d'un point en équilibre est en équilibre sous l'action des projections des forces.

Quantité de mouvement. — Produit de la masse par la vitesse ; elle a le sens et le signe de la vitesse et peut être représentée par une droite

$$m \cdot v.$$

Forces vives (Leibnitz). — Produit de la masse par le carré de la vitesse; toujours positive

$$m \cdot v^2.$$

Moment d'une force. Moment d'une quantité de mouvement, relativement à un axe. — Produit de la force ou de la quantité de mouvement par son *bras de levier*, plus courte distance à l'axe de la droite représentative. On dit aussi : *Moment autour d'un axe.*

Impulsion élémentaire d'une force. — Produit de l'intensité de la force par le temps infiniment petit pendant lequel elle agit

$$F \cdot dt.$$

Impulsion totale. — Somme des impulsions élémentaires pendant le temps considéré

$$\int_{t_0}^{t} F \cdot dt$$

Travail élémentaire d'une force (Jean Bernouilli). — Produit de la force (F) par la projection du déplacement élémentaire (ds) du point d'application sur la direction de la force

$$dT = F \cdot ds \cdot \cos (F \cdot ds).$$

Travail total. — Somme des travaux élémentaires pendant un déplacement fini

$$T = \int_{s_0}^{s} F \cdot ds \cdot \cos (F \cdot ds).$$

Le travail d'une résultante est égal à la somme des travaux des composantes. Le travail d'une force (F) appliquée à un point dont les coordonnées sont x, y, z, est égal à la somme des travaux des projections X, Y, Z de la force sur les axes, considérées comme appliquées aux projections du point

$$T = \int X dx + Y dy + Z dz.$$

Le travail total des forces appliquées à un corps ou système de points matériels s'exprime de la même manière (Varignon-Poncelet).

$$T = \Sigma \int X dx + Y dy + Z dz.$$

Égalité de l'action et de la réaction (Newton, 1687). — Si un point matériel M reçoit d'un autre point matériel M' une *action* f; réciproquement le point M' reçoit de M une action égale et contraire f' qu'on appelle la *réaction*. En un point géométrique de la surface de contact de deux corps A et B, l'action et la réaction sont deux forces appliquées à deux points matériels différents ; l'action est exercée par un point de A et appliquée à un point de B, la réaction est exercée par un point de B et appliquée à un point de A.

Ces principes ne se démontrent pas ; ce sont des définitions ou des inductions de l'observation générale des phénomènes naturels, particulièrement des phénomènes astronomiques. Leur exactitude est démontrée par la vérification des conséquences très diverses qui en découlent. Les grands principes suivants, au contraire, se démontrent ; ils résultent des précédents.

Principe du travail virtuel (Bernouilli-Lagrange). — Expression mathématique de l'adage ancien : « Ce qu'on gagne en force on le perd en vitesse », dont le principe du *levier* (Archimède, 250 av. J.-C.) est un cas particulier.

Dans un système de points matériels en équilibre : la somme des travaux virtuels de toutes les forces appliquées est nulle.

On appelle *Travail virtuel* le travail qui correspond à un déplacement quelconque du point d'application, abstraction faite de toute *réalité*.

Ce principe relie les *forces vives* aux *forces mortes*. On a cherché longtemps la *force des corps en mouvement*, question mal posée. Aujourd'hui la *force vive* n'est autre chose que le produit de la masse par le carré de la vitesse. Quant à la *force morte* que peut développer un projectile, elle dépend essentiellement de l'*obstacle*. Si le corps en mouvement est arrêté en un *temps* ou pendant un *trajet* très court, l'effort statique développé est énorme ; si l'arrêt est doux, au contraire, c'est-à-dire lent et long, les efforts sont minimes.

D'après le principe des travaux virtuels, Lagrange a réduit les conditions générales d'équilibre aux suivantes :

La somme des projections de toutes les forces sur un axe quelconque est nulle; la somme des moments de toutes les forces autour d'un axe quelconque est nulle dans tout système en équilibre (Lagrange, 1780).

Principe de d'Alembert (1750). — *Force d'inertie* d'un point matériel : Produit de la masse par l'accélération prise en sens contraire

$$- m\, \frac{d^2s}{dt^2}$$

Ses projections sur trois axes coordonnées sont :

$$- m\, \frac{d^2x}{dt^2} \qquad - m\, \frac{d^2y}{dt^2} \qquad - m\, \frac{d^2z}{dt^2}.$$

C'est une force purement fictive, une expression algébrique, seuls les sophistes discutent de sa réalité.

De la définition de la force d'inertie et de l'égalité entre l'action et la réaction, il résulte que tout point matériel serait en équilibre sous l'action simultanée des forces qui le mettent en mouvement et de la réaction dynamique ou force d'inertie.

Un système quelconque peut être considéré comme étant en équilibre, mathématique, virtuel, sous l'action de toutes les forces qui lui sont appliquées et des forces d'inertie de tous les points matériels. Tel est le grand principe qui ramène toute question dynamique à une question de statique.

Principe des mouvements relatifs (Coriolis-Poncelet). — Dans toute question de mécanique, on peut substituer au mouvement absolu, rapporté à des axes absolument fixes, un mouvement plus simple, relatif c'est-à-dire rapporté à des axes mobiles; pourvu que, après avoir attribué à chaque point du système la vitesse résultant de cette substitution, on adjoigne aux forces réellement appliquées, deux forces dites *apparentes :*

La première est égale à la force d'inertie du point considéré comme lié invariablement aux axes mobiles, comme *entraîné* uniquement par ces axes; c'est la *force d'inertie d'entraînement*. Elle est nulle lorsque le mouvement des axes est une translation rectiligne et uniforme.

La seconde, dite *force centrifuge composée* ou *force complémentaire*, est perpendiculaire à la vitesse relative (v_r) et à l'axe instantané de rotation (ω) des axes mobiles; elle a pour expression :

$$2m\omega v_r \sin(\omega, v_r)$$

elle est dirigée à gauche de la vitesse relative pour un observateur placé suivant l'axe instantané et regardant dans la direction de la vitesse relative. Elle est nulle : dans l'équilibre relatif $v_r = o$; quand le mouvement des axes est une translation $\omega = o$; quand la direction de l'axe instantané se confond avec celle de la vitesse relative $\sin(\omega, v_r) = o$. (*Cours de mécanique de Bour.*)

2. — Ce qu'il faut entendre par corps invariables. — Forces intérieures et forces extérieures. — Centre de gravité. — Couples.

Tout objet a des dimensions plus ou moins variables, se déforme plus ou moins suivant sa constitution physique et les circonstances. Lorsqu'on parle de forces appliquées à des solides *invariables*, les seuls que la mécanique connaisse, il faut entendre des corps, solides ou fluides, *abstraction faite de leurs déformations*; que les déformations elles-mêmes soient insignifiantes, ou que le corps soit considéré dans son état d'équilibre, après que les déformations, grandes ou petites, élastiques ou permanentes, ont été effectuées.

En ce qui concerne les déformations elles-mêmes des solides naturels, la liquidité, la fluidité des gaz, la méca-

nique ne peut être qu'auxiliaire; les propriétés physiques
ne sauraient se déduire des principes de la Mécanique rationnelle.

Au point de vue de l'équilibre et du mouvement, un
corps est regardé comme formé de points matériels exerçant entre eux des actions réciproques; un point a exerce
sur un autre point b une force f, inversement b exerce sur
a une force f' égale et directement opposée à f. Ces *paires*
de forces se nomment *forces intérieures*; elles sont appliquées à des points différents : f à a, f' à b; comme elles
sont égales et de sens inverses, la somme de leurs projections sur une droite quelconque est nulle, la somme de
leurs moments autour d'un axe quelconque est nulle.
Toutes les forces qui sollicitent un corps se divisent en
forces extérieures et *forces intérieures*. Le corps exerce des
réactions égales et opposées aux forces extérieures; mais
ces réactions sont appliquées aux corps extérieurs et non
au corps d'où elles émanent: Ainsi, un corps comprimé
par un poids, quelles que soient les déformations qui ont
précédé l'équilibre, réagit et exerce une poussée verticale,
de bas en haut, égale à la charge; cette réaction est appliquée au poids compresseur et n'entre en aucune façon dans
les conditions d'équilibre du corps comprimé.

Principe de Lagrange (1780). — Pour qu'un corps invariable (c'est-à-dire un corps réel, un objet, déformé et
non rompu) soit en équilibre, il faut et il suffit que les
sommes des *projections des forces extérieures* sur trois axes
de coordonnées non situés dans un même plan, et les
sommes des *moments des forces extérieures* autour de ces
trois axes, soient individuellement nulles.

D'après le principe de d'Alembert, les forces extérieures sont liées aux masses et aux accélérations des divers points d'un système quelconque en mouvement, par
les six équations de Lagrange dans lesquelles on fait entrer les projections et les moments des forces d'inertie.

Elles contiennent implicitement la solution de toutes les questions de mécanique.

Un système de forces appliquées à un corps invariable peut être remplacé par un autre système mécaniquement équivalent. On ne peut changer le système de forces appliquées à un corps naturel, sans changer en même temps les déformations; ce changement ne peut donc être opéré que dans le cas où les déformations sont insignifiantes et alors qu'aucune rupture n'est à craindre. Ainsi, le système FF_1 peut être remplacé par le système $F'F'_1$, mais à la condition expresse que la partie bc, aussi bien que la partie ab de la barre abc, puisse résister sans se rompre à l'effort de traction F (fig. 1).

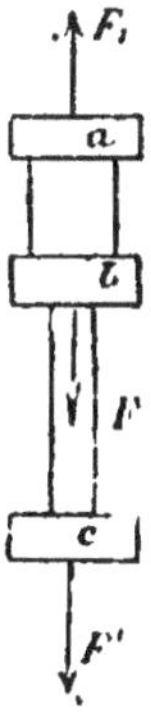

En général, une force peut être appliquée en un point quelconque de sa direction, cela ne change rien aux équations d'équilibre mécanique. Si aucune modification sensible n'est apportée à l'équilibre physique, cette transformation peut être opérée sur les forces qui sollicitent les corps naturels. A ce compte, des forces concourantes, appliquées à des points différents, peuvent être remplacées par une *résultante* fictive. Et aussi les forces parallèles et de même sens.

Fig. 1.

Le point d'application de la résultante de deux forces parallèles ne dépend en rien de la direction de ces forces; il partage la droite qui joint les points d'application des composantes en raison inverse de leurs intensités. De là résulte l'existence d'un *centre des forces parallèles, centre de gravité* ou d'*inertie,* point d'application de la résultante de forces parallèles, de direction quelconque, appliquées à un système de corps, ou du poids d'un corps, résultante des poids de tous les points matériels pesants qui le composent, quelle que soit l'orientation du corps relativement à la verticale.

Couple : *Système de deux forces parallèles, égales et de sens* *contraire.* — La somme des projections de ces deux forces sur une droite quelconque étant nulle, les couples ne figurent que dans les équations des moments.

Moment d'un couple : *Produit de l'intensité des forces par le bras de levier ou distance des droites qui représentent les forces.* — Au point de vue de l'équilibre mécanique, deux couples situés dans des plans parallèles et ayant des moments égaux sont équivalents. Et l'on peut, à volonté, changer la position d'un couple dans son plan ou dans des plans parallèles, et faire varier l'intensité des forces à condition de faire varier en même temps et en raison inverse le bras de levier.

Axe d'un couple : *Flèche perpendiculaire au plan du couple, ayant une longueur proportionnelle au moment du couple.* — Sans occuper une place déterminée dans l'espace, l'axe représente complètement le couple et tous les couples équivalents, à condition que le sens du couple soit conventionnellement indiqué par le sens de la flèche.

Des couples quelconques peuvent être ramenés à un bras de levier donné de grandeur et de position. Un nombre quelconque de couples peut être ainsi composé en un seul couple. L'axe du couple résultant est la résultante géométrique des axes des couples composants. (Poinsot.)

Une force F étant appliquée en un point quelconque M d'un solide, on peut appliquer en un autre point quelconque O deux forces de sens contraires F_1, F_2, égales et parallèles à F. Le système des trois forces F, F_1, F_2 (fig. 2) peut être regardé comme composé d'un couple $F - F_2$ et d'une force F_1 appliquée en O. On peut donc

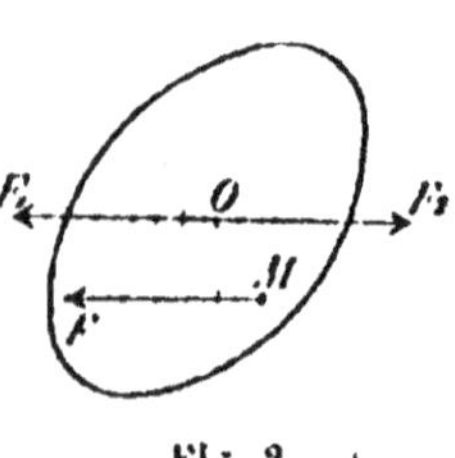

Fig. 2.

transporter une force parallèlement à elle-même en un point quelconque, à la condition de lui adjoindre un couple convenable. Ainsi toutes les forces appliquées en divers points d'un solide peuvent être transportées au centre de gravité et composées en une seule force ; les couples adjoints se composeront de même en un seul couple. Toutes les forces appliquées à un solide peuvent être ramenées à une force et à un couple. (Poinsot.)

3. — Forces élastiques.

Clairault. — Cauchy.

Toutes les parties, finies ou infiniment petites, d'un corps en équilibre sont individuellement en équilibre (Clairault, 1750). Sur ce principe reposent toutes les considérations relatives aux forces intérieures. On peut ainsi appliquer à une portion quelconque d'un corps en équilibre, considérée elle-même comme un corps invariable formé de points matériels, les conditions de Lagrange. On aura une solution logique, en ce sens que le problème sera mis en équation ; mais ce procédé ne conduit guère qu'à des solutions illusoires, dès qu'on s'écarte des abstractions pures. Il est bien préférable de substituer au *point matériel, l'élément solide géométrique* dont les différentes faces et la masse sont soumises à l'action de certaines forces. Si l'élément géométrique est infiniment petit, la force qui sollicite la masse, le poids par exemple, peut être regardée comme une force appliquée au centre de gravité, considéré lui-même comme un point matériel. Mais, tout autres sont les forces appliquées aux faces superficielles de l'élément, *forces élastiques* ou *pressions hydrostatiques.*

Soit AB (fig. 3) un corps déformé et finalement en équilibre sous l'action de deux forces égales et opposées F

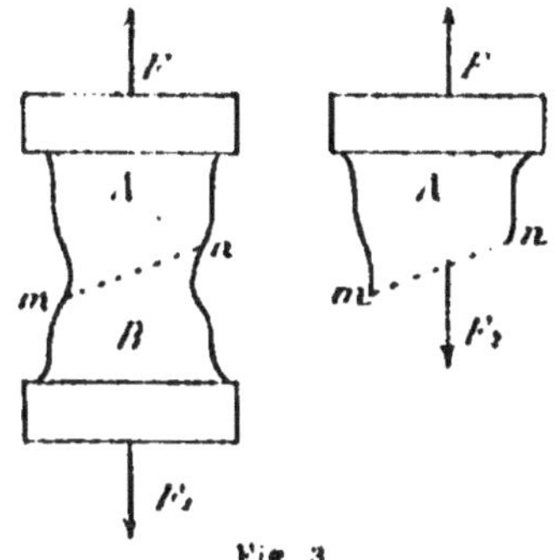

Fig. 3.

et F_1; et une surface géométrique *mn* divisant virtuellement l'objet en deux parties A et B. Considérée seule, la partie A est en équilibre sous l'action de F et d'une force opposée F_2, appliquée à la section *mn*. Cette force est la résultante géométrique fictive des *forces élastiques* développées par la traction FF_1 et agissant sur les éléments de la surface *mn*, en général dans des directions très diverses.

Une force de grandeur, direction et sens donnés, est complètement déterminée, si elle agit sur un point matériel, par la position de ce point d'application; une *force élastique* agit sur un élément de surface, déterminée de position et d'orientation, et non sur une masse condensée en un point. Force élastique appliquée ou développée en un point, est une expression qui n'a absolument aucune signification, si l'on ne dit pas sur quel élément plan agit, en ce point géométrique, la force en question.

Les forces élastiques totales qui sollicitent des éléments plans infiniment petits sont elles-mêmes infiniment petites; les *forces élastiques* proprement dites ont pour valeur la limite du rapport de la force à la superficie d'application, lorsque celle-ci diminue indéfiniment. Elles sont exprimées en kilogrammes par unité de surface. Dans les liquides, elles prennent le nom de *pressions hydrostatiques*.

Une force élastique peut, à un certain point de vue, être regardée comme appliquée au centre de l'élément superficiel sollicité; ce centre étant lui-même considéré comme un point matériel. Un élément solide à *n* faces sera ainsi formé de $n+1$ points matériels, centres de gravité des faces et du volume. Étant en équilibre après déformation, les forces qui le sollicitent doivent satisfaire aux six équations de Lagrange. Cette remarque est faite uniquement dans le but de montrer que les conditions générales d'équilibre sont applicables aussi bien aux forces élastiques qui sollicitent les surfaces qu'aux forces agissant sur les masses. Remarquons encore que, le volume étant infiniment petit d'ordre supérieur aux superficies des faces, les forces proportionnelles au volume, telles que les poids, disparaîtront à côté des forces élastiques.

Les forces élastiques appliquées à un même élément plan se composent comme les forces appliquées à un point matériel. *La résultante et les composantes élastiques agissent sur le même élément de surface.* Il serait absurde de composer des forces élastiques agissant au même point sur des éléments plans différents; ou du moins, la résultante ainsi obtenue ne serait pas, à proprement parler, une force élastique, n'étant pas appliquée à un élément plan déterminé. C'est ainsi qu'il faut entendre la résultante géométrique, fictive des forces élastiques agissant sur la section *mn* (fig. 3). F_2 n'est pas une force élastique, mais représente seulement la somme des projections longitudinales de toutes les forces élastiques sollicitant les divers éléments de la surface *mn* et qui fait équilibre à la force F.

Il importe de ne jamais confondre les divers éléments employés comme auxiliaires dans les diverses théories :

Le *point géométrique*, qui n'indique que la position.

Le *point matériel* qu'on doit se représenter comme une masse condensée en son centre de gravité.

Les *éléments géométriques*, linéaire, plan, solide, qui ont des dimensions infiniment petites.

Les *éléments physiques, atomes et molécules,* simples quantités numériques ou corps à dimensions finies mais extrêmement petites à côté de celles des objets pouvant avoir les qualités géométriques, mécaniques et quelques qualités physiques des objets.

Une force élastique est généralement une pression ou une tension oblique; elle peut se décomposer en deux : l'une *pression ou tension normale* (N) à l'élément superficiel sur lequel elle agit, l'autre *force tangentielle* ou de *glissement* (T) située dans le plan même de l'élément sollicité.

Les forces élastiques qui agissent sur les différentes

faces d'un élément cubique ABCDA′B′C′D′ (fig. 4) étant
décomposées, chacune, en trois forces parallèles aux arêtes
du cube, les conditions d'équilibre
conduisent aux résultats suivants :

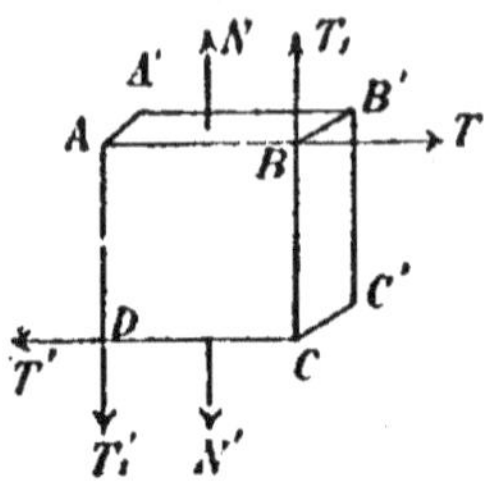

Fig. 4.

Les faces opposées ABA′B′,
CDC′D′ sont sollicitées normalement par des tensions ou des pressions égales, et par des forces tangentielles égales et parallèles. T
étant une force tangentielle dirigée
suivant AB et appliquée à l'élément ABA′B′, l'élément opposé
CDC′D′ est soumis à l'action de T′ dirigée suivant CD.
T et T′ forment un couple dont le moment est équilibré
par le moment d'un couple T,T,′ de sens contraire, appliqué aux faces ADA′D′ — BCB′C′. Ainsi se complète
la notion de forces intérieures :

Le point matériel n'a qu'un équilibre de translation;
l'élément géométrique doit être en équilibre de translation et de rotation. Les forces qui le sollicitent se composent de *paires de forces intérieures,* égales et opposées, et
de *paires de couples intérieurs* ayant des moments égaux et
de sens contraires.

Les relations remarquables entre les forces élastiques
agissant sur tous les éléments plans qui passent en un
même point géométrique, se déduisent de l'équilibre de
l'élément tétraédrique, à la fois le plus simple et le plus
compréhensif des solides (Cauchy). Le sommet du tétraèdre étant pris pour origine, les trois faces rectangulaires pour plans coordonnés, les composantes des forces
élastiques agissant sur ces faces et sur la base seront lié.s
aux inclinaisons de la base et des forces par les six équations de Lagrange. L'élimination des angles qui déterminent l'orientation de la base, conduit aux résultats suivants :

En tout point d'un corps déformé en équilibre, il existe

trois éléments plans rectangulaires sollicités normalement par trois forces, pression ou traction, positive ou négative, dites *forces principales.*

Toute force élastique, développée en un point géométrique, est représentée en grandeur et direction par un rayon de l'*Ellipsoïde d'élasticité,* qui a pour axe les trois forces principales ($\pm a$, $\pm b$, $\pm c$) et dont l'équation rapportée à ces axes est :

$$\frac{x^2}{a^2} + \frac{y^2}{b^2} + \frac{z^2}{c^2} = 1.$$

Chaque force agit sur le plan conjugué de sa propre direction, dans la surface du second degré :

$$\frac{x^2}{a} \pm \frac{y^2}{b} \pm \frac{z^2}{c} = \pm 1$$

qui a pour axes les racines carrées des forces principales. Cette surface est un ellipsoïde si les forces principales développées au point considéré sont trois tractions ou trois pressions. Dans le cas où il y a développement de tractions principales dans certaines directions et de pressions dans des directions perpendiculaires, l'équation précédente représente l'ensemble de deux hyperboloïdes ayant un cône asymptotique

$$\frac{x^2}{a} \pm \frac{y^2}{b} \pm \frac{z^2}{c} = 0.$$

Ce cône se nomme *cône des forces tangentielles* ou *cône de glissement,* parce qu toute force élastique dirigée suivant une de ses génératrices est une force tangentielle; elle agit sur le plan conjugué, c'est-à-dire sur le plan tangent qui la contient.

En certains points, une, deux ou les trois forces principales peuvent être nulles. A la surface libre, la force élastique est égale à la pression atmosphérique. Si cette pression est nulle ou négligeable, l'une des forces principales est nulle; les deux autres sont situées dans le plan tangent à la surface au point considéré et agissent sur deux plans normaux entre eux et à la surface libre.

Les *surfaces de niveau* ou *sections principales* sont des surfaces sollicitées normalement en tous leurs points; par chaque point passent trois surfaces de niveau orthogonales.

Suivant une arête saillante, il n'y a qu'une seule force principale tangente à l'arête.

Les considérations précédentes ne s'appliquent pas au cas d'une arête rentrante, par la raison qu'elles sont basées sur l'équilibre du tétraèdre élémentaire et qu'il n'y a pas de tétraèdre possible dans un rentrant.

4. — Résistance à la rupture. — Cassure. — Cohésion.

La *rupture* est un fait physique qui ne peut être prévu par la mécanique. Les théories de la rupture doivent avoir un but unique : rassembler les faits observés, de manière à prévoir ceux qui se passeront dans des circonstances analogues. Il est utile de le rappeler; car, dans ces questions, la mécanique est d'un si grand secours, qu'on oublie facilement la base physique.

Force de rupture : *Force élastique qui sollicite un élément de cassure à l'instant où la rupture se produit.* — L'expérience montre que les cassures sont généralement obliques aux forces de rupture([1]).

Un prisme en métal raide ABA′B′ (fig. 5) se rompt sous une charge $p \times$ AB, suivant un plan CD incliné à 50° sur les bases. La force de rupture qui sollicitait la section CD est une force élastique oblique

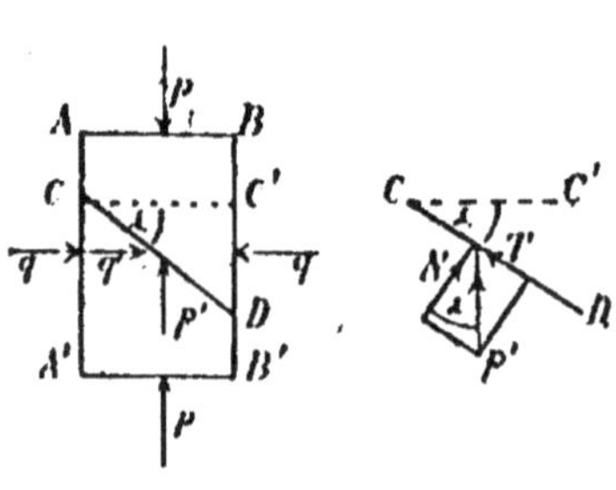

Fig. 5.

$$p' = \frac{p \cdot \text{AB}}{\text{CD}} = p \cdot \cos \alpha$$

1. Duguet, *Déformation des corps solides.* 2ᵉ partie. Chez Berger-Levrault et Cᵉ.

dont la composante normale est $N = p' \cos\alpha = p \cdot \cos^2\alpha$ et la composante tangentielle

$$T = p' \sin\alpha = p \cos\alpha \sin\alpha = \frac{p}{2} \sin \cdot 2\alpha.$$

Si le prisme était en même temps pressé sur ses faces latérales AA′, BB′, la section CD serait soumise à l'action simultanée de deux forces p' et q'; la force de rupture serait leur résultante. Sa grandeur et son inclinaison dépendraient de l'intensité des deux forces principales p et q.

En général, la rupture se produit en un point, lorsque la force de rupture atteint une certaine valeur qui dépend de son inclinaison sur l'élément plan qu'elle sollicite. T et N étant les deux composantes de rupture, il y aura rupture lorsque la composante tangentielle d'une des forces élastiques développées sera égale à la *résistance au glissement* G_1 *sous pression ou traction normale* $\pm$ N.

G_1 est une fonction de N

$$G_1 = F(N).$$

Les conditions de rupture seront donc

$$T = G_1 \qquad \text{ou} \qquad T = F(N).$$

L'hypothèse de la linéarité de la fonction $F(N)$

$$G_1 = G \pm fN$$

explique bien les différents phénomènes de la rupture des métaux homogènes. L'équation de rupture est ainsi :

$$T = G \pm fN \qquad \text{ou} \qquad T \mp fN = G$$

Pour $N = o$, $T = G$ représente la *résistance au simple glissement* qui se déduit avec une grande exactitude des expériences de torsion des cylindres de révolution.

G est une constante; la cassure se produira donc suivant les éléments pour lesquels $(T \mp fN)$ est maximum. T et N, étant exprimés en fonction des forces principales développées au point considéré et de leurs inclinaisons sur l'élément de cassure, on trouve que le *maximum de* $(T \mp fN)$ a lieu pour deux éléments passant par une des forces principales et inclinés à $\left(45 \mp \dfrac{\varphi}{2}\right)$ sur les deux autres·

$$\text{tg·}\varphi = f.$$

La mesure de l'inclinaison des cassures ou indirectement le rapport des résistances dans quelques cas simples, montre que φ et f sont constants, et sensiblement égaux à l'angle et au coefficient de *frottement*; pour les métaux $\varphi = 10°$ $f = \text{tg·}10°$.

Lorsque les trois forces principales sont des pressions peu différentes l'une de l'autre, il n'y a pas de rupture possible quelle que soit leur intensité. Lorsque la cassure se produit sous l'action de trois tractions principales peu différentes, elle a lieu sensiblement par écartement normal, alors $T = o$ $fN = G$ $N = \dfrac{G}{f} = \dfrac{G}{\text{tg·}10°}$ représente la *cohésion* par unité de surface, très différente de la *ténacité* ou résistance d'une barre à la traction longitudinale $L = 2G\,\text{tg}\left(45 - \dfrac{\varphi}{2}\right) = 2G \cdot \text{tg}\,40°$. Une barre d'acier ayant pour résistance à la simple traction longitudinale ou ténacité 75 kg. par millimètre carré, ce qui correspond à 45 kg. de résistance au simple glissement, aurait environ 265 kg. de cohésion par millimètre carré.

Les cassures par glissement sous pression ou traction sont des surfaces lisses et brillantes, qui se présentent soit en grandes surfaces, soit en paillettes, en grains brillants. On peut, à volonté, en faisant varier la forme de l'éprouvette ou le genre de rupture, faire apparaître soit des grains, soit des grandes surfaces lisses. Les grains ne préexistent pas en général dans la masse ayant la rupture; ils ne constituent pas une cristallisation; les grains ne sont qu'une forme de cassure. Toutes différentes sont les cassures par traction des agglomérés, pierres, fontes grises:

les grains sont alors simplement séparés ; ils peuvent être eux-mêmes rompus dans certaines ruptures par pression.

Les résistances sont considérablement diminuées à la suite de déformations produites alternativement dans un sens et en sens contraire, lorsque ces déformations sont grandes, ou petites mais souvent répétées. C'est en cela que consiste l'*énervement*, qu'on produit en pliant et dépliant alternativement un fil métallique, ou en martelant un prisme successivement sur ses différentes faces.

5. — Limite d'élasticité. — Écrouissage.

Lorsqu'un corps, après avoir été soumis à l'action d'un système de forces, conserve une *déformation permanente*, c'est-à-dire une déformation qui persiste après que les forces ont cessé d'agir, la *limite d'élasticité* a été dépassée. Cette limite est exprimée en grandeur par l'intensité des plus petites forces capables de produire une déformation permanente; elle dépend de la substance, de la forme du corps et du mode d'application des efforts. Limite d'élasticité de traction, de compression; moment limite d'élasticité de torsion, de flexion..... En général, les déformations permanentes ne se produisent que dans certaines zones du corps déformé.

En raisonnant comme dans la théorie de la rupture, on arrive à ce résultat : la limite d'élasticité est dépassée en un point, lorsque pour un élément plan passant en ce point, le *maximum* $(T \mp f'N)$ est supérieur à la *limite d'élasticité de simple glissement* G, déterminée par les expériences de torsion simple. On déduit de là une relation entre les *forces principales limites* identique à celle qui relie les *forces principales de rupture*. D'après le rapport des limites d'élasticité de glissement et de traction simple $f' = f$.

Un cube élémentaire étant sollicité normalement sur ses faces par trois paires de forces principales A, B, C :

sera déformé d'une façon permanente, si $B = o$ $C = o$ lorsque $A = L$ limite d'élasticité de simple traction, ou $A = P$ limite de simple compression.

Lorsque $C = o$ et $A = -B$, tel est le cas de la torsion des cylindres de révolution, les éléments plans passant par les rayons, et inclinés à $\pm 45°$ sur les sections droites sont, l'un pressé normalement, l'autre tiré par deux forces rectangulaires égales, A et B. Toutes les forces élastiques développées en un point, quels que soient leur sens et leur inclinaison, sont égales en intensité. La pression $-B$ et la traction principale $+A$ sont égales à la force tangentielle T qui sollicite les éléments de section droite. La limite d'élasticité de torsion sera donc dépassée pour $T = G$ limite de simple glissement, et par conséquent lorsque $A = -B = G$.

Il faut bien se garder de voir dans cette condition, l'expression de l'égalité des trois limites d'élasticité de traction, de compression et de glissement simples. La limite de traction A est égale à la limite de compression B, lorsque la traction exercée est constamment accompagnée d'une pression égale et perpendiculaire à sa direction ; mais ces limites, égales dans le cas où la traction et la compression agissent *simultanément*, sont très différentes entre elles et très différentes de la limite de glissement, lorsque la traction et la compression agissent *séparément* ou *successivement*.

Toutes les expériences de traction, flexion, torsion, etc., conduisent au résultat suivant :

Lorsqu'un corps a été déformé d'une façon permanente par un système d'efforts, la nouvelle limite d'élasticité du corps est égale à ce système d'efforts ; les mêmes forces appliquées de nouveau ne produisent pas de nouvelles déformations permanentes ; à condition que les premières aient agi pendant un temps assez long (Colonel Rosset). Ce principe est remarquablement illustré par la construction des canons de Reffye et Uchatius, qu'une déformation initiale produite sous la seule action d'une pression intérieure, empêche de se déformer pendant le tir normal.

La limite d'élasticité de traction longitudinale peut être considérablement augmentée par le martelage transversal ; c'est en cela que consiste l'*écrouissage*. Cette limite peut être également élevée soit par une traction longitudinale initiale A, soit par deux pressions transversales B, simultanées ou successives ; A et B étant dans le même rapport que les limites de traction et de compression simples, soit $\frac{A}{B} = 0,7$ pour les métaux.

6. — Déformations. — Densité. — Glissement. — Frottement.

Élasticité : *Propriété qu'ont les objets de se détendre en totalité ou en partie, lorsque les causes déformatrices cessent d'agir.* — Les *déformations* des solides sont complètement *élastiques*, ou en partie *permanentes*. Les déformations élastiques *élémentaires* des métaux sont toujours très petites et proportionnelles à l'intensité des efforts ; les déformations *totales* peuvent être très grandes quand l'objet a certaine forme appropriée au mode d'application des efforts ; le corps prend alors le nom de *ressort*.

Les déformations élastiques des *caoutchoucs*, des *gelées*, sont très grandes et ne varient pas proportionnellement aux efforts ; les déformations permanentes, relativement faibles disparaissent en général avec le temps. En sectionnant des rondelles de caoutchouc pendant la compression, afin d'observer les surfaces des sections après la détente, j'ai montré [1] que ces *grandes* déformations élastiques étaient, *au point de vue géométrique*, de même espèce que les *grandes* déformations permanentes des rondelles métalliques sectionnées avant l'application des efforts suivant le procédé Tresca.

---

1. Duguet, *Déformation des corps solides*, 1re partie. Chez Gauthier-Villars.

La *densité* de certains métaux, le bronze coulé par exemple, peut être sensiblement augmentée par la compression, le martelage; mais seulement jusqu'à une certaine limite. Cette limite atteinte, le métal n'est susceptible que de très petites variations *élastiques* de volume ou de densité, de variations qui s'évanouissent dans la détente. Dans les grandes déformations permanentes de ces métaux, le volume d'un élément solide quelconque peut être regardé comme constant et par suite les déformations comme résultant uniquement de *glissements*, quelle que soit d'ailleurs l'inclinaison des forces élastiques sur la surface des éléments considérés.

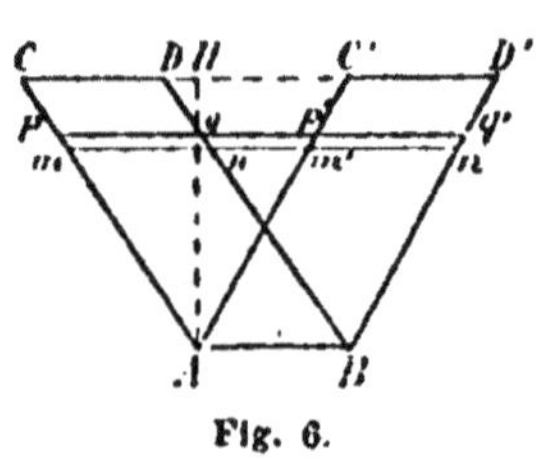
Fig. 6.

Le prisme ABCD (fig. 6) est transformé en un prisme ABC′D′ par un glissement parallèle à la surface AB; cette transformation dans laquelle la base AB et la hauteur AH demeurent constantes ne change pas le volume.

Réciproquement toute transformation d'un parallélipipède en un autre de même volume peut être ramenée à des glissements parallèles aux faces.

Les bases AB, CD sont en général sollicitées par des forces obliques, ou simultanément par des *forces de glissement* et des forces normales; mais, en même temps, les faces latérales sont sollicitées par d'autres forces. C'est sous l'action de toutes ces forces que le volume reste constant.

Dans le *glissement*, chaque élément plan *pq* n'éprouve, relativement à l'élément infiniment voisin *mn*, qu'un déplacement infiniment petit; la grandeur du glissement γ est exprimée par la limite du rapport du déplacement relatif à la distance des éléments. Dans la torsion simple ce glissement élémentaire est constant en tous les points d'une génératrice, égal au rapport du déplacement fini

DD′ du développement de la section droite à la distance finie AH de deux sections AB, CD.

$$\gamma = \frac{DD'}{AH}.$$

Il faut bien distinguer ce *glissement* [1] du déplacement fini que peuvent éprouver deux corps en contact, et qui porte le même nom. Ce déplacement tangentiel fini donne naissance à une force, une résistance tangentielle, le *frottement*, toujours opposée au sens du mouvement.

Dans le *frottement*, différentes parties de la surface d'un corps sont successivement en contact avec la même partie de la surface d'un autre corps. Dans le *roulement*, les parties superficielles en contact changent constamment à la fois dans les deux corps; il n'y a pas alors de frottement, mais une *résistance au roulement* résultant des déformations produites au voisinage du contact.

Un corps pesant O (fig. 7) placé sur un plan incliné, ne descend que si l'inclinaison α sur l'horizon est assez grande pour que la composante tangentielle T soit supérieure au frottement opposé F. Cette résistance est, pour deux corps donnés, proportionnelle à la pression normale.

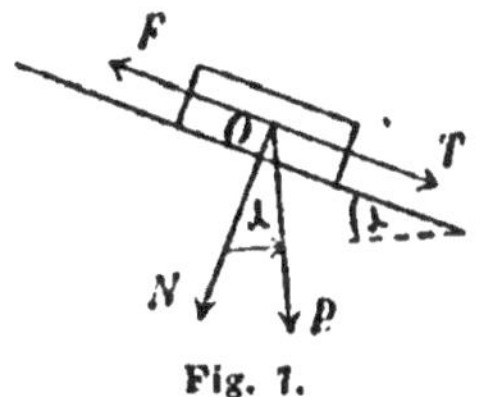

Fig. 7.

$$F = fN \quad T > F \quad T > fN \quad f < \frac{T}{N} = \operatorname{tg}\alpha \quad f = \operatorname{tg}\varphi \quad \alpha > \varphi.$$

---

1. Si dans un cristal de spath d'Islande on enfonce, perpendiculairement à l'arête AH, la lame d'un couteau, on produit une entaille BB′cd; et le solide Aab Bcd est transformé en A′ab B′cd. A part l'entaille, il n'y a aucune rupture: toutes les faces restent parfaitement lisses; il n'y a qu'un glissement parallèle à BA.

Cette expérience de Reush et Baumhauer est remarquable à plus d'un titre : c'est le seul cas que je connaisse de *déformation permanente d'un cristal*, et aussi le seul cas de *simple glissement rectiligne*.

Les phénomènes désignés sous le nom de cisaillement sont beaucoup plus compliqués.

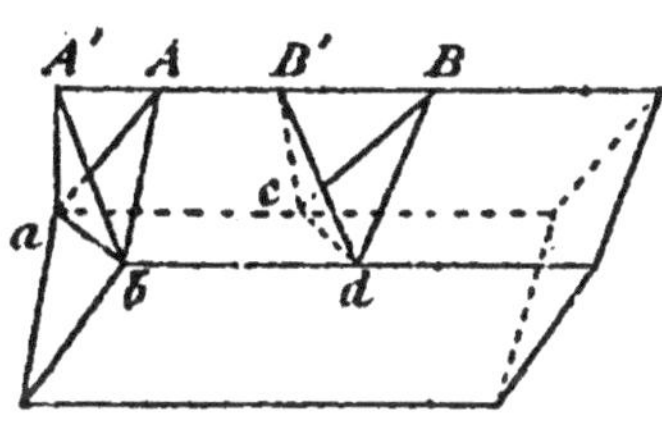

Fig. 6 bis.

Le mouvement a lieu pour une inclinaison α supérieure à l'*angle de frottement* φ ; $f = \mathrm{tg}\,\varphi$ se nomme le *coefficient de frottement*.

Lorsque les éléments *mn*, *pq* (fig. 6) éprouvent un déplacement relatif fini, il y a *rupture*. La *force de rupture* qui sollicitait l'élément de cassure *mn*, a des composantes liées entre elles par la relation :

$$T = G \pm fN$$

la rupture a lieu lorsque la composante tangentielle est égale à la résistance au simple glissement G augmentée ou diminuée de frottement $\pm fN$, suivant que la composante normale est une pression ou une traction.

Dans la traction ou la compression longitudinale des prismes, les déformations sont simples tant qu'elles sont très petites; la forme prismatique se conserve; les forces élastiques se réduisent, en chaque point, à une même traction ou compression, unique force principale; l'effort total est uniformément réparti sur les sections droites. Dès que les déformations deviennent un peu grandes, qu'elles soient d'ailleurs permanentes comme celles des métaux doux, ou élastiques comme celle du caoutchouc, les choses se compliquent. Certaines parties sont plus déformées que d'autres, la tige étirée ne reste pas prismatique et s'étrangle en fuseau, le cylindre comprimé se gonfle en tonneau symétrique s'il est court, se courbe en S s'il est long. Alors le développement des forces élastiques devient très complexe; en un point donné, il y a généralement trois forces principales, dont les directions, signes et intensités varient d'un point à l'autre.

La flexion élastique des barres métalliques, courbure produite sous l'action de forces transversales, peut être considérée comme une déformation simple, en ce sens qu'en chaque point il n'y a qu'une force principale développée, tension dans les parties devenues convexes, compression dans les parties devenues concaves; entre les deux existe une couche neutre où il n'y a ni déformation,

ni développement de forces élastiques. La déformation
élastique de l'ensemble peut être très grande, mais celles
des éléments sont toujours très petites. Le phénomène se
complique dès que les déformations élémentaires deviennent considérables.

Dans un cylindre creux, tel qu'un canon, une presse
hydraulique, légère-
ment déformée sous
l'action d'une pres-
sion intérieure, tout
élément solide limité
par des surfaces pa-
rallèles à l'âme, des
méridiens et des sec-

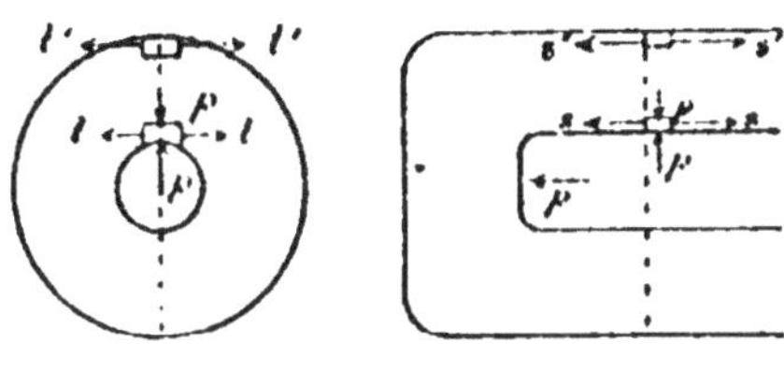

Fig. 8.

tions droites, est sollicité par une pression suivant le rayon,
une tension normale au méridien, une tension parallèle à
l'axe. A la surface intérieure la force principale est égale
à la pression hydrostatique du fluide ; à l'extérieure elle est
égale à la pression atmosphérique généralement négligeable. C'est sur l'étude de ces forces qu'est basé le calcul de
la construction, et particulièrement du frettage des canons.

La torsion élastique ou permanente d'une barre ronde
autour de son axe est toujours
simple ; les sections droites restent planes, les rayons restent
droits. Chaque section tourne
relativement à une autre d'un
angle proportionnel à la distance
qui les sépare. Tout élément
de section droite ab (fig. 9) est
sollicité uniquement par une
force de glissement (g). Pour
que l'élément $aba'b'$ soit en équilibre, il faut que les éléments
du méridien $a'a$ — $b'b$ soient

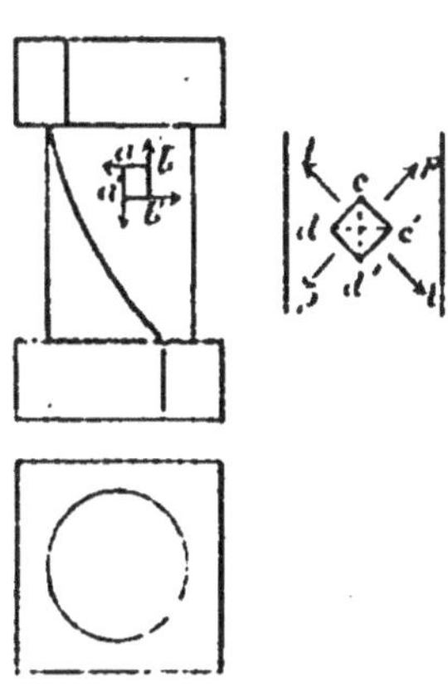

Fig. 9.

sollicités par un couple de forces tangentielles faisant

équilibre au couple des forces $ba - a'b'$. L'élément $cdc'd'$ a ses faces inclinées à 45° sur les méridiens, sollicitées : $dc - d'c'$ par des tractions normales (t), $cc' - dd'$ par des compressions normales (p). Cette traction et cette pression principales sont égales entre elles, et égales aux forces de glissement (g) qui sollicitent les plans diagonaux $cd' - dc'$. L'ellipsoïde d'élasticité est une circonférence.

La déformation du ressort hélicoïdal ou à boudin présente un intérêt spécial. Elle est excessivement compliquée ; on peut la considérer comme composée d'une torsion et d'une flexion, auxquelles il faut encore ajouter une traction ou compression et un glissement sur l'ensemble de la section droite.

Les déformations dépendent en général de toutes les forces élastiques, ou des trois forces principales dévoloppées au point considéré ; efforts et déformations sont en relations mutuelles. A chaque déformation correspondent des forces élastiques déterminées ; mais *les forces élastiques ne suffisent pas à déterminer la déformation*. Les développements de forces élastiques peuvent être identiques, comme il arrive dans un cylindre creux épais soumis à l'action d'une pression intérieure et dans une barre ronde tordue, et les déformations élémentaires et d'ensemble être très différentes.

Fig. 10. — OAMBCD. Courbes des allongements relatifs d'une barre de métal doux en fonction des efforts de traction longitudinale.

$i = Mf$ allongement total ou allongement p. 100 correspondant à l'effort $f = Of$ de traction total, ou rapporté au millimètre carré de section droite.

Si l'effort Of cesse d'agir, la barre se détend de mf et conserve un allongement permanent Mm.

[$i = Mf = Mm + mf$ [Mm allongement permanent mf allongement élastique.

$fM' = mM$ LM' courbe des allongements permanents.
$L = OL$ limite d'élasticité.   AL allongement élastique
maximum sans allongement permanent.

$$\frac{AL}{OL} = E \text{ coefficient d'élasticité.}$$

OAm droite représentant les allongements élastiques, en
deçà et au delà de la limite d'élasticité. La barre métallique ayant subi un allongement initial Mf sous l'action
d'une traction Of, a pour nouvelle limite d'élasticité Of;
la courbe des allongements de cette barre, ainsi écrouie,
se composera de la droite Om, et de la courbe MBCD
abaissée de Mm.

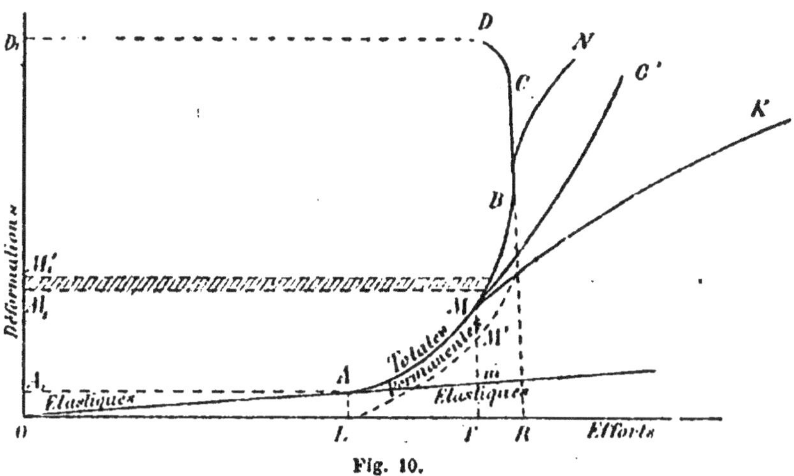

Fig. 10.

Les allongements de RB en RC se produisent sous
l'effort maximum constant OR, qui représente la *ténacité*
de la barre. Les allongements extrêmes de C jusqu'à la
rupture D se produisent sous des efforts décroissants;
c'est la période des grandes déformations transversales;
de C en D la barre *file*, si elle porte une charge constante.

La superficie du rectangle infiniment petit MM$_1$M$_1'$
$= f.di$ est égale au travail élémentaire de la force $f = Of$,
correspondant à l'allongement $di = M_1M_1'$. La surface
OAMM$_1$ représente le travail total (*résistance vive* de Poncelet) nécessaire pour produire l'allongement $i = OM_1$.

Résistance vive de rupture : surface OABDD$_1$.

Résistance vive élastique :

$$\text{surface OAA}_1 = \frac{1}{2}\text{AA}_1 \times \text{OA}_1 = \frac{1}{2}\text{L.AL} = \frac{1}{2}\text{EL}^2.$$

OAMBCD est la courbe la plus générale ou plutôt la plus complète, en ce sens qu'il suffit d'en retrancher une portion plus ou moins grande, à partir de D, pour avoir la forme relative aux allongements d'une barre quelconque. Les parties DC, CB peuvent manquer complètement; BA peut être plus ou moins réduit. Une barre d'acier à outil trempé se brise sans prendre de déformations permanentes; la charge de rupture se confond avec la limite élastique; la courbe se réduit à la droite OA. Toute courbe d'allongement en fonction des efforts est représentée par OABCD, dont les différentes parties sont plus ou moins dilatées ou atrophiées.

Ces courbes sont empiriques; elles se rapportent non au métal, à la substance, mais seulement à des éprouvettes identiques à celles qui ont servi à leur détermination. Sauf pour les déformations assez petites, les allongements relatifs varient beaucoup avec les dimensions de l'éprouvette; cela résulte de ce que les grandes déformations ne sont pas uniformément réparties sur la longueur et se développent surtout dans le *fuseau.*

Si les efforts étaient rapportés, non à la section initiale, mais à chaque instant à la section minima actuelle, la courbe de traction aurait pour forme OAMC'.

Les courbes des allongements élastiques du caoutchouc ressemblent, en forme générale, aux courbes OABCD des allongements totaux des métaux doux.

La courbe OABC, plus ou moins réduite, représente aussi les flèches élastiques et permanentes d'une barre, en fonction des efforts exercés transversalement en son milieu. Si le mandrin fléchisseur est, non un couteau, mais un cylindre ou une calotte sphérique d'un rayon considérable, les points d'application des efforts de flexion ne sont pas toujours localisés au milieu de la barre et la courbe des flèches prend la forme OABN.

La courbe OABC représente encore les angles de torsion totale relatifs à la longueur de la barre tordue, en fonction des moments de torsion; on peut en déduire les courbes de torsions permanentes et de torsions élastiques. La torsion des barres cylindriques rondes est la plus régulière, la plus simple de toutes les déformations; quels que grands que soient les angles de torsion, la barre reste toujours cylindrique ; les sections droites conservent leur forme, leurs dimensions et tournent seulement autour de l'axe. Elles sont bien moins empiriques que les courbes de flexion et de traction des métaux doux; et peuvent, jusqu'à un certain point, être considérées comme des courbes spécifiques, car on peut en déduire, par une construction géométrique très simple, *la courbe des glissements en fonction des forces de glissement*, qui est indépendante des dimensions de l'éprouvette de torsion.

Les courbes représentatives des raccourcissements en fonction des efforts de compression longitudinale sont nécessairement asymptotes à la droite parallèle à l'axe des efforts qui correspond à un raccourcissement de 100 p. 100. Elles ont pour forme générale OAMK, avec une inflexion lorsque la matière est assez douce. Le point de rupture K est plus ou moins éloigné du point A figuratif de la limite élastique. Ces courbes seraient très différentes si les raccourcissements et les efforts étaient rapportés, non à la longueur et à la section primitives, mais à chaque instant à la longueur et à la section actuelles.

7. — Fils et membranes. — Érection.

Fil : *Corps ayant des dimensions transversales assez petites pour qu'on puisse faire abstraction des forces élastiques développées par la flexion, lorsque la courbure n'est pas très* *grande.* — *Tension d'un fil* de forme quelconque, en un certain point : la traction longitudinale (totale ou rapportée à l'unité de superficie) qui maintiendrait l'équilibre, si l'une des parties du fil limitée au point considéré était enlevée ; résultante de toutes les forces élastiques qui sollicitent la section.

C'est une propriété caractéristique des *fils* de s'étendre en ligne droite dans la direction des forces qui les sollicitent.

La surface d'un fil libre n'étant sollicitée par aucune force, il n'existe qu'une seule force principale, la *tension du fil*, tangente à la courbe moyenne.

Pour qu'un fil de longueur invariable, c'est-à-dire une fois déformé, soit en équilibre sous l'action de forces quelconques, il faut que les forces extérieures (y compris les réactions des supports, des attaches...) satisfassent aux conditions de Lagrange ; qu'en chaque point la résultante de toutes les forces qui agissent d'un côté de ce point, soit opposée directement à la tension ou dirigée suivant la tangente au fil et soit inférieure à sa résistance.

Exemple : Un fil est attaché à deux clous A et B ; il traverse un anneau portant un poids qui peut ainsi se mouvoir librement, sans frottement, le long du fil. Dans ces conditions le fil prend la forme ACB (fig. 11). Le fil, de longueur invariable, étant maintenu en tension, l'anneau peut décrire une ellipse HK ayant A et B pour foyers.

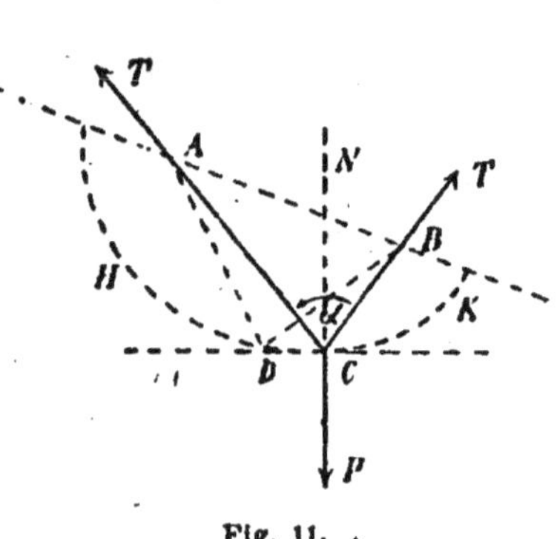

Fig. 11.

La position d'équilibre sous l'action du poids correspondra au point le plus bas de l'ellipse, au point C où la tangente est horizontale, où la normale CN est verticale. Cette normale bissectant l'angle $ACB = \alpha$, les tensions T des deux branches sont égales et la somme de leurs projections verticales égale à P.

$$2 \cdot T \cdot \cos \frac{\alpha}{2} = P.$$

C'est sur des considérations de ce genre que reposent les théories du *polygone funiculaire*, des ponts suspendus et de la *chaînette* : forme d'un fil pesant attaché à ses deux extrémités.

Autre exemple : Un fil est tendu sur une surface; au point C le rayon de courbure est $OC = \rho$ (fig. 12); les tensions T des éléments AC, BC étant égales, la pression exercée par le fil sur la surface directrice est P ou :

$$p \times 2AC = 2T \cdot \cos \frac{\alpha}{2}$$

p étant la pression rapportée à l'unité de superficie ou à l'unité de longueur du fil,

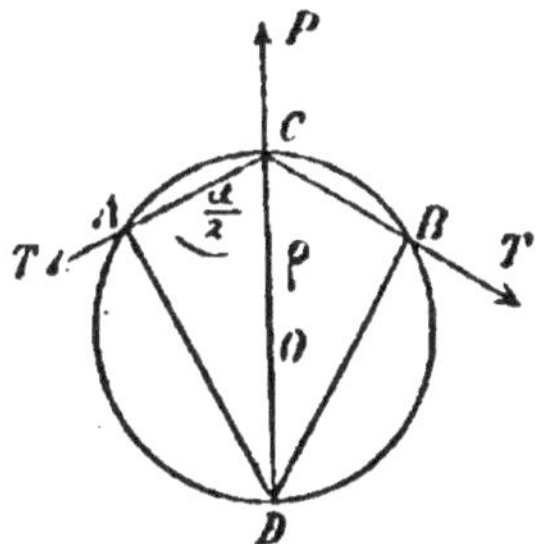

Fig. 12.

$$\frac{p}{T} = \frac{\cos \frac{\alpha}{2}}{AC} = \frac{1}{2 \cdot \rho}$$

la réaction normale est, à égalité de tension, proportionnelle à la courbure du fil.

Le fil étant tendu sur une surface quelconque, chaque élément est en équilibre sous l'action des tensions et de la réaction de la surface, abstraction faite des frottements. Le plan ACB osculateur de la courbe du fil doit être normal à la surface, ce qui définit la *ligne géodésique*, ligne de plus court chemin entre deux points donnés sur une surface.

Membrane : *Corps ayant une épaisseur assez petite pour que les forces élastiques qui sollicitent les sections droites puissent être regardées comme constantes en tous les points de* *l'épaisseur, sur une normale à la surface extérieure.* — La surface de la membrane étant sollicitée par des forces normales ou nulles, les deux seules forces principales existantes, a et b, sont deux tensions, situées dans le plan tangent ainsi que toutes les tensions élastiques, rayons de l'ellipse d'élasticité ayant a et b pour axe. Dans le cas particulier où $a = b$, l'ellipse est une circonférence, toutes les tensions sont normales, et il y a égalité de tensions superficielles en tout sens.

Soit ABCD (fig. 13) une membrane cylindrique en

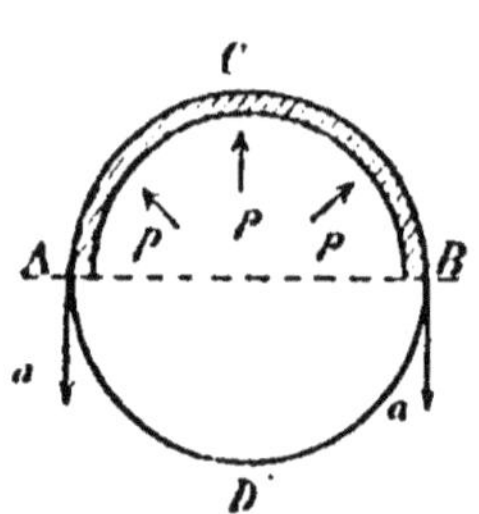

Fig. 13.

équilibre sous l'action d'une pression hydrostatique intérieure p. Les deux forces principales superficielles sont : l'une a perpendiculaire au méridien, l'autre b normale au parallèle du point considéré. Le demi-cylindre ABC doit être en équilibre sous l'action des pressions intérieures p et des forces élastiques développées sur le méridien AB.

La somme des projections de ces forces sur le méridien perpendiculaire à AB est nulle

$$2a = p \times AB = p \cdot 2r \qquad p = \frac{a}{r} \qquad a = p \cdot r$$

p étant la pression rapportée à l'unité de superficie, et a la tension relative à l'unité de longueur et à *l'épaisseur totale* de la membrane.

Une partie du cylindre limitée à une section droite ABCD doit être en équilibre sous l'action des pressions exercées sur le fond et des tensions b parallèles à l'axe du cylindre,

$$b \times 2\pi r = p \times \pi r^2 \qquad b = p\frac{r}{2} = \frac{a}{2}.$$

Cette équation détermine aussi la tension d'une membrane sphérique de rayon r sous l'action de la pression

intérieure p. Dans ce cas, les deux tensions principales
sont égales $a = b = \dfrac{pr}{2}$; il y a égalité de tension dans
toutes les directions superficielles. Tel n'est pas, il convient de le répéter, le cas général; soit que la membrane
peu extensible ait une forme propre, ou que la membrane
très extensible soit appliquée sur une surface non sphérique. Dans ce dernier cas p varie d'un point à l'autre, et
au même point les tensions principales sont différentes.

Soient AB, A'B' (fig. 14) les éléments de section droite
d'une membrane quelconque
sollicités par la force principale a; AA'—BB' les éléments, perpendiculaires aux
précédents, sollicités par la
force principale b; — p et p'
les pressions extérieures et
intérieures agissant sur les
deux faces de la membrane.
L'élément curviligne rectangulaire ABA'B' est en équilibre sous l'action des forces
$a \times AB$, $a' \times A'B'$, $b \times AA'$,
$b \times BB'$, $(p - p') ABA'B'$.

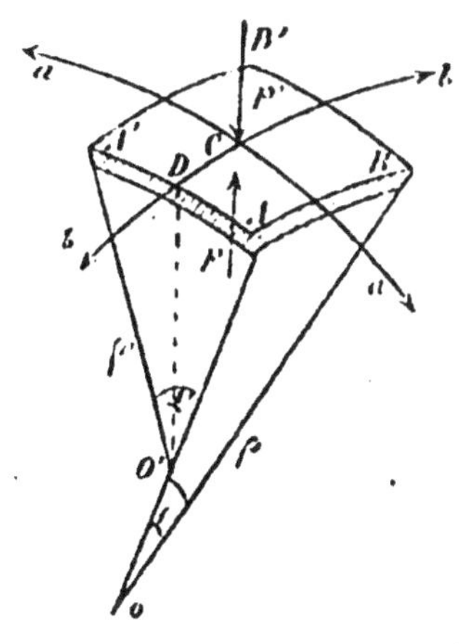

Fig. 14.

AO, intersection des deux sections droites AB et AA',
est normale en A à la membrane.

O, O', ρ, ρ', α, α' les centres, rayons de courbure et
angles de contingence des courbes AB, AA':

$$AB = A'B' = \rho \cdot \alpha \qquad AA' = BB' = \rho' \cdot \alpha' \qquad ABA'B' = \rho \cdot \alpha \rho' \cdot \alpha'.$$

La force $a \times AB$ fait avec la normale au point C centre
de la membrane, le même angle que la tangente en A à
AA' fait avec la bissectrice O'D de l'angle AO'A'; sa projection sur cet axe est donc :

$$a \times AB \times \sin \frac{\alpha'}{2} = a \times \rho \cdot \alpha \times \sin \frac{\alpha'}{2}, \quad \text{ou} \quad a \cdot \rho \cdot \alpha \frac{\alpha'}{2},$$

l'angle α' infiniment petit pouvant être pris pour le sinus.

L'équation d'équilibre exprimant que la somme des projections de toutes les forces sur la normale à la membrane est nulle, est par suite :

$$(p - p')\, AA'BB' = (p - p')\rho\cdot\alpha\cdot\rho'\cdot\alpha' = 2\cdot a\cdot\rho\cdot\alpha\cdot \frac{\alpha'}{2} + 2\cdot b\cdot\rho'\cdot\alpha'\cdot \frac{\alpha}{2}$$

ou

$$p - p' = \frac{a}{\rho'} + \frac{b}{\rho}$$

dans le cas où la membrane est sphérique

$$\rho = \rho' = r \qquad a = b \qquad p - p' = \frac{2a}{r}.$$

Lorsqu'elle est cylindrique

$$\frac{1}{\rho} = 0 \quad \rho' = r \quad p - p' = \frac{a}{r}.$$

Telle est, à peu près, la démonstration géométrique, donnée par Lippmann, de l'équation de Laplace :

$$p - p' = a \left(\frac{1}{\rho} + \frac{1}{\rho'} \right).$$

Une membrane très peu extensible, comme une vessie de cochon, a une forme propre dès qu'elle est légèrement tendue, forme dont elle s'écarte très peu quelle que soit la pression intérieure. Dans ce cas la pression exercée par un fluide est la même en tous les points, mais les rayons de courbure et les tensions varient d'un point à l'autre et en un point suivant la direction. Les choses se passent tout autrement lorsque la membrane est très extensible. Le minimum de superficie enveloppant un volume donné correspondant à la forme sphérique, la tension moyenne est plus petite pour la sphère que pour toute autre forme. C'est un fait d'expérience que le caoutchouc suffisamment gonflé, surtout s'il est ramolli par la chaleur, prend la forme sphérique comme les bulles de savon ; ce qui prouve que, dans ces circonstances, les tensions superficielles s'égalisent en tous points et en tous sens. Les équations d'équilibre sont alors

$$p - p' = \frac{2a}{r} \qquad a = b.$$

On a reconnu, au moyen d'un manomètre, que dans une *bulle* de savon, l'excès de pression intérieure est inversement proportionnelle au diamètre (Plateau); il résulte de là que la *tension* $a = \frac{p - p'}{2} r$ *est indépendante du diamètre et de l'épaisseur de la bulle*; c'est une constante spécifique de la matière constituante de la bulle, complètement différente de la tension des solides.

De ce que la *tension des bulles* sphériques est indépendante de la courbure, on peut induire que la tension est toujours la même quelle que soit la forme, la même en tous les points et dans toutes les directions. Les équations d'équilibre des *bulles* sont alors :

$$a = b \qquad p - p' = a\left(\frac{1}{\rho} + \frac{1}{\rho'}\right) \qquad .$$

si $p = p'$ $\frac{\rho + \rho'}{\rho'\rho} = o$, la membrane est plane $\frac{1}{\rho} = o$ $\frac{1}{\rho'} = o$ ou a deux courbures égales et contraires $\rho = -\rho'$. C'est ce que Plateau a vérifié :

Avec de l'eau de savon sucrée et deux anneaux AB — CD (fig. 15), il obtient facilement une bulle cylindrique terminée par deux calottes hémisphériques. En écartant les anneaux, il augmente le volume et détermine une diminution de la pression intérieure p, et en même temps de la courbure moyenne $\left(\frac{1}{\rho} + \frac{1}{\rho'}\right)$. Lorsque la pression intérieure est égale à la pression atmosphérique, $p - p' = o$;

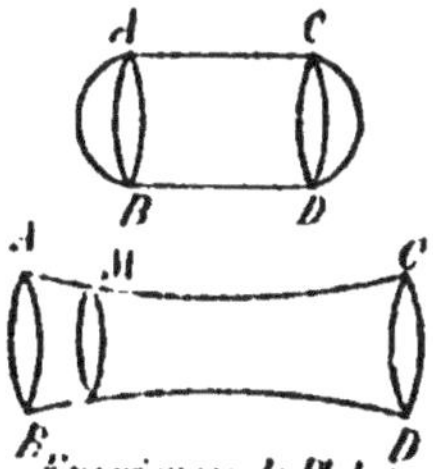

Fig. 15.

les calottes sphériques deviennent planes, $\dfrac{1}{\rho} = o$ $\dfrac{1}{\rho'} = o$;
la surface cylindrique est étranglée en fuseau de telle sorte que $\dfrac{1}{\rho} + \dfrac{1}{\rho'} = o$, qu'en chaque point M la concavité de la méridienne est égale à la convexité du parallèle.

Les ballons de caoutchouc sont fabriqués au moyen d'une petite boulette pleine, ramollie par la chaleur, gonflée par des gaz insufflés ou résultant de la décomposition thermique d'un petit fragment solide (acide oxalique). C'est donc pendant que le caoutchouc est très mou et presque liquide que se produit la déformation initiale qui détermine la forme sphérique. Les ballons sont de la sorte très comparables aux bulles; pas absolument cependant. Un ballon de caoutchouc qui se dégonfle n'est qu'un corps élastique qui se détend; la bulle de savon se contracte jusqu'à la goutte liquide.

Un ballon de caoutchouc peut être gonflé de liquide injecté sous une certaine pression; c'est la pesanteur qui l'empêche d'être sphérique; il reprend cette forme quand on le plonge dans un liquide ayant à peu près la même densité que lui. On peut aussi remplir d'eau une vessie de cochon, et la mettre en pression en tirant sur la membrane au moyen de ligatures. La pression est-elle faible: le ballon, quoiqu'il soit bien gonflé, est flasque, oppose une faible résistance à la pression du doigt; c'est l'état de *turgescence* des physiologistes. Si la pression est forte au contraire, la membrane très tendue, le corps est en *érection*; il résiste bien plus aux déformations, il est plus raide.

L'explication physique de ces divers états est des plus simples dans le cas où le sac membraneux est une sphère gonflée de liquide. Le volume est constant et la surface minima; toute déformation augmente la surface et partant les tensions; à égalité de déformation les efforts seront d'autant plus grands, que les tensions seront plus grandes, que la membrane sera plus tendue. Il y a là quelque chose d'analogue à ce qui arrive lorsqu'on allonge une lanière de caoutchouc verticale tendue par un poids; et encore, lorsqu'on fléchit une courroie de cuir horizontale tendue sur deux poulies très mobiles au moyen de poids; l'effort transversal est égal à la charge. Peu tendue une courroie est flasque, mollit facilement.; très tendue, elle est raide, oppose une forte résistance à la flexion et revient rapidement à sa forme primitive en se détendant.

Le cas de la vessie non sphérique est plus complexe; mais, sauf exception, tout aplatissement, toute concavité déterminera, comme dans la sphère, une augmentation de surface, un accroissement de tension. Dans une membrane cylindrique, en forme de boudin, gonflée d'eau et fermée aux deux bouts, les tensions longitudinales sont moitié moindres que les tensions transversales; il faut par suite une pression considérable pour maintenir la rigidité.

Les organes turgescents (crêtes des oiseaux par exemple), les organes érectiles des animaux et des végétaux peuvent être comparés à des sacs remplis de tissu spongieux ou cellulaire dont la forme et la rigidité sont déterminées par l'accumulation et la pression du sang ou d'un autre liquide, soit dans les cellules, soit dans les vaisseaux, soit dans les cavités interstitielles. La jeune pousse flétrie par les ardeurs du soleil, le bouquet de fleurs fanées, reviennent à la vie en absorbant l'eau et se redressent. Les mouvements de la sensitive sont dus à la quantité et à la pression du liquide contenu dans le coussinet situé à la base du pétiole. L'érection des étamines des orties, pendant l'épanouissement de la fleur, est tout à fait semblable au redressement d'un boudin membraneux plié en fer à cheval, sous la pression du liquide qu'il contient.

8. — Coefficients d'élasticité. — Hypothèse de l'indépendance des effets des forces élastiques.

Les petits allongements élastiques sont, dans la traction simple, proportionnels aux efforts.

Coefficient d'élasticité de traction E: *Rapport de l'effort, exprimé en kilogrammes par unité de superficie de la section droite, à l'allongement relatif.* — Pour l'acier E = 20,000 kilogr. environ par millimètre carré, une tension longitudinale $a = 10$ kilogr. par millimètre carré produit donc un allongement élastique $i = \dfrac{a}{E} = \dfrac{10}{20000} = \dfrac{1}{2000}$ de la longueur, ou $0^{mm},5$ par mètre.

On admet que le coefficient de simple compression est égal au coefficient de traction E.

Les flèches élastiques et en général les déformations élastiques, grandes ou petites, des ressorts métalliques sont proportionnelles aux efforts spéciaux.

Les angles de torsion élastique sont proportionnels à la longueur du cylindre tordu, et au moment de torsion ou, à égalité de bras de levier, à l'effort exercé.

Les petits glissements élastiques sont proportionnels aux efforts de glissement ou forces tangentielles. Leur rapport constant se nomme *coefficient d'élasticité de glissement* (μ). Pour l'acier $\mu = 7,000$ kilogr. environ par millimètre carré.

Dans la théorie classique de l'élasticité, les relations générales entre les déformations élastiques des éléments et les forces élastiques développées sont exprimées en fonction des deux coefficients E et μ. Le rôle du physicien est réduit à la mesure de leurs valeurs et surtout de leur rapport $\dfrac{\mu}{E}$.

Toutes les théories mathématiques sont basées sur l'hypothèse implicite de l'indépendance des effets des forces élastiques. On admet, sans se douter même qu'on fait une hypothèse, que les effets produits par des forces élastiques agissant sur les différentes faces d'un solide sont les mêmes, que ces forces agissent *simultanément* ou *successivement*. Des tensions *t* appliquées aux faces AB — CD d'un élément cubique ABCD (fig. 16) produisent un allongement *i* dans la direction AC et une contraction *c* dans la direction AB; des compressions *p* appliquées aux faces AC — BD produisent un raccourcissement *r* dans le sens AB et une dilatation *d* dans la direction AC. On

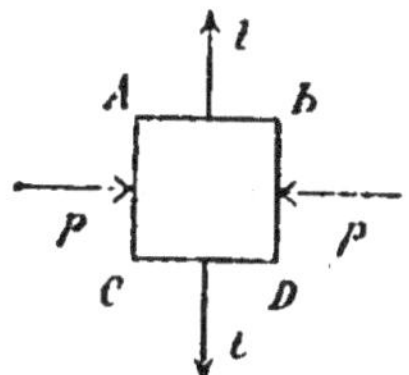

Fig. 16.

admet que les tensions *t* et les pressions *p* agissant *simultanément* produiront une dilatation $i + d$ suivant AC et une contraction $c + r$ suivant AB. L'expérience prouve que les allongements ou raccourcissements d'une barre d'acier doux, produits *séparément* par traction simple ou compression simple, sont très petits et entièrement élastiques, lorsque $t = 25$ kilogr. ou $p = 25$ kilogr. par millimètre carré, tandis que les mêmes efforts $p = t = 25$ kilogr., développés *simultanément* et *rectangulairement* par la torsion d'un cylindre de même métal, déterminent des déformations bien plus considérables et en grande partie permanentes. Cette expérience parfaitement nette et qui n'exige aucune mesure précise, suffit à montrer que l'indépendance des effets des *forces élastiques* n'est pas admissible en général ; qu'elle ne résulte nullement de l'indépendance des *forces appliquées à un point matériel*; que les *corps naturels*, au point de vue des déformations, *ne doivent pas être considérés comme formés de simples points matériels*.

Dans le cas où les déformations sont très petites et entièrement élastiques, on peut admettre l'indépendance des forces élastiques; mais on fait une hypothèse qu'il convient de déclarer, comme il convient de vérifier expérimentalement les résultats auxquels elle conduit.

Dans toute théorie relative aux déformations des corps, il y a deux questions bien distinctes : 1° l'équilibre ou le mouvement des corps et de ses différentes parties, regardées comme des solides invariables, c'est-à-dire une fois la déformation achevée ; c'est une question purement mécanique ; 2° les phénomènes qui se produisent pendant la déformation : la grandeur, l'élasticité, la permanence des déformations elles-mêmes, la limite d'élasticité, la résistance à la rupture, la forme des cassures. Dans cette question, aussi physique que l'étude des phénomènes thermiques ou électriques, la mécanique n'est plus qu'un auxiliaire logique.

9. — Équilibre des liquides.

Archimède. — Pascal. — Clairaut. — Maclaurin. — Euler.

Du fait de l'égale transmission en tout sens, dans un liquide en équilibre, des pressions rapportées à l'unité de superficie (Principe de Pascal, illustré par la presse hydraulique), il résulte que l'ellipsoïde d'élasticité est une sphère, en tout point, d'un liquide en équilibre ; qu'en un point déterminé toutes les forces élastiques sont des pressions égales et normales aux éléments qu'elles sollicitent.

Tout élément prismatique à arêtes verticales est pressé latéralement par des forces qui se font équilibre, et la différence des pressions exercées sur les bases est égale au poids de l'élément liquide (Clairaut).

Une masse liquide de forme quelconque étant en équilibre sous l'action des pressions exercées à sa surface et de son poids, la résultante de toutes les pressions normales à la surface est une force verticale, égale au poids, passant au centre de gravité de la masse liquide et agissant de bas en haut. Si cette masse est remplacée par un corps quelconque exactement de même forme et de mêmes dimensions, les pressions ne seront pas changées ; d'où il résulte que : tout corps plongé dans un liquide éprouve une poussée verticale vers le haut, égale au poids et passant au centre de gravité du liquide déplacé (Principe d'Archimède).

Un élément prismatique d'un liquide en équilibre ayant ses arêtes latérales, de longeur finie, horizontales et ses bases infiniment petites verticales : la somme des projections des forces qui le sollicitent, sur une droite parallèle aux arêtes horizontale, est nulle. D'où résulte l'égalité des pressions exercées sur les bases et par suite l'égalité des pressions exercées sur tous les éléments situés à la même altitude, quelle que soit leur orientation. Dans les liquides pesants en repos, les *surfaces de niveau*, surfaces sollicitées normalement, et en particulier la surface libre, sont *horizontales*. Lorsque le liquide est soumis à d'autres forces, réelles ou apparentes, les surfaces de niveau ont d'autres formes; la surface libre d'un liquide dont tous les points sont animés d'un mouvement de rotation uniforme est un paraboloïde de révolution. Une sphère liquide suspendue à la Plateau dans un autre liquide de même densité, s'aplatit lorsqu'elle tourne ; si le mouvement de rotation est assez rapide, elle se creuse aux pôles et finit par prendre la forme d'un anneau.

Le principe d'Archimède s'applique aux corps soumis à des actions autres que la pesanteur, aux actions magnétiques particulièrement : la perte d'attraction est égale à l'attraction de la masse fluide déplacée. Lorsque le milieu dans lequel le corps est plongé est plus magnétique que le corps lui-même, l'attraction est remplacée par une répulsion et le corps semble *diamagnétique*. Un tube de verre mince contenant une dissolution étendue de sulfate de fer est attiré ou repoussé par l'aimant suivant qu'il est dans l'air ou dans une solution plus concentrée de sulfate de fer (Faraday, Plucker, Becquerel, Tyndall).

La loi de l'horizontalité des niveaux liquides ne s'applique qu'aux grandes surfaces, encore éprouve-t-elle des perturbations sur les bords. Quant aux surfaces des gouttes de peu d'étendue, elles ont des formes très diverses. Le principe d'Archimède a-t-il une généralité absolue? La démonstration rationnelle dans laquelle on admet qu'une masse liquide peut être remplacée, sans rien changer, par une masse quelconque de même forme, est-elle à l'abri de toute critique? L'expérience prouve son exactitude, sinon absolue, du moins très approchée dans le cas où les corps ont des dimensions considérables. Est-elle vraie pour les corps très petits? Qu'est-ce exactement que le volume d'un corps très petit, dans la doctrine corpusculaire? On suppose la masse liquide en équilibre; cet équilibre n'existe pas en réalité, comme le prouve le fait de la *diffusion* spontanée. En introduisant un solide ou un fluide ne se mélangeant pas avec le liquide, à la place de la masse liquide, on a changé quelque chose; les diffusions qui s'opéraient à la surface de cette masse liquide ne s'opèrent plus de la même manière. De là, bien certainement des perturbations, insensibles en général, mais qui peuvent se manifester dans les corps dont la surface est très-grande relativement au volume, particulièrement dans les corps de très petites dimensions, les gouttelettes des *émulsions*.....

De ce que l'équilibre d'un élément géométrique liquide ne peut avoir lieu que sous l'action de forces normales, on peut en conclure que, dans les liquides, il n'y a ni résistance au glissement simple G, ni résistance au glissement $(G + fN)$ sous pression N; que les coefficients G et f sont nuls. $G = o$ $f = o$. On dit d'habitude que la fluidité parfaite est caractérisée par l'absence de tout frottement. Le frottement proprement dit résulte du déplacement fini de deux surfaces en contact; il n'y a pas de frottements dans les liquides, il n'y a que des glissements. Dans un cours d'eau, un canal dont les parois sont mouillées, il n'y a pas de rupture comme dans la veine de Savart; mais, comme les déplacements sont d'autant plus grands que l'éloignement des rives est plus grand, il y a des glissements qui croissent indéfiniment. Les liquides peuvent acquérir les plus grandes déformations permanentes et cela pour ainsi dire sans effort, à la condition que la densité ne change pas. Au contraire, et ils ont cela de commun avec beaucoup de solides, les liquides ne peuvent éprouver à une température déterminée, que des variations de volume extrêmement petites et complètement élastiques; et les moindres compressions exigent des efforts énormes.

Les tas de sable, de poussières ont une forme, mais la pente de leur surface ne dépasse pas une certaine inclinaison spécifique (talus naturel, talus à terre coulante), qui dépend du coefficient de frottement, de la résistance au roulement. On a comparé les liquides à des masses de poussières extrêmement ténues et mobiles, n'offrant aucune résistance aux déplacements relatifs des grains. Cette théorie statique est radicalement impuissante à expliquer les phénomènes de *diffusion* essentiellement dynamiques. La résistance au déplacement n'est pas nulle, elle est négative; les éléments des liquides se déplacent spontanément.

10. — Écoulement des liquides.

Toricelli. — Bernoullli. — Dubuat.

Dans l'écoulement des liquides, il arrive souvent qu'à partir d'un certain instant toutes les circonstances restent les mêmes en un même point de l'*espace* et ne varient que d'un point à l'autre. La vitesse du liquide, en un point donné de l'espace, est alors constante en grandeur et direction; tous les points du liquide qui passent, à des époques différentes, en un même point de l'espace, ont à une certaine heure la même vitesse et décrivent des trajectoires identiques. Tel est l'état de *régime permanent*. Il dure plus ou moins longtemps suivant le phénomène considéré; les rivières, les canaux sont, dans leur cours habituel, à l'état de régime permanent.

(Fig. 17) $MM_1M'M_1'$ élément liquide limité par deux éléments plans $MM_1 — M'M_1'$ et par les trajectoires $MM' — M_1M_1'$ des points du contour de l'élément plan MM_1. Au bout d'un certain temps le liquide $MM_1M'M_1$ aura changé de position et de forme, il sera devenu $mm_1m'm_1'$, et plus tard $NN_1N'N_1'$. Dans le *régime permanent*, tout le liquide qui passe en MM_1 passe aussi en mm_1 et en NN_1 par le canal MM_1N_1N qu'on appelle *filet liquide*. Le liquide con-

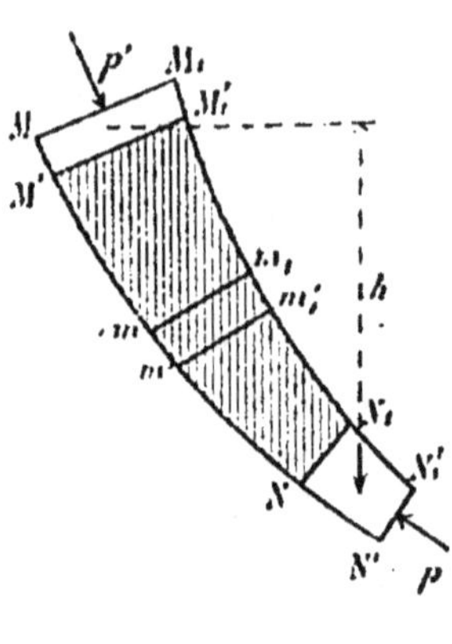

Fig 17.

tenu dans ce canal n'en sort que par son extrémité NN_1; la masse MM_1NN_1 vient en $M'M_1'N'N_1'$. Dans ce déplacement, le demi-accroissement de forces vives est égal au travail des différentes forces qui se réduisent à la pesanteur et les pressions, si l'on néglige les résistances à l'écoulement. Les pressions latérales, considérées comme pressions statiques, sont normales aux trajectoires, leur travail est donc nul; restent les pressions $p'MM_1$, pNN_1 dont le travail est

$$p' \times MM_1 \times MM' — p \times NN_1 \times NN'$$

et la pesanteur dont le travail est le même que celui du *transport fictif* de la masse $MM'M_1M_1'$ en $NN_1N'N_1'$; puisque ce transport produirait le même déplacement du centre de gravité que le déplacement réel de MM_1NN_1 en $M'M_1'N'N_1'$. Le travail de la pesanteur est donc :

$$MM'M_1M_1' \times \delta \times h.$$

δ étant la densité du liquide et h la *chute* ou différence de niveau des deux sections du filet.

Dans l'expression de l'accroissement de la force vive de la masse $MM_{1}NN_{1}$ venant en $M'M_{1}'N'N_{1}'$, les forces vives de la masse $M'M_{1}'NN_{1}$ ne figureront pas, puisque, pendant toute la durée du phénomène, chaque point de cette masse a constamment la même vitesse. Le liquide qui occupe l'espace $M'M_{1}'NN_{1}$ varie à chaque instant pendant l'écoulement ; mais, en régime permanent, la force vive du liquide qui occupe un volume déterminé de l'espace est invariable. Restent donc les forces vives des éléments $MM'M_{1}M_{1}'$, $NN_{1}N'N_{1}'$; soit pour la variation :

$$\frac{MM'M_{1}M_{1}' \times \delta}{g}\,(v^{2} - v'^{2})$$

v et v' étant les vitesses des points N et M proportionnelles à NN' et à MM' et par suite en raison inverse des sections NN_{1}, MM_{1} du filet.

L'équation du travail est ainsi :

$$\frac{v^{2}}{2g} - \frac{v'^{2}}{2g} = h + \frac{p - p'}{\delta} \qquad \text{(Bernouilli.)}$$

Pour appliquer cette équation à l'écoulement d'un liquide il faudrait connaître les pressions aux différents points de certaines sections, et en général on les ignore. On admet, et l'expérience confirme sensiblement les résultats de ces hypothèses, que les pressions p et p' aux deux extrémités d'un filet liquide peuvent être regardées comme des pressions statiques, dans le cas où l'écoulement est lent, ou encore lorsqu'il a lieu par filets parallèles dans les deux sections considérées (MM_{1} et $N'N_{1}'$). Tel est le cas de l'écoulement par un orifice en mince paroi. La veine liquide, à sa sortie, se contracte, puis devient cylindrique. Dans la section minima tous les points ont des vitesses parallèles ; car au delà, chacun décrit une parabole comme s'il était isolé. (L'orifice est supposé percé dans une paroi non horizontale.) A la surface supérieure dont la superficie est très grande relativement à celle de l'orifice, les vitesses v' sont très petites et négligeables. La pression p dans la section contractée sera considérée comme égale à la pression atmosphérique p', et l'équation se réduit à :

$$\frac{v^2}{2g} = h \qquad v = \sqrt{2 \cdot g \cdot h}.$$

La vitesse de sortie du liquide, indépendante de sa nature, est égale à celle d'un corps qui tomberait d'une hauteur égale à la différence de niveau entre la surface libre et l'orifice (Règle de Toricelli).

Entre l'orifice et la section contractée, les vitesses ne sont pas parallèles ; les trajectoires sont courbes, d'où résultent des forces centrifuges et des pressions vraisemblablement très différentes des pressions hydrostatiques.

Le régime permanent met toujours un certain temps à s'établir ; le liquide ne peut instantanément acquérir une vitesse finie lorsqu'on débouche l'orifice.

« Quand l'eau coule uniformément dans un lit quelconque, la force accélératrice qui l'oblige à couler est égale à la somme des résistances qu'elle essuie, soit par sa propre viscosité, soit par le frottement du lit, » (Dubuat.)

L'établissement spontané du régime permanent des cours d'eau prouve qu'il n'est pas permis, en général, de négliger les *résistances à l'écoulement ;* que ces résistances se produisent au sein même des liquides ou à leur contact avec les parois. Dans un canal à section constante, le mouvement ne peut être en régime permanent sans être uniforme ; et d'autre part, s'il n'y avait pas de résistances passives, le mouvement serait accéléré comme celui de tout corps pesant sur un plan incliné. De plus, si les résistances à l'écoulement étaient de même espèce que le frottement des solides, s'il y avait un coefficient de

frottement, il y aurait une certaine inclinaison (angle de
frottement $f = \text{tg·}\varphi$) pour laquelle le mouvement serait
uniforme; pour toute autre inclinaison le mouvement serait accéléré ou retardé. Le mouvement uniforme existe
quelle que soit la pente; il faut donc que les résistances
augmentent avec la vitesse et diffèrent radicalement des
frottements entre solides.

11. — Contractilité superficielle, forme et élasticité des liquides. — Capillarité.

En grande masse les liquides prennent la forme des
vases qui les contiennent et la surface libre est horizontale; ils ne manifestent une forme propre que sur les
bords, en petites masses ou encore lorsqu'ils sont pour
ainsi dire soustraits à l'action de la pesanteur par la suspension à la Plateau dans un liquide différent mais de
même densité. Dans ces conditions les liquides prennent
spontanément la forme en *goutte* sphérique et sont susceptibles de déformations élastiques sous l'action de forces
telles que la pesanteur ou les pressions exercées à la surface. Ils se comportent comme des grandes masses liquides
qui seraient entourées d'une membrane tendue, ou plus
exactement d'une membrane *contractile*, d'une *bulle* (Thomas
Young, 1805).

La *contractilité* de la surface existe toujours, quelle que
soit la forme du liquide; elle existe même dans les surfaces planes de grande étendue.

Expérience décisive d'Athanase Dupré : Un vase très peu
profond ABCD (fig. 18)
a un côté AB mobile
autour d'un axe hori-
zontal A. Il est main-
tenu incliné vers l'ex-
térieur par un taquet K

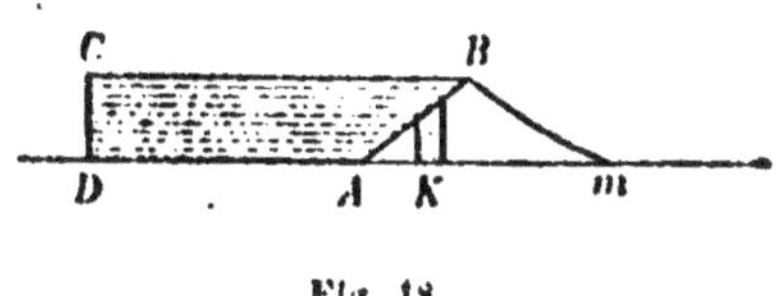

Fig. 18.

et un fil tendu Bm. Le vase est rempli d'eau jusqu'à

affleurer en B. Le poids du liquide tend à maintenir AB
sur le taquet, et cependant, si l'on brûle le fil B*m*, le côté
AB se redresse : preuve manifeste de la contractilité de
la surface plane BC.

Les liquides sont enveloppés d'une bulle contractile.
Les bulles ne sont que des liquides réduits à leur enveloppe contractile. Cette enveloppe peut être enlevée avec
un anneau solide; elle se reforme immédiatement. Toute
bulle, quelle que soit sa forme, est contractile ; c'est-à-dire
qu'elle est toujours tendue, que sa superficie tend constamment à se réduire, est constamment minima. Les bulles
prennent spontanément la forme sphérique. Sur une bulle
plane tendue par un anneau, on place une boucle de soie
mouillée et l'on crève ensuite la bulle dans l'intérieur de
la boucle; celle-ci prend alors une forme parfaitement circulaire. La circonférence étant la figure qui, à égalité de
périmètre, correspond à la plus grande surface : la superficie de la bulle est ainsi minima.

Les tensions superficielles spécifiques des liquides sont
égales, pour l'eau à 75 milligrammes par centimètre de
large, à 28 pour l'eau de savon, 30 pour l'huile, 40 pour
la glycérine, 18 pour l'éther, 490 pour le mercure.

Une bulle plane adhérente à un anneau solide, devient
convexe (*mm*) sous l'action de pressions (*p*) et
concave (*nn*) sous l'action de tractions transversales (*t*) ; convexité
et concavité du côté opposé aux efforts. Les
expériences classiques
qui illustrent les relations entre la forme du
ménisque et les efforts
sont représentées par la

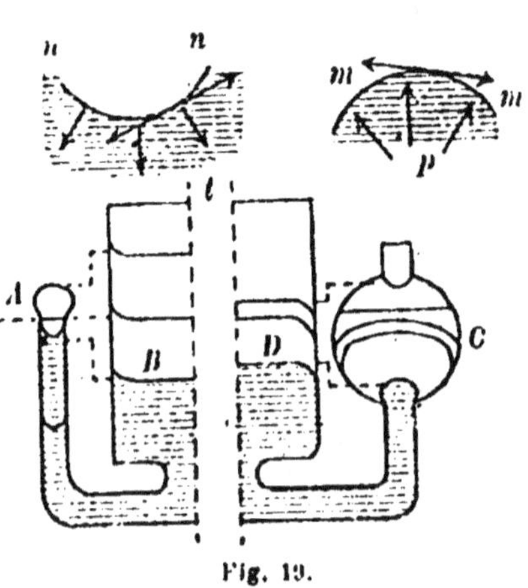

Fig. 19.

figure (19). Le vase B et le tube capillaire A contiennent

de l'eau qui affleure la tranche du tube; le vase D et la petite sphère *C* contiennent du mercure. En ajoutant du liquide dans les vases, on fait varier les niveaux et la forme des ménisques. Le ménisque convexe, qu'il soit d'eau ou de mercure, correspond toujours à une dépression; le ménisque concave à une surélévation; la forme plane à l'égalité des niveaux (HH).

Lorsque la surface d'un liquide est sphérique, la *tension* est la même en tout point et en tout sens; mais, pour toute autre forme, il n'est nullement évident, *à priori,* qu'il en soit ainsi, comme on l'admet cependant sans soup-çonner même qu'il y ait là une hypothèse. L'égalité des *tensions* dans la surface n'a rien de commun avec l'égalité en tout sens des *pressions hydrostatiques.* Cette égalité des tensions induite des expériences spéciales de Plateau citées plus haut et particulièrement du fait caractéristique que la tension des bulles sphériques est indépendante de leur diamètre, cette égalité est une hypothèse autour de laquelle se groupent synthétiquement les faits relatifs aux surfaces liquides.

Les phénomènes qui se passent dans le voisinage du contact des liquides avec les solides, sont très différents, suivant que le liquide *mouille* ou ne mouille pas. Les mé-nisques et en général les bords des surfaces sont concaves lorsque le vase est mouillé et convexes dans le cas con-traire; il en résulte une élévation ou une dépression des bords ou de la colonne capillaire. Les phénomènes sont complètement indépendants de la nature du vase mouil-lable et mouillé; ils ne dépendent que de sa forme, de ses dimensions, et du liquide; la surface liquide se rac-corde tangentiellement avec la paroi. Ils dépendent au contraire beaucoup de la substance du vase qui n'est pas mouillé et sont alors très complexes; l'angle de la surface liquide avec la paroi est à peu près constant (35° à 45°, mercure-verre).

Le mercure ne mouille pas le verre, mais il mouille le

cuivre amalgamé ; fait remarquable qui laisse entrevoir que le phénomène du mouiller touche de près aux actions chimiques. On sait d'ailleurs l'influence considérable de la température (Wolf) et de l'électricité (Becquerel-Lippmann) sur les phénomènes capillaires.

Tout mouvement d'une masse doit être accompagné d'une variation d'énergie égale au travail effectué, et l'on peut conjecturer de ce principe les lois de l'ascension des liquides dans les vases capillaires. Lorsqu'un liquide s'élève spontanément à une hauteur h dans un vase à parois verticales, à section constante s, il y a une dépense de travail égale au produit $\left(\dfrac{sh^2}{2}\cdot\delta\right)$ du poids $s\cdot h\cdot\delta$ par l'élévation du centre de gravité $\dfrac{h}{2}$. L'énergie motrice qui a son siège au contact du solide et du liquide peut être regardée comme proportionnelle à la surface mouillée, ou au produit $(u\cdot h)$ du périmètre mouillé u par la hauteur h. D'où :

$$\frac{sh^2}{2}\delta = m\cdot u\cdot h \qquad h = \frac{2m}{\delta}\cdot\frac{u}{s}.$$

L'ascension d'un liquide donné est proportionnelle au rapport du périmètre mouillé à la section constante du vase. Pour des vases semblables $\dfrac{u}{s} = \dfrac{1}{d}$, h est inversement proportionnelle aux dimensions transversales homologues. Dans les tubes ronds $\dfrac{u}{s} = \dfrac{\varpi\cdot d}{\varpi\dfrac{d^2}{4}} = \dfrac{4}{d}$; entre deux lames parallèles $\dfrac{u}{s} = \dfrac{2\cdot l}{l\times d} = \dfrac{2}{d}$. Les élévations dans les tubes sont inversement proportionnelles aux diamètres. Entre deux lames parallèles, la dénivellation est moitié moindre que dans un tube de diamètre égal à l'écartement des lames. Toutes lois conformes à la réalité, et trouvées expérimentalement depuis longtemps.

Le raisonnement précédent ne s'applique évidemment pas au cas où le liquide ne mouille pas la paroi, cas d'un ordre tout à fait différent.

Les lois de la capillarité se déduisent de la condition d'équilibre entre le poids soulevé et la traction du ménisque (Gauss). La bulle contractile qui recouvre le ménisque exerce une traction sur le tube qu'elle mouille; inversement, la paroi exerce sur le ménisque une traction égale à la *tension* superficielle (a) multipliée par le périmètre mouillé. Cette traction est verticale, puisque le ménisque est tangent à la paroi. On a donc $s \cdot h \cdot \delta = a \cdot u$

$$h \cdot = \frac{a}{\delta} \cdot \frac{u}{s} \cdot$$

Dans les tubes cylindriques de rayon r, le ménisque est sphérique et sa courbure constante égale à $\frac{1}{r}$; entre deux lames parallèles, à une distance $2 \cdot r$, le ménisque est cylindrique, ses deux courbures principales $\frac{1}{\rho} = \frac{1}{r}$ $\frac{1}{\rho'} = 0$. Les équations d'équilibre du ménisque contractile sont $p - p' = \frac{2a}{r}$ dans le tube et $p_1 - p_1' = \frac{a_1}{r}$ entre les lames, la différence de niveau étant dans l'un des cas double de ce qu'elle est dans l'autre; il doit en être de même des tractions $(p - p') = 2(p_1 - p_1')$; d'où $a = a_1$. La tension superficielle transversale a_1 du ménisque cylindrique est égale à la tension du ménisque sphérique. Ce qui vérifie l'hypothèse de la tension constante. D'ailleurs, l'accord entre les tensions déduites des dénivellations capillaires et les tensions mesurées sur les bulles planes ou sphériques est assez satisfaisant.

L'équilibre établi, non par un mouvement spontané, mais par une énergie extérieure quelconque, se maintient dans des conditions qui ne dépendent pas de la forme générale du vase, mais seulement de la forme et des dimensions dans le voisinage du ménisque.

*L'*élasticité des liquides résulte de la contractilité de la bulle superficielle; la forme est déterminée par la condition du *minimum de superficie.* Les gouttes, surtout les petites, sont spontanément rondes. Leur grosseur, lorsqu'elles se forment sous l'action de la pesanteur, est déterminée par la densité (δ) et la tension superficielle spécifique (a); des traces de certaines matières peuvent faire varier considérablement la tension et par suite le poids des gouttes. La pesanteur aplatit sensiblement les grosses gouttes, surtout lorsqu'elles sont lourdes, comme les gouttes de mercure. Les liquides peuvent être déformés par des actions extérieures; ils réagissent et tendent à reprendre intégralement leur forme.

Lorsqu'une *veine liquide* se rompt, les *gouttes* produites ont une forme ovoïde, allongée, à l'instant même de la rupture. Elles reviennent à la forme sphérique, avec une certaine vitesse, la dépassent, s'aplatissent, prennent la forme ovoïde à grand axe transversal, puis reviennent à la forme sphérique, qu'elles dépassent de nouveau pour s'allonger longitudinalement; et ainsi de suite. Les gouttes déformées et abandonnées à elles-mêmes, *vibrent.*

Pour observer ces changements périodiques de forme, il faut regarder la veine, dans la zone trouble et noueuse, soit à la lueur d'une étincelle électrique, soit à travers une petite ouverture passant très vite devant l'œil, de manière à ne voir que pendant un temps extrêmement court. Dans ces conditions, l'image des gouttes dans une position sensiblement déterminée persiste quelque temps sur la rétine et produit l'impression d'un corps en équilibre; la forme actuelle est ainsi très nettement observable (Savart).

Les fabricants de soude et de sucre calment l'efferves-cence carbonique en jetant dans les cuves des pelletées d'huile. Les bulles, dit-on, ne peuvent se former parce que la tension superficielle de l'huile est 30, tandis que celle de l'eau est égale à 75. Singulière explication! L'eau

de savon dont la tension est seulement de 28, n'empêche-
rait pas, je suppose, la formation des grosses bulles... De
même que les solides peuvent être à la fois très fragiles
et très résistants, ainsi dans les bulles il faut considérer
et la *résistance* et la *fragilité*. Ce n'est pas la moindre résistance de l'huile qui empêche la formation des bulles,
c'est sa fragilité. Les bulles d'huile ne sont pas plus résis-
tantes que les bulles d'eau de savon; mais elles sont incapables de déformations aussi grandes; ce sont des bulles
qui crèvent facilement, quelle que soit d'ailleurs la tension, et qui empêchent par suite les grandes déformations
superficielles.

Les pêcheurs d'oursins de la Provence suppriment les
rides de la mer qui empêchent de voir distinctement le
fond, en projetant quelques gouttes d'huile à la surface.
Franklin a-t-il réellement découvert le moyen de calmer
les vagues avec un baril d'huile? Quel degré de foi faut-il
ajouter aux récits du genre de celui-ci, que rapportent les
journaux :

« Le vapeur *Bohemia*, parti de Hambourg, le 13 février,
avec un chargement de 3000 tonneaux et 230 passagers
pour New-York, essuya, au cours de sa traversée, une
terrible tempête. Les vagues inondaient le navire, d'un
bout à l'autre, et semblaient devoir l'abîmer lorsque le
capitaine, nommé Carlowa, donna l'ordre de stopper. Il fit
suspendre, du côté du vent, à 50 pieds les unes des autres,
plusieurs outres faites d'une toile à voile, percée de petits
trous (au moyen d'une alène) et remplies d'étoupes imbibées d'huile. Ces outres traînaient dans l'eau. La mer
aussitôt cessa de balayer le pont du bateau qui immédiatement se redressa. On put ainsi en réparer les avaries, et,
le temps s'étant un peu calmé, on se remit en route. Mais
bientôt, nouvelle tempête, nouvelle invocation aux saintes
huiles, nouveau succès : le navire, exposé aux lames par le
travers, les voyait se briser à quelques pieds de lui, puis
reprendre leur violence derrière son autre flanc : une eau

calme l'entourait et c'est à peine si un peu d'écume jaillissait à bord. Le capitaine avait dépensé en 22 heures 130 litres d'huile, soit 6 litres par heure. »

Dans quelles circonstances, l'huile empêche-t-elle les vagues, les rides et les bulles de se former? Le grand public réclame une réponse à cette question qui intéresse à divers points de vue le physicien, l'industriel, et le navigateur. Qu'en pensent l'Académie et le Bureau des longitudes (¹)?

12. — Théories corpusculaires statiques.

Laplace. — Poisson. — Cauchy. — Lamé.

Les corps sont considérés par les géomètres comme formés de *points matériels* exerçant les uns sur les autres des actions qui ne varient qu'avec la distance qui les sépare. Cependant, pour l'explication des faits de l'électrodynamique, ces forces doivent aussi varier, selon Véber, avec la vitesse et l'accélération des points matériels. Cette exception suffirait à montrer que l'hypothèse des *forces centrales* n'est pas générale. Quoi qu'il en soit, cette hypothèse a rendu de grands services; elle a permis l'établissement de plusieurs théories spéciales.

L'expression générale des *forces centrales,* supposées proportionnelles aux masses des points, fonction de la seule distance qui les sépare et dirigée suivant la droite qui les joint, est :

$$m \cdot m' \, f(r).$$

Dans les théories astronomiques, électriques, magné-

---

1. L'amiral Cloué vient de déposer, sur ce sujet, un très important mémoire à l'Académie des sciences (6 juin 1887). « Grâce au zèle déployé par le bureau hydrographique de Washington, dit l'amiral, j'ai pu réunir le rapport de deux cents de ces expériences, faites soit à bord des navires du long cours, soit avec des canots de sauvetage, ou enfin à l'entrée de divers ports d'Angleterre et d'Écosse. — Après avoir fait une étude très attentive de tous ces rapports, je ne crains pas de déclarer que la question me paraît résolue... Avec deux litres d'huile par heure, on peut se garantir des effets désastreux de la grosse mer... Les lames menaçantes, au lieu de déferler, viennent mourir au bord de la nappe d'huile, et la houle seule, sans aucun brisant, vient soulever le bâtiment. »

tiques $f(r) = \dfrac{1}{r^3}$; l'action réciproque, inversement propor-

tionnelle au carré de la distance, est $\dfrac{m \cdot m'}{r^2}$ (Loi de Newton)

ou $\dfrac{\pm\, m \cdot m'}{r^2}$ (Loi de Coulomb), m, m' représentant alors les

quantités d'électricité ou de magnétisme.

Du fait que deux corps solides en contact n'exercent pas, en général, d'action sensible l'un sur l'autre, que les deux lèvres d'une cassure ne se soudent pas lorsqu'on les rapproche, les géomètres ont conclu que les attractions moléculaires sont insensibles dès que la distance est appréciable; puisque ces attractions ne dépendent que de la distance des molécules ou plutôt des points matériels qui ne sont que des molécules réduites à leur centre de gravité. D'où l'existence d'un *rayon d'activité moléculaire* fini mais extrêmement petit, au delà duquel il n'y a plus d'action. Tous les points matériels exerçant une action sur un point matériel m situé en O, sont compris dans la *sphère d'activité moléculaire* qui a son centre en O et un rayon égal au rayon d'activité.

Capillarité. C'est sur ces conceptions que repose la célèbre théorie capillaire de Laplace. — Un point matériel étant situé en O (fig. 20) à une distance de la surface de contact XY inférieure au rayon d'activité OA : la sphère d'activité du point O est coupée suivant AB par la surface XY. La partie ABA'B' de la sphère, symétrique par rapport à O, n'exerce aucune action sur ce point. Les deux segments ABC, A'B'C' étant de nature différente, exercent sur O des actions différentes, dont la résultante est normale à AB à cause de la symétrie; le sens et l'intensité de cette force dépendent de la courbure XY et de la nature des matières en contact.

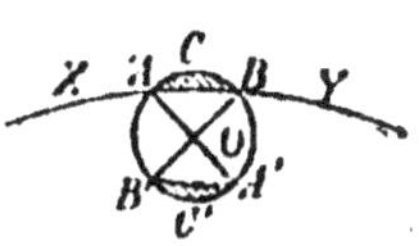

Théorie de Laplace

Fig. 20.

D'après ces considérations, Laplace a établi l'équation d'équilibre des surfaces liquides :

$$p = A \left(\frac{1}{\rho} + \frac{1}{\rho'} \right).$$

L'invariabilité de A est une conséquence de l'équidistance des points matériels. Ce coefficient A, *constante capillaire*, n'est autre que la *tension superficielle*.

Cette formule explique si bien la plupart des phénomènes capillaires que les physiciens se sont longtemps contentés de mesurer les *constantes capillaires* des divers liquides et de vérifier les conséquences de l'équation d'équilibre.

Les résultats de cette théorie s'appliquent indifféremment aux liquides qui mouillent et aux liquides qui ne mouillent pas; la vérification expérimentale, très satisfaisante dans le premier cas, l'est beaucoup moins dans le second. C'est là un point faible de cette doctrine, d'ailleurs radicalement impuissante à expliquer les relations des phénomènes capillaires avec l'état thermique et surtout électrique des liquides.

La théorie de la capillarité constitue un chapitre spécial qui n'a aucun rapport avec les autres parties de la physique. La théorie corpusculaire statique de l'élasticité, celle qui cherche à établir des relations entre les petites déformations des solides et les forces élastiques correspondantes, est elle-même très différente de la théorie de Laplace. A chaque branche de la physique des conceptions *sui generis* dans le but unique d'expliquer des phénomènes spéciaux.

Élasticité. Les corps homogènes sont formés de points matériels équidistants, « infiniment rapprochés mais ne se touchant pas »; et l'on s'occupe, non de leurs actions mutuelles, mais de la *variation* de ces actions correspondant aux petites déformations. — « Si, en vertu d'une action extérieure, deux points matériels suffisamment voisins se rapprochent ou s'éloignent l'un de l'autre, il en résulte entre ces deux molécules une force répulsive dans le premier cas, attractive dans le second, qui est une fonction de la distance primitive (r) des deux molécules et de l'écartement (Δr). Cette fonction est nulle, quelle que soit la distance (r), lorsque l'écartement (Δr) est nul ; elle décroît rapidement dès que la distance (r) acquiert une valeur sensible, puisque toute adhésion cesse entre deux parties d'un même corps séparées par une distance appréciable... La théorie actuelle ne s'applique qu'aux cas où les changements de forme sont extrêmement petits... $\Delta \cdot r$ est alors très petit relativement à r et la fonction de r et de $\Delta \cdot r$ se réduit au produit $\Delta r \cdot f(r)$ de l'écartement Δr par une fonction $f(r)$ qui est insensible dès que r est appréciable » (Lamé).

Les hypothèses, elles-mêmes, offrent un grand intérêt au point de vue logique. De tout temps, les géomètres ont comparé le petit monde corpusculaire au grand monde solaire, les *molécules* aux *astres* séparés par des intervalles si grands par rapport à leurs propres dimensions, qu'ils peuvent être regardés, dans leurs relations mutuelles, comme réduits à leur centre de gravité. C'est ainsi que les *molécules* ont été confondues avec des *points matériels*.

Les seules conjectures positives qu'on puisse faire sur le rapport des intervalles aux dimensions des éléments, du volume des vides à celui des pleins, résultent des changements de densité dont les corps sont susceptibles. Dans les gaz, ces changements sont énormes ; mais il ne faut pas oublier que les dimensions linéaires varient seulement comme la racine cubique des volumes. Deux litres d'hydrogène et un litre d'oxygène pèsent ensemble $1^{gr},6$ et produisent $1^{gr},6$ ou $0^{lit},0016$ d'eau. La condensation de trois litres de gaz en $0^{lit},0016$ est égale à $\dfrac{0,5}{1.000}$ ou 99.95 p. 100 ; la réduction des dimensions linéaires est seulement de $\dfrac{\sqrt[3]{0,5}}{10} = \dfrac{1}{12}$ ou 92 p. 100.

Les variations de volume des solides sont très petites, qu'elles soient produites par des efforts mécaniques ou par des changements de température. Les coefficients de dilatation des solides sont plus petits que ceux des liquides, et diminuent avec la température. Un abaissement de 1000 degrés centigrades n'amènerait pas une contraction cubique de 3 p. 100 dans le platine. Rien n'autorise donc à regarder les molécules des solides comme séparées par de très grands intervalles relatifs ; au contraire, beaucoup de corps semblent très près de l'état de compacité qui correspondrait au froid absolu.

L'élément corpusculaire ne peut être confondu avec un point matériel. Si on le considère comme un corps formé lui-même de points matériels, il n'est plus évident que les variations de distance Δr soient très petites relativement à la distance r, lorsque la déformation générale de l'objet est très faible. En effet, les points matériels d'un même élément (molécule ou atome) restent à des distances invariables dans la simple déformation mécanique ; seuls, les points matériels appartenant à des éléments différents peuvent se rapprocher ou s'écarter. Mais ces déplacements peuvent être très comparables à la distance primitive et la déformation générale être très faible ; il suffit pour cela que les intervalles moléculaires soient une petite fraction du volume total.

Donc l'hypothèse que $\dfrac{\Delta r}{r}$ est très petit est gratuite ; elle peut être admissible dans certaines circonstances, inexacte dans d'autres. Or, elle conduit à réduire la fonction de r et de Δr qui représente l'action mutuelle de deux points matériels au premier terme $\Delta r f(r)$ de son développement ; et voici ce qui en résulte : si sous l'action d'un système de forces quelconques (F) agissant sur un corps, l'écartement produit entre deux points matériels déterminés est Δr, et $\Delta_{\text{,}} r$ sous l'action d'un autre système de forces extérieures $(F_{\text{,}})$, les actions intérieures qui en résulteront seront $\Delta(r) f(r)$

dans le premier cas, $\Delta_1 r \cdot f(r)$ dans le second. Si les deux systèmes (F) et (F$_1$), au lieu d'agir *séparément*, agissent *simultanément*, les forces intérieures développées entre les mêmes points seront $(\Delta r + \Delta_1 r) f(r)$, puisque Δr et $\Delta_1 r$ sont très petits relativement à r qui peut être, ainsi que $f(r)$, considéré comme constant. C'est ainsi que le principe sur lequel repose la théorie classique de l'élasticité, conduit à l'établissement de formules exprimant les forces élastiques en *fonctions linéaires* des petites déformations, et comprenant implicitement l'hypothèse de l'indépendance des petits effets des *forces élastiques*.

Je ne crois pas que, dans cet ordre d'idées, on puisse donner une explication quelconque des faits relatifs à la permanence ou à l'élasticité des déformations, et à la limite élastique. Quant aux questions de rupture, il faudrait, pour les traiter, considérer non plus les variations, mais les actions elles-mêmes qu'exercent entre eux les points matériels ; ces actions qui croissent avec l'écartement et sont vaincues à l'instant même où elles sont le plus énergiques.

Cette théorie, spécialement construite pour les petites déformations, n'a aucune attache à l'ensemble de la physique ; l'élasticité est complètement isolée même du phénomène général des déformations. Il en sera ainsi tant que les éléments corpusculaires seront considérés non comme des corps jouissant de propriétés, mais comme des points matériels.

13. — Propagation de la chaleur.

Fourier. — Duhamel. — Cauchy.

Historiquement, on doit regarder la *Théorie analytique de la chaleur* de J. B. Joseph Fourier (1810) comme le type initial de toutes les doctrines physico-mathématiques dans lesquelles l'état d'équilibre ou de régime permanent d'un corps est considéré comme résultat de l'équilibre d'éléments géométriques infiniment petits. Sans oublier toutefois que c'est dans le traité *De la Figure de la terre* de Clairault (1750) qu'est énoncé pour la première fois ce principe, base de l'hydrostatique rationnelle.

Dans l'état de *régime calorifique permanent*, la température en un point donné est constante; la quantité de chaleur d'une partie déterminée du corps ne varie pas avec le temps; celle qui entre par une zone de la surface doit être égale à celle qui sort par la zone complémentaire. La somme des quantités de chaleur qui traversent une surface fermée quelconque est nulle.

Flux de chaleur : *Quantité de chaleur qui traverse l'unité de superficie dans l'unité de temps.* — On la représente conventionnellement, comme une force élastique, par une droite normale à la surface.

La loi physique, base nécessaire de cette théorie, est la suivante : la quantité de chaleur qui passe d'un corps à un autre, pendant un temps donné, est proportionnelle à la différence des températures. C'est la loi de Newton; en général très éloignée de l'exactitude (Dulong et Petit), mais qui peut être acceptée en toute rigueur lorsque la différence de température est infiniment petite. Elle conduit à l'équation :

$$dQ = -\,\mathrm{K} \cdot ds \cdot \frac{d\theta}{dz}$$

$d \cdot Q$ est la quantité de chaleur infiniment petite qui traverse pendant l'unité de temps l'élément superficiel ds; $\dfrac{d\theta}{dz}$ la dérivée de la température relative à la normale à la surface traversée, $d\theta$ est la différence de température de deux éléments ds à une distance dz l'un de l'autre; k, le *coefficient de conductibilité*. Le *flux* de chaleur relatif à l'unité de superficie est :

$$Q = -\,\mathrm{K} \frac{d\theta}{dz}$$

Cela s'applique aux corps dans l'intérieur desquels la chaleur se propage seulement de proche en proche et non à distance sensible.

Le cas de régime permanent le plus simple est celui du *mur*, compris entre deux plans parallèles indéfinis, dont les deux faces sont constamment entretenues l'une à la température θ_0, l'autre à la température $\theta_1 < \theta_0$. Le flux doit être indépendant de la distance z de l'élément ds à l'une des faces prise pour origine de coordonnées; sans quoi, une tranche recevrait plus de chaleur qu'elle n'en transmet et s'échaufferait. La dérivée $\dfrac{d\theta}{dz}$ est constante,

$$\frac{d\theta}{dz} = m \qquad \theta = mz + n.$$

Pour $z = 0$, $\quad \theta = n = \theta_0$; pour $z = e$ épaisseur du mur $\theta_1 = me + \theta_0$; d'où :

$$\theta = -\frac{\theta_0 - \theta_1}{e} \, z + \theta_0 \qquad Q = k\frac{\theta_0 - \theta_1}{e}$$

les températures varient, comme les distances z, en progression arithmétique; elles sont représentées dans l'épaisseur du mur par une droite dont les ordonnées extrêmes sont θ_0 et θ_1.

Le régime permanent d'une *barre* en communication à ses deux extrémités avec deux sources θ_0 et θ_1 est compliqué de la déperdition de chaleur par la surface latérale. Chaque tranche transversale doit recevoir de ses voisines une quantité de chaleur égale à celle qu'elle perd par sa périphérie.

$-k \cdot s \cdot \dfrac{d\theta}{dz}$ étant la quantité de chaleur qui passe de la tranche à température $(\theta - d\theta)$ à la tranche (θ); celle qui est transmise de la tranche (θ) à la tranche $(\theta + d\theta)$ sera $-ks\dfrac{d(\theta + d\theta)}{dz} = -ks\dfrac{d\theta}{dz} - ks\dfrac{d^2\theta}{dz^2} dz$. Leur différence

$ks \dfrac{d^2\theta}{dz^2} dz$ est égale à la chaleur perdue ($h \cdot p \cdot dz \cdot \theta$) par la périphérie ($p \cdot dz$);

h pouvoir émissif, θ excès de température de la tranche considérée sur celle du milieu prise pour zéro, p périmètre de la tranche,

$$K \cdot s \cdot \frac{d^2\theta}{dz^2} = h \cdot p \cdot \theta.$$

Si la barre est assez longue pour que l'extrémité opposée à la source θ_0 reste constamment à la température du milieu $\theta_1 = 0$, l'équation différentielle conduit à la relation suivante :

$$\theta = A e^{-a.z}$$

Les températures, à des distances de la source croissant en progression arithmétique, décroissent en progression géométrique; loi que l'expérience vérifie (Ingenhousz).

État calorifique du parallélipipède élémentaire, ayant ses arêtes parallèles à trois axes rectangulaires de coordonnées ox, oy, oz.

u, v, w flux relatifs à trois faces aboutissant au même sommet.

$u + \dfrac{du}{dx} dx$, $v + \dfrac{dv}{dy} dy$, $w + \dfrac{d \cdot w}{dz}$ flux relatifs aux trois faces parallèles aux précédentes.

Les quantités de chaleur qui traversent les deux faces $ds = dx \cdot dy$ pendant l'unité de temps sont $w \cdot dx \cdot dy$ et $\left(w + \dfrac{dw}{dz} dz\right) dx \cdot dy$, dont la différence est $\dfrac{dw}{dz} dx dy dz$.

La variation de chaleur de l'élément ($dx dy dz$) est égale à la somme des trois différences correspondant aux trois paires de faces, soit pendant le temps dt :

$$\left(\frac{du}{dx} + \frac{dv}{dy} + \frac{dw}{dz}\right) dx \cdot dy \cdot dz \cdot dt.$$

Elle est égale, d'autre part, au produit de la capacité calorifique de l'élément ($c \cdot \delta \cdot dx \cdot dy \cdot dz$) par la variation de température $\left(d\theta = \dfrac{d\theta}{dt} dt \right)$; c chaleur spécifique, δ densité.

D'où la relation :

$$c \cdot \delta \cdot \frac{d\theta}{dt} = \frac{du}{dx} + \frac{dv}{dy} + \frac{dw}{dz} \cdot$$

Dans le régime calorifique permanent :

$$\frac{d\theta}{dt} = 0 \qquad \frac{du}{dx} + \frac{dv}{dy} + \frac{dw}{dz} = 0$$

et comme

$$u = -k \frac{d\theta}{dx} \qquad v = -k \frac{d\theta}{dy} \qquad w = -k \frac{d\theta}{dz} \qquad \frac{du}{dx} = -k \frac{d^2\theta}{dx^2} \cdots$$

lorsque la conductibilité (k) est la même dans tous les sens :

$$\frac{d^2\theta}{dx^2} + \frac{d^2\theta}{dy^2} + \frac{d^2\theta}{dz^2} = 0$$

Cette relation est extrêmement remarquable au point de vue analytique, en ce qu'on la retrouve dans les théories de l'élasticité, de la gravitation, de l'électricité ; θ représente la *température*, la *dilatation cubique* ou le *potentiel*, en un point (x, y, z) d'un corps en équilibre thermique, élastique, électrique, astronomique ou en équilibre mécanique quelconque sous l'action de forces newtoniennes.

Ces relations et d'autres se déduisent simplement de l'équilibre thermique du *tétraèdre élémentaire*, introduit par Cauchy dans les théories physico-mathématiques. La somme des quantités de chaleur qui traversent les trois faces de la pyramide, dans le régime permanent, est égale à celle qui traverse la base en sens inverse. Un flux de chaleur qui traverse un élément de surface *ds* peut être remplacé par trois flux traversant les faces d'un tétraèdre construit sur l'élément *ds* comme base et ayant ses arêtes parallèles à trois axes de coordonnées. Ainsi les flux de chaleur peuvent être remplacés par des *flux composants*, comme une force par ses composantes, une ligne par ses projections.

Duhamel a traité le cas général où la conductibilité varie avec l'orientation. La quantité de chaleur qui passe d'un point à un autre étant regardée comme proportionnelle au temps, à la différence de température des deux points et à une fonction des angles qui déterminent dans le corps la direction de la ligne qui les joint, on démontre que le flux de chaleur qui traverse un élément plan est proportionnel à la variation de température prise dans une certaine direction *oblique* à l'élément. D'où la considération de *flux obliques*, tout à fait analogues aux forces élastiques, au point de vue analytique; tandis que les *flux normaux* dans un corps d'égale conductibilité en tout sens, ne rappellent que les pressions hydrostatiques.

Duhamel a montré qu'il existe en tout cas et en chaque point, trois éléments plans rectangulaires pour lesquels le flux est normal, *trois flux principaux*. Les *conductibilités* sont représentées en grandeur et direction par les rayons de *l'ellipsoïde des conductibilités* qui, rapporté à ses trois axes ou *conductibilités principales a, b, c*, a pour équation :

$$\frac{x^2}{a^2} + \frac{y^2}{b^2} + \frac{z^2}{c^2} = 1$$

Chaque rayon représente aussi le *flux* correspondant, qui traverse un élément situé dans le plan conjugué de sa direction relativement à *l'ellipsoïde principal*

$$\frac{x^2}{a} + \frac{y^2}{b} + \frac{z^2}{c} = 1$$

qui a pour axe les racines carrées $\sqrt{a}$, $\sqrt{b}$, $\sqrt{c}$ des conductibilités principales.

On éprouve une certaine répugnance à l'idée de *flux*

oblique; cela tient au vague objectif que l'expression de *flux* laisse dans l'esprit. La quantité de chaleur qui traverse une tranche parallèle à un plan diamétral de l'ellipsoïde principal est proportionnelle à la variation de température dans la direction du diamètre conjugué. *Flux oblique* veut dire cela et rien autre chose, c'est une simple expression analytique. Les flux, comme les éléments, parallélipipède ou tétraèdre, sont des auxiliaires logiques, dont le seul but est d'établir indirectement des relations qui échappent à l'analyse immédiate.

La conductibilité elliptique des cristaux a été démontrée expérimentalement (Sénarmont).

14. — Électricité statique. — Gravitation universelle. Potentiel.

Gray (1727). — Dufay (1733).
Franklin (1749).
Œpinus (1758). — Volta (1782).
Otto de Guericke. — Ramsden. — Holtz. — Armstrong.
Coulomb (1785).
Laplace (1800). — Poisson. — Green. — Gauss (1839).
Faraday. — Maxwell. — W. Thomson. — Lippmann.

Après l'existence de deux états électriques de sens opposés, correspondant à des attractions et des répulsions, les faits les plus importants de l'électricité sont, sans contredit, la localisation à la surface des conducteurs, et ensuite les lois numériques de Coulomb, identiques, au signe près, aux lois de la gravitation universelle :

$$f = \mp \frac{q \cdot q'}{v^2}$$

L'action exercée entre deux petits corps électrisés, suivant la droite qui les joint, est proportionnelle au produit des charges ou *quantités d'électricité*, positives ou négatives, et inverse du carré de la distance qui les sépare.

D'après cette loi, la *distribution* de l'électricité est ramenée à une question de gravitation, positive ou négative, entre points matériels dont les masses seraient proportionnelles à leurs charges électriques. C'est ainsi que Poisson a calculé cette distribution à la surface d'un ellipsoïde.

La *densité électrique* en un point est la limite du rapport entre sa charge et l'élément de superficie en ce point. — Sur l'ellipsoïde, elle varie en raison inverse de la distance du centre au plan tangent au point considéré; aux sommets la densité électrique est inversement proportionnelle à la longueur des axes. Cela suffit, vu la compréhension de la figure ellipsoïdale, à expliquer la distribution sur des surfaces convexes de formes très diverses; particulièrement, l'*accumulation* de l'électricité sur les *bords* des disques et aux *pointes,* qui peuvent être regardés comme des ellipsoïdes très aplatis ou très allongés.

C'est en vain qu'on cherche, par l'emploi du terme *masse électrique*, à séparer l'électricité des corps matériels pesants. Il n'y a pas plus d'électricité sans matière électrisée, que de chaleur sans corps chaud, que de pesanteur sans matière pesante.

Les deux théorèmes classiques de Newton, relatifs à l'action d'une couche sphérique sur un point matériel, extérieur ou intérieur, s'appliquent à l'électricité aussi bien qu'à la gravitation.

Chaque élément AB de la couche sphérique ABCD (fig. 21) exerce sur le point M une action proportionnelle à sa superficie AB et inverse du carré de sa distance AM. Le cône qui a pour base AB et pour sommet M, découpe sur la couche sphérique un élément A′B′; AB et A′B′ étant également inclinés

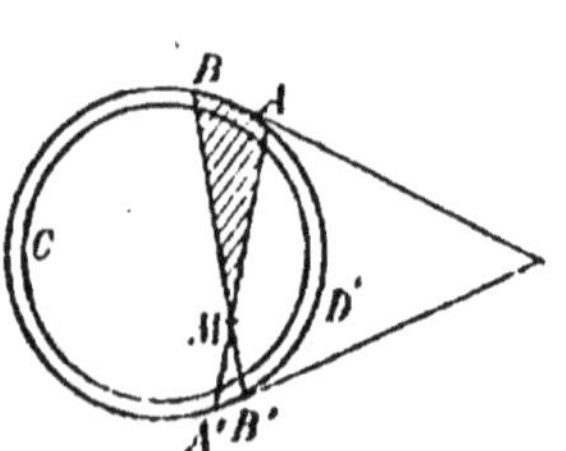

Théorème de Newton.
Fig. 21.

sur AMA′, les superficies de ces deux éléments sont en rapport inverse des carrés des distances AM — A′M; et leurs actions sur le point M égales et inverses. L'ensemble de la couche sphérique n'exerce donc aucune action sur un point matériel ou une charge électrique intérieure.

Des observations très précises montrent que l'électricité est localisée à la surface des conducteurs, et qu'à l'intérieur d'un corps fermé, il n'y a pas de *force électrique*. Suivant la remarque de Bertrand, cette propriété n'est compatible qu'avec la loi Newtonienne; et ces expériences peuvent, par suite, être considérées comme une vérification définitive de la loi trouvée par Coulomb avec sa *Balance de torsion*.

Le second théorème s'énonce ainsi : l'action d'une couche sphérique pesante ou électrisée sur un point extérieur, pesant ou électrisé, est la même que si toute la masse ou la charge était condensée au centre.

Laplace dans sa *Mécanique céleste* a introduit une fonction, employée ensuite par Poisson et qui joue un très grand rôle dans les théories électriques sous le nom de *fonction potentielle* (Green) ou de *potentiel* (Gauss).

L'action mutuelle de deux points M, M′ à une distance r l'un de l'autre ayant des charges électriques $q \cdot q'$ est dirigée suivant MM′ et égale à $f = \dfrac{qq'}{r^2}$. A une variation de distance dr correspond un travail de la force électrique (f) :

$$f \cdot dr = q \cdot q' \cdot \frac{dr}{r^2} = - qq' d \left(\frac{1}{r} \right).$$

Le travail des forces électriques correspondant à un déplacement quelconque, amenant la charge q' de M_0' en M′, est :

$$T = \int_{r_0}^{r} f \cdot dr = \int_{r_0}^{r} - q \cdot q' \cdot d \left(\frac{1}{r} \right) = \frac{q \cdot q'}{r_0} - \frac{q \cdot q'}{r}.$$

Si le point M' de charge q' est sollicité non plus par un seul point M, mais par un système de points M, le travail correspondant au déplacement de M' sera :

$$T = \Sigma \frac{q \cdot q'}{r_0} - \Sigma \frac{q \cdot q'}{r}$$

la somme (Σ) s'étendant à tous les points M de masse q du système ; q et r ayant généralement des valeurs spéciales à chaque point.

Si la charge q' du point extérieur M' est égale à l'unité

$$q' = 1 \qquad T = \Sigma \frac{q}{r_0} - \Sigma \frac{q}{r}.$$

La quantité q d'électricité peut être considérée comme la charge, non plus d'un point matériel, mais d'un élément de superficie (ds) du corps ou système électrisé, et égal au produit infiniment petit de cet élément par la densité électrique correspondante.

$$q' = 1 \qquad q = \delta \cdot ds \qquad T = \int \frac{\delta \cdot ds}{r_0} - \int \frac{\delta \cdot ds}{r}.$$

La somme $\Sigma \dfrac{q}{r}$ ou l'intégrale $\displaystyle\int \frac{\delta \cdot ds}{r}$ se nomme *potentiel relativement au point* M' ou *potentiel au point extérieur* M'.

$$P = \Sigma \frac{q}{r} \qquad P = \int \frac{\delta \cdot ds}{r}.$$

Lorsqu'on parle du potentiel (P) en un point M', cela suppose qu'il existe en ce point une charge d'électricité égale à l'unité ; si donc il n'y a pas en réalité d'électricité au point de repère M', le potentiel en M' est un *potentiel virtuel*, en ce sens qu'il ne correspond à aucune force réelle exercée en M' par le corps électrisé.

D'après la définition du potentiel en un point, et les équations précédentes :

$$T = P_0 - P$$

le travail effectué par les forces électriques pour amener

l'unité de charge ($q' = 1$) du point M'_0 où le potentiel est P_0 au point M' où le potentiel est P, est égal à la *différence des potentiels* ($P_0 - P$).

Si la charge du point M' s'éloigne à l'infini, $\dfrac{1}{r} = 0$ pour tous les points M du corps électrisé :

$$P = 0 \qquad T = P_0$$

le potentiel en un point M'_0 représente le travail des forces électriques repoussant l'unité de charge depuis ce point jusqu'à l'infini, ou le travail qu'il faut exécuter pour amener, malgré les forces électriques, une unité de charge de l'infini au point M'_0.

Pour amener la charge q' de l'infini en M'_0, il faut un travail $T = P \cdot q'$ à la condition que la position de chaque point M du corps électrisé reste invariable. Or, en général, la distribution de l'électricité sur un conducteur, et, par suite, le potentiel, sont considérablement *influencés* par la présence d'une charge voisine (q'). L'égalité $T = P \cdot q'$ n'est exacte qu'au cas où q' est très petite ou le point M' très éloigné ; alors, seulement, P peut être regardé comme constant.

Le travail correspondant au déplacement d'une charge d'un point M' à un autre de même potentiel est nul, sous les réserves faites ci-dessus. D'où il résulte qu'en tout point extérieur, la *force électrique* (F) est normale à la *surface équipotentielle*, lieu des points où le potentiel a la même valeur, qui a reçu, pour cette raison, le nom de *surface de niveau électrique*. Un point M', sollicité par la force F, ne sera en équilibre que si quelque obstacle s'oppose à son déplacement. La force F tend à déplacer le point M' normalement à la surface de niveau (P_0), vers une autre surface de potentiel supérieur (P) ; $T = P_0 - P > 0$ est un travail moteur.

Si la charge du point M' est de même signe que celle du corps (M), M' est repoussé et s'éloigne jusqu'à ce que quelque obstacle l'arrête ; si les charges sont de signes contraires, M′ tombera sur M.

Dans le cas particulier où le point M′ a une charge de même signe que M, et est situé à la surface même du corps (M), il faut, pour que l'équilibre ait lieu, que le point M′ ne puisse ni sortir de la surface, ni se déplacer dans cette surface. Il faut, pour cela, *que le potentiel soit le même en tous les points de la surface du conducteur ;* sans quoi le point M′ s'approcherait ou s'éloignerait des points où le potentiel serait différent de celui qui correspond à la position qu'il occupe. C'est ce *potentiel* ($P = \psi$) *relatif à un point de la surface* qui est le *potentiel proprement dit* du conducteur électrisé.

La surface d'un conducteur, non influencé par des charges extérieures, est donc une surface équipotentielle ou de niveau (ψ), normale en chaque point à la force électrique (F). Un point électrisé de la surface tend à s'échapper normalement et exerce, sur le milieu extérieur, une *pression électrique* qui peut être équilibrée par un obstacle non conducteur, par la pression d'un gaz. Lorsque la pression électrique est trop forte, comme il arrive aux pointes, ou que la pression extérieure est trop faible, l'électricité, c'est-à-dire la matière électrisée, s'échappe normalement des conducteurs, en produisant une réaction illustrée par le mouvement du *tourniquet électrique.* En réalité, il y a toujours *déperdition.*

Si l'on admet que la valeur de la charge totale d'un conducteur ne change pas le mode de distribution relative, que la densité électrique (δ) est, en un point déterminé, proportionnelle à la charge totale : le potentiel relatif à un point M′ sera lui-même proportionnel à la charge. On appelle *capacité électrique d'un conducteur* (C) le rapport constant de la charge $Q = \int q = \int \delta \cdot ds$ au potentiel proprement dit du corps (ψ).

$$Q = C \cdot \psi$$

La quantité d'électricité est égale au produit de la capacité par le potentiel, comme la quantité de chaleur est égale au produit de la capacité calorifique ou chaleur spécifique par la température. En cela, seulement, consiste l'analogie entre l'électricité et la chaleur, le potentiel électrique et la température. La capacité calorifique est proportionnelle au volume; la capacité électrique ne dépend que de la forme et de la surface. Dans un corps homogène, la densité de la chaleur, rapport limite de la quantité de chaleur au volume, est constante en tous les points comme la température; à la surface, le potentiel est constant, mais la densité électrique varie avec la position, la courbure.

Le potentiel (ψ) est nul pour une charge nulle ou pour une capacité infinie; le potentiel de tout corps en communication avec la terre est nul, à cause de l'immense superficie du globe. La charge d'un conducteur en communication avec la terre est nulle lorsque le conducteur n'est pas influencé par un milieu électrique, mais non dans le cas contraire.

D'après les lois de Coulomb et le premier théorème de Newton, les actions électriques sont nulles à l'intérieur d'une sphère creuse électrisée; et l'expérience prouve qu'il en est de même à l'intérieur d'un conducteur creux de forme quelconque, fermé ou peu ouvert. La position d'un corps électrisé dans l'intérieur d'un conducteur creux n'a aucune action sur la distribution de l'électricité à la surface extérieure.

Un point électrisé M′, situé dans l'intérieur d'un conducteur, n'est ainsi sollicité par aucune force, il ne tend pas à se déplacer; il faut donc que le *potentiel* soit constant en tous les points de la cavité et même de la surface intérieure du conducteur, si petite que soit l'épaisseur de la paroi. Ce potentiel est, par suite, le même que le *potentiel proprement dit* (ψ) relatif à un point quelconque de la surface extérieure; le potentiel ne dépendant que des charges et de la position géométrique du point M′. Lorsqu'on parle du *potentiel d'un conducteur électrisé* sans spécifier à quel point (M′) il se rapporte, c'est toujours du *potentiel* (ψ) *relatif à un point intérieur ou superficiel* du corps qu'il s'agit.

Le potentiel (ψ) d'une sphère électrisée, pleine ou creuse, est en tout point de la sphère le même qu'au centre, soit :

$$\psi = \int \frac{\delta \cdot ds}{r} = \frac{1}{R} \int \delta \cdot ds = \frac{Q}{R} = \frac{4\varpi R^2 \cdot \delta}{R} = 4\varpi \cdot R \cdot \delta.$$

Le potentiel d'une sphère est, pour une charge donnée (Q), inversement proportionnel au rayon ; pour une densité donnée (δ) directement proportionnel au rayon. A égalité de potentiel, la charge est proportionnelle et la densité inversement proportionnelle au rayon. Pour l'unité de charge $Q = 1$, $\psi = \frac{1}{R}$ le potentiel est égal à la courbure. Le rayon de la sphère représente la capacité électrique :

$$C = \frac{Q}{\psi} = R.$$

D'après le second théorème de Newton, une sphère agit sur un point extérieur comme si toute sa charge Q était condensée au centre. La force électrique exercée au point M′ de charge q' est :

$$F = \frac{Q \cdot q'}{r^2}.$$

Si le point M′ est à la surface même de la sphère :

$$r = R \qquad q' = \delta \cdot ds \qquad F = \frac{Q}{R^2} \delta \cdot ds$$

ou par unité de superficie :

$$F = \frac{Q \cdot \delta}{R^2} = \frac{4 \cdot \varpi \cdot R^2 \cdot \delta \times \delta}{R^2} = 4 \cdot \varpi \cdot \delta^2.$$

Telle est la *pression électrique* normale à la surface et

proportionnelle au carré de la densité électrique superficielle.

Dans les raisonnements précédents, on considère les
points de la surface du conducteur comme faisant partie,
tantôt de l'intérieur où il n'y a pas de force, tantôt de
l'extérieur où la force électrique est déterminée par la
distance au centre de la sphère. L'extérieur et l'intérieur
ne se confondent pas cependant ; l'électricité, ou plutôt la
matière électrisée occupe, non une surface géométrique
dénuée d'épaisseur, mais une couche d'épaisseur finie.
Cette épaisseur est certainement extrêmement petite ; par
suite, la distance d'un point de cette couche à un autre et
le potentiel, peuvent être regardés comme indépendants
de cette épaisseur, à moins que le conducteur ne soit lui-
même extrêmement petit.

Pour connaître le potentiel d'une sphère électrisée
$\psi = \dfrac{Q}{R}$, il suffit de mesurer le rayon et la charge au moyen
de la balance de torsion. Pour connaître le *potentiel d'un
conducteur quelconque*, il suffit de le mettre en communication avec une sphère métallique assez petite et assez
éloignée pour que l'influence soit insensible, et de mesurer le potentiel de la sphère qui sera le même que celui
du conducteur. Cette *petite sphère d'épreuve*, avec son fil
métallique servant à établir la *communication lointaine*, joue
le rôle de *thermomètre électrique* (Véber).

Le potentiel des conducteurs d'une *machine électrique* (à
frottement ou à influence), ainsi mesuré, est très élevé et
constant pour un appareil déterminé ; sa valeur dépend
d'ailleurs de la grandeur de la forme et de la disposition
des conducteurs.

Il suffit d'approcher les uns des autres des conducteurs
munis de pendules, dont un au moins est électrisé, pour

mettre en évidence l'*influence électrique*, c'est-à-dire le changement plus ou moins considérable apporté dans la distribution et la production de deux quantités égales d'électricités contraires, localisées dans des zones superficielles (Œpinus).

Un cas fort intéressant, assez simple pour être soumis au calcul et qui suffit à donner une idée très complète de la *condensation électrique*, c'est l'influence réciproque de deux sphères, l'une intérieure de rayon r ayant une charge Q, l'autre creuse entourant la première.

On démontre expérimentalement que le conducteur enveloppant sous l'influence de la petite sphère r, se charge, à l'intérieur, d'une quantité — Q d'électricité contraire à celle de r, et à l'extérieur d'une quantité + Q ; et cela, pour un conducteur creux de forme quelconque, pourvu qu'il ne soit pas trop ouvert. Si l'on met en communication les deux sphères, R et r, la sphère intérieure est complètement déchargée et la sphère extérieure garde une charge + Q justement égale à la charge primitive de la sphère intérieure ; que cette sphère r reste en contact ou soit complètement retirée de l'intérieur de l'autre. Ce phénomène est complètement indépendant de l'état initial de la sphère extérieure ; si elle possède primitivement une charge Q', elle aura, après le contact intérieur avec la petite sphère r, une charge Q' + Q. En introduisant de nouveau la sphère r chargée de Q, on donnera, *par le contact intérieur*, une nouvelle charge Q à la sphère R qui aura pour charge totale Q' + 2Q. On peut, par ce procédé, donner à un conducteur creux, telle charge qu'on veut (Maxwell).

Que l'on introduise la sphère r à la charge + Q dans la grande, et que l'on mette celle-ci en communication avec le sol ; la

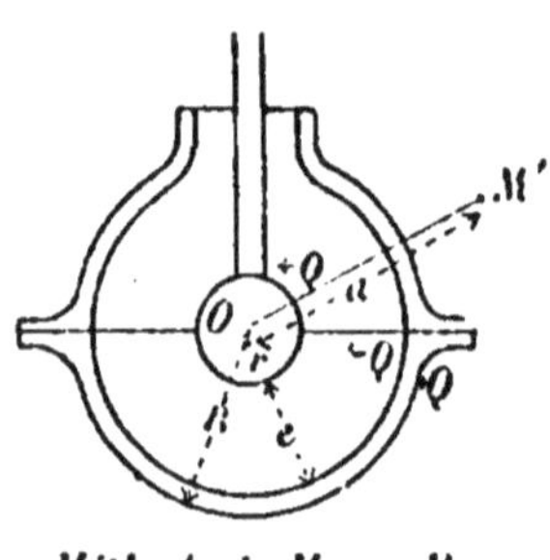

Méthode de Maxwell

Fig. 22.

sphère R gardera seulement la charge — Q à sa surface intérieure. Pour un point quelconque M' à une distance OM' $= a$ du centre commun des deux sphères, le potentiel du système (R, r) est la somme des potentiels relatifs aux deux charges + Q, — Q. Il est nul en tout point extérieur à la grande sphère ou de sa surface :

$$P = \frac{+ Q}{a} + \frac{- Q}{a} = 0.$$

Pour tout point situé entre les deux sphères :

$$P = \frac{+ Q}{a} + \frac{- Q}{R} = + Q \frac{R - a}{R \cdot a}.$$

Pour un point de la surface de la petite sphère $a = r$ et pour tout point intérieur

$$P = Q \frac{R - r}{R \cdot r} = Q \cdot \frac{e}{R \cdot r}$$

e étant la distance (R — r) qui sépare les deux surfaces conductrices.

Si l'on met en communication avec une source électrique au potentiel p le conducteur intérieur r, il prendra une charge $Q = p \cdot \dfrac{R \cdot r}{e}$, tandis que la charge serait seulement $Q_1 = p \cdot r$

$$Q_1 = Q \cdot \frac{R}{e}$$

si la petite sphère était seule au lieu d'être entourée et influencée par un conducteur extérieur en communication avec le sol. Sa capacité r devient $r \dfrac{R}{e}$; elle augmente en raison inverse de la distance e des conducteurs; et le conducteur extérieur prend une charge égale et contraire à celle du conducteur intérieur. C'est en cette augmentation de capacité que consiste la *condensation électrique*; le système des deux sphères est l'image théorique de la *Bouteille de Leyde.*

L'énergie électrique d'un corps électrisé est le plus grand travail d'attractions ou de répulsions électriques qu'il peut produire.

Pour amener une charge infiniment petite — dQ d'un point où le potentiel est nul $P_o = 0$ en un point au potentiel P, les forces électriques font un travail $dT = P \cdot d \cdot Q$. Si cette charge est amenée au potentiel ψ sur le conducteur lui-même dont la charge est $+ Q$, celle-ci deviendra $+ Q — dQ$ et le potentiel ψ diminuera proportionnellement. Une nouvelle charge $—dQ$ amenée de l'infini ou du potentiel zéro sur le conducteur, correspondra à un nouveau travail $dT = \psi \cdot dQ$ différent du premier à cause de la variation de ψ. Le travail de déchargement complet du conducteur, c'est-à-dire le travail qui correspond au transport à sa surface de la charge $— Q$ annulant son potentiel, sera :

$$T = \int_0^\psi \psi \cdot d \cdot Q.$$

Les deux charges $+ Q$ et $— Q$ auront ainsi perdu toute propriété attractive ou répulsive ; le travail T peut être considéré comme l'énergie de ces deux charges, ou comme le double de l'énergie de chacune d'elles. Mais il faut remarquer que la charge $+ Q$ suffit à développer une charge $— Q$ sur un conducteur extérieur en communication avec le sol. On peut supposer le conducteur à la charge $+ Q$ enveloppée d'une sphère de rayon (R) infini en communication avec le sol ; alors :

$$\frac{R}{e} = \frac{R}{R — r} = 1$$

et

$$P = \frac{Q}{r} \cdot \frac{e}{R} = \frac{Q}{r} = \psi$$

et la capacité reste constante :

$$C = \frac{Q}{\psi}.$$

L'énergie électrique d'une charge Q au potentiel ψ est donc :

$$T = \int_0^{\psi} \psi \cdot dQ = \int_0^{Q} \frac{Q \cdot dQ}{c} = \frac{1}{2} \frac{Q^2}{c} = \frac{1}{2} \psi \cdot Q.$$

L'énergie électrique est égale au demi-produit de la charge par le potentiel. Cette énergie électrique est une *énergie externe*, somme de l'*énergie d'influence* et de l'*énergie potentielle* ou *énergie de position*.

Le potentiel d'un corps pesant m, à une hauteur H au-dessus de la surface de la terre est :

$$\frac{M \cdot m}{R + H},$$

M et R étant la masse et le rayon de la terre. L'énergie relative à la chute H est :

$$\frac{Mm}{R} - \frac{Mm}{R + H} = \frac{M \cdot m}{R(R + H)} H$$

et lorsque H est très petit relativement à R :

$$\frac{Mm}{R^2} H = q \cdot H;$$

le poids :

$$q = \frac{M \cdot m}{R^2}.$$

Pour l'unité de poids $p = 1$, l'énergie est égale à la chute H. C'est par analogie qu'on dit : l'*énergie électrique de position relative* est égale à la *chute de potentiel*.

Cette théorie n'explique aucun des rapports des phénomènes électriques avec les circonstances mécaniques, physiques, chimiques, physiologiques de leur production.

L'électricité est intimement liée à la capillarité. De nombreuses expériences ont montré combien les formes liquides et les phénomènes qui en résultent dépendent de l'état électrique. Une bulle d'eau de savon grossit quand elle est électrisée (Van Marum); une goutte de mercure se contracte dans diverses circonstances électriques (Gerboin - Herschell - Lippmann); inversement, l'écoulement goutte à goutte du mercure, chaque goutte se formant et grossissant dans de l'eau acidulée, produit de l'électricité (Lippmann); les dénivellations capillaires du mercure varient beaucoup avec l'état électrique du ménisque (Lippmann).

La mince couche d'humidité qui adhère au verre avant de le mouiller, suffit à le rendre très bon conducteur de l'électricité.

Les phénomènes capillaires et les phénomènes d'électricité statique ont un sens; ils sont essentiellement superficiels et se produisent au contact des corps hétérogènes. Les uns sont indépendants de l'espèce et de l'épaisseur des vases, pourvu qu'ils soient mouillés; les autres sont indépendants de l'épaisseur et de l'espèce des corps électrisés, pourvu qu'ils soient bon conducteurs. La courbure superficielle et la pression normale à la surface ont la plus grande influence sur ces deux ordres de phénomènes, et sont liées entre elles, dans chacun d'eux, par des rapports intimes. Les dénivellations hydrauliques se produisent sur les bords des grandes surfaces liquides; l'électricité s'accumule sur les bords des conducteurs. Les phénomènes capillaires se manifestent surtout dans les vases étroits; les phénomènes électriques ont une intensité toute particulière aux pointes, qui sont les homologues des tubes capillaires.

Le parallélisme va même, en certaines circonstances, jusqu'à l'égalité des relations numériques. La loi de Laplace d'après laquelle la dénivellation capillaire dans un tube est double de celle qui se produit entre deux lames parallèles lorsque le *ménisque cylindrique* a le même diamètre que le *ménisque sphérique concave* du tube, cette loi a son analogue dans la distribution de l'électricité sur un

conducteur *cylindrique* terminé par deux *hémisphères convexes :* la densité électrique est aux extrémités sphériques
double de ce qu'elle est au milieu du cylindre.

Si rapprochés qu'ils soient, ces phénomènes sont séparés par le fait que les actions électriques s'exercent à
des distances quelconques comme la gravitation et le magnétisme, tandis que les actions capillaires, comme les
actions chimiques, ne sont sensibles qu'à des distances
extrêmement petites.

L'hypothèse de Laplace sur le *rayon d'activité corpusculaire* s'applique à tous les corps et conduit à la conception
d'une couche ou *bulle* superficielle, aussi bien chez les
solides que chez les liquides. Constamment tendue, cette
atmosphère a une action sensible sur les liquides, détermine la forme des petites gouttes et généralement celle
de toutes les masses peu influencées par la pesanteur; les
solides au contraire ont leur forme propre qui ne peut
être changée sans l'action d'efforts mécaniques énergiques
ou de la chaleur.

On pourrait chercher dans cette *atmosphère superficielle* l'explication des liens qui unissent les phénomènes
capillaires à l'électricité : les points matériels électrisés
formeraient à eux seuls une membrane *expansive,* constamment à l'état de compression superficielle et exerçant
sur le milieu une pression ou une traction, suivant qu'elle
est convexe ou concave. (Sans une influence externe, il
n'y a pas d'électricité dans les concavités.) Les points
matériels non électrisés forment, à eux seuls, une membrane *contractile,* constamment tendue. Dans l'atmosphère
d'un conducteur électrisé, les points électrisés seraient
mélangés aux autres, et il en résulterait une bulle ayant
une tension différentielle, positive ou négative. Ainsi
pourrait être rattachée à la théorie statique de Laplace la
variation électrique de la constante capillaire trouvée par
Lippmann.

15. — Lois des courants électriques.

Galvani et Volta (1789). — Œrsted (1819).
Ampère (1820). — Faraday (1832). — Grotthus.
Ohm. — Pouillet. — Becquerel. — De la Rive.
Weber. — Clausius. — Helmholtz. — Joule. — Berthelot.

Deux courants ont même intensité, par définition, lorsqu'ils produisent, dans les mêmes circonstances la même déviation de l'aiguille aimantée.

L'intensité d'un courant, appréciée au *galvanomètre* d'Œrsted, est la même en tous les points d'un circuit (Pouillet).

La décomposition chimique d'une matière donnée par un courant est la même en tous les points d'un circuit (Faraday).

La quantité décomposée d'une matière déterminée est proportionnelle à l'intensité galvanométrique (Pouillet). Les intensités peuvent être mesurées au *voltamètre* de Faraday.

Dans la décomposition de l'eau (OH^2) ou d'un sel (SO^4Zn) par le circuit extérieur à la pile, le métal (Zn) ou l'hydrogène (H^2) se porte à l'électrode négative ; l'oxygène (O) ou le radical acide (SO^4) à l'électrode positive. Dans l'intérieur de la pile, il existe un courant contraire au courant extérieur, en ce sens que le métal d'un sel décomposé au sein même de la pile se porte à l'électrode positive. Le cuivre du sulfate de cuivre dans la pile de Volta se porte sur le zinc et le recouvre ; le courant est ainsi affaibli. Les *piles à courant constant* (Becquerel) sont exemptes de cet inconvénient.

Les quantités décomposées de diverses matières, dans un même circuit, sont proportionnelles à leurs équivalents chimiques (Faraday). Lorsque deux corps se combinent en plusieurs proportions, c'est généralement l'élément électro-négatif qui détermine la quotité de la décomposition (Becquerel) : la même quantité de chlore est mise en liberté dans la décomposition des deux chlorures de cuivre $Cu Cl^2$, $Cu^2 Cl^2$; les quantités de cuivre Cu'' $Cu^{2'''}$ (*cupricum*) et (*cuprosum*) sont double l'une de l'autre.

L'*intensité* I d'un courant peut être regardée comme le rapport de deux caractéristiques, la *force électromotrice* E qui ne dépend que de la source, la *résistance* R qui ne dépend que du circuit (Ohm) :

$$I = \frac{E}{R} \qquad E = I \cdot R.$$

La résistance d'un conducteur est proportionnelle à la longueur (l), inversement à la section (s) et à un *coefficient de conductibilité* spécifique (c) [Ohm, Pouillet] :

$$R = \frac{l}{c \cdot s}.$$

La force électromotrice ne dépend que de la nature des corps, solides ou liquides, agissant les uns sur les autres, mais nullement de la grandeur et de la forme de la pile; la *résistance intérieure* de la pile, qui est une fraction de la résistance totale, et par suite l'intensité du courant varient au contraire beaucoup avec la superficie des électrodes, leur distance et en général avec la disposition de la pile.

L'intensité totale d'un courant est égale au rapport de la somme des forces électromotrices des divers éléments de la pile à la somme des résistances extérieures et intérieures (Ohm) :

$$I = \frac{\Sigma \cdot E}{\Sigma \cdot R}.$$

De là résultent deux dispositions des piles : en *tension*, chaque électrode positive étant réunie à l'électrode négative de l'élément voisin; en *quantité*, toutes les électrodes de même signe étant réunies ensemble.

La chaleur développée dans un circuit électrique quelconque, mesurée au *calorimètre* de Fabre et Silbermann, ne dépend que des actions chimiques et du travail effectué. S'il n'y a pas de décomposition extérieure, pas de travail consommé, la quantité de chaleur est proportionnelle à la quantité d'action chimique de la pile (Joule).

La quantité de chaleur dégagée dans un circuit ou une portion de circuit est proportionnelle au carré de l'intensité du courant et à la résistance du circuit (R) ou de la portion considérée du circuit (r) [Joule] :

$$Q = r \cdot I^2.$$

L'énergie calorifique (Q) produite dans tout le circuit est égale à l'intensité multipliée par la force électromotrice (Joule) :

$$Q = R \cdot I^2 \qquad R \cdot I = E \qquad Q = E \cdot I.$$

Pour $I = 1$ $Q = E$, la force électromotrice est égale à l'énergie calorifique correspondant à l'unité d'intensité, ou à la réaction d'un équivalent électro-chimique (W. Thomson).

D'après les lois de la conservation de l'énergie, des équivalents électro-chimiques, et de l'énergie des courants, pour qu'une décomposition chimique puisse être produite dans un circuit électrique, il faut que la somme des forces électromotrices de la pile soit supérieure à la quantité de chaleur correspondant à la décomposition d'un équivalent du corps. Cela explique comment il faut plusieurs éléments de même espèce pour produire certaines décompositions.

La décomposition d'un mélange de solutions diverses peut se produire de différentes manières; les plus petites forces électromotrices produisent les réactions qui correspondent au minimum de chaleur; les réactions qui exigent plus de chaleur se produisent lorsque les forces électromotrices ont une valeur suffisamment élevée (Berthelot).

Deux éléments de courants s'attirent lorsqu'ils convergent tous les deux $(a - b)$, ou divergent tous les deux, relativement à la perpendiculaire élevée sur les droites suivant lesquelles ils sont dirigés ; ils se repoussent lorsque l'un des éléments (a) est dirigé vers cette normale et que l'autre (c) s'en éloigne (Ampère). [Fig. 23.]

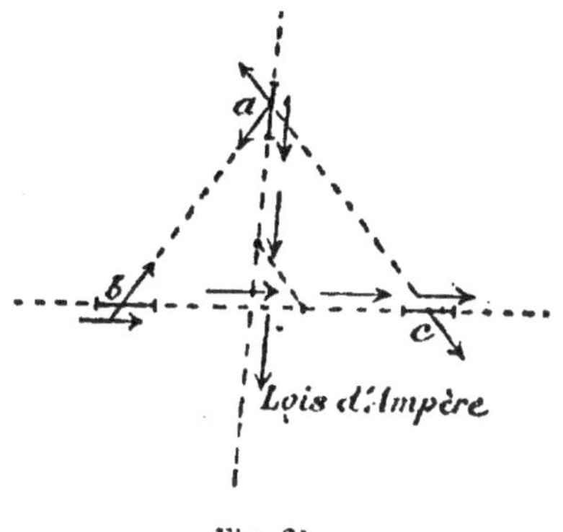

Fig. 23.

Force électrodynamique : force f qui sollicite deux éléments ds, ds', d'intensité i, i', à une distance r, faisant entre eux un angle ω, et des angles θ et θ' avec la ligne qui joint leurs centres :

$$f = -\frac{2 \cdot i \cdot i' ds \cdot ds'}{r^2} \left(\cos\omega - \frac{3}{2} \cos\theta \cdot \cos\theta' \right) \qquad \text{(Ampère)}$$

attraction ou répulsion suivant le signe de f, cette force est dirigée suivant la ligne des centres des éléments. Dans le cas où ds et ds' sont parallèles et situés à l'extrémité de la perpendiculaire commune :

$$f = +\frac{(i \cdot ds)(i' ds')}{r^2}$$

$\cos\theta$ et $\cos\theta'$ peuvent être remplacés par des fonctions différentielles de ds, ds' et de r ; de la formule d'Ampère ainsi transformée on déduit l'expression du travail correspondant à un déplacement quelconque des éléments.

Énergie potentielle de deux circuits : Travail des forces électrodynamiques correspondant au transport de l'un des circuits depuis la position qu'il occupe jusqu'à l'infini. — Dans le cas où ces circuits sont fermés, cette énergie est, d'après Newman :

$$T = ii' \int \int \frac{\cos\omega}{r} ds \cdot ds' \cdot$$

Un courant qui commence ou un circuit qui s'approche détermine, dans un fil conducteur parallèle voisin, un courant de très faible durée, de sens contraire au sien ; un courant de même sens est *induit* par un courant qui finit ou qui s'éloigne (*Induction* de Faraday). Suivant la formule de Lenz : quand on change la position du circuit *inducteur*, le courant *induit* est de sens tel qu'il gêne le mouvement.

« Faraday resta quelque temps persuadé que le fil induit, quoique calme ou sans action pendant le passage du courant inducteur, n'était cependant pas dans son état naturel, puisque son retour à cet état s'annonçait par le courant observé à la rupture du circuit. Il appela cet état hypothétique du fil l'état *électro-tonique*... expression encore employée par M. du Boys-Raymond pour désigner une certaine condition électrique des nerfs... » (Tyndall.)

L'*induction* n'est guère sensible que dans le cas où les fils inducteur et induit sont très longs et forment deux *bobines* concentriques.

Les deux courants induits, *direct* et *inverse*, de *fermeture* et d'*ouverture*, ont une intensité variable pendant leur courte durée ; ils transportent les mêmes quantités d'électricité, mais l'intensité maxima du courant direct est supérieure à l'intensité maxima du courant inverse.

L'induction s'exerce individuellement sur chaque élément ; elle est proportionnelle à la longueur des fils et à l'intensité de l'inducteur, variable avec leur position relative, indépendante de la nature des conducteurs et la même pour un courant sinueux ou rectiligne. La force électromotrice d'induction est proportionnelle à la vitesse du déplacement (Felici).

Le déplacement d'un courant dans le voisinage d'un autre courant correspond à un certain travail. Deux circuits électriques libres, agissant l'un sur l'autre suivant les lois d'Ampère, éprouveront un déplacement relatif ; d'où un certain travail (T) qui ne peut être produit qu'aux dépens de l'énergie des deux courants.

La relation :

$$EI = R \cdot I^2 + T$$

devient, lorsqu'il n'y a pas de déplacement relatif,

$$E \cdot I_0 = R \cdot I_0^2.$$

Cette variation d'intensité $(I_0 - I)$ qui accompagne le déplacement relatif de deux courants, pour Helmholtz, c'est l'*induction*.

Quoique ces considérations n'expliquent nullement la production des courants dans un circuit neutre par le déplacement, le commencement ou la fin d'un courant voisin ; cette relation n'en est pas moins très remarquable, qui rattache l'induction aux lois d'Ampère, de Ohm et de Joule par la doctrine de la conservation de l'énergie.

16. — Propagation de l'électricité.

Ohm considère un *courant électrique* comme un *flux d'électricité* analogue au flux normal de chaleur, flux ou quantité d'électricité proportionnel à la différence de *tension* électrique ; aujourd'hui, on dit proportionnel à la *chute de potentiel*.

Les lois de la propagation électrique sont celles de Fourier : dans un fil conducteur homogène, à section constante, traversé par un courant à l'état de régime permanent, les potentiels varient, comme les distances aux extrémités, en progression arithmétique :

$$\psi = -\frac{\psi_0 - \psi_1}{l} z + \psi_0$$

ψ_0 et ψ_1 potentiels des deux sources ; l longueur du fil ; ψ potentiel à la distance z de la source ψ_0.

Intensité du courant ou flux d'électricité :

$$I = -c \cdot s \cdot \frac{d\psi}{dr} = \frac{\psi_0 - \psi_1}{\left(\dfrac{l}{c \cdot s}\right)} = \frac{E}{R}$$

c coefficient de conductibilité, s, l section et longueur du fil ; $R = \dfrac{l}{cs}$ *résistance* électrique.

La *force électromotrice* $E = \psi_0 - \psi_1$ est égale à la *chute de potentiels*.

Énergie électrique ou quantité de chaleur produite par un courant :

$$I(\psi_0 - \psi_1) = I \cdot E = RI^2.$$

Elle est égale au produit de l'intensité par la chute de potentiel ou force électromotrice.

Les lois de Ohm et de Joule sont ainsi expliquées ; mais cette théorie prête si largement le flanc à la critique, que personne, je crois, ne s'en déclare parfaitement satisfait.

Si l'on isole un élément de pile et qu'on mette en communication le cuivre avec un conducteur A, le zinc avec un conducteur B (les deux plateaux de l'électroscope condensateur de Volta), ces deux conducteurs, une fois séparés de la pile, seront chargés : A d'électricité positive au potentiel $+ \psi_0$, B d'électricité négative au potentiel $- \psi_1$. La différence de potentiel $(+ \psi_0 - \psi_1)$ est extrêmement petite relativement aux potentiels des machines à frottement. Les deux conducteurs A et B étant mis en communication, il y a *courant électrique* pendant que s'établit l'égalité de potentiels.

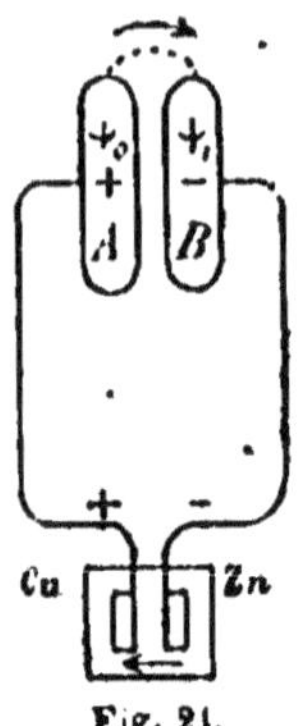

Fig. 21.

Un circuit dans lequel passe un courant électrique est regardé comme formé par une série de conducteurs (A — B) dont l'*électricité neutre* est décomposée et de liquides chimiquement décomposés ; l'électricité positive et les éléments métalliques se portent vers le potentiel négatif ; l'électricité négative, l'oxygène, les radicaux acides vers le potentiel positif. Les électricités sont liées aux éléments correspondants. Conventionnellement, le courant va du potentiel positif au potentiel négatif, comme le métal mis en liberté. L'énergie électrique est le travail des forces électriques, relatives au déplacement ou à la variation de potentiels; la chaleur et le travail chimique de la pile sont donc considérés comme le résultat des attractions et répulsions électriques exercées par le cuivre et le zinc, aux potentiels $+ \psi_0$ et $- \psi_1$ sur l'électricité neutre du circuit.

La preuve évidente que l'électricité statique et l'électricité dynamique ne sont pas une seule et même chose, c'est la *dualité de l'étincelle d'induction*. Par le fait, un léger courant accompagne l'électricité statique en mouvement; un peu d'électricité statique accompagne le courant voltaïque. Les deux genres d'électricité se produisent dans l'induction; mais ne se confondent pas plus que la chaleur avec les dilatations thermiques, que le courant mobile avec le courant qu'il induit. Le *courant électrique*, essentiellement chimique, est régi par les lois expérimentales de Ohm, de Joule, de Faraday; la théorie du potentiel ne s'applique qu'à l'*électricité superficielle* en repos ou en régime permanent.

La théorie de Fourier pourrait être appliquée à l'écoulement superficiel de l'électricité; le flux aurait pour expression :

$$Q = - c \cdot p \cdot e \, \frac{d\psi}{dz}.$$

A égalité de conductibilité c, de périmètre p et d'épaisseur e de l'atmosphère électrique, les potentiels varieraient en progression arithmétique.

L'expérience vérifie cette variation de potentiels et aussi, paraît-il, la proportionnalité de la *force électromotrice* des piles à la *différence de potentiels* des électrodes. Les procédés d'investigation en cette matière sont singulièrement abstrus à mon sens. La mesure des forces électromotrices au moyen de galvanomètres ou d'électromètres, se fait toujours dans de telles circonstances que le courant effectif est nul ou extrêmement faible ; ce qui ne laisse pas d'inspirer, sur leurs valeurs, des doutes, mal définis assurément, mais qui n'en existent pas moins.

La force électromotrice et par suite le produit $I \times R = E$ sont entièrement déterminés par la source et indépendants du circuit. Lorsque le circuit est *ouvert*, la résistance (R) est infinie, l'intensité (I) nulle et l'on regarde la force électromotrice comme conservant la même valeur qu'en circuit fermé. Absolument, l'équation $E = I \cdot R = \dfrac{0}{0}$ ne signifie plus rien. En réalité, il n'y a plus de courant, plus d'intensité, plus de résistance, plus de force électromotrice, lorsque le circuit est coupé, lorsque le courant est interrompu.

La force électromotrice d'une pile en activité est égale à la quantité de chaleur correspondant à l'unité d'intensité ou à la réaction d'un équivalent chimique. Les forces électromotrices mesurées au calorimètre sont-elles proportionnelles aux chutes de potentiel ?

17. — Magnétisme.

Gilbert (1600). — Œpinus (1760).
Coulomb (1793). — Gauss (1837).
Poisson (1821). — Faraday. — W. Thomson.
Biot. — Rowland. — Jamin. — Wiedemann.

L'*aimant* naturel est un oxyde salin de fer $Fe^3O^4 = FeO$, Fe^2O^3 ; mais tous les oxydes salins naturels ou artificiels, de la même composition chimique, ne sont pas des aimants. La pyrite magnétique Fe^3S^4, sulfure homologue de l'oxyde ferroso-ferrique Fe^3O^4, est aussi un aimant naturel. Les barres de fer ou d'acier, à poste fixe, s'aimantent spontanément sous l'action de la terre.

Les aimants, naturels ou artificiels, ont la propriété d'attirer le fer et de communiquer leurs propriétés au fer ou à l'acier, d'une façon permanente ou passagère, sans rien perdre des leurs; cela, soit par influence à distance ou au contact, soit par frictions ordonnées. « L'aimant non seulement attire une aiguille, mais infond encores en icelle sa faculté d'en attirer d'aultres. » (Montaigne.)

L'aiguille aimantée s'oriente spontanément dans une direction plus ou moins voisine de l'axe terrestre, suivant les temps et les lieux. Un barreau aimanté régulièrement a deux pôles : le *pôle Nord qui se dirige vers le Nord* et le *pôle Sud.*

Les forces terrestres qui sollicitent l'aiguille aimantée se réduisent à un *couple directeur.*

Moment magnétique d'un barreau aimanté : le moment du couple directeur qui sollicite le barreau en un lieu et à une époque déterminée. Il se mesure à la balance de torsion ou au nombre d'oscillations à la seconde (Coulomb).

Pôles : points d'application des résultantes des actions terrestres sur l'aimant, ou extrémités de l'*axe magnétique :* bras de levier du couple directeur.

Quantité de magnétisme d'un pôle : force directrice ou rapport du moment à l'axe magnétique; les quantités de magnétisme des deux pôles d'un barreau aimanté sont égales et de signes contraires.

Le couple directeur se compose d'un couple de *déclinaison* horizontal, et d'un couple d'*inclinaison* vertical.

Les pôles de même nom se repoussent et les pôles de noms contraires s'attirent, proportionnellement aux quantités de magnétisme et en raison inverse du carré des distances. (Lois de Coulomb vérifiées approximativement sur les aimants très longs dont un pôle peut être considéré comme agissant seul, et démontrées indirectement par la vérification des conséquences. — Gauss.)

$$f = \pm \frac{q \cdot q'}{r^2}.$$

Pour $q = 1$ $q' = 1$ $r = 1$ $f = 1$: l'unité de quantité de magnétisme est celle d'un pôle qui produit une attraction ou une répulsion égale à l'unité de force, sur un pôle égal placé à l'unité de distance.

Tout fragment d'un barreau aimanté est un aimant. Un aimant est considéré comme constitué par la réunion d'*aimants élémentaires*, ayant chacun deux pôles $(+q, -q)$ à l'extrémité d'un axe magnétique très petit (l), et dont les actions sur un *point magnétique*, c'est-à-dire sur une quantité de magnétisme condensée en un point, sont régies par les lois de Coulomb. Telle est la base de la *Théorie du magnétisme* de Poisson, établie sous sa forme actuelle par W. Thomson. Elle a nécessairement de grandes analogies avec la théorie de l'électricité statique, la loi élémentaire étant la même.

Le *potentiel magnétique* est défini comme en électricité ; il est égal à $\mathrm{P} = \Sigma \frac{q}{r}$, q étant la quantité de magnétisme d'un des points du système agissant sur l'unité de magnétisme $(q' = 1)$ à la distance r. Les *forces magnétiques* sont en chaque point normales à la surface équipotentielle ou de *niveau magnétique*. L'*énergie potentielle magnétique* relative, travail correspondant au déplacement d'une quantité de magnétisme d'un potentiel à un autre, est égale au produit de cette quantité par la chute de potentiels.

Sous l'*influence* d'un pôle, un barreau de *fer doux* devient un aimant ayant deux pôles $(+q', -q')$; en ces deux pôles les potentiels sont de signes contraires. Si le barreau de fer doux est très petit, les distances (r) de ces deux *pôles induits* au *pôle inducteur* seront sensiblement les mêmes, et les potentiels seront égaux et de signes contraires. Les deux forces magnétiques sollicitant l'aimant induit seront égales, de même direction et de sens opposés. Et l'axe magnétique se placera dans la direction commune des forces magnétiques, normalement à la surface de niveau qui coupe le petit barreau. C'est ainsi que la limaille de fer, autour d'un aimant, détermine en chaque point la direction des forces magnétiques, et représente matériellement ces *lignes de force* qui ont tenu une si grande place dans le cerveau de Faraday. Les lignes de forces relatives à un pôle réduit à un point géométrique seraient des droites passant par ce point, et les surfaces de niveau des sphères concentriques.

L'énergie potentielle actuelle d'un aimant AB est le travail dépensé pour l'amener, dans le milieu actuel, de l'infini à la position qu'il occupe; elle est égale à la somme des énergies des deux pôles :

$$T = q'(P - P_i).$$

Si l'aimant AB est assez petit ou assez éloigné des points magnétiques (q) qui le sollicitent, pour que les forces magnétiques (F) qui agissent sur les deux pôles soient sensiblement égales :

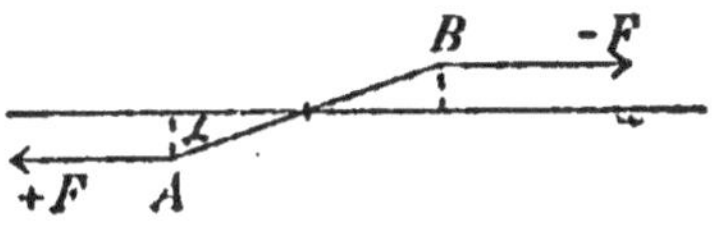

Forces magnétiques.

Fig. 25.

$$T = q' \left(\frac{q}{r} - \frac{q}{r + l \cos\alpha} \right) = \frac{q' \cdot q}{r(r + l\cos\alpha)} l \cdot \cos\alpha$$

$$= \frac{q}{r^3} \cdot q' \cdot l \cos\alpha = F \cdot M \cdot \cos\alpha$$

la longueur de l'aimant $l = AB$ étant négligeable à côté de la distance r au point q.

$M = q' \cdot l$ moment magnétique de l'aimant AB; α l'inclinaison de son axe sur la direction des forces $F = \dfrac{q}{r^3}$.

L'équilibre a lieu et l'énergie est maximum $T = F \times M$ pour $\cos\alpha = 1$, lorsque l'axe AB de l'aimant est dans la direction de la force magnétique; il est stable ou instable suivant le sens dans lequel il est placé. L'énergie est nulle $T = 0$ pour $\cos\alpha = 0$ $\alpha = 90°$, lorsque l'aimant est normal à la force magnétique. Pour mettre l'aimant, dirigé suivant la force magnétique, en croix avec cette direction, il faut un travail égal à l'énergie actuelle, le même que pour l'éloigner indéfiniment.

Un aimant peut être considéré comme formé de *filets*

magnétiques, c'est-à-dire de files d'aimants élémentaires placés bout à bout; l'axe magnétique de chaque élément est tangent à la direction du filet; l'axe d'un filet est l'enveloppe d'axes élémentaires. L'action répulsive qu'exercent entre eux les filets d'un barreau aimanté régulièrement, détermine leur divergence et la forme en gerbe de leur faisceau. Chaque filet tourne sa concavité vers l'extérieur. L'action d'un filet se réduit à l'action de ses extrémités, plus ou moins voisines de la surface du barreau.

En limant ou attaquant à l'acide les grandes faces d'une barre prismatique d'acier aimantée, en diminuant ainsi le volume sans faire varier notablement la superficie, on enlève une partie considérable du magnétisme. Le noyau restant peut être réaimanté et acquérir un magnétisme à peu près égal à celui de la barre primitive. D'où résulte que l'aimantation d'une barre épaisse d'acier homogène est principalement superficielle (Jamin).

On emploie depuis longtemps, pour l'aimantation et l'induction, des faisceaux de fer doux, de préférence à un gros aimant unique, dont la superficie est moindre.

« Plus l'acier est conducteur, c'est-à-dire plus les courbes magnétiques sont allongées, plus l'aimantation est superficielle. Les aciers recuits et courts s'aimantent à la surface, tandis que les aciers trempés et longs s'aimantent à peu près uniformément, dans toute l'épaisseur. Quand la carburation de l'acier augmente, les barreaux s'aimantent plus uniformément, en même temps que la quantité totale de magnétisme dont ils sont susceptibles diminue. » (Jamin.)

Les actions mécaniques statiques ou dynamiques, torsion, choc, etc., comme le mode de refroidissement et la composition chimique, ont une action considérable sur la capacité d'aimantation, temporaire et permanente. Quand on chauffe suffisamment un aimant, on enlève toute aimantation.

Par des passes ou des inductions successives, on augmente beaucoup l'aimantation ; en même temps, les pôles s'écartent entre eux, se rapprochent des extrémités, ce qui accroît encore le moment magnétique.

L'aimantation superficielle existe à la surface concave comme à la surface convexe, dans les cavités aussi bien qu'à l'extérieur ; contrairement au mode de distribution de l'électricité statique.

Quelques aimants irréguliers présentent des *doubles pôles* intermédiaires ou *points conséquents*. Ils peuvent être assimilés à une série d'aimants placés bout à bout en opposition. Suivant que leur nombre est pair ou impair, les pôles extrêmes sont de même nom ou de noms contraires.

L'influence d'un pôle sur une barre de fer doux détermine deux pôles ; la ligne neutre n'est au milieu de la barre que dans le cas où elle est très éloignée du pôle influent.

Lorsque la barre est en contact avec l'aimant, celui-ci est prolongé, en ce sens que l'action extérieure du pôle ne se fait sentir qu'à l'extrémité du fer doux, qui prend dans ces conditions le nom d'*armature*. En courbant un aimant droit en fer à cheval, on change très peu la distribution du magnétisme. Si l'on met en contact avec les deux pôles ainsi rapprochés une armature de fer doux, l'action extérieure de l'aimant sera généralement très réduite. Un grand nombre des filets magnétiques de l'aimant formeront avec les filets développés par influence dans l'armature, des *filets magnétiques fermés*, n'ayant aucune action externe. L'adhérence de l'armature ou la *force portative* de l'aimant, c'est-à-dire la force capable de rompre le contact, est d'autant plus grande, pour un aimant déterminé, que l'effet extérieur du système de l'aimant et de son armature est plus réduite. Guidé par ces considérations, Jamin a construit des *aimants à lames* et à armatures spéciales, très puissants.

Lorsqu'un aimant supporte un certain poids, on peut augmenter chaque jour la charge jusqu'à une certaine limite au delà de la quelle l'armature se détache. L'aimant est alors incapable de reporter immédiatement les mêmes charges, et il faut le recharger chaque jour, peu à peu, pour lui faire reprendre toute sa force.

L'aimantation produite par influence (soit par un aimant, soit par un courant électrique) est partie *permanente*, partie *temporaire* ou *élastique*. Une influence faible, soit sur le fer doux, soit sur l'acier, ne développe qu'une aimantation temporaire qui disparaît totalement avec l'influent. A partir d'une certaine *limite*, l'aimantation est en partie permanente. Ces phénomènes ont été justement comparés aux déformations mécaniques des métaux (Wiedemann). Le magnétisme temporaire, comme les déformations élastiques, en deçà et au delà de la *limite d'élasticité*, qu'ils soient ou non accompagnés de magnétisme permanent ou de déformations permanentes, sont proportionnels à l'action motrice et peuvent être représentés par une droite. Les forces ou le magnétisme inducteur étant pris pour abcisses, les déformations ou le magnétisme induit pour ordonnées : les courbes représentatives du magnétisme induit total ont la même forme que les courbes de compression mécanique (OAMK, fig. 10).

Les actions mécaniques, chocs, torsions, etc., exercées pendant l'influence, peuvent changer une partie de l'aimantation temporaire en aimantation permanente.

18. — Électro-magnétisme.

Œrsted (1819.) — Arago (1820).
Ampère (1820).
Faraday (1832).
Biot. — Pouillet. — Masson. — Breguet. — De la Rive.
Fizeau. — Foucault. — Ruhmkorff. — W. Thomson.
Pixii. Gramme. Siemens. Froment. Marcel-Despretz. Édison (1878).

L'aiguille aimantée libre se met en croix avec la direction du courant électrique situé dans son voisinage (Œrsted, 1819); le pôle Nord à la gauche du Bonhomme d'Ampère.

L'action du courant sur l'aimant ne se réduit pas à un couple directeur, comme l'action terrestre. Le courant exerce sur l'aiguille en croix avec lui une attraction ou une répulsion, suivant le sens dans lequel est placée l'aiguille, suivant qu'elle est en équilibre de rotation stable ou instable. Pour que ces actions se manifestent, il faut que l'aiguille soit placée sur un flotteur ou suspendue verticalement à un fil. Un aimant, ou un cylindre de fer doux, placé excentriquement dans une bobine, se met dans l'axe dès que le courant passe.

Un fil de cuivre traversé par un courant attire la limaille de fer, qui tombe lorsque le courant est interrompu (Arago, 1820). Une aiguille d'acier non aimantée, mise en croix avec un courant énergique, s'aimante ; le pôle Nord à gauche (Arago). L'aimantation peut être produite au moyen d'un courant faible dont on *multiplie* l'effet ; l'aiguille est placée, dans ce but, suivant l'axe d'une hélice ou d'une *bobine* formée de nombreuses hélices traversées par le courant. On obtient à volonté des *points conséquents* en changeant, en certaines zones, le sens de l'enroulement de l'hélice. Le *fer doux* est aimanté de la même manière, mais temporairement (Ampère). Une bobine contenant un axe de fer doux, tel est l'*électro-aimant* d'Ampère, récepteur ordinaire des *télégraphes électriques*.

Théorie des aimants d'Ampère (1820). — Un *solénoïde* ou courant hélicoïdal, mobile, se comporte comme un aimant, sous l'action de la terre ou d'un courant rectiligne. Les solénoïdes ont des pôles nord et sud, qui s'attirent et se repoussent entre eux et avec les pôles des aimants.

Un *filet magnétique* est un solénoïde ; un aimant est un faisceau de solénoïdes de même sens, dont l'effet externe serait le même que celui d'un solénoïde unique, entourant superficiellement l'aimant, si les filets ou solénoïdes élémentaires étaient parallèles, ne réagissaient pas les uns sur les autres. C'est à cette réaction que doit être attribuée la différence de position des pôles qui, dans les solénoïdes, sont exactement aux extrémités, ce qui n'arrive pas dans les aimants. Les courants élémentaires existent dans les substances magnétiques ; l'aimantation a pour résultat de les amener dans des plans parallèles.

Un aimant extrêmement court, un disque découpé transversalement dans un barreau aimanté, ce qu'on appelle un *feuillet magnétique,* a la même action qu'un courant parcourant son contour.

Si l'on répand de la limaille de fer sur une feuille de papier traversée normalement par un courant rectiligne, la limaille se distribue en circonférences concentriques ; chaque parcelle devient une aiguille aimantée qui se place en croix avec le courant, tangentiellement aux circonférences ayant le courant pour axe, et qui représentent les *lignes de forces magnétiques* du courant. Les *surfaces de niveau magnétique* sont les plans passant par le courant. La force exercée par le courant *tout entier* sur un pôle magnétique est donc perpendiculaire au plan qui passe par le pôle et par le courant ; elle est dirigée vers la gauche du courant, et en raison inverse de la simple distance du pôle au courant. (Biot et Savart.)

Il faut pour cela que l'*action d'un élément rectiligne de courant* sur un pôle magnétique soit perpendiculaire au plan du pôle et de l'élément, et en raison inverse du carré de leur distance (Laplace).

Elle a pour expression :

$$f = \frac{\mu \cdot i \cdot ds \cdot \sin \omega}{r^2} \qquad \text{(Ampère)}$$

μ quantité de magnétisme du pôle ; i intensité du courant ; ds longueur et ω inclinaison de l'élément sur la droite, de longueur r, qui le joint au pôle.

Induction électro-magnétique de Faraday (1831). — L'extrémité d'un barreau aimanté introduite rapidement dans une bobine détermine un courant de courte durée dans les fils conducteurs qui l'entourent; retiré rapidement, l'aimant détermine un second courant de courte durée, de sens inverse au premier.

Ces courants induits peuvent être déterminés par l'aimantation et la désaimantation sur place. Faraday fit cette découverte au moyen d'un anneau de fer entouré de deux hélices, occupant chacune la moitié du contour. Pour montrer le fait, il suffit de placer à poste fixe dans la bobine un faisceau de fers doux et d'en approcher ou d'en éloigner brusquement un aimant.

Un faisceau de fers doux placé dans l'axe d'une bobine induite s'aimante; cette aimantation réagit, induit de nouveaux courants, ce qui augmente beaucoup les effets de la bobine.

L'induction est proportionnelle à la longueur du fil métallique, indépendante de sa nature chimique et ne dépend que de sa situation relativement à l'aimant et de la vitesse du déplacement.

Principaux appareils fondés sur l'induction faradique :

1° Bobines fixes dont le type est l'appareil Rumkorff, qui n'est autre que l'appareil Masson-Bréguet, avec interrupteur De la Rive fondé sur l'aimantation et la désaimantation du noyau de fer doux, et le condensateur Fizeau. Dans les idées classiques actuelles, ces appareils sont des *transformateurs* « d'intensité en force motrice ». En fait, les interruptions répétées transforment un courant continu en courants alternatifs; grâce aux courants induits nombreux ainsi obtenus et à la grande superficie du système, on produit des étincelles de grande longueur et des effets physiologiques intenses.

2° *Machines magnéto-électriques et dynamo-électriques,* dont le type initial est l'appareil de Pixii. Ces machines, très puissantes, très employées dans l'industrie pour la lumière électrique (Davy-Édison), la galvanoplastie (Jacobi, Ruolz), le transport de l'énergie (Siemens, Marcel Despretz), produisent des courants alternatifs ou continus, induits par le déplacement de bobines dans le voisinage d'un aimant (magnéto) ou d'un électro-aimant (dynamo). Machines Nollet ou de l'Alliance, Siemens, Wheastone, Gramme.....

8° *Moteurs électriques*, qui transforment l'électricité en travail mécanique (Froment).

Les machines dynamo-électriques sont réversibles : au moyen d'énergie mécanique on fait tourner une machine et l'on produit de l'électricité qui peut, en sens inverse, faire tourner une seconde machine électrique, analogue à la première, et en communication avec elle par un fil plus ou moins long.

Magnétisme de rotation. — Un aimant en mouvement détermine, non seulement dans un conducteur linéaire, mais dans un conducteur de forme quelconque, des courants induits, dont l'existence a été directement constatée (Faraday), qui s'opposent au mouvement de l'inducteur (loi de Lenz) et dont l'effet, à ce point de vue, peut être comparé à une résistance passive, un frottement./ Ainsi s'expliquent l'amortissement des oscillations d'une boussole placée dans une boîte de cuivre (Gambey) ; la sensation qu'on éprouve en passant une lame métallique entre les deux pôles d'un électro-aimant puissant ; l'entraînement de l'aiguille aimantée par un disque de cuivre en rotation (Arago) ; l'arrêt rapide, avec production considérable de chaleur, d'un corps métallique tournant entre les pôles d'un électro-aimant, dès que le courant passe (Faraday).

Les admirables théories d'Ampère et de Faraday relient si bien le magnétisme à l'électricité dynamique ; les ressemblances entre les courants et les solénoïdes sont si nombreuses et si intimes, qu'on en est arrivé à oublier à peu près complètement les différences. Les solénoïdes,

comme les aimants, s'orientent sous l'action de la terre
et des courants, s'attirent et se repoussent ; il n'y a de
différence que dans la position des pôles. Un solénoïde qui
s'approche, s'éloigne, commence ou finit, induit des courants dans un solénoïde voisin et produit l'aimantation
du fer. Un aimant qui s'approche, s'éloigne, commence
ou finit, aimante le fer et induit des courants dans un solénoïde. Mais, tandis que les courants induits sont de très
courte durée, l'aimantation existe, non seulement pendant le déplacement ou la formation de l'inducteur, mais
pendant tout le temps que le courant inducteur ou l'aimantation inductrice existe ou demeure. L'aimantation
disparaît avec l'inducteur ou persiste en partie suivant les
circonstances (fer doux, acier, effets mécaniques).

19. — Chimie.

Leucippe et Démocrite (-470). — Épicure (-300). — Lucrèce (-60).
Aristote (-380).
Les Hermétiques de l'École d'Alexandrie. — Les alchimistes arabes.
Géber (800). — Albert le Grand (1190). — Roger Bacon (1214).
Bernard Palissy (1550). — G. Agricola. — Paracelse (1658).
Robert Boyle. — Jean Rey. — Boerhaave (1732).
Becher. — Stahl (1732).
Cavendish (1766). Priestley (1774). Scheele (1777). Bergmann. Black.
Berthollet (1800).
Lavoisier (1780).
Richter 1792. — Proust. — Guyton de Morveau (1772).
Dalton (1808).
Davy (1807). — Gay-Lussac (1809).
Berzelius (1812).
Faraday. — Mitscherlich (1819).
Chevreul. — Dumas. — Liebig. — Boussingault.
Gerhardt (1848). — Laurent. — Wurtz. — Williamson. — Kékulé (1858).
Berthelot (1860).
Foucault (1819). Kirchhoff et Bunsen (1861). — Kopp[1].

Alchimie. — « Claude Frollo..... Tandis que l'alchimie
a ses découvertes. Contesterez-vous des résultats comme

---

1. Sans doute il manque beaucoup de noms illustres. Ces tableaux historiques
ont pour but principal de faire embrasser d'un coup d'œil toute l'évolution de la
science.

ceux-ci ? La glace enfermée sous terre pendant mille ans se transforme en cristal de roche. Le plomb est l'aïeul de tous les métaux. Car l'or n'est pas un métal, l'or est la lumière. Il ne faut au plomb que quatre périodes de deux cents ans chacune pour passer successivement de l'état de plomb à l'état d'arsenic rouge, de l'arsenic rouge à l'étain, de l'étain à l'argent. Sont-ce là des faits?... J'ai étudié la médecine, l'astrologie et l'hermétique. Ici seulement est la vérité. Ici seulement est la lumière. Hippocratès, c'est un rêve; Urania, c'est un rêve; Hermès, c'est une pensée. L'or c'est le soleil; faire de l'or c'est être Dieu. Voilà l'unique science.....

« ..... Je ne vous dirais pas, à vous pauvre vieux, d'aller visiter les chambres sépulcrales des pyramides dont parle l'ancien Hérodotus, ni la tour de briques de Babylone, ni l'immense sanctuaire de marbre blanc du temple indien d'Eklinga..... Nous nous contenterons des fragments du livre d'Hermès que nous avons ici. Je vous expliquerai la statue de Saint-Christophe, le symbole du semeur et celui des deux anges qui sont au portail de la Sainte-Chapelle, et dont l'un a sa main dans le vase et l'autre dans la nuée..... Dédalus, c'est le soubassement, Orphéus, c'est la muraille, Hermès, c'est l'édifice, c'est le tout.....

« ..... Je vous montrerai les parcelles d'or restées au fond du creuset de Nicolas Flamel..... Je vous apprendrai les vertus secrètes du mot grec *péristera*... » (Victor Hugo, *Notre-Dame de Paris.* Livre V. *Abbas Beati Martini.*)

Avant le XVIII⁰ siècle, où l'on commença à reconnaître que les propriétés étaient inséparables de la matière, toute qualité était regardée comme un être, une matière particulière. L'amertume, l'acidité, la couleur, étaient dues à un principe amer, un principe acide, un principe colorant analogue aux couleurs des peintres; l'odeur à un arome ou esprit recteur. Les Arabes isolaient ces *essences* par la *distillation.*

Toutes les qualités dépendent de *quatre propriétés* fondamentales : .

Le chaud et le froid, le sec et l'humide

et varient avec elles. Ces propriétés s'associent en quatre couples compatibles pour produire les *quatre éléments* et par suite tous les corps :

> **Sec et froid. — La Terre.**
> **Humide et froid. — L'Eau.**
> **Humide et chaud. — L'Air.**
> **Sec et chaud. — Le Feu.**

Le sec remplaçant l'humide transforme l'eau en terre; le chaud remplaçant le froid transforme l'eau en air. Tous les corps sont des produits de la combinaison, en diverses proportions, de ces éléments; l'élément qui prédomine communique au corps sa propriété fondamentale. Telle est la théorie d'Aristote; elle entraîne avec elle la doctrine de la *transmutation* des métaux.

A ces quatre éléments, les alchimistes en ont ajouté trois autres :

> **Le soufre, le mercure, le sel.**

Réels d'abord, ils ne tardèrent pas à se transformer en substances idéales (les soufres, la classe des mercures, des sels), puis en abstraction et à être confondus avec les propriétés elles-mêmes qu'on leur attribuait :

> **L'Inflammabilité du soufre**
> **La Volatilité du mercure.**
> **La Fixité du sel.**

« Quand on enflamme une eau-de-vie rectifiée, le mercure et le soufre se séparent, le soufre brûle très vivement, car il est tout feu et le mercure subtil se répand dans l'air pour rentrer dans le chaos. » (Basile Valentin.)

« A cause de leur éclat métallique, la galène et la pyrite ne pouvaient pas être séparées des métaux; la ga-

lène, en effet, a presque la couleur du plomb, la pyrite a
celle de l'or. De la galène et de la pyrite on peut extraire
du soufre; de la première on peut, sans en changer la
couleur, retirer du plomb ductile, fusible, doué de l'éclat
métallique. Qu'y avait-il de plus naturel, d'après cela, que
de croire que tous les métaux contenaient du soufre et
qu'il en modifiait les propriétés, suivant qu'il y entrait
en quantité plus ou moins grande? Et comme, en expul-
sant du soufre de la galène, on la transformait en plomb
métallique, n'était-il pas probable qu'en en séparant un
peu plus de soufre, on rendrait le plomb encore plus
noble, on parviendrait à le convertir en argent? Il ne faut
pas comprendre la chimie, il ne faut pas connaître son
histoire, pour avoir, comme beaucoup de gens, ce dédain
prétentieux et ridicule pour l'époque de l'alchimie.....
La transmutation des métaux était parfaitement d'accord
avec toutes les observations du temps; elle ne se trouvait
alors en contradiction avec aucun fait connu.

« ..... L'alchimie, science et art de faire de l'or, com-
prenait toutes les industries chimiques.....

« ..... On oublie trop, en la jugeant, que la science représente un organisme intellectuel où n'arrive la conscience, comme chez l'homme, que lorsqu'il se trouve à
un certain degré de développement..... La pierre philoso-
phale, qu'une aspiration vague et confuse faisait chercher
aux anciens, n'est autre chose, dans son état de perfec-
tion, que la science chimique elle-même. » (Liebig.)

Période phlogistique. — « Tous les corps par le moyen
d'une analyse chimique peuvent se résoudre en :

Eau, Esprit, Sel, Terre,

quoique tous les corps ne fournissent pas tous les mêmes
principes également, mais les uns plus, les autres moins
et en différentes proportions suivant les différents corps...
L'analyse des animaux et celle des végétaux est aisée;

celle des minéraux et en particulier des métaux et demi-métaux est plus difficile..... Quelques corps sont formés de particules si menues et si fortement unies, que les corpuscules ont besoin de moins de chaleur pour les emporter que pour les diviser en leurs principes, de sorte que l'analyse de tels corps est impraticable ; c'est ce qui fait la difficulté d'analyser le soufre et le mercure. » (*Encyclopédie.*)

« Il y a plusieurs espèces de terres véritablement inaltérables et incommutables, qui doivent être regardées comme premiers principes aussi bien que l'air, la terre et le phlogistique, tant qu'on n'aura pas simplifié ces espèces de terres jusqu'à parvenir à un principe terreux unique et commun. » (*Encyclopédie.*)

Les corps *comburants*, charbon, soufre, huiles et particulièrement les métaux, contiennent une terre inflammable (comme le soufre de la galène métallique), un principe subtil, qu'ils perdent lorsqu'ils sont brûlés ou calcinés. Les métaux sont des combinaisons de chaux métalliques avec le *phlogistique*. La couche d'oxyde qui couvre les métaux grillés, est une chaux métallique, un métal *déphlogistiqué*. Le feu est un grand dégagement de phlogistique. L'air ne joue aucun rôle dans la *théorie de la combustion de Stahl*. Dès le XVII° siècle, cependant, Torricelli, Pascal, Otto de Guéricke, avaient montré l'existence matérielle et la pesanteur des gaz.

« C'est le grand mérite de Stahl d'avoir découvert et mis en lumière les relations qui existent entre la calcination des métaux et le phénomène de la combustion. Avant lui, on ne savait pas que le fer est encore contenu dans la rouille, que le soufre est encore enfermé dans l'acide sulfurique et qu'on peut en extraire de nouveau le fer et le soufre. C'est donc une découverte immense que celle de l'analogie qui existe entre la calcination des métaux et la production de l'acide sulfurique par le soufre, entre la revivification des métaux par les chaux métalliques et l'extraction du soufre de l'acide sulfurique. Cette découverte est l'origine d'un progrès qui s'est continué jusqu'à nous ; elle renferme une vérité encore aujourd'hui incontestée et indépendante des poids. Avant de peser, il fallait savoir ce qui était à peser ; avant de mesurer, il fallait connaître les rapports qui existent entre les choses à mesurer [1]. »

« Cavendish dit : l'eau *naît* d'air inflammable (hydrogène) et d'air déphlogistiqué (oxygène) ; Watt dit : l'eau se *compose* d'air inflammable et d'air déphlogistiqué [1]. »

« Ce même esprit (le radicalisme), ajoute Liebig, donna naissance à une fête des plus bizarres où l'on vit Mme Lavoisier, en costume de prêtresse, livrer aux flammes, sur un autel, le système phlogistique, pendant que la musique jouait un *Requiem* solennel [1]. »

Chimie quantitative, pneumatique et antiphlogistique. — Principe de la conservation du poids. — Corps simples.

— « Il en est du progrès des sciences physiques comme de l'histoire des peuples où tout événement est toujours la conséquence de circonstances ou d'événements qui l'ont précédé….. Un nouveau système, une nouvelle théorie est toujours le résultat d'observations plus ou moins étendues, contraires aux doctrines en vigueur. Au temps de Lavoisier on connaissait tous les corps, tous les phénomènes dont il s'est occupé. Lavoisier n'a découvert aucun corps nouveau, aucune propriété nouvelle, aucun phénomène nouveau ; toutes les vérités qu'il a établies étaient la conséquence nécessaire de travaux antérieurs. Le mérite de cet homme immortel est d'avoir doué la chimie d'un sens nouveau, d'avoir *rassemblé* les membres épars du corps de la science et d'en avoir trouvé les jointures [1]. »

Les métaux augmentent de poids en brûlant ; la combustion consiste en une *addition* d'oxygène et non en une *soustraction* de phlogistique.

---

1. Liebig, 3e et 37e *lettres sur la chimie.* Traduction de Gerhardt, 1852.

Appliquant la *balance* aux recherches chimiques, Lavoisier établit le principe de la conservation du poids et l'idée de corps simples, en opposition à la doctrine des éléments d'Aristote et des transmutations. Le corps simple est un élément relatif, dernier degré actuel de l'analyse. Un corps composé est formé par l'union de corps simples, sans perte de substance ; le poids du composé est égal à la somme du poids des composants.

Toutes les combinaisons sont *binaires* ; l'*affinité* s'exerce entre deux corps de propriétés différentes et leur union neutralise ces propriétés. *Oxyde*, combinaison d'un métal avec l'oxygène. *Acide*, combinaison d'un métalloïde avec l'oxygène. *Sel*, combinaison d'un acide avec un oxyde ou une chaux. Sulfure, phosphure, combinaisons du soufre ou du phosphore avec un métal.

La théorie de Lavoisier a été promptement modifiée, non dans son ensemble, qui constitue toujours la base de la chimie, mais en divers points spéciaux quoique très importants. Certains acides (*hydracides*) ne contiennent pas d'oxygène (**Berthollet**). Les *chaux* sont des oxydes (Davy). L'ammoniaque, *base* capable de produire un sel en se combinant avec un acide, ne contient pas d'oxygène.

Nomenclature chimique. — Guyton de Morveau imagina de remplacer les noms bizarres des substances par le nom même de la composition. La nomenclature systématique fut ainsi fondée avec le secours de Lavoisier et de Berthollet. Les noms d'air inflammable, d'air déphlogistiqué, furent remplacés par ceux d'hydrogène, d'oxygène..... Toute combinaison étant binaire, le nom des corps composés fut double, comme dans la nomenclature de Linné ; l'un indiquait le métal ou l'oxyde, l'autre l'acide ou le corps combiné au métal.

Lois des proportions définies et multiples. — Atomes et molécules. — La doctrine des combinaisons en proportions définies et des équivalents, fondée par Richter, fut confirmée et généralisée par Dalton qui la compléta par celle des combinaisons à proportions multiples, et restaura, enfin, la vieille conception atomique de Leucippe et d'Épicure. Les atomes de chaque espèce de matière ont un poids déterminé, invariable ; la combinaison chimique résulte, non de la pénétration des substances, mais de la juxtaposition des atomes. Les proportions définies représentent les poids relatifs des atomes. Les *molécules des corps composés* sont formés d'atomes différents.

Berthollet pensait que les corps se combinent en proportions progressives et indéfinies, comprises entre deux limites extrêmes ; que seuls les corps qui peuvent être isolés par *cristallisation* ou *volatilisation* ont une composition et des propriétés chimiques déterminées. Malgré son autorité, malgré les faits de *dissolutions*, *d'alliages*, la doctrine des proportions définies et *simples*, vérifiée par un grand nombre d'analyses (Proust) est restée debout. On s'est contenté de donner un nom aux phénomènes qui échappent à la loi des proportions simples : ce sont des *mélanges* et non des *combinaisons*.

Loi des volumes. — Molécules des gaz simples. — C'est peut-être la chimie pneumatique qui a fourni l'appui le plus puissant à la théorie des proportions définies et des atomes.

Les volumes des gaz qui se combinent sont dans un rapport simple, entre eux et avec le volume du gaz composé, produit de la combinaison (Gay-Lussac). D'après la conception de Dalton, les poids des volumes ou les densités des gaz et vapeurs représentent les *poids atomiques.*

Hypothèse d'Avogadro et d'Ampère, induite des lois de Gay-Lussac et de Mariotte : Un volume, de gaz, à une pression et à une température données, contient un nombre déterminé de corpuscules, indépendant de la nature chimique des gaz.

Ampère et surtout Berzelius ont conçu les molécules des gaz simples formées de plusieurs atomes de même espèce.

Écriture chimique. — « L'écriture chimique doit être un moyen de répandre les connaissances chimiques, non de les dérober au vulgaire. » (Hassenfratz, 1787.)

Aux symboles de l'alchimie qui ne représentaient que des noms :

∇ Eau　　　σ Fer　　　$\triangle$ Phlogistique　　　$\ominus$ Sel

Dalton substitua des signes beaucoup plus simples, représentant les atomes :

◯ Oxygène　　　⊙ Hydrogène　　　⊕ Soufre　　　Ⓕ Fer

⊙◯ Eau　　　⊕ Acide sulfurique

et enfin Berzelius, les initiales des noms des corps, affectées d'un *exposant* représentant le nombre des atomes. Les formules *dualistiques* répondent aux combinaisons binaires :

H.O Eau　　　Pb.O Oxyde de plomb　　　Pb.S Sulfure de plomb
$SO^3 + KO$ Sulfate de potasse

et sont étendues aux composés organiques par la conception de *radicaux* ayant, dans le composé, une existence réelle, distincte, indépendante; quelques-uns seulement ont été isolés : le cacodyle de Bunsen et le cyanogène de Gay-Lussac.

Théorie électro-chimique. — Le sulfate d'oxyde de cuivre SO^3,CuO est décomposé par la pile en acide sulfurique SO^3 qui se rend au pôle positif et en oxyde de cuivre CuO qui se rend au pôle négatif; l'oxyde CuO est lui-même décomposé en oxygène O qui se dégage au pôle positif et en cuivre métallique Cu qui se dépose sur l'électrode négative. Berzelius a, d'après cela, classé les corps en deux catégories : les *éléments électro-positifs* comme les bases, les métaux, l'hydrogène qui se rendent au pôle négatif, et les *éléments électro-négatifs* comme les acides, l'oxygène, qui se rendent au pôle positif. On a démontré depuis que cette classification était trop absolue et que certains éléments peuvent, suivant les circonstances, suivant les corps avec lesquels ils sont combinés, être électro-positifs et électro-négatifs.

Dans un circuit voltaïque, les quantités décomposées de matières diverses sont proportionnelles à leurs équivalents chimiques. (Faraday.)

Théories dualistique et unitaire. — Certain corps peut se *substituer* à certain autre, le remplacer atome par atome dans le composé (Dumas) ; et, ajoute Laurent, y jouer le même rôle chimique que son prédécesseur, contrairement à la doctrine *dualistique* qui fait du composé la simple réunion de deux corps tout formés ; un acide et une base par exemple. Gerhardt développe hardiment la conception *unitaire* : Une molécule d'un oxyde, d'un acide, d'un sel, d'un composé organique ou inorganique peut *être décomposée de différentes manières*. Un composé est un *tout* dans lequel un atome quelconque peut être remplacé par un autre. Les réactions chimiques ne sont pas des additions ou des séparations, mais des substitutions ou doubles décompositions. L'équation :

$$SO^3 + K^2O = SO^3,K^2O$$

doit être remplacée par la suivante :

$$SO^4H^2 + 2KHO = SO^4K^2 + 2H^2O.$$

Lorsqu'on enlève un élément quelconque à un composé, il reste un *résidu* ou *radical*, capable d'entrer en combinaison. Ces radicaux diffèrent des radicaux de Berzelius en ce qu'ils ne sont pas des corps tout formés dans la

molécule binaire; ils ne sont qu'une partie de la molécule, qui peut-être d'ailleurs divisée en radicaux divers.
Un radical peut se substituer à un atome ou à un autre
radical dans un composé. L'alcool C^2H^6O peut être considéré comme composé du radical C^2H^5O et de l'atome H,
ou des deux radicaux C^2H^5, HO ; HO étant un radical capable de former de l'eau en se combinant à un atome
d'hydrogène $HO,H = H^2O$. L'alcool peut être regardé
comm. de l'eau dans laquelle un atome d'hydrogène est
remplacé par le radical *éthyle* C^2H^5; l'eau comme de l'alcool
dans lequel le radical *éthyle* est remplacé par un atome
d'hydrogène. (Gerhardt, Wurtz, Williamson.)

Poids moléculaires et poids atomiques. — Les molécules des gaz simples sont formées de deux atomes. Le
poids moléculaire d'un corps est rapporté au poids de la
molécule d'eau H^2O, et déterminé par le poids de deux
volumes de vapeurs. Le *poids atomique* de l'hydrogène
étant pris pour unité $H = 1$, le poids atomique de l'oxygène est $O = 16$ et le poids moléculaire $O^2 = 32$.

Atomicité. — **Auto-combinaison.** — **Formules de constitution.** — Une molécule de chaux CaO neutralise une
molécule d'acide sulfurique SO^3; tandis qu'il faut trois molécules du même acide pour former le sulfate d'alumine
Al^2O^3, $3SO^3$. Le phosphate neutre de chaux Ph^2O^5, $3CaO$
renferme trois molécules de base (Graham). La glycérine,
produit de la saponification ou dédoublement des corps
gras, sous l'influence des alcalis, en glycérine et acides
gras (Chevreul), la glycérine exige trois molécules d'un
acide gras quelconque pour former un corps gras neutre
(Berthelot).

Ces acides, ces bases, ne sont donc pas *équivalents;*
l'acide phosphorique est *trivalent* relativement à l'acide
sulfurique *univalent* dans la doctrine du dualisme. Dans
la *théorie atomistique,* ces *valences* différentes ou capacités

de *saturation* sont attribuées aux radicaux ou atomes, et on les nomme *atomicités*. Dans les sulfates de chaux et d'alumine, SO^4Ca et $(SO^4)^3Al^2$, Ca a la même valeur ou atomicité que SO^4, Al^2, que $(SO^4)^3$.

L'atome d'hydrogène est le type *monoatomique*; le radical acide SO^4 est par conséquent *diatomique*, ayant la même atomicité que H^2 dans l'acide SO^4H^2; Ca est diatomique, ayant la même atomicité que SO^4; Al *triatomique*, Al^2 ayant la valence de $3SO^4$.

Le degré d'atomicité est représenté par le nombre d'*accents* :

Cl', chlore monoatomique dans l'acide chlorhydrique HCl'.

O'', oxygène diatomique dans l'eau H^2O''.

Az''', azote triatomique dans le gaz ammoniaque $Az'''H^3$.

C'', carbone tétratomique dans le gaz des marais $CH^4 = C''H^4$ et dans l'acide carbonique $CO^2 = C''(O'')^2$.

Les atomes et radicaux se substituent toujours à des éléments de même atomicité.

L'existence des combinaisons en proportions multiples, prouve que l'atomicité n'est pas une propriété absolue. La composition des carbures d'hydrogène indiquée par la formule brut C^nH^{2n+2} détruirait toute idée d'atomicité sans l'interprétation de Kékulé qui est la conception la plus originale des théories modernes.

Les atomes de même espèce, et en particulier ceux du carbone, *peuvent se combiner entre eux* et se saturer mutuellement, en totalité ou en partie. Deux atomes d'oxygène se saturent réciproquement et forment une molécule inactive $O'' + O'' = O^2$. Dans CH^4, l'atome C est saturé par $4H$ et CH^3 par H. Deux radicaux monoatomiques $(CH^3)'$ peuvent se souder et former une molécule inactive $CH^3 + CH^3 = C^2H^6$. D'après cette formule, C^2 est saturé par H^6, et C semble triatomique.

Selon Kékulé, ce n'est pas l'ensemble du radical CH^3 qui s'unit à un radical de même espèce ; ce n'est pas l'en-

semble du radical qui est monoatomique comme l'indique
la formule $(CH^3)'$; c'est l'atome tétratomique C'''' qui, saturé aux trois quarts par les trois atomes d'hydrogène,
possède encore une atomicité libre; ce qu'il indique par
la formule schématique :

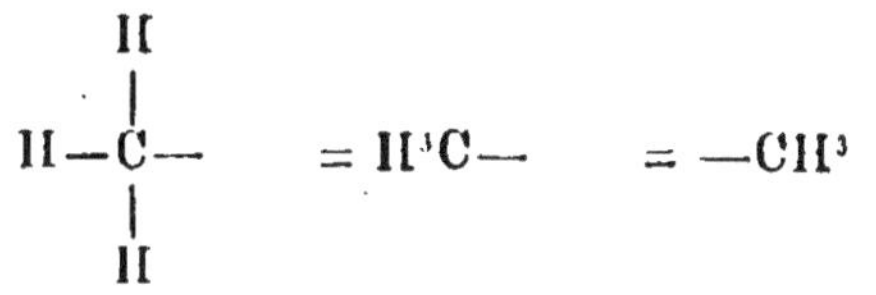

$$\begin{array}{c} H \\ | \\ H-C- \\ | \\ H \end{array} \quad = H^3C- \quad = -CH^3 \qquad (1)$$

Le carbure C^2H^6 devient :

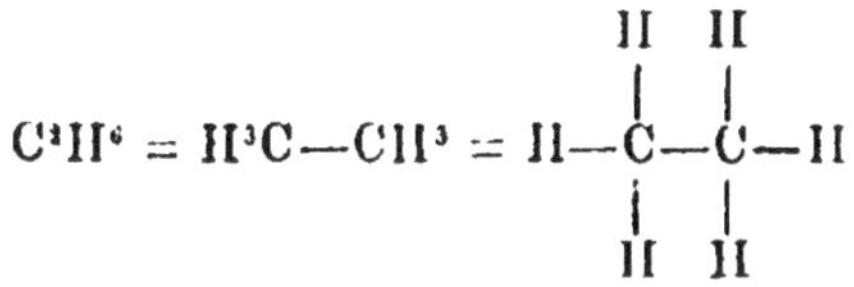

$$C^2H^6 = H^3C-CH^3 = \begin{array}{cc} H & H \\ | & | \\ H-C-C-H \\ | & | \\ H & H \end{array}$$

Dans cette *formule de constitution*, on voit que les deux
atomes de carbone achèvent de se saturer mutuellement,
échangent entre eux une atomicité; les trois autres atomicités étant, pour chacun d'eux, neutralisées par les atomes
d'hydrogène. Ces atomes d'hydrogène ne sont pas combinés entre eux, mais seulement à l'un ou à l'autre des
atomes de carbone.

Les combinaisons entre atomes sont indiquées par des
traits, et le nombre de traits indique le nombre d'atomicités :

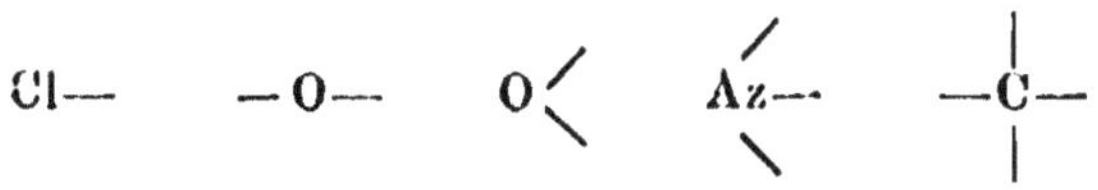

$$Cl- \qquad -O- \qquad O{<} \qquad Az{-} \qquad -C-$$

ou bien :

$$O= \qquad Az\equiv \qquad -Az= \qquad C\equiv \qquad =C= \qquad -C\equiv$$

Le gaz ammoniaque s'écrit $Az\equiv H^3$, le carbure $C\equiv H^4$,
l'acide chlorhydrique $H-Cl$, la molécule d'eau

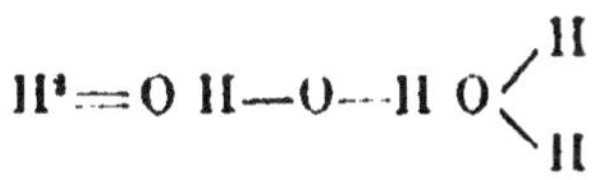

$$H^2=O \qquad H-O-H \qquad O{<}{}^{H}_{H}$$

<hr>

1. L'égalité et la bivalence sont représentées par le même signe =. Il suffit d'être
prévenu pour éviter la confusion.

ou encore :

$$O\begin{vmatrix}H\\H\end{vmatrix} \qquad Az\begin{vmatrix}H\\H\\H\end{vmatrix} \qquad C\begin{vmatrix}H\\H\\H\\H\end{vmatrix}$$

Dans un composé comme l'eau, les atomes H peuvent être successivement remplacés par un atome ou un radical équivalent, l'éthyle C^2H^5 par exemple, ce qui produit de l'alcool, puis de l'éther :

$$C^2H^6O = \begin{matrix}C^2H^5\\H\end{matrix}\Big|O = C^2H^5O{-}H$$

$$C^4H^{10}O = C^2H^5O{-}C^2H^5 = \begin{matrix}C^2H^5\\C^2H^5\end{matrix}\Big|O = \begin{matrix}C^2H^5\\ \\C^2H^5\end{matrix}\Big>O$$

formules qui indiquent que les radicaux C^2H^5 ou atomes H ne sont pas combinés entre eux, mais seulement à l'atome d'oxygène.

Les atomes de même espèce peuvent échanger entre eux plusieurs atomicités; c'est ce qui arrive, par exemple, dans la benzine (C^6H^6) comme l'indique l'hexagone classique de Kékulé :

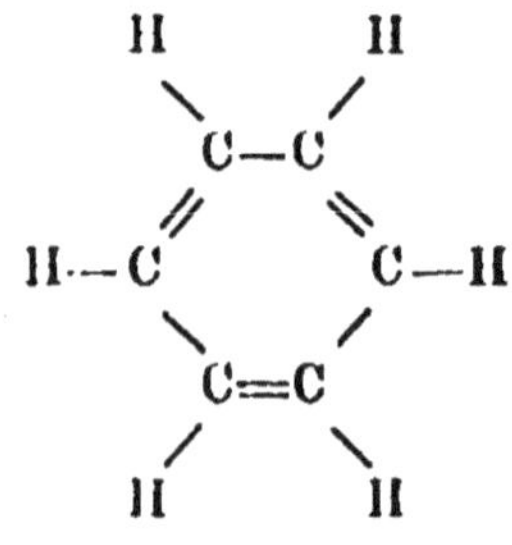

Chaque atome de carbone $>C{=}$ est soudé à trois atomes, un d'hydrogène et un de carbone avec chacun desquels il échange une atomicité, et un second atome de carbone avec lequel il échange deux atomicités.

Un atome H peut être, dans la benzine, remplacé par un atome ou un radical monoatomique, et, vu la symétrie de la formule, il n'y aura qu'un seul dérivé, un seul dérivé monobromé, par exemple C^6H^5Br. Mais deux atomes d'hydrogène pourront être simultanément remplacés par deux atomes de brome, de diverses manières suivant que ces deux atomes Br occuperont des places voisines ou qu'ils seront séparés par un ou deux atomes de carbone. Tandis qu'il n'existe qu'une seule benzine monobromée, il y a trois benzines bibromées *isomères*.

La benzine la plus rectifiée contient toujours du thiophène C^4H^4S dont la constitution est représentée par les pentagones :

$$
\begin{array}{ccc}
HC - CH & & \gamma - \gamma \\
\| \quad \| & & \| \quad \| \\
HC \quad CH & & \beta \quad \beta \\
\diagdown \diagup & & \diagdown \diagup \\
S & & S
\end{array}
$$

β représente les radicaux (CH) voisins du soufre, et γ les radicaux (CH) les plus éloignés de l'atome S (V. Meyer). Ces lettres grecques servent à indiquer la position du radical remplacé dans les dérivés du thiophène, de la benzine et en général de tous les corps représentés par de semblables formules.

Le plus grand nombre des composés dits aromatiques dérivent du noyau benzoïque hexagonal ou *chaîne fermée hexatomique* :

$$
\begin{array}{c}
C - C \\
C \quad\quad C \\
C - C
\end{array}
$$

quelques-uns se rattachent à la *chaîne ouverte* octoatomique :

$$= C - C = C - C = C - C =$$

Notations chimiques diverses :

Formules dualistiques ou moléculaires . . . . . . SO^3, H^2O

Formules unitaires ou atomiques . . . . SO^4N^2

Formules atomistiques . . . . $(SO^4H)^2H$

Formules typiques . . . . $O\begin{vmatrix}H\\H\end{vmatrix}$ $SO^4\begin{vmatrix}H\\H\end{vmatrix}$

Formules de constitution en chaîne ouverte. . . $H—O—H$

Formules de constitution en chaîne fermée . . .

La nomenclature n'a pas toujours l'élégance des formules. Les noms, très rationnels d'ailleurs, ont une utilité
fort contestable. Même dans l'exposition orale, quelques-
uns seraient avantageusement remplacés par les formules
elles-mêmes.

Par exemple :

Le dérivé $Az\begin{vmatrix}CH^3\\C^2H^5\\C^3H^7\\C^4H^{11}\end{vmatrix}$, HO de l'ammoniaque $AzH^4—HO=Az\begin{vmatrix}H\\H\\H^4\\H\end{vmatrix}$, HO

qu'on nomme :

Hydrate de méthyl éthyl propyl amylammonium ,
les dérivés du thiophène qui ont des noms comme celui-ci :

Acide β — dibromothiophène — γ — sulfonique.

20. — Chimie spéciale et systématique. Types et fonctions.

Types atomiques (d'après Wurtz). — Quatre familles
de métalloïdes ayant pour types : Cl' chlore monoatomique, O'' oxygène diatomique, Az''' azote triatomique,
C'''' carbone tétratomique.

Métaux monoatomiques : K' potassium, Ag' argent.

Métaux diatomiques (Cannizaro) : Ca'' calcium, Pb''
plomb, Zn'' zinc, Cu'' cuivre, Fe'' fer (aluminium).

L'or est triatomique Au'''; l'étain Sb'' et le platine Pt''
tétratomiques.

L'hydrogène, type primordial du monoatomisme, peut
être classé dans les métalloïdes ou les métaux. Tous les

radicaux jouant le rôle de corps simples sont classés d'après leur atomicité et rapportés aux types précédents.

Le fer forme deux séries de combinaisons dites au mi-nimum et au maximum. Dans les premières, l'élément Fe'' *ferrosum* est diatomique et forme les sels et oxydes *ferreux* $Fe''Cl^2$, $Fe''O$. Dans les autres $(Fe^2)''$ *ferricum* fonctionne comme élément hexatomique et forme des sels et oxydes *ferriques* $(Fe^2)''Cl^6$, $(Fe^2)''O^3$. Il y a aussi des composés *cuivriques* et *mercuriques* et des composés *cuivreux, mer-cureux,* dans lesquels l'élément (Cu^2) (Hg^2) fonctionne comme diatomique. Le *cuprosum* résulte de l'auto-combi-naison de deux atomes de *cupricum :*

$$(Cu^2)'' = (Cu'' - Cu'')'' = - C'' - C'' - \quad .$$

H, K, Ag, Ca, Ba, Pb et, en général, les métaux sont électro-positifs.

Cl, Br, I, Fl, O, S... sont électro-négatifs.

———————

La plupart des composés sont rapportés aux quatre types suivants :

Type monoatomique. Acide chlorhydrique $H'-Cl'$ ou molé-cule de chlore $Cl^2 = Cl' - Cl'$.

Type diatomique. Eau $H^2O = O'' \left|\begin{matrix} H \\ H \end{matrix}\right.$ ou molécule d'oxygène $O^2 = O'' - O''$.

Type triatomique. Gaz ammoniac $AzH^3 = Az''' \left|\begin{matrix} H \\ H \\ H \end{matrix}\right.$ ou molé-cule d'azote $Az^2 = Az''' - Az'''$.

Type tétratomique. Gaz des marais $CH^4 = C'' \left|\begin{matrix} H \\ H \\ H \\ H \end{matrix}\right.$ ou molécule de carbone supposé gazeux $C^2 = C'' - C''$.

Un acide est une combinaison d'hydrogène avec un atome ou un radical acide électro-négatif, dans laquelle l'hydrogène peut être remplacé par un métal ou en gé-néral par un élément électro-positif pour former un sel.

Les bases, oxydes et hydrates sont des combinaisons de métaux, d'hydrogène et d'oxygène, qui, avec les acides, forment des sels et de l'eau.

Les *acides monoatomiques* ne contiennent qu'un atome d'hydrogène pouvant être remplacé par un atome de métal monoatomique. Acide chlorhydrique HCl et chlorure de sodium $NaCl$; acide azotique AzO^3H et azotate d'argent AzO^3Ag.

L'hydrate de sodium $Na.O.H$ peut être rattaché au même type $Na—(OH)'$, et aussi au type diatomique de l'eau $O'' \left|\begin{matrix} Na \\ H \end{matrix}\right.$.

Les *acides polyatomiques* (Graham, Williamson) contiennent plusieurs atomes d'hydrogène, et donnent une série de sels correspondant au remplacement de un, deux, trois... atomes d'hydrogène par un nombre égal d'atomicités métalliques. L'acide sulfurique $SO^4H^2 = SO^4 \left|\begin{matrix} H \\ H \end{matrix}\right.$ forme un sulfate acide de sodium $SO^4NaH = SO^4 \left|\begin{matrix} Na \\ H \end{matrix}\right.$ et un sulfate neutre $SO^4Na^2 = SO^4 \left|\begin{matrix} Na \\ Na \end{matrix}\right.$; un seul sulfate de zinc SO^4Zn''. Il n'y a pas de sulfate acide de zinc, l'atome Zn'' étant diatomique. L'acide phosphorique PhO^4H^3 donne trois séries de phosphates.

Les radicaux alcooliques C^nH^{2n+1} dérivent des hydrocarbures saturés $C^nH^{2n+2} = C^nH^{2n+1}—H$; ils sont monoatomiques. Les éthers chlorhydriques $C^nH^{2n+1}Cl'$ et azotiques $C^nH^{2n+1}(AzO^2)'$ se rattachent au type HCl.

Du type $\left.\begin{matrix} H \\ H \end{matrix}\right| O$ dérivent les *alcools monoatomiques* :

$$\left.\begin{matrix} C^nH^{2n+1} \\ H \end{matrix}\right| O$$

les éthers simples et mixtes (Williamson) :

$$\left.\begin{matrix} C^nH^{2n+1} \\ C^{n'}H^{2n'+1} \end{matrix}\right| O$$

les composés organométalliques, tels que le zinc éthyle :

$$\mathrm{Zn}\left|\begin{matrix}C^2H^5\\C^2H^5\end{matrix}\right.$$

Le type ammoniaque fournit trois séries d'*amines* ou *ammoniaques* composés (Wurtz) :

$$\mathrm{Az}\left|\begin{matrix}H\\H\\H\end{matrix}\right.\qquad \mathrm{Az}\left|\begin{matrix}C^nH^{2n+1}\\H\\H\end{matrix}\right.\qquad \mathrm{Az}\left|\begin{matrix}C^nH^{2n+1}\\C^{n'}H^{2n'+1}\\H\end{matrix}\right.\qquad \mathrm{Az}\left|\begin{matrix}C^nH^{2n+1}\\C^{n'}H^{2n'+1}\\C^{n''}H^{2n''+1}\end{matrix}\right.$$

L'oxydation des alcools monoatomiques $C^nH^{2n+2}O$ produit les *acides gras* $C^nH^{2n}O^2$, par la substitution d'un atome O″ à deux atomes H^2. Ces acides peuvent être rattachés au type eau :

$$\left.\begin{matrix}H\\H\end{matrix}\right|O\qquad\qquad \left.\begin{matrix}C^nH^{2n-1}O\\H\end{matrix}\right|O$$

par la conception de *radicaux acides* monoatomiques $(C^nH^{2n-1}O)'$.

Substitués aux atomes d'hydrogène, les radicaux acides forment les *amides* de la série grasse :

$$\mathrm{Az}\left|\begin{matrix}C^nH^{2n-1}O\\H\\H\end{matrix}\right.$$

Les *aldéhydes* $C^nH^{2n}O$ résultent du premier degré de l'oxydation des alcools.

Les radicaux diatomiques C^nH^{2n} dérivent des hydrocarbures saturés :

$$C^nH^{2n+2} = C^nH^{2n}\left|\begin{matrix}H\\H\end{matrix}\right.$$

Ils donnent naissance, par la substitution des radicaux HO aux atomes H, aux *glycols* ou *alcools diatomiques* (Wurtz) :

$$C^nH^{2n}\left|\begin{matrix}HO\\HO\end{matrix}\right. = C^nH^{2n+2}O^2$$

aux éthers :

$$C^nH^{2n}\begin{vmatrix}Cl\\HO\end{vmatrix} \qquad\qquad C^nH^{2n}\begin{vmatrix}Cl\\Cl\end{vmatrix}$$

aux radicaux acides diatomiques $C^nH^{2n-2}O$ et aux acides :

$$C^nH^{2n-2}O\begin{vmatrix}HO\\HO\end{vmatrix}$$

La glycérine ou *alcool triatomique* (Berthelot) peut être considérée comme dérivant des carbures saturés par substitution de $(HO)^3$ à H^3 :

$$C^nH^{2n+2}=C^nH^{2n-1}\begin{vmatrix}H\\H\\H\end{vmatrix} \qquad C^nH^{2n-1}\begin{vmatrix}HO\\HO\\HO\end{vmatrix}=C^nH^{2n+2}O^3$$

elle produit trois séries d'éthers avec les acides. Les *corps gras* naturels ne sont autre chose que des éthers de la glycérine, dans laquelle trois radicaux HO sont remplacés par trois radicaux acides gras.

Tous les composés qui dérivent des carbures saturés C^nH^{2n+2} forment la *série grasse*... Les autres carbures non saturés $C^nH^{2(n-k)}$ fonctionnent, en nombreuses circonstances, comme des carbures saturés ; leurs dérivés forment des séries dont la plus remarquable est la *série aromatique*, qui se rattache à la benzine C^6H^6 et à ses homologues $C^nH^{2(n-3)}$.

Fonctions chimiques (d'après Berthelot).

1. Corps simples. *Métalloïdes* et *métaux ;* et corps composés jouant le rôle de métalloïde : Cyanogène de Gay-Lussac $Cy = C^2Az^2$, ou le rôle de métal : Zincéthyle $(C^2H^5)^2Zn$, Cacodyle de Bunsen $Kd=(CH^3)^2As$.

2. *Acides minéraux.* — Acides oxygénés et hydracides, anhydres et hydratés, forts et faibles, monobasiques et polybasiques. SO^3 acide sulfurique anhydre ; SO^3, H^2O acide monohydraté ; H^2S acide sulfhydrique. Les acides

ont la propriété caractéristique, sans être cependant absolument générale, de rougir la *teinture de tournesol*. Cette
liqueur, tirée de lichens, contient un lithmate de chaux
bleu, formé d'un acide lithmique *rouge* ($C^7H^3AzO^4$?). Cet
acide est *déplacé* par les acides plus forts que lui.

3. *Bases alcalines minérales.* — K^2O potasse anhydre;
K^2O, H^2O hydrate de potasse.

Elles forment un lithmate avec l'acide lithmique déplacé
et *ramène au bleu* la teinture de tournesol rougie par un
acide.

4. *Oxydes* métalliques solides, généralement en poudres
insolubles; et composés métalloïdes divers.

5. *Sels.* — Composés d'un acide et d'une base : K^2O, SO^3
sulfate de potasse; d'un hydracide ou d'un acide hydraté
et d'un oxyde avec élimination d'eau :

$$K^2O + H^2S = K^2S + H^2O.$$

Les sels sont solides. Hydratés, ils perdent leur *eau de
cristallisation* à une température généralement inférieure
à 100°. Quelques-uns fondent avant de perdre cette eau;
on dit qu'ils se dissolvent dans leur eau de cristallisation.
Certains sels anhydres fondent sans se décomposer; quelques-uns sont volatils; mais la plupart se décomposent
avant de fondre. Les chlorures, *sels très simples*, sont fusibles et beaucoup sont volatils.

Certaines propriétés des sels, telles que la couleur,
sont déterminées par le métal. Les sels de cuivre sont
bleus.

---

6. *Carbures d'hydrogène* ou *hydrures de carbone* C^nH^{2m},
classés en séries homologues :

C^nH^{2n+2} Carbures saturés ou forméniques.

   CH^4, formène, gaz des marais, grisou, gaz intestinal.
      $C^2H^6 = C^2H^4$, H^2 hydrure d'éthylène.
C^nH^{2n} Carbures éthyléniques. C^2H^4 éthylène, gaz oléfiant.

C^nH^{2n-2} C. acétyléniques. C^2H^2 acétylène : le plus simple des carbures d'hydrogène, dont la *synthèse* a été faite directement par union du carbone et de l'hydrogène, sous l'action de l'arc électrique (Berthelot).

C^nH^{2n-4} C. camphéniques. $C^{10}H^{16}$ se trouve dans les essences de citron, lavande, genièvre, térébenthine.

C^nH^{2n-6} C. benzénique. C^6H^6 benzine, dont l'histoire est liée à trois grands noms : Faraday qui l'a découverte ; Berthelot qui en a fait la synthèse en maintenant au rouge l'acétylène ; Kékulé qui a exprimé sa constitution par l'hexagone, devenu l'étendart de la jeune école atomistique.

. . . .

Carbures gazeux : C^2H^2, CH^4, C^2H^4.

Carbures liquides. Huiles de pétrole :

C^6H^{14}	bout à	92°
C^8H^{18}	—	118
C^9H^{20}	—	140
$C^{10}H^{22}$	—	180
$C^{16}H^{34}$	—	270

Carbures solides. Paraffine $C^{30}H^{61}$ (?) solide, cireux, cristallisé, fond à 56°.

Naphtaline $C^{10}H^8$, en tablettes rhomboïdales, fond à 79°, bout à 218°.

En général, la molécule est d'autant plus complexe que le carbure est plus rapproché de l'état solide et plus éloigné de l'état gazeux. Dans une série, les points d'ébullition de deux carbures homologues différant de $n.CH^2$, diffèrent de n fois 20 à 25 degrés (Loi des points d'ébullition ou des tensions de vapeurs des corps homologues de Kopp. C'est une loi plus ou moins approchée, qui ne s'applique pas aux cas des faibles pressions).

————

7. *Alcools.* — Avec le temps et la chaleur, les alcools sont capables de neutraliser les acides et de donner des éthers :

Éthérification vinique :

Alcool   +   Acide acétique   ==   Éther acétique   +   Eau
C^4H^6O + $C^4H^4O^3$ == $C^4H^6, C^4H^3O^3$ + H^2O

Alcools proprement dits : proviennent de la substitution indirecte d'un volume de vapeur d'eau (k.H^2O) à un égal volume d'hydrogène (k.H^2) dans les hydrocarbures :
Alcools monoatomiques, par la substitution d'une molécule H^2O à une autre H^2 :

$C^4H^6 - H^2 + H^2O = C^4H^4, H^2O$ alcool éthylique ou esprit-de-vin.
CH^2, H^2O alcool méthylique ou esprit de bois.

Alcools diatomiques ou *glycols,* dans lesquels $2H^2O$ remplace $2H^2$:

$C^3H^4, 2H^2O$ propylglycol.

Le nom de *glycols* donné par Wurtz à ces alcools, qu'il a découverts, indique leur position intermédiaire entre la *glycérine* et les *alcools.*
Alcools polyatomiques $C^nH^{2n+2-2m} (H^2O)^m$:

$C^3H^2, 3H^2O$ glycérine, alcool triatomique.

Les alcools monoatomiques éthyliques ou de la série grasse C^nH^{2n}, H^2O, qui dérivent des carbures saturés C^nH^{2n+2} forment une série homologue dont les termes sont de plus en plus complexes. Les premiers termes sont liquides et volatils; la liquidité et la volatilité diminuent à mesure que la complication augmente : Liquides très mobiles, moins mobiles, huileux; solubles en toutes proportion dans l'eau, solubles mais non en toutes proportions, insolubles dans l'eau, solubles dans l'alcool ordinaire..... Les points d'ébullition varient en moyenne de $n \times 19°$ pour une variation $n.CH^2$. Les derniers termes sont solides : $C^{16}H^{32}, H^2O$ alcool éthalique, C^3H^{60}, H^2O alcool mélissique, solide, cireux, cristallisé, insoluble dans l'eau, peu soluble dans l'alcool ordinaire.

Des divers carbures dérivent diverses séries d'alcools monoatomiques : C^nH^{2n-2}, H^2O al. acétyléniques ; C^nH^{2n-8}, H^2O al. benzéniques, parmi lesquels le phénol proprement dit ou phénol benzénique C^6H^4, H^2O, appelé aussi *acide phénique*.

Tous ces alcools portent le nom d'*alcools d'oxydation* par opposition aux *alcools d'hydratation* ou *pseudo-alcools*, monoatomiques et polyatomiques de Wurtz. Isomériques des précédents, mais préparés différemment, ils peuvent être considérés comme formés par addition d'eau à un carbure non saturé :

$$C^3H^6 + H^2O = C^3H^6, H^2O \text{ alcool isopropylique (d'hydratation)}$$
ou hydrate de propylène.
$$C^3H^8 - H^2 + H^2O = C^3H^6, H^2O \text{ alcool propylique (d'oxydation).}$$

Les pseudo-alcools diffèrent de leurs isomères par la facilité avec laquelle ils se dédoublent en carbures d'hydrogène et en eau.

Les alcools proprement dits sont aussi appelés *al. primaires* (Kolbe), par opposition aux *al. secondaires* (Friedel) et aux *al. tertiaires* (Boutlerow), dérivés des alcools par substitution d'un carbure d'hydrogène à un égal volume d'hydrogène.

8. *Acides organiques*, à fonction simple. — Ils forment des sels avec les bases, et sont séparés des acides minéraux à cause, seulement, de leurs rapports avec les alcools.

A chaque alcool correspond un acide, qui n'en diffère que par la substitution d'oxygène à un égal volume de vapeur d'eau :

$$C^nH^{2p}O^2 = C^nH^{2p+2}O - H^2O + O^2$$
$$p = n \quad C^nH^{2n}O^2 \text{ acides de la *série grasse*.}$$

Les premiers termes $n = 1$ acide formique, $n = 2$ acide acétique... sont liquides, aussi fluides que l'eau, se mélangent à l'eau en toutes proportions. La fluidité et la solubilité dans l'eau, l'alcool et l'éther, diminuent à mesure que n augmente. Le point d'ébullition augmente de 15 à 20 degrés pour chaque unité ajoutée à n.

Les *acides gras* proprement dits : $n = 16$ ac. margarique, $n = 18$ ac. stéarique..... sont solides, et d'autant moins fusibles qu'ils sont plus complexes; ils se décomposent en partie en distillant.

$$p = n - 4 \quad C^n H^{2n-3} O^3 \text{ acides de la } \textit{série aromatique.}$$

Aux alcools polyatomiques correspondent des *acides polybasiques* $C^n H^{2p+2-2m} O^{2m}$ par substitution de O^{2m} à un égal volume de vapeur d'eau $(H^2O)^m$; à chaque acide correspond une série de $(m - 2)$ sels. Au glycol $(m = 2)$ éthylique $(p = n = 2)$ $C^2 H^4, (H^2O)^2$ correspond, l'acide *oxalique* $C^2 H^2 O^4$, les oxalates neutres $C^2 M^2 O^4$ et les oxalates acides $C^2 H M O^4$.

<hr>

9. *Acides-alcools* ou acides à fonctions complexes. — Une partie seulement de l'eau $(H^2O)^m$ des alcools polyatomiques peut être remplacée par un égal volume d'oxygène; de là des corps à fonctions complexes qui peuvent jouer soit le rôle d'acide, soit le rôle d'alcool. L'eau peut être remplacée aussi par d'autres éléments; ainsi sont produits les *acides-éthers, acides-aldéhydes, acides-alcalis.*

Dérivé du glycol : acide glycolique

$$C^4 H^4 O^4 = C^4 H^4 (H^2O)^2 - H^2O + O^2$$

acide monobasique donnant des sels $C^2 H^3 M O^2$ et jouant aussi le rôle d'alcool monoatomique $C^2 H^2 O, HO^2$.

Dérivé de la glycérine : acide glycérique, à la fois acide monobasique et alcool diatomique.

L'acide tartrique est acide bibasique et alcool diatomique; l'acide citrique, ac. tribasique et al. monoatomique.

Les carbonates CM^2O^3 et bicarbonates $CMHO^3$ correspondent à un acide carbonique $CH^2O^3 = CO^2$, H^2O (hydrate du gaz carbonique CO^2), qui n'a pas été isolé, virtuel comme le glycol méthylique CH^2, H^2O et le carbure méthylénique CH^2, auxquels il correspond.

---

10. *Éthers.* — Les *éthers proprement dits* sont produits par l'action, plus ou moins rapide, des acides sur les alcools ; une molécule d'acide monobasique (A) est substituée à une molécule d'eau

$$C^nH^{2p}, A = C^nH^{2p+2}O - H^2O + A$$

Éther chlorhydrique éthylénique C^2H^4, HCl.

Éther palmitique cétylique ou blanc de baleine $C^{16}H^{32}$, $C^{16}H^{32}O^2$; les *cires* sont formées d'éthers organiques analogues.

Aux alcools polyatomiques correspondent des séries d'éthers.

Les propriétés physiques et chimiques des éthers résultent des propriétés des acides et des alcools. A une différence de $n.CH^2$ dans l'alcool ou l'acide générateur répond une différence de $n \times 19°$ dans le point d'ébullition de l'éther.

Les *éthers simples* ou *mixtes* sont formés indirectement par l'union de deux molécules d'un même alcool ou de deux alcools différents, avec élimination d'une molécule d'eau. Éther éthylméthylique :

$$CH^2, C^4H^4O = CH^4O + C^4H^4O - H^2O.$$

---

11. *Corps gras.* — Corps gras naturels, graisses, beurre, huiles grasses ; insolubles dans l'eau et plus légers qu'elle ;

facilement fusibles, non volatils. Ce sont des mélanges de *principes immédiats :* stéarine, margarine, oléine, butyrine... (Chevreul), qui ne sont autres que des *éthers de la glycérine à acides gras* (Berthelot) :

C^3H^2, $3C^{18}H^{36}O$ stéarine, dérive de la glycérine C^3H^2, $3H^2O$ par substitution de trois molécules d'acide stéarique à trois molécules d'eau.

Mis en contact avec un alcali dissous dans l'eau, les corps gras *s'émultionnent,* puis se décomposent peu à peu en glycérine et en *savons* ou sels gras, stéarates, oléates... de potasse, de soude, d'oxydes métalliques; ce dédoublement se nomme *saponification* (Chevreul).

$$C^3H^2,3C^{18}H^{34}O + 3(K^2O, H^2O) = 3(C^{18}H^{34}O, K^2O) + C^3H^2, 3H^2O$$

Stéarine.   Potasse.   Savon.   Glycérine.

La *nitroglycérine* qui, absorbée par certaines matières poreuses, silice, alumine, etc., forme la *dynamite,* est l'éther triazotique de la glycérine C^3H^2, $3AzHO^5$.

Les *huiles* vulgaires comprennent à la fois les huiles *grasses* ou *fixes,* non volatiles, et les huiles volatiles *essentielles* ou *essences.* Les huiles grasses sont dites *siccatives* lorsqu'elles s'épaississent en s'oxydant à l'air et se transforment en *résine* ou *vernis :* huiles de lin, de noix, de poisson. Les huiles d'amandes douces et d'olives demeurent longtemps à l'air sans s'altérer.

Sous le nom d'*huiles essentielles,* sont comprises des matières de compositions très diverses; extraites des plantes par distillation au contact de l'eau, elles sont odorantes, huileuses, volatiles, peu solubles dans l'eau, solubles dans l'alcool et l'éther, inflammables ; elles se résinifient à l'air. Carbures d'hydrogène, dissolvants du soufre, du phosphore, du caoutchouc, des résines tels que $C^{10}H^{16}$ contenus dans l'essence de térébenthine, de menthe, d'absinthe, de citron. Essence d'ail $(C^3H^{15})^2S$; essence de moutarde C^3H^5, $C.SAz$. Essence d'amandes amères, combinaison d'acide cyanhydrique et d'aldéhyde benzoïque

C^7H^8O. — Le camphre $C^{10}H^{14}O$, l'essence de cannelle, sont aussi des aldéhydes.

_____

12. *Aldéhydes.* — Ils dérivent des alcools par élimination d'une molécule d'hydrogène H^2; et régénèrent les alcools, par fixation inverse d'une molécule d'hydrogène. Ils sont le produit du premier degré d'oxydation des alcools, et sont intermédiaires entre les acides et les alcools.

$$C^nH^{2p}O = C^nH^{2p+2}O - H^2.$$

$p = n = 2$ C^2H^4O aldéhyde ordinaire (Liebig), contenu quelquefois en petite quantité dans le cidre, le vinaigre, le vin.

$p = n - 2$ aldéhydes du type camphre.

$p = n - 5$ aldéhydes. du type essence d'amandes amères.

A tout alcool diatomique répondent deux aldéhydes : par élimination de $2H^2$, les glycols forment des corps qui possèdent doublement les fonctions d'aldéhyde; par élimination d'une seule molécule H^2, ils produisent un *aldéhyde-alcool*.

_____

13. *Principes sucrés* ou *hydrates de carbone.* $C^n(H^2O)^p$. — Solides, solubles ou insolubles, ou encore gonflant beaucoup dans l'eau. Volatilité nulle ou très faible. Se transforment en *caramels* ou *matières humoïdes* et se carbonisent en se déshydratant sous l'action de la chaleur, des acides, des alcalis. Les mátières humoïdes sont analogues à l'*humus* des terreaux qui résulte de transformations semblables. Les hydrates de carbone en *fermentant* donnent de l'alcool et de l'acide carbonique. Ils se combinent, comme les alcools, aux acides organiques et forment des composés chimiquement analogues aux éthers ; ce sont des *alcools hexatomiques* (Berthelot) :

$C^6H^7, (H^2O)^6$ Mannite.

$C^6, (H^2O)^6$ Glucose ou sucre de raisin, glucose lactique, lévulose et isomères.

Le saccharose, sucre de cannes ou de betteraves, lactose et isomères, sont des éthers formés par deux molécules de glucoses avec élimination d'une molécule d'eau :

$$2(C^6H^{12}O^6) - H^2O = C^{12}H^{12}O^6, C^6H^{12}O^6 = C^{12}H^{22}O^{11} = C^{12}(H^2O)^{11}$$

L'amidon et tous les hydrates de carbone sont des éthers d'ordre plus élevé.

$$2(C^6H^{12}O^6) - 2H^2O = C^{12}H^{20}O^{10} \text{ Dextrine.}$$

$$3(C^6H^{12}O^6) - 3H^2O = C^{18}H^{30}O^{15} \text{ Amidon.}$$

$$n(C^6H^{12}O^6) - nH^2O = n(C^6H^{10}O^5) \text{ Cellulose, gommes, principes ligneux.}$$

Les hydrates de carbone produisent, avec l'acide azotique, des éthers *détonants :* Sous l'action de l'acide azotique, la cellulose se transforme en *coton-poudre,* qui, dissous dans un mélange d'alcool et d'éther, donne le *collodion.* L'acide sulfurique transforme le papier végétal en *papier-parchemin.*

La chaleur transforme le sucre de cannes $C^{12}(H^2O)^{11}$ en matière caramélique, $C^{12}(H^2O)$ brune, soluble, $C^{48}(H^2O)^{24}$ noire, puis en matières de plus en plus complexes, insolubles, charbonneuses, contenant de plus en plus de carbone et de moins en moins d'eau, d'hydrogène et d'oxygène. Sous l'influence prolongée des acides, le sucre se transforme en *acide ulmique* $C^{48}(H^2O)^{17}$.

La chaleur finit par transformer les végétaux en *charbons* ou matières charbonneuses formées de carbure combiné à une petite quantité d'hydrogène et d'oxygène. *Le charbon pur n'est lui-même qu'un polymère extrêmement élevé de l'élément carbone* (Berthelot).

14. *Alcalis et alcaloïdes.* — *Ammoniaque* AzH^3 : se combine aux hydracides et aux acides hydratés pour former des sels.

Des alcools $C^nH^{2m}(H^2O)^p$, dérivent des *amines* ou *ammoniaques composées* (Wurtz), par substitution d'ammoniaque $(AzH^3)^q$ à un égal volume d'eau $(H^2O)^q$:

$$C^nH^{2m}(H^2O)^{p-q}(AzH^3)^q.$$

Alcalis primaires. $q = p = 1$ $C^nH^{2m}(AzH^3)$:
$CH^2, AzH^3 = CH^5Az$ méthylamine,
C^6H^4, AzH^3 phénylamine ou *aniline.*

Alcalis secondaires, tertiaires; dérivent des alcools par substitution à l'eau, non d'ammoniaque, mais d'alcalis primaires.

Méthyléthylamine C^2H^4, CH^5Az.

Alcalis phosphorés, arseniés, dérivés des alcools par substitution de PhH^3, $As.H^3$ à H^2O.

Méthylphosphamine CH^2, $PhH^3 = CH^5Ph$.

Les alcools polyatomiques donnent des séries d'alcalis par substitution à l'eau de plusieurs molécules d'ammoniaques, d'alcalis primaires... Alcalis bi, triammoniacaux. Les *alcalis-alcools, alcalis-acides* dérivent des alcools polyatomiques comme les acides-alcools.

Alcaloïdes ou alcalis naturels végétaux; matières azotées fonctionnant comme bases, peu solubles dans l'eau, très solubles dans l'alcool, quelquefois dans certains carbures d'hydrogène et même dans quelques huiles grasses; jouissant de propriétés physiologiques intenses qui en font de puissants agents thérapeutiques. Décomposés par la chaleur, les acides ou les alcalis, tout l'azote s'échappe à l'état d'ammoniaque; ce qui les rapproche des ammoniaques composés et permet de les regarder comme des

combinaisons d'ammoniaque avec certains principes, par·
ticulièrement des alcools.

Généralement solides, fixes, souvent cristallisés, ils
contiennent C, H, O, Az; ou liquides et volatils, et dans
ce cas ne sont pas oxygénés : $C^{10}H^{14}Az^2$, nicotine.....

Alcaloïdes de l'opium : $C^{17}H^{19}AzO^3$, *morphine*, la première base végétale étudiée (Stertuerner, 1817);

$C^{18}H^{21}AzO^3$, codéine ; $C^{22}H^{23}AzO^7$, narcotine.....

Alcaloïdes des quinquinas : $C^{20}H^{24}Az^2O^2$, *quinine* (Pelle-
tier et Caventou); $C^{20}H^{24}Az^2O^2$, SO^4H^2, sulfate de quinine;
quinidine, cinchonine.....

Alcaloïdes des solanés : Nicotine. Atropine. Solanine...

Caféine, alcaloïde du café et du thé. — Strychnine. —
Pipérine. — Aconitine.....

---

15. *Amides. Albuminoïdes.* — *Amides :* dérivent des sels
ammoniacaux organiques par élimination d'une molécule
d'eau.

Amides de la série grasse :

$$C^4H^4AzO = C^4H^4O^3, AzH^3 - H^2O$$

acétamine = acétate d'ammoniaque moins eau.

Nitriles : dérivent des sels ammoniacaux par élimination
de deux molécules d'eau.

Acétonitrile ou nitrile acétique :

$$C^4H^3Az = C^4H^4O^3, AzH^3 - 2H^2O.$$

Le nitrile formique, $CHAz = CH^2O^2, AzH^3 - 2H^2O$,
n'est autre chose que l'acide cyanhydrique $(CAz)H$.

L'acide cyanique $CHAzO$ et l'*urée* CH^4Az^2O, dernier
terme de la désassimilation biologique, sont les amide et

nitrile du bicarbonate et du carbonate neutre d'ammoniaque.

Alcalamides : dérivent des sels des alcalis comme les amides des sels ammoniacaux.

On rattache aux amides, diverses substances telles que l'*indigo,* hydrure d'indigotine $(C^8H^5AzO)^2H^2$, et les *principes albuminoïdes* des animaux et végétaux.

Ils sont fixes, incristallisables, très altérables ; insolubles ou solubles et alors *coagulables* par l'eau, la chaleur, les acides. Ils contiennent 52 à 54 p. 100 de carbone, 6 à 7 d'hydrogène, 15 à 16 d'azote, 22 à 23 d'oxygène, un peu de soufre, de phosphore et de sels minéraux ; ce sont probablement des mélanges de divers principes.

Albumine du blanc d'œuf, du sang. Caséine du lait, des haricots. Fibrine du sang. Gluten du blé.

Coagulés ou non, ils sont transformés par la *pepsine* du suc gastrique en albuminoses ou *peptones* solubles.

Les os des squelettes internes des vertébrés sont formés d'une matière terreuse soluble dans les acides, composée en majeure partie de phosphate et de carbonate de chaux, logée dans la trame de l'*osséine,* substance molle, transparente, élastique. Chez les jeunes, les os ne sont guère formés que d'osséine ; ils s'inscrutent et deviennent rigides avec l'âge.

Dans l'eau soumise à l'ébullition sous pression, l'osséine, le cuir, la corne, les cartilages, donnent de la *gélatine* ou colle forte ; corps solide, transparent formant une *gelée* avec l'eau.

Le squelette externe des insectes, des crustacés est formé de *chitine.*

21. — Analyse et Synthèse. — Statique et Dynamique. Analogie et Homologie. — Classification.

> « Ce n'est pas assez de compter les expériences,
> il les fault poiser et assortir; et les fault avoir
> digérées et alambiquées, pour en tirer les rai-
> sons et conclusions qu'elles portent. »
> Montaigne. (*Essais*, 1580.)

> « La méthode expérimentale, établie par Bacon,
> consiste à observer avec tout le soin et l'exacti-
> tude possibles les faits particuliers. Ces faits une
> fois reconnus, c'est à l'esprit d'induction à les
> classer, à les coordonner, et à en tirer les lois
> les plus compréhensives qu'ils renferment. »
> Littré. (*Le National*, 1835.)

Dans la vieille logique métaphysique, analyse et induction, déduction et synthèse sont synonymes. C'est
quasi le contraire dans la logique moderne; la synthèse
est intimement liée à l'induction et l'analyse à la déduction.

La logique positive n'est pas une science particulière;
c'est l'ensemble des procédés et méthodes scientifiques,
comme la philosophie est l'ensemble des connaissances
humaines. Car il y a des connaissances qui ne sont pas
humaines : les observations que fait le chien avec son
nez et qui serviront à sa descendance.....

La suite infinie des déductions mathématiques s'appelle
analyse et non synthèse. En tout genre comme en chimie,
l'analyse est la décomposition du tout en parties et l'étude
des propriétés de ces parties; c'est le détail. La synthèse
c'est la composition, la combinaison; c'est le tout, formé
des parties reliées; c'est l'ensemble condensé en un principe qui explique les détails en les unissant.

Le rapprochement d'un grand nombre de faits, d'observation directe ou d'expérience spéciale, fait naître une
idée dans le cerveau, suggère une hypothèse générale,
synthétique, d'où dérivent les faits spéciaux : voilà l'induction. La gravitation universelle est la synthèse astro-

nomique, induite par Newton des lois de Képler et de la chute des corps. Toute la mécanique se déduit des trois principes de Galilée, de Képler et de Newton. La conception des forces fictives d'inertie de d'Alembert a engendré cette grande synthèse d'après laquelle toute question de mouvement se ramène à une question d'équilibre mathématique. Un très grand nombre de faits, physiques et chimiques, sont reliés uniquement par l'hypothèse corpusculaire et expliqués par les propriétés des atomes et molécules.

Les faits primitifs se déduisent de la synthèse qu'ils ont enfantée ; mais ce n'est pas tout... Des faits nouveaux peuvent être conçus comme résultats de ce principe et vérifiés ensuite par observation ou expérience. Cela montre le caractère élevé de l'induction synthétique, conduisant à la *prévision*, but médiat ou immédiat de la science, en vue finale de l'*utilité*.

L'état *statique* et l'état *dynamique* qui se rapportent spécialement : l'un à l'*équilibre* mécanique, abstraction faite du *temps*, l'autre au mouvement, sont aujourd'hui des instruments de logique générale... Selon Blainville, tout être actif et spécialement tout être vivant, peut être étudié dans tous ses phénomènes, soit sous le rapport *statique*, soit sous le rapport *dynamique*. Et il entend par là que tout être peut être regardé comme *apte à agir* ou comme *agissant*... D'où la division de la biologie en anatomie ou étude statique des *organes* et physiologie ou étude dynamique des *fonctions* (*Principes généraux d'anatomie comparée*).

Ces conceptions ont été définitivement généralisées par Comte qui les rattache aux notions d'*existence* et de *changement*, d'*ordre* et de *progrès*.

Tous les astres de notre monde solaire sont en mouvement; la conception du repos absolu est purement idéale; c'est un artifice logique (Comte).

Dans les idées actuelles, les éléments corpusculaires du corps étant constamment en mouvement, il faut entendre par *statique,* soit l'état d'équilibre de l'*ensemble* d'un solide ou d'un fluide, quels que soient les mouvements intérieurs; soit l'état plus particulier dans lequel les corpuscules oscillent autour de positions fixes. A ce compte, les fluides, les corps pendant un changement d'état physique ou de composition chimique, sont dans un état dynamique.

La *dynamique chimique* est l'étude de l'*activité chimique* des corps en action, fonctionnant, réagissant les uns sur les autres; c'est l'étude des *réactions chimiques* entre corps dont l'un au moins est fluide, l'étude « de la combinaison et de la décomposition chimiques » professée au Collège de France par Berthelot.

Réactions violentes et complètes, comme celle de l'acide sulfurique sur le zinc ou le carbonate de chaux, à peu près indépendantes du temps et du milieu.

Réactions lentes, se rapprochant beaucoup plus de la nutrition biologique, variant avec le temps, la température, la pression, les quantités actives ou inactives en présence, et souvent *limitées* par des *réactions inverses* simultanées.

Essentiellement dynamique, cette science a cependant conservé, depuis Berthollet, le nom de *statique chimique* ou étude des *équilibres chimiques.*

Les formules fondées sur la doctrine des proportions définies ne peuvent indiquer que la double décomposition élémentaire. Toujours *statiques,* les équations chimiques sont radicalement impuissantes à renseigner sur l'effet du temps, de la température, de la pression; en fait, elles ne renseignent pas davantage sur l'action des quantités en présence, sur l'état de dilution, sur la présence de corps inertes, en ce qui concerne le *rapport* final, constant à partir d'une certaine époque, entre les quantités des réactifs primitifs et des composés résultants.

Au point de vue purement logique, les réactions violentes peuvent être comparées aux chocs mécaniques, aux forces dites *instantanées,* c'est-à-dire considérées uniquement dans leur action totale, abstraction faite de leur variation avec le temps; et les réactions lentes à la dynamique générale des forces variables... La réaction atomique ou moléculaire, indiquée par l'équation chimique et dont la durée est très courte, est analogue à l'*impulsion élémentaire* des mécaniciens.

A l'*observation* et l'*expérience* s'ajoute un troisième procédé d'exploration scientifique, la *comparaison;* qui consiste en « l'existence d'une suite suffisamment étendue de cas, analogues mais distincts, où un phénomène commun se modifie de plus en plus, soit par des simplifications, soit par des dégradations successives ». C'est la comparaison qui sert de base à toute *classification,* fondée comme elle sur la considération de « l'uniformité de certains phénomènes prépondérants, dans une longue série de corps différents ». (Comte, 1835.)

La *méthode comparative* consiste donc, non dans le simple et vulgaire *rapprochement analogique* de deux phénomènes, de deux objets ayant quelque ressemblance, mais dans l'établissement d'une *série* systématique ou *classification,* et surtout dans la *comparaison homologique* de deux *séries parallèles* dont les termes *homologues* sont dans un rapport constant.

Les figures géométriques semblables, à angles constants, à éléments *homologues* de même direction et de longueurs proportionnelles : voilà le type initial de l'homologie.

La conception de l'*homologie chimique* appartient à Gerhardt. Les carbures d'hydrogène contiennent toujours un nombre pair d'atomes d'hydrogène et peuvent être représentés par la formule générale :

$$C^n H^{2(n+k)}$$

A chaque valeur de k, positive ou négative, correspondent des carbures, déterminés par la valeur de n et qui ne diffèrent entre eux que d'un certain nombre de fois CH^2

$$C^n H^{2(n+k)} - C^{n'} H^{2(n'+k)} = C^{n-n'} H^{2(n-n')} = (n-n')CH^2$$

A chaque carbure, c'est-à-dire à chaque valeur de n, correspond une série de dérivés : alcool, éthers, acides, radicaux..... Dans ces séries parallèles, les termes *homologues* ne diffèrent entre eux que de $(n-n')CH^2$ et remplissent les mêmes fonctions chimiques.

Les propriétés d'un terme, densité, volume moléculaire, tension de vapeurs, points de fusion et d'ébullition, sont une sorte de moyenne, d'intermédiaire, entre les deux termes les plus voisins de la série à laquelle il appartient. (Lois de Kopp.)

Dans les séries biologiques et sociologiques : le têtard de grenouille est l'homologue du poisson ; l'enfant du civilisé, l'homologue du sauvage adulte, et de l'homme primitif géologique.

Mais en biologie, *homologie* a un sens spécial, extrêmement remarquable, qu'il importe de connaître. Si l'on pense que la science a pour but, plus encore de relier les faits connus que de découvrir des faits nouveaux, on appréciera la valeur de la méthode, et l'on comprendra toute l'importance de cette *réaction logique* des sciences les unes sur les autres que Comte a si bien appréciée.

Par opposition aux *analogies physiologiques* basées sur la comparaison des *fonctions*, l'*homologie* est fondée sur la comparaison *morphologique* des *organes*; c'est-à-dire sur leurs rapports de forme, de nombre, de parité ou d'imparité, de position, de communication, d'origine et de développement. Ainsi, les membres antérieurs des vertébrés sont homologues, sans être tous analogues, puisque les uns servent à prendre (mains), les autres à marcher (pieds), à voler (ailes), à nager ou à gouverner (nageoires). Tous les organes respiratoires, plus ou moins différenciés, sont analogues ; le poumon des oiseaux, les branchies des poissons, les trachées des insectes, la peau de l'homme, ont tous la même fonction ; mais ils ne sont pas homologues. L'homologue du poumon des vertébrés aériens, c'est la vessie natatoire des poissons : que cette membrane se tapisse de capillaires, elle devient un organe respiratoire. L'analogue des membres locomoteurs chez les serpents, c'est le corps entier. Cela suffit à montrer combien les analogies sont souvent superficielles. Elles dépendent surtout du *milieu* dans lequel l'être meurt ou vit, et, dans ce dernier cas, se développe en s'*adaptant*, et transmet ses aptitudes à ses *descendants*, dont certains organes finissent par se *transformer* suivant les fonctions qu'ils sont successivement appelés à remplir.

Certains organes dits *rudimentaires* n'ont plus de fonctions ; tels les pouces du chien, les seins de l'homme et de tous les mammifères mâles... Ces organes ne peuvent avoir aucun analogue, non plus que les organes des *embryons* ; mais il existe entre eux et d'autres organes fonctionnant ou non, des homologies profondes qui permettent de comparer les êtres et les organes à tous les degrés de leur développement.

————————

On divise souvent encore les corps organiques en composés *ternaires* ($C^4H^4O^4$) et composés *quaternaires* ou azotés ($C^4H^4O^4Az^4$).

La classification *des formes géométriques* d'après le *degré de l'équation* représentative, est le type de classification basée, comme celle des corps organiques, sur le *degré de complication*. Très bonne pour certaines lignes et surfaces, elle ne donne rien de satisfaisant au delà du second degré. La *forme de l'équation* peut quelquefois remplacer avantageusement le degré : ainsi l'équation $y^n = p.x$ représente toute la famille des *courbes paraboliques*; toute équation *homogène* à trois variables représente une *surface conique* ayant son sommet à l'origine des coordonnées. Ces rapprochements entre la forme géométrique et la forme algébrique peuvent être qualifiés d'*isomorphisme géométrique*.

La classification des formes, de beaucoup la plus remarquable, dont l'application restreinte n'exclut nullement la généralité, c'est celle de Monge, dans laquelle les *surfaces* sont classées d'après leur *mode caractéristique de génération* (on pourrait dire d'après leurs homologies morphologiques), en surfaces de révolution, surfaces cylindriques, coniques, conoïdes... L'expression abstraite, algébrique, du caractère, relativement concret, de génération, Monge l'a trouvée dans une propriété caractéristique du plan tangent, propriété commune à tous les points d'une famille de surfaces. Les plans tangents en tous points d'une surface cylindrique sont parallèles à une droite; le plan tangent en tout point d'une surface de révolution est perpendiculaire au méridien de ce point..... De là, la possibilité de représenter toute une *famille de surfaces* par une *équation différentielle du premier ordre*, d'où dérivent les différents *genres;* elle contient une *fonction arbitraire* qui correspond à ce que le mode de génération a d'indéterminé : la *directrice* des cylindres ou des cônes, la *méridienne* des surfaces de révolution.....

Certaines familles peuvent être réunies en un même ordre, celui des *surfaces développables* par exemple, présentant un caractère d'indétermination beaucoup plus grand et représenté par une seule *équation différentielle du second ordre*. Les développables ne sont elles-mêmes qu'un ordre de la *classe des surfaces réglées* généralement *gauches*.

Cette classification n'est pas sans analogie avec la classification atomistique dans laquelle l'atomicité des radicaux joue le même rôle que la propriété caractéristique des plans tangents. Logiquement, la théorie corpusculaire peut être comparée au *calcul indirect infinitésimal;* les molécules et les atomes aux différentielles de divers ordres; la *saturation,* somme des *atomicités,* à la différentielle totale, somme des différentielles partielles.

Il faut remarquer d'ailleurs que le mode de génération de Monge n'est pas le seul : une surface de révolution engendrée par la rotation de la méridienne, peut être engendrée aussi par une circonférence se déformant suivant une certaine loi pendant que son centre décrit un axe normal à son plan. De même, un composé chimique peut être considéré comme formé de radicaux divers. Le mode de génération, le type caractéristique, est le meilleur qui conduit à la classification la plus utile relativement à la compréhension, la mémoire, l'enseignement, le plus fécond en découvertes. La classification atomistique des composés organiques telle qu'elle est professée par Wurtz et ses élèves, est tellement séduisante, qu'on a pu lui reprocher, avec raison, de faire oublier la réalité objective, c'est-à-dire, les réactions entre corps existant réellement, de faire prendre les *signes* pour des êtres, de conduire à l'algébrisme. Elle est féconde d'ailleurs; très féconde... si l'on considère surtout le nombre des découvertes.

Que la classification chimique générale ne doive pas être basée sur les formules brutes, unitaires, atomiques ou *anatomiques;* qu'elle doive tenir grand compte des rapports *morphologiques,* de la forme abstraite ou *formule* chimique si intimement liée à la forme physique (états physiques, isomérie, isomorphisme): tout le monde l'admet. Mais, tandis que l'école de Gerhardt et de Kékulé fonde la classification uniquement sur les *formules de constitution,* indiquant les positions relatives et les combinaisons hypothétiques des éléments de la molécule, rattachées à des *types statiques* et au mode de développement par *substitutions d'atomes ou de radicaux;* tandis que cette école considère l'*atomicité* comme la caractéristique de la classification, d'autres chimistes continuent à classer les corps d'après leurs *fonctions chimiques,* à les rattacher à des *types dynamiques,* d'après leur analyse et synthèse, leur mode de décomposition ou de développement, de combinaisons ou substitutions, directe ou indirecte, de corps réels à des corps réels ; et à regarder l'*affinité* comme le caractère fondamental de la chimie systématique.

Leurs *formules rationnelles* binaires ne représentent plus, comme celles de Berzélius, la vraie constitution du composé, la seule vraie ; elles rappellent seulement la réaction caractéristique, cette réaction ayant lieu non entre radicaux ou atomes, mais entre corps isolables, c'est-à-dire, à fort peu d'exception près, entre molécules. Car si l'oxyde de carbone CO, par exemple, est un véritable radical isolé, les éléments de vapeurs de mercure, des atomes Hg ; le cyanogène $C.Az^2$, comme les gaz simples O^2, H^2, sont des molécules qui, aux yeux des atomistes purs, ne peuvent agir chimiquement sans subir une décomposition préalable en radicaux $C.Az$ ou atomes O et H.

Positivement, les molécules, aussi bien que les atomes et les radicaux, sont des corps hypothétiques, des êtres de raison ; toutes les réactions formulées doivent être regardées comme purement virtuelles, sans que cela diminue en rien leur utilité.

Les corps comme les organes n'agissent que dans certains milieux ; un œil ne fonctionne pas dans l'obscurité, une graine ne germe pas dans une atmosphère froide et sèche ; l'oxygène et l'hydrogène ne réagissent qu'à certaines températures. A 80° au-dessous du point de fusion de la glace, les affinités s'éteignent. C'est un axiome ancien que les corps solides n'exercent pas d'actions chimiques les uns sur les autres. Il y a pourtant une chimie des corps solides. Les corps peuvent être considérés dynamiquement dans leur activité chimique, et statiquement dans leur existence, leur composition, leur architecture chimique.

Comme les organes aussi, les corps fonctionnent différemment suivant le milieu : l'alumine joue le rôle de base et d'acide; l'alcool forme des éthers avec les acides et, d'un autre côté, il existe des alcoolates; quelques métaux engendrent des acides oxygénés, comme les métalloïdes.

La classification dynamique présentera donc toujours de grandes imperfections; la classification statique, qui est aujourd'hui exclusivement atomistique, n'est pas non plus à l'abri de reproches. Et d'abord, les atomes et radicaux sont-ils les seuls éléments actifs; les molécules ne peuvent-elles réagir sans se décomposer?

« ..... L'eau ainsi combinée, dit Williamson, s'appelle *eau de cristallisation*, et l'on dit qu'elle est dans un état de combinaison non chimique, mais physique ; manière très simple d'éluder une difficulté en la passant au voisin. »

L'opposition conservatrice à la théorie atomistique a pour chef l'un des savants qui honore le plus son pays et la science. On ne traite pas en quelques lignes l'opinion d'un Berthelot, je renvoie donc à ses ouvrages, en particulier à sa *Synthèse chimique*, en même temps qu'à la *Théorie atomique* de Wurtz.

En ce qui concerne l'enseignement : Suivant la grande loi sociologique du parallélisme entre le développement de l'individu et le développement de l'espèce (Comte) qui finira bien par régir l'éducation, les connaissances chimiques de l'enfant et du jeune homme doivent suivre un cours déterminé par l'évolution historique de la chimie. Le premier enseignement, essentiellement concret, et industriel, correspond à la période préchimique; le but est l'*utilité immédiate* et la connaissance des *corps naturels*, minéraux et organiques. Dans la seconde période, la classification basée sur les *fonctions chimiques* doit être exclusivement employée. C'est seulement dans la période finale de l'évolution individuelle, qu'on emploiera la classification plus générale et plus abstraite, basée sur les types atomiques et moléculaires, accompagnée d'un retour aux fonctions et suivie de l'étude de la chimie dynamique générale.

DEUXIÈME PARTIE

THÉORIES DYNAMIQUES GÉNÉRALES

Où les éléments des objets sont considérés comme des corps ayant
à la fois une énergie de translation et une énergie de rotation.

---

22. — Forces vives et travail. Conservation de l'énergie.

Huyghens.
Leibnitz. — Les Bernouilli. — Lagrange.
Carnot le Conventionnel.
Helmholtz. — Rankine. — Clausius.

Forces vives d'un corps : somme des produits de la masse
des points matériels qui le composent par le carré de leur
vitesse :

$$\Sigma m \cdot v^2.$$

Pour évaluer la force vive d'une machine, d'un système,
d'un objet, il faut tenir compte des mouvements de toutes
les parties aussi bien que des mouvements d'ensemble.
Dans une locomotive en marche sur une voie droite, on
devra considérer, non seulement les mouvements de translation parallèles à la voie, mais encore les mouvements
de rotation des roues, essieux et manivelles, les oscillations verticales de la machine sur les ressorts de suspension, les mouvements rectilignes alternatifs des pistons
et tiges, les mouvements alternatifs de translation des
bielles d'accouplement, les mouvements alternatifs de
translation et rotations des bielles motrices.....
Si la machine est abandonnée à elle-même sur une
voie horizontale, la communication des cylindres avec la

chaudière interrompue, sa vitesse diminuera et finira par s'annuler, lorsque toute la force vive aura été cédée à l'air, au sol, aux rails ébranlés, et transformée en force vive moléculaire produisant le bruit et l'échauffement des divers organes ; échauffement qu'on peut augmenter beaucoup en serrant les *freins*.

Les objets étant formés de corpuscules, la force vive totale se compose de la force vive apparente, objective, et de la force vive corpusculaire, force vive moléculaire et force vive due aux mouvements des atomes dans la molécule.

La vitesse résultante d'un point étant la résultante géométrique de vitesses composantes qui ne sont pas généralement rectangulaires, la force vive absolue est différente, en général, de la somme des forces vives dues aux mouvements composés. Mais on démontre que la force vive totale d'un corps animé d'un mouvement quelconque est la somme des forces vives de translation et des forces vives de rotation autour du centre de gravité.

Travail d'une force : produit de l'intensité de la force par la projection, sur sa direction, du déplacement du point d'application :

$$dT = F \cdot ds \cdot \cos \cdot (F \cdot ds) \qquad T = \int_{t_0}^{t} dT.$$

Le travail correspondant au déplacement d'un poids est égal au produit du nombre de kilogrammes par le déplacement vertical du centre de gravité ou variation d'altitude, quel que soit d'ailleurs le déplacement horizontal. Le travail est positif ou *moteur* si le déplacement a lieu de haut en bas et en général dans le sens de la force ; négatif ou *résistant* dans le cas contraire.

Kilogramme-mètre, unité de travail ; c'est le travail qu'il faut effectuer pour élever 1 kilo de 1 mètre, ou le travail que peut développer une masse de 1 kilo dans une chute de 1 mètre.

Conservation de l'énergie. — La demi-variation de forces

vives d'un système est égale à la somme des travaux des forces qui le sollicitent pendant le temps considéré :

$$T_m - T_r = \frac{1}{2} \Sigma m v^2 - \frac{1}{2} \Sigma m v_0^2.$$

T_m travail moteur, — T_r travail résistant,

v_0 et v vitesses initiale et finale.

La variation de vitesse ou accélération d'une masse sous l'action de la pesanteur est déterminée par l'équation suivante :

$$Q = m \cdot y = m \cdot \frac{dv}{dt}.$$

Pendant le temps dt, le centre de gravité de la masse décrit une hauteur $\pm v.dt$ qui correspond au travail élémentaire :

$$dT = Q \cdot v \cdot dt = m \cdot \frac{dv}{dt} \cdot v \cdot dt = m \cdot v \cdot dv = d\left(\frac{1}{2} m v^2\right).$$

Le travail correspondant à une variation de vitesse de v_0 à v, ou de hauteur H_0 à H est :

$$T = \frac{1}{2} m v^2 - \frac{1}{2} m v_0^2 = Q(H_0 - H)$$

$$QH + \frac{1}{2} m v^2 = QH_0 + \frac{1}{2} m v_0^2.$$

La somme de la demi-force vive que possède un corps à un instant donné, et du travail qu'il effectuerait en tombant de la position où il se trouve à une altitude déterminée, est constante. Cette somme c'est l'*énergie totale*; elle se compose de la demi-force vive ou *énergie actuelle* et de l'*énergie potentielle* ou *énergie de position* qui, en général, représente le travail qu'effectuerait le corps en passant d'une position à une autre :

$$T + \sum \frac{1}{2} m v^2 = C.$$

L'énergie totale est constante; l'énergie de position et la demi-force vive sont complémentaires. L'énergie actuelle a une valeur absolument déterminée; l'énergie potentielle est essentiellement relative à la position vers laquelle tend le corps.

En général :

$$\frac{1}{2}mv^2 - \frac{1}{2}mv_0^2 = \int Xdx + Ydy + Zdz$$

X, Y, Z étant les composantes de la force appliquée aux points x, y, z.

Pour un système de points :

$$\sum \frac{1}{2}mv^2 - \sum \frac{1}{2}mv_0^2 = \sum \int Xdx + Ydy + Zdz,$$

la variation de forces vives ne dépend que des valeurs v_0 et v, c'est-à-dire uniquement des états initial et final du système ; l'énergie de position :

$$P = \sum \int Xdx + Ydy + Zdz$$

sera donc aussi indépendante des états intermédiaires et déterminée par les vitesses des points du système.

Dans certains cas, cette énergie potentielle est déterminée par la position des points (x, y, z); $P = \varphi(x, y, z, x', y', z'...)$ prend alors le nom de *potentiel*. Si les forces qui sollicitent le système peuvent être remplacées par d'autres agissant sur le centre de gravité (x_1, y_1, z_1), P ne dépendra que de la position de ce centre $P = \varphi_1(x_1, y_1, z_1)$. Pour tous les points de la surface $\varphi_1(x_1, y_1, z_1) = C$, la force vive sera la même, et la résultante des forces sera normale en tous ses points à cette surface, qu'on nomme pour cette raison *surface de niveau*.

Si les actions qui sollicitent les points du système ne dépendent que de leurs distances respectives ou de leurs distances à des centres fixes :

$$F = \psi(r)$$

le travail total ou potentiel est :

$$\sum \int F \cdot dr = \sum \int \psi dr = \psi(r) = P \qquad F = \psi(r) = \frac{dP}{dr}.$$

L'équation de la conservation de l'énergie est applicable aux *mouvements relatifs*, à la condition de tenir compte du *travail de la force d'inertie d'entraînement*; le travail de la force apparente complémentaire est toujours nul, cette force étant normale à la vitesse.

---

23. — Oscillations. — Pendule et ressorts. — Énergie oscillatoire.

Galiléo. — Huyghens. — Poncelet.

Lorsqu'un corps pesant guidé par une directrice verticale ABC est abandonné à lui-même dans la position A, il descend de plus en plus vite jusqu'au point le plus bas G de la directrice; remonte sur la branche CB jusqu'à l'altitude du point de départ A, redescend et exécute, de part et d'autre du point C, des oscillations qui dureraient indéfiniment sans les résistances passives, en réalité inévitables.

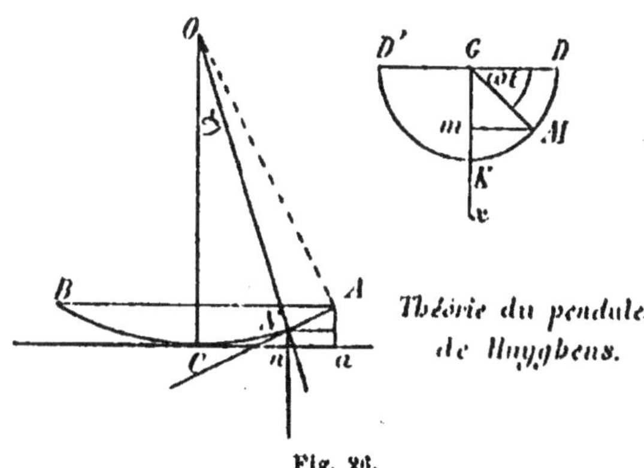

Théorie du pendule de Huyghens.

Fig. 26.

Au point C, la vitesse maxima $V = \sqrt{2g \cdot H}$ est déterminée par l'équation du travail :

$$\frac{1}{2}\frac{Q}{g} V^2 = Q \cdot H$$

et la vitesse v en un point quelconque N, par l'équation :

$$\frac{1}{2}\frac{Q}{g}v^2 = Q(H - h)$$

ou :

$$Q.h + \frac{1}{2}\frac{Q}{g}v^2 = QH + \frac{1}{2}\frac{Q}{g}V^2$$

qui exprime l'invariabilité de l'énergie totale. Les altitudes H, h étant rapportées au niveau du point le plus bas de la directrice : Qh est l'énergie de position et $\frac{1}{2}\frac{Q}{g}v^2$ l'énergie actuelle, au point N. En C l'énergie de position est nulle, tandis qu'aux extrémités A et B, la vitesse est nulle et toute l'énergie résulte de la position du mobile.

Le *pendule simple* est formé d'un corps pesant réduit à son centre de gravité et suspendu à un fil de masse négligeable, dont l'autre bout est attaché à un axe fixe autour duquel le système peut osciller. C'est un corps guidé par une directrice circulaire et auquel s'appliquent les considérations précédentes.

. Les oscillations d'amplitude très petites ont été reconnues *isochrones* par Galilée et complètement étudiées par Huyghens.

l étant la longueur du pendule et $(-\alpha)$ l'angle décrit dans le temps t, l'accélération du point N, suivant la tangente à la directrice, est :

$$-\frac{d^2.l\alpha}{dt^2} = -l\frac{d^2\alpha}{dt^2}.$$

La projection sur cette tangente, de la force Q qui sollicite le mobile N, est $Q\cdot\sin\alpha$; on a donc :

$$Q.\sin\alpha = -\frac{Q}{g}l\frac{d^2\alpha}{dt^2} \qquad \frac{d^2\alpha}{dt^2} = -\frac{g}{l}\sin\alpha.$$

Dans le cas où les amplitudes sont très petites, le sinus se confond sensiblement avec l'arc et l'équation devient :

$$\frac{d^2\alpha}{dt^2} = -\frac{g}{l}\alpha.$$

Lorsqu'un mobile circule d'un mouvement uniforme sur une circonférence, le mouvement de sa projection sur une droite quelconque est régi par la même équation que celle du pendule.

DKD′ (fig. 26) circonférence décrite par un mobile avec une vitesse angulaire constante ω, ou une vitesse linéaire ωr; $r =$ GD rayon de la circonférence. M position du mobile à l'époque t déterminée par l'angle DGM $= \omega \cdot t$.

m projection de M sur l'axe Gx.

La projection du mobile a parcouru pendant le temps t :

$$G m = x = v \cdot \sin \omega t$$

sa vitesse est :

$$\frac{dx}{dt} = \omega \cdot v \cos \omega t$$

et son accélération :

$$\frac{d^2 x}{dt^2} = - \omega^2 v \sin \omega t = - \omega^2 x$$

équation identique à celle du pendule si l'on pose :

$$x = \alpha \quad . \quad \omega^2 = \frac{g}{l} \qquad \omega = \sqrt{\frac{g}{l}}.$$

Ainsi l'accélération angulaire et par suite la vitesse du pendule ont, à chaque instant, la même valeur que l'accélération et la vitesse du point m oscillant entre G et K; ce point m étant la projection d'un mobile M parcourant

la circonférence avec une vitesse angulaire $\omega = \sqrt{\frac{g}{l}}$;

pourvu que les mouvements commencent en même temps. La durée de l'oscillation du pendule sera donc égale à la durée de l'oscillation du point m, ou au temps que le mobile M met à parcourir la demi-circonférence :

$$T = \frac{\varpi}{\omega} = \varpi \sqrt{\frac{l}{g}}.$$

Telle est la durée de l'oscillation pendulaire, indépendante de l'amplitude pourvu qu'elle soit très petite, indépendante du poids, de l'espèce de matière ; ne dépendant que de la longueur du pendule et de l'intensité de la gravitation g.

Cette loi d'Huyghens a permis à Newton de vérifier la proportionnalité des poids aux masses, ou la constance de la gravitation g pour tous les corps, quel que soit leur poids, avec bien plus d'exactitude que la chute dans le vide ; elle a permis en outre d'observer les variations de g dues à la force centrifuge terrestre, aux altitudes au-dessus du niveau de la mer, aux distances de ce niveau au centre de la terre et de vérifier ainsi la rotation de la planète, la loi de la gravitation et l'aplatissement polaire.

Les oscillations, grandes ou petites, d'un corps pesant attaché à un *ressort métallique* sont soumises aux mêmes lois.

A point d'attache de la charge Q supposée condensée en ce point. Ce poids Q va *tendre* le ressort, c'est-à-dire va l'allonger ou le comprimer suivant la position relative de la charge et du ressort, de traction, de compression, de flexion, de torsion, à lames ou à boudin. Si l'on soutient la charge de façon qu'elle descende doucement sans prendre de vitesse sensible, elle s'arrêtera au point O ('), lorsque la réaction élastique fera équilibre au poids Q. Mais les choses se passeront tout autrement si l'on abandonne la charge au point A, sans vitesse initiale. Elle descend alors de plus en plus vite jusqu'au point O qu'elle dépasse en vertu de sa vitesse acquise ; son mouvement

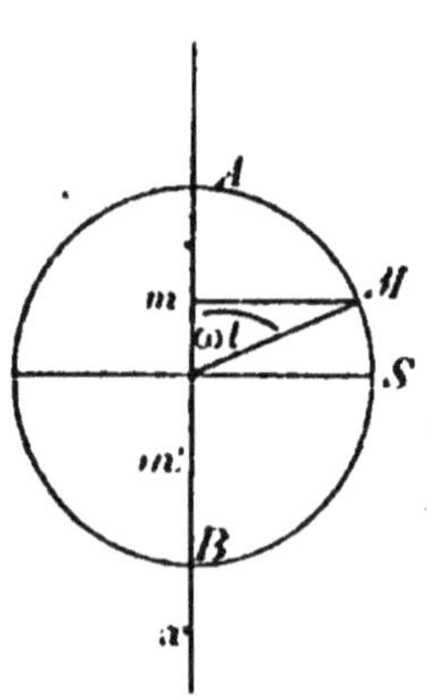

Théorie des ressorts de Poncelet.

Fig. 27.

---

1. Dans la figure 27, le point O est le centre de la circonférence.

se ralentit ensuite et finit par changer de sens au point B ;
la charge remonte alors, dépasse de nouveau le point O
et oscille autour de lui.

La tension du ressort au point O est égale au poids Q.
Les déformations élastiques des ressorts métalliques, allongements, raccourcissements, flèches, comptées suivant
la verticale Ax, étant proportionnelles aux tensions correspondantes : la tension en un point quelconque m du
point de départ, à une distance A$m = x$, sera :

$$F = Q \frac{x}{l} \qquad l = OA$$

inférieure ou supérieure au poids Q suivant que x sera
plus petit ou plus grand que l; suivant que la charge se
trouvera au-dessus ou au-dessous du point O.

La charge animée, à un instant donné, d'une vitesse
$v = \dfrac{dx}{dt}$ et soumise à l'action différentielle $Q - F \gtreqless 0$ du
poids et de la réaction élastique, aura un mouvement ac-
céléré de A en O et retardé au delà de O. La vitesse deviendra nulle en un point B, mais l'équilibre ne pourra
subsister ; la tension étant plus grande que le poids, la
charge remontera.

Si l'on néglige la masse du ressort, le mouvement de
la charge sera déterminé par l'équation :

$$\frac{Q}{g} \cdot \frac{d^2x}{dt^2} = Q - F = Q - Q \frac{x}{l} = Q \frac{l - x}{l}$$

$$\frac{d^2x}{dt^2} = \frac{g}{l}(l - x)$$

identique à celle du mouvement de la projection m sur
Ax, d'un mobile M partant de A en même temps que la
charge Q et parcourant, autour du centre O, la circonférence de rayon OA $= l$ avec une vitesse angulaire constante :

$$\omega = \sqrt{\frac{g}{l}}.$$

En effet :

$$x = Am = AO - Om = l - l\cos\omega t \qquad \frac{dx}{dt} = l\omega\sin\omega t$$

$$\frac{d^2x}{dt^2} = l\omega^2\cos\omega t = \omega^2(l - x) = \frac{g}{l}(l - x).$$

Le point B, terme de la course de la charge Q, est par suite à la même distance du point O que le point A OB = OA AB = 2OA. L'allongement dynamique produit par une charge, *sans vitesse initiale*, est double de l'allongement statique. La charge remontera en A, redescendra, oscillera. La durée de l'oscillation simple du ressort sera égale au temps que le mobile met à parcourir la demi-circonférence AB :

$$T = \frac{\varpi}{\omega} = \varpi\sqrt{\frac{g}{l}}$$

c'est-à-dire à la durée de l'oscillation du pendule simple dont la longueur serait égale à la déformation statique du ressort. Le nombre d'oscillations dans l'unité de temps est :

$$n = \frac{1}{T} = \frac{1}{\varpi}\sqrt{\frac{l}{g}}.$$

La durée est proportionnelle à $\sqrt{l}$ ou, pour un ressort donné, à la racine carrée du poids de la charge $\sqrt{Q}$. Les oscillations successives ont des amplitudes l de plus en plus petites ; elles ne sont pas isochrones et sont d'autant plus rapides qu'elles sont plus petites.

L'énergie du système, charge et ressort, est, en A, une énergie de position, due entièrement à la position de la charge ; en B la vitesse est nulle comme en A, l'énergie est due tout entière à la déformation du ressort ; maintenu ainsi bandé, le ressort possède une *énergie potentielle* capable de se transformer en force vive pendant la détente. En O, au contraire, l'énergie est toute en force vive (la tension étant égale au poids) ; elle est égale à la force vive constante du mobile M supposé de même masse que la charge Q, à :

$$\frac{1}{2}\frac{Q}{g}l^2\omega^2 = \frac{1}{2}\frac{Q}{g}l^2\frac{g}{l} = \frac{Q \cdot l}{2}$$

ou la moitié du travail de la charge tombant librement de la même hauteur l, sans être retenu par le ressort.

L'équation générale de l'énergie est :

$$\frac{1}{2}\frac{Q}{g}v^2 = Q \cdot x - \int_0^x F dx = Qx - \frac{1}{2}\frac{Q}{l}x^2 = \frac{Q}{2l}x(2l - x)$$

qui montre immédiatement, sans le secours du mobile auxiliaire M, que la vitesse de la charge est nulle pour $x = 0$ et $x = 2l$, que, par suite, l'allongement dynamique est double de l'allongement statique ; que la force vive et la vitesse sont maximum pour $x = 2l - x$ et pour $x = l$.

Le *maximum* de force vive correspond à la position d'équilibre statique pour le ressort comme pour le pendule. Dans le cas où un mobile pesant décrit une courbe convexe vers le haut, l'équilibre correspond au contraire au *minimum* de forces vives.

La position d'équilibre correspond au maximum ou au minimum des forces vives *virtuelles,* c'est-à-dire des forces vives qu'aurait le corps, réellement en repos, s'il était en mouvement sur sa directrice. Tel est l'énoncé qu'a donné Lagrange de la *loi du repos,* qui consistait, selon Maupertuis, en la correspondance de l'état d'équilibre avec le maximum des travaux virtuels des forces centrales. C'est la généralisation de la loi de Toricelli relative au maximum ou au minimum d'altitude du centre de gravité des corps pesants.

L'énergie totale de la charge et du ressort est constante ; partie potentielle, partie vive, la somme est toujours égale à la force vive du mobile M. C'est un exemple très remarquable que cet accouplement de deux mouvements (le mouvement de M et le mouvement de m) correspondant à la même énergie totale ; dans l'un l'énergie est toujours

vive, dans l'autre elle se transforme successivement en
énergie de position, force vive, énergie potentielle ou latente.

L'énergie interne d'un corps se compose de la force
vive des corpuscules oscillant en vertu de leurs vitesses,
et de l'énergie potentielle résultant des actions du milieu.
Si l'on regarde les corps solides comme formés de points
matériels oscillant autour de positions fixes, l'énergie interne totale sera égale à la somme des forces vives de
ces éléments dans leur position moyenne, dans laquelle
l'énergie potentielle est nulle. Toute l'énergie extérieure
qui échauffe un corps doit, dans ces conditions, être considérée comme transformée en force vive; il n'y a pas, à
proprement parler, « d'énergie consommée par un travail
intérieur de dilatation ».

Lorsque les éléments sont considérés, non plus comme
des points animés de simples translations, mais comme
des corpuscules, l'énergie interne est la somme des forces
vives de translation et de rotation. La variation d'énergie
peut porter soit sur les translations, soit sur les rotations,
soit sur les deux à la fois.

---

24. — Le Feu. — Le Calorique.

Prométhée. — Les Vestales.
La pramentha. — Le briquet.
Archimède (— 230). — Brandt (1670).
Roger Bacon (1260). Papin (1700). Watt (1800). Sadi Carnot (1824). Piobert.
Aristote (— 350). — Stahl (1700).
Black. — Voltaire, Lavoisier et Laplace.
Rumford (1798).

Feu naturel : Feu du ciel ou foudre. Feu Saint-Elme,
aigrettes électriques à la pointe des mâts, des vergues,
des lances. Feu central sortant par les volcans. Feux fol-
lets, produits par les fermentations.

Feu artificiel : Feu du soleil concentré, au moyen de miroirs (Archimède, siège de Syracuse), et avec des lentilles de verre depuis la Renaissance.

Le feu est produit, aussi et surtout, par le *frottement :* frottement de giration ou de translation de deux morceaux de bois, la pointe du mâle, le Père du feu (pramentha, d'où Prométhée), enfoncée dans le trou ou la rainure de l'autre ; frottement et choc de deux cailloux, ou d'un caillou de silex sur un morceau de fer météorique, sur la pyrite de fer (d'où le nom de pyrite), plus tard sur le fer fabriqué (briquet) et enfin par le frottement du phosphore (allumettes chimiques).

Le feu est conservé, avec des soins pieux, par les femmes, obligées, tant dans l'antiquité que dans l'état sauvage actuel, de le rallumer par le procédé initial si elles le laissent éteindre, c'est-à-dire avec un miroir métallique (Grèce) ou par le frottement du bois (Hottentots, Négritos, Océaniens). Le *feu sacré* entretenu par les Vestales, sur l'autel de Vesta, aujourd'hui par le sacristain dans les églises catholiques. Naguère encore, la ménagère entretenait le *feu domestique* sous la cendre, et lorsqu'il était éteint, allait le chercher au foyer voisin, comme la peuplade chez la peuplade amie.

Le *feu* est employé à cuire, chauffer, éclairer, solenniser, signaler, incendier. Feux de joie. Feux d'artifices. Pyrotechnie chinoise. Artifices de guerre. Feu grégeois de la pyrotechnie arabe. Fusées de signaux. Télégraphie optique.

« La dissertation *sur la nature et la propagation du feu* concourut pour le prix de l'Académie des sciences en 1740. (A cette époque, la théorie phlogistique de Stahl était complètement inconnue en France.) Trois pièces furent couronnées : L'une explique tout par les petits tourbillons de Descartes et de Mallebranche, une autre par deux courants contraires d'un fluide éthéré. La troisième, de Léonard Euler, établit que le *feu* est un fluide très élastique contenu dans les corps. Le mouvement ou l'action de ce fluide rompt les obstacles qui dans le corps s'opposent à son explosion et ils brûlent ; si ce mouvement ne fait qu'agiter les parties de ces corps, sans développer le feu qu'ils contiennent, ces corps s'échauffent, mais ils ne brûlent pas.

« Les pièces de Mme du Châtelet et de M. de Voltaire eurent moins de succès, à une époque où la physique de Newton était à peine connue et mal appréciée, où un reste de cartésianisme paraissait un mérite à encourager.

« D'après la marquise du Châtelet, la lumière et la chaleur ont pour cause un même élément, lumineux lorsqu'il se meut en ligne droite, échauffant lorsque ses particules ont un mouvement irrégulier ; il échauffe sans éclairer lorsqu'un trop petit nombre de ses rayons part de chaque pointe en ligne droite pour donner la sensation de lumière... c'est ainsi que l'air produit du son ou du vent suivant la nature du mouvement qui lui est imprimé. Mme du Châtelet annonce que les rayons différemment colorés ne donnent pas un égal degré de chaleur, phénomène que M. l'abbé Rochon a prouvé depuis par des expériences suivies. »

Voltaire n'admet pas, comme Descartes paraît le croire, que l'arrangement et le mouvement de la matière, seuls, produisent la substance du feu ; que toute matière peut être réduite par le frottement en cette *matière subtile* que Descartes appelle son premier élément et qui est le *feu* même. Le mouvement peut donner du *froid* comme du *chaud*. Pour Voltaire, le *feu* est une substance élémentaire qui ne peut être changée en une autre substance ; il n'est jamais détruit ni augmenté. Lorsqu'un corps s'échauffe, il y a un autre corps qui se refroidit. Il y a toujours dans la nature la même quantité de feu. — Le feu est le seul être qui éclaire et qui brûle; c'est de la quantité de sa masse et de son mouvement que dépendent chaleur et lumière. — Le célèbre Bœrhaave dit dans sa *Chimie* qu'ayant *pesé* huit livres de fer froid, puis tout ardent, puis refroidi encore, il a toujours retrouvé son même poids de huit livres. Voltaire *pesa* de grandes masses de fontes liquides, puis refroidies et solides, et trouva qu'à l'état solide, les métaux pesaient plus ou autant qu'à l'état liquide. « Or, en en fusion, il contenait incomparablement plus de *feu* qu'étant refroidi; donc il semble qu'on doit conclure que cette prodigieuse quantité de feu n'avait aucune pesanteur; donc *il est très possible que cette augmentation de poids soit venue de la matière répandue dans l'atmosphère;* donc dans toutes les autres opérations par lesquelles les matières calcinées acquièrent du poids, cette augmentation de substance pourrait aussi leur être venue de la même cause et non de la matière ignée. » (Voltaire, 1740.)

Plus loin, Voltaire déclare que l'air n'agit que par pression, par effet mécanique. « L'air fait donc uniquement l'office d'un soufflet qui est nécessaire à un feu médiocre... Un petit feu a besoin d'air, un grand feu n'en a nul besoin. »

« Le feu ne peut éclairer, échauffer, brûler que par le mouvement de ses parties... mouvement originairement imprimé en lui-même... Le feu habite dans les pores de tous les corps : il les étend, les meut, les échauffe et les consume, selon sa quantité et son degré de mouvement. Tous les corps tendent à s'unir, par la même loi qui fait graviter tous les corps célestes vers un foyer commun, quelle que soit la cause de cette tendance; donc toutes les parties de chaque corps presseraient également vers le centre de ce corps, et tous les corps composeraient des masses également dures, si le feu, étant toujours en mouvement, n'écartait ces parties toujours prêtes à s'unir. Le feu résiste donc continuellement à l'effort des corps et les corps lui résistent de même : cette action et cette réaction continuelles entretiennent donc un mouvement sans interruption dans toute la nature... Ne suit-il pas de là que le feu doit causer l'*élasticité* du solide... La *cohérence* est d'autant plus grande que le corps est plus froid, et le *dernier degré de froid* (s'il était possible de le trouver) serait le plus grand degré de cohérence possible... L'air, ce corps si singulièrement *élastique*, paraît recevoir son ressort du feu... L'air libre étant échauffé, se distend, s'écarte de tous côtés également; et alors ce ressort, qui agissait par la dilatation, s'épuise en proportion de ce que l'air s'est dilaté; ce plein air libre, échauffé, n'est plus si élastique, parce qu'alors il y a moins d'air dans le même espace... Si l'air était absolument privé de feu, il serait sans mouvement et sans action... Le feu, qui subsiste dans l'eau, retient les parties de l'eau dans une désunion continuelle...

«..... Il n'est pas moins vraisemblable que l'*électricité* soit aussi un des effets du feu. Au moins il est indubitable qu'il n'y a point d'électricité sans mouvement, et qu'il n'y a point dans la nature de mouvement sans feu...

«..... Comme tout autre fluide, le feu se meut également en tout sens; c'est pour cette raison que le feu éclaire et échauffe en raison inverse ou réciproque du quarré des distances... » (*Essai sur la nature du feu*, Voltaire, 1740.)

Le feu est un phénomène très complexe, où l'on voit aujourd'hui, chaleur, lumière, actions chimiques; il fut longtemps regardé comme un élément.

C'était un des quatre éléments d'Aristote. Pour Stahl et son école, la combustion du soufre comme la calcination des métaux est un dégagement de phlogistique. Depuis Lavoisier, toute combustion est une combinaison d'un corps *comburant* avec un corps *combustible;* mais cette combinaison n'explique pas plus le feu que la nutrition n'explique la pensée.

Il y a combustion lente et combustion vive.

Dans la théorie antiphlogistique de Lavoisier et Laplace, la chaleur est due à une matière d'espèce spéciale, un fluide impondérable, incoercible, éminemment subtil, le *calorique*, remplissant les vides intermoléculaires de tous les corps. Ce fluide est formé d'éléments qui se repoussent entre eux et attirent les molécules pondérables. Chaque molécule retient par attraction une certaine quantité de calorique. Les forces intérieures sont déterminées par les attractions qu'exercent les molécules entre elles et sur le calorique, et les répulsions du calorique d'une molécule sur le calorique des autres molécules. Les solides, les liquides, les gaz sont des combinaisons d'un élément pondérable avec un, deux, trois éléments de calorique. « Le *calorique combiné* aux molécules perd la propriété d'échauffer, précisément comme les corps qui se combinent entre eux perdent ordinairement leurs propriétés individuelles. Il en résulte de nouveaux corps, dont la température peut être élevée ou abaissée lorsqu'une certaine quantité de *calorique libre* vient à lui être ajoutée ou à lui être enlevée... Le calorique, en s'introduisant dans les corps à la faveur de leurs pores imperceptibles, produit le même effet que l'introduction des liquides dans les solides hygrométriques ; ces corps augmentent de volume dans toutes leurs dimensions. » Lorsqu'on mêle ensemble des corps hétérogènes, le calorique ne se distribue pas uniformément ; chaque corps a une disposition particulière à prendre plus ou moins de calorique pour élever sa température, ou une *capacité calorifique* spéciale.

« Le fluide surabondant s'échappe avec plus ou moins de vitesse, tant sous forme de *rayons*, que par l'intermède des corps en *contact*. »

« Quand l'équilibre de température est établi, les pores de tous les corps sont remplis de calorique, qui se trouve partout au même degré d'élasticité. Or, si dans un corps on vient à augmenter l'étendue des pores par la dilatation, le calorique se dilate aussi et bientôt l'équilibre est rompu.

Dès lors les corps en contact doivent perdre de leur calorique jusqu'à ce que l'équilibre soit rétabli... Lorsqu'au lieu de dilater un gaz, on vient à le comprimer, il arrive précisément le contraire. On diminue par la compression l'étendue des pores ; dès lors le calorique acquérant plus d'élasticité qu'il n'en possède dans les corps environnants, doit s'échapper et manifester sa présence par une élévation de température (¹). »

Ainsi s'expliquait l'inflammation de l'amadou par la compression brusque de l'air dans le *briquet à pompe*. Mais la matérialité du calorique ne pouvait rendre compte de la production *illimitée* de chaleur par le frottement et les effets mécaniques, comme l'a si clairement montré Rumford à l'arsenal de Munich. « D'où vient la chaleur actuellement produite dans l'opération du forage des canons ?— Est-ce la chaleur latente des copeaux métalliques séparés du métal qui sera redevenue libre? S'il en était ainsi, la capacité pour la chaleur des portions de métal réduites en copeaux devrait être changée; le changement subi par elles devrait être suffisamment grand pour rendre compte de *toute* la chaleur produite. Et cependant ce changement n'a pas lieu, car la capacité calorique des copeaux est restée exactement la même que celle des tranches du même métal séparées par une scie fine, avec toutes les précautions nécessaires pour éviter tout échauffement. » Faisant ensuite tourner, par un cheval, un cylindre dont le fond pressait contre une tarière émoussée, le tout contenu dans un vase plein d'eau : « Il serait difficile de décrire la surprise et l'étonnement exprimés par le visage des assistants à la vue d'une si grande quantité d'eau chauffée et rendue bouillante *sans le moindre feu*. » Ce procédé d'ailleurs n'est pas économique, « la simple combustion du fourrage nécessaire à la nourriture du cheval moteur donnerait plus de chaleur que son travail n'en ferait naître ». « En

---

raisonnant sur ce sujet, nous ne devons pas oublier *cette circonstance des plus remarquables*, que la source de la chaleur engendrée par le frottement dans ces expériences paraît évidemment être *inépuisable*. Il est à peine nécessaire d'ajouter qu'une chose qu'un corps isolé ou un système de corps peut continuer de fournir *indéfiniment*, sans limites, ne peut absolument pas être une *substance matérielle*; et il me paraît extrêmement difficile, sinon tout à fait impossible, de se former une idée d'une chose capable d'être excitée ou communiquée dans ces expériences, à moins que cette chose ne soit du **mouvement** (¹). »

Le fluide électrique a bien des analogies avec le calorique. Les physiciens actuels, qu'ils emploient ou non le terme de fluide, regardent l'électricité, non comme une propriété de la matière, mais comme quelque chose qui peut exister en dehors de la matière pondérable, ayant une vitesse propre. Leurs masses d'électricité ou du fluide électrique sont liées, comme le calorique, aux molécules pondérables. On ne crée pas plus d'électricité que de calorique : on décompose le fluide neutre. Si la source de fluide neutre est inépuisable, ne peut-on pas appliquer à l'électricité les paroles de Rumford?

Dans le temps que Mayer publia ses *Remarques*, et même après, il existait deux théories du calorique : la théorie statique du calorique combiné et libre et la théorie dynamique du calorique latent et sensible, bâtie tout exprès pour expliquer les expériences de Rumford. « La force mécanique qu'on emploie sollicite les molécules à se déplacer, à rouler les unes sur les autres, et on comprend facilement que ce mouvement intérieur puisse mettre le fluide éthéré en vibration (²). »

Plus tard, on s'est contenté de regarder la chaleur, la température, comme des *propriétés spéciales* des corps chauds

---

et d'étudier les lois spéciales des phénomènes. Pas d'hypothèse. Mais aussi pas de relation entre les chaleurs latentes, les chaleurs spécifiques, les dilatations ou températures, les modes de production de la chaleur...

La théorie de l'équivalence mécanique, qui se passe de fluide et fait de la chaleur un mode de mouvement des molécules des corps, rallie aujourd'hui presque tous les physiciens. Elle explique un grand nombre de phénomènes caloriques, mais non tous; elle fait entendre nettement la production de chaleur, mais ne dit rien encore de son dégagement. Le rayonnement lumineux calorique, le fait le plus caractéristique du *feu,* ne peut encore se passer du faible secours de l'éther luminifère.

La transformation du travail de frottement en chaleur est aussi ancienne que l'homme. Celui qui ne sait pas faire du feu n'est pas un homme.

La transformation inverse du feu en forces vives et travail est bien plus récente. Elle est produite systématiquement pour la première fois dans les *armes à feu* et plus tard dans les *machines à feu.*

La *balistique* intérieure est fondée sur la théorie de la *combustion du grain de poudre* du général Piobert. La pression des gaz de la poudre, à laquelle doit résister l'arme et qui détermine l'accélération et la vitesse du projectile, dépend de la température de la combustion et de la quantité de matière brûlée. Cette quantité dépend elle-même de la composition, de la densité, de la *superficie actuelle* du grain et, par conséquent, de sa grosseur et de sa *forme.* Le grain sphérique est brisant; les grains plats ou creux, progressifs. Les dimensions, forme, densité, composition physique et chimique de la charge de poudre sont liées au poids du projectile, au diamètre et à la longueur de l'âme de la bouche à feu. Aujourd'hui chaque arme a son grain de poudre spécial.

Sadi Carnot a démontré que la chaleur qui passe d'un corps chaud à un corps froid peut produire du travail ; que la quantité de travail produit dans certaines circonstances (cycle de Carnot) est indépendante de la matière qui sert de véhicule et ne dépend que de la température absolue, des températures relatives et de la *chaleur transportée* d'un corps à l'autre. (*Réflexions sur la puissance motrice du feu.* 1824.) Pour Carnot, le calorique passe, d'un corps chaud à un autre moins chaud, comme un liquide d'un vase à un autre moins élevé en développant du travail. De même qu'il faut dépenser du travail pour élever de l'eau, ainsi il faut du travail pour faire passer de la chaleur d'un corps à un autre plus chaud. Le frottement, le choc ne produisent pas de calorique ; ils le montent à un niveau plus élevé.

25. — Théorie dynamique de la chaleur.

> La chaleur est un mouvement expansif, non pas d'ensemble et de la masse entière, mais de chacune des molécules.
> BACON le Chancelier (1610).

> La chaleur est une très vive agitation des parties insensibles de l'objet qui produit en nous la sensation, qui nous fait dire que cet objet est chaud ; de sorte que ce qui, dans notre sensation, est de la *chaleur*, n'est dans l'objet que du *mouvement.*
> LOCKE (1690).

Mayer (1842).
Joule. — Hirn. — Fabre. — Regnault.
Sadi Carnot (1824). — Clausius (1849).
W. Thomson. Rankine. Helmholtz. Tyndall. Verdet. H. Spencer.

1° Principe de l'équivalence de la chaleur et de l'énergie. — L'assimilation de la chaleur au mouvement est assez ancienne, comme le montre l'épigraphe ci-dessus ; et les expériences de Rumford ont mis hors de doute que la chaleur n'est point une substance spéciale. Mais la théorie de l'équivalence date réellement de la publication des *Remarques sur les forces de la nature inanimée* de Mayer.

Toutes les fois qu'il y a production d'énergie externe par le passage de chaleur d'un corps à un autre, il y a une certaine quantité de chaleur qui disparaît, quantité proportionnelle à l'énergie développée. Chaque calorie perdue se trouve transformée en un nombre E de kilogrammes-mètres. Ce nombre constant, indépendant des circonstances, se nomme *équivalent mécanique de la chaleur*.

Réciproquement, lorsque quelque quantité d'énergie externe disparaît, elle détermine une quantité proportionnelle de chaleur, et le rapport est le même que dans le cas précédent. L'équivalent calorifique du travail $\frac{1}{E}$ est l'inverse de l'équivalent mécanique de la chaleur.

On conclut de là que la variation de *chaleur* d'un corps est égale, à un coefficient près, à la variation de son *énergie interne*.

La balle de plomb qui frappe la cible se déforme et s'échauffe en s'arrêtant brusquement; sa force vive d'ensemble est transformée, en grande partie, en *énergie interne ou calorifique*. Le fer s'échauffe par le forgeage; le frottement est une source de chaleur...

Lorsqu'on comprime un gaz, on l'échauffe; il se refroidit, au contraire, en se dilatant, s'il exécute un travail extérieur... La dilatation des gaz dans le vide ne produit aucune variation thermique. (Gay-Lussac, Joule, Thomson.)

Toutes les déformations permanentes des solides, traction, compression, flexion, torsion, etc., sont accompagnées d'une élévation de température. Les allongements élastiques des métaux sont accompagnés de refroidissement. Le caoutchouc étiré s'échauffe; mais cela tient, au moins en partie, à ce que les grandes déformations élastiques du caoutchouc sont, géométriquement et mécaniquement, de même espèce que les grandes déformations permanentes des métaux. Dans ces grands allongements il y a non seulement des tensions longitudinales, mais aussi des pressions transversales. Une lanière de caoutchouc tendue par un poids se raccourcit lorsqu'on élève sa température ; cela tient vraisemblablement à la production de grandes dilatations transversales.

La torsion élastique des barres rondes, qui développe en chaque point une tension et une pression, rectangulaires et égales en intensité, ne doit, je pense, donner lieu à aucune variation thermique ; il serait facile de le vérifier. Les vibrations de torsion des cylindres de révolution, qui ne changent rien à la surface-enveloppe extérieure et qui sont par conséquent silencieuses et invisibles, ne produiraient alors aucun changement de température.

Lorsqu'on chauffe un liquide, une partie de la chaleur élève sa température, une autre produit la vaporisation, se transformant ainsi en énergie interne (l'énergie interne des vapeurs est supérieure à celle du liquide générateur) et en énergie externe, travail de la pression. C'est ainsi que les machines à feu servent à la transformation de la chaleur en travail par l'intermédiaire de la vapeur ou du gaz.

Toute réaction chimique, accompagnée de variations de chaleur et d'énergie, est soumise à la loi de l'équivalence. Une charge de poudre détonant dans un vase clos produit plus de chaleur que dans une arme ; et la différence est équivalente à la force vive du projectile. Dans un courant électrique, la somme des énergies mécaniques, calorifiques, chimiques developpées dans le circuit, est égale à l'énergie motrice provenant des réactions chimiques de la pile. (Joule, Fabre et Silbermann.)

Les êtres vivants sont composés des mêmes éléments que les minéraux. La respiration est une combustion ; la chaleur animale résulte des réactions chimiques biologiques (Lavoisier). — En 1845, Mayer montra qu'un animal fonctionne comme une machine à feu ; que tout mouvement produisant un travail équivalait à une quantité de chaleur disparue. — Hirn a prouvé que si un homme monte, une quantité de chaleur proportionnelle à son propre poids multiplié par le déplacement vertical, disparaît, tandis que la descente produit au contraire de la chaleur; quoique ces faits soient masqués par des phénomènes secondaires simultanés. — Un muscle s'échauffe moins lorsqu'il se contracte en soulevant un poids que dans la contraction à vide, comme on peut le constater par la simple application d'un thermomètre au contact. (Béclard.)

L'énergie peut se manifester sous diverses formes : énergie potentielle d'un ressort bandé, énergie chimique d'une charge de poudre et généralement de deux corps pouvant réagir l'un sur l'autre, énergie des vapeurs qui tendent constamment à se dilater, énergie thermique, électrique..., énergies de position dues à la pesanteur, au magnétisme, à l'état électrique. — Les travaux résistants, passifs, du frottement, de la résistance électrique, de l'induction peuvent être appelés énergies négatives.

L'énergie totale d'un corps est la somme des énergies potentielles externes, de la force vive d'ensemble et de l'énergie interne. Mais les diverses énergies internes ne s'ajoutent pas pour former l'énergie interne totale. La chaleur developpée par le frottement ne s'ajoute pas au travail du frottement : ce travail et cette chaleur ne sont que deux manifestations d'une seule et même énergie. L'énergie électrique ne s'ajoute pas à l'énergie calorifique dont elle est une partie; je parle de l'énergie électrique interne et non ne l'énergie potentielle externe qui dépend uniquement de la position relative des objets électrisés. L'une peut d'ailleurs se transformer en l'autre, comme il arrive dans le déplacement relatif de deux courants; la variation d'énergie de position correspond alors à la variation d'intensité des courants.

A nos yeux, l'électricité, comme la chaleur, la température, le frottement, la pesanteur, est une propriété de la matière ; et l'énergie électrique est, non l'énergie d'une substance spéciale, mais une manifestation de l'énergie interne, une fraction de la force vive corpusculaire relative à une forme spéciale de mouvement. L'énergie électrique ne s'ajoute pas à l'énergie calorifique ; elle est une partie de cette énergie.

L'énergie calorifique c'est la force vive corpusculaire, c'est l'énergie interne totale. Une partie est latente, l'autre sensible est l'énergie thermique ; une partie constitue l'énergie chimique, une partie l'énergie électrique, une partie l'énergie vitale, une partie l'énergie psychique... La somme de ces diverses parties étant fort différente de l'énergie interne totale.

Le principe de la conservation de l'énergie s'écrit sous la forme suivante :

$$EQ = Eq + T$$

qui relie le travail externe T aux variations de chaleur totale Q et de chaleur interne q.

Si le corps de volume v est soumis à une pression p :

$$T = \int p \cdot dv$$

$$dQ = dq + \frac{1}{E} p \cdot dv.$$

La quantité de chaleur interne d'un corps dépend de son état actuel, état physique et chimique. L'état d'un gaz parfait est déterminé par deux des trois caractéristiques : p pression, v volume de l'unité de poids, θ température ; puisque ces trois quantités sont reliées par les lois de Mariotte et de Gay-Lussac.

q peut être considéré, pour ces gaz, comme fonction de q et v ; et la variation dq correspondant aux variations simultanées dv et $d\theta$ sera la somme des variations dues à chacune d'elles :

$$dq = \frac{dq}{dv}\,dv + \frac{dq}{d\theta}\,d\theta$$

$$dQ = \frac{dq}{dv}\,dv + \frac{dq}{d\theta}\,d\theta + \frac{1}{E}\,p.dv = \left(\frac{dq}{dv} + \frac{p}{E}\right)dv + \frac{dq}{d\theta}\,d\theta$$

Pour

$$d\theta = 0 \qquad dQ = \left(\frac{dq}{dv} + \frac{p}{E}\right)dv = l\cdot dv$$

$$l = \frac{dQ}{dv}\ \textit{chaleur de dilatation à température constante.}$$

Pour

$$dv = 0 \qquad dQ = \frac{dq}{d\theta}\,d\theta = c\cdot d\theta$$

$$c = \frac{dQ}{d\theta}\ \textit{chaleur spécifique à volume constant.}$$

$$(1)\quad dQ = l\,dv + c\,d\theta$$

Dans les *gaz parfaits*, hydrogène, air..., la variation de chaleur interne correspondant à une détente dans le vide, est nulle, quelles que soient la pression ou la température initiales :

$$d\theta = 0 \quad dq = \frac{dq}{dv}\,dv = 0 \quad \frac{dq}{dv} = 0 \quad l = \frac{dq}{dv} + \frac{p}{E} = \frac{p}{E}\cdot$$

La chaleur de dilatation à température constante est indépendante de la température et a pour valeur

$$l = \frac{p}{E}$$

$$\frac{dc}{dv} = \frac{d^2q}{d\theta\cdot dv} \qquad \frac{dl}{d\theta} = \frac{d^2q}{dv\cdot d\theta} + \frac{dp}{E\,d\theta}$$

$$\frac{dc}{dv} = \frac{dl}{d\theta} - \frac{dp}{E\,d\theta} = 0 \quad \text{(Clausius).}$$

La chaleur spécifique sous volume constant c est indépendante du volume v ou de la densité du gaz.

La variation totale de chaleur dQ considérée comme somme de variations partielles dues aux changements de température et de pression est :

$$(2) \quad dQ = Cd\theta + hdp.$$

Pour

$$dp = 0 \qquad C = \frac{dQ}{d\theta} \quad \text{chaleur spécifique sous pression constante.}$$

Cette caractéristique peut être reliée aux coefficients c et l. En remplaçant, dans la formule (1), dv par sa valeur :

$$dv = \frac{dv}{dp} dp + \frac{dv}{d\theta} d\theta$$

on a

$$dQ = l\frac{dv}{dp} dp + \left(l\frac{dv}{d\theta} + c \right)d\theta$$

identique à la formule (2). L'identification des coefficients de $d\theta$ dans ces deux équations conduit à la relation :

$$C = l\frac{dv}{d\theta} + c.$$

Pour les gaz parfaits, qui suivent exactement les lois de Mariotte et de Gay-Lussac

$$\frac{p \cdot v}{T} = \frac{p_0 v_0}{T_0} \qquad T = 273 + \theta \qquad dT = d\theta$$

$$pdv = \frac{p_0 v_0}{T_0} dT = \frac{p_0 v_0}{T_0} d\theta \qquad \frac{dv}{d\theta} = \frac{p_0 v_0}{p \cdot T_0}$$

$$(3) \quad C - c = \frac{l}{p}\frac{p_0 v_0}{T_0} = \frac{p_0 v_0}{E \cdot T_0}.$$

La différence des deux chaleurs spécifiques $(C - c)$ d'un gaz déterminé est constante, indépendante de la température et de la pression. La chaleur spécifique à pression constante C de l'air et de l'hydrogène est indépendante de

la température et de la densité (Expériences de Regnault);
il en est donc de même de la chaleur à volume constant c.

Les vapeurs, les gaz en général et le gaz carbonique en
particulier ne peuvent être considérés comme gaz parfaits
(Regnault).

C'est la relation (3) qui a donné la première valeur de
l'équivalent mécanique de la chaleur :

$$E = \frac{p \cdot v}{T(C - c)}$$

Mayer l'a ainsi évalué d'après les résultats d'expériences
de Clément et Desormes, rectifiés depuis par Regnault.

La chaleur spécifique sous pression constante est la
seule qu'on mesure directement ; c se calcule indirectement d'après la valeur constante du rapport $m = \dfrac{C}{c}$. Ce
rapport est intimement lié à la vitesse du son (V) par la
formule de Laplace :

$$V = \sqrt{m \cdot \frac{pq}{\Delta}}$$

et à la hauteur des sons des tuyaux. En faisant parler un
tuyau d'orgue dans divers gaz et observant la hauteur du
son, on trouve toujours la même valeur de m (Dulong) :

$$m = \frac{C}{c} = 1,4.$$

La valeur du coefficient E, dont la constance est un
dogme de la physique actuelle, a été mesurée de diverses
manières par Joule, Hirn, Fabre et d'autres, d'après le
frottement des solides entre eux ou sur des liquides, le
rapport entre la chaleur et le travail dans la compression
et la dilatation des gaz, la chaleur dégagée dans les cou-

rants électriques et le mouvement d'un métal entre les pôles d'un électro-aimant.

On a toujours trouvé une valeur voisine de :

$$E = 425 \text{ kilogrammes-mètres.}$$

La *calorie*, quantité de chaleur nécessaire pour faire passer un kilogramme d'eau de la température zéro à un degré centigrade, correspond à l'élévation d'un poids de 425 kilogrammes à un mètre de hauteur.

Représentation graphique (Clapeyron, 1834). — L'état d'un gaz, déterminé par p et v, peut être représenté par la position d'un point M, rapporté à deux axes Ov, Op :

$$Om = v \qquad mM = p.$$
$$\text{Aire } MmnN = Mm \times mn = pdv = dT.$$

Elle représente le travail élémentaire correspondant au changement de volume dv sous la pression p. Travail positif ou négatif suivant que v augmente ou diminue, suivant que le point figuratif va de M en N ou de N en M.

Si le point figuratif parcourt une courbe fermée ABCD, si la masse gazeuse, après avoir subi certaines transformations, est ramenée à son état initial, si cette masse parcourt un *cycle fermé*, le travail extérieur total est représenté par l'aire de la courbe fermée :

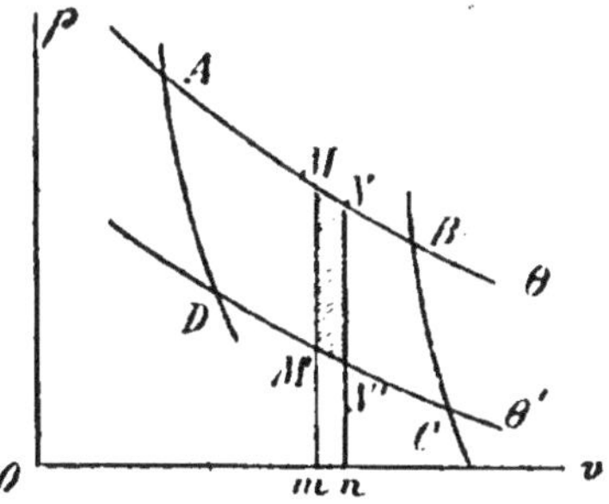

Cycle de Carnot et Clapeyron

Fig. 23.

$$\text{Aire } MNM'N' = MNmn - M'N'mn = p \cdot dv - p' dv.$$

$$\text{Aire } ABCD = \int p \cdot dv = T.$$

Ligne isothermique, trajectoire du point figuratif lorsque la transformation se fait à *température constante*; hyperbole $pv = K$ pour les gaz qui suivent la loi de Mariotte.

Ligne adiabatique, qui correspond à une transformation *sans variation de chaleur*; courbe hyperbolique $pv^m = K$ pour les gaz parfaits.

On dit que le cycle fermé est *réversible* lorsqu'on conçoit la possibilité de le faire parcourir en sens inverse.

Cycle de Carnot : formé de deux lignes isothermiques et deux lignes adiabatiques.

Ligne isothermique AB. — Une masse gazeuse, dans un corps de pompe, est mise en communication avec une source indéfinie de chaleur, ou *foyer* S, à la température θ.

Ligne adiabatique BC. — Détente sans variation de chaleur. La température s'abaisse de θ à θ'.

Ligne isothermique CD. — Le gaz est mis en communication avec une source indéfinie de chaleur ou *réfrigérant* S' à la température θ', et se contracte sans changer de température.

Ligne adiabatique DA. — Contraction sans variation de chaleur; la température s'élève de θ' à θ et le gaz revient à son état primitif.

Ce cycle est réversible; on peut faire parcourir virtuellement à la masse gazeuse le cycle ADCB en sens inverse : AD détente de θ à θ' sans variation de chaleur. — DC détente à la température θ sans variation de température. — CB, contraction sans variation de chaleur, de θ' à θ. — BA, contraction sans variation de température.

En parcourant ce cycle, le gaz prend une quantité de chaleur Q au foyer S et cède la quantité Q' au réfrigérant S'. La quantité de chaleur disparue ou apparue $Q - Q' \gtrless 0$ est équivalente, d'après le principe de Mayer, au travail extérieur, résistant ou moteur, représenté par l'aire ABCD.

Ces considérations s'appliquent à un corps quelconque dont l'état, en particulier la température, est déterminé par p et v. Lorsque le corps qui fonctionne est un gaz parfait, les équations des quatre courbes hyperboliques qui forment le cycle de Carnot, permettent de calculer les variations correspondant à chacune des transformations :

Transformation AB. $\quad T=EQ=\int p\cdot dv \quad pv=p_0v_0 \quad p\,dv=p_0v_0\dfrac{dv}{v}$

$$\int_{v_0}^{v_1} p\cdot dv = p_0 v_0 \int \frac{dv}{v}$$

$$EQ = p_0 v_0 \log\left(\frac{v_1}{v_0}\right)$$

$\quad$— $\quad$ BC. $\quad p_1 v_1{}^m = p_2 v_2{}^m \qquad \dfrac{p_1 v_1}{T} = \dfrac{p_2 v_2}{T'}$

$$T v_1{}^{m-1} = T' v_2{}^{m-1}$$

$$T = \theta + 273 \qquad T' = \theta' + 273$$

$\quad$— $\quad$ CD. $\quad T' = EQ' = p_3 v_3 \log\left(\frac{v_3}{v_3}\right)$

$\quad$— $\quad$ DA. $\quad T' v_3{}^{m-1} = T v_0{}^{m-1}$

On tire de là :

$$\frac{v_1}{v_0} = \frac{v_2}{v_3} \qquad \frac{Q}{Q'} = \frac{p_0 v_0}{p_3 v_3} = \frac{T}{T'} \qquad \frac{Q}{T} = \frac{Q'}{T'} = \frac{Q-Q'}{T-T'}$$

$$\frac{Q-Q'}{Q'} = \frac{T-T'}{T'} \qquad \frac{Q-Q'}{Q} = \frac{T-T'}{T} \qquad \frac{Q}{T} - \frac{Q'}{T'} = 0.$$

Quand un gaz parfait parcourt un cycle de Carnot, la quantité de chaleur $(Q-Q')$ transformée en travail $E(Q-Q')$ est à la chute de température $T-T' = \theta - \theta'$, comme la quantité de chaleur Q prise au foyer est à sa température absolue, et la quantité de chaleur Q' cédée au réfrigérant à sa température absolue T'.

———

2° Principe du transport de la chaleur. (Principe de Carnot restauré par Clausius.) — Lorsqu'un corps servant de véhicule à la chaleur et fonctionnant entre deux sources de chaleur, revient à son état primitif après avoir parcouru un cycle réversible, il existe un rapport déterminé, non seulement entre le travail produit ou consommé et la chaleur consommée ou produite (1er principe), mais encore entre le travail et la quantité de chaleur *transportée* d'une source à l'autre ; à la condition que l'état du corps et en particulier sa température soient complètement déterminés par la pression et la densité.

Soient, en effet, deux corps M et M_1 fonctionnant suivant deux cycles, empruntant la même quantité de chaleur Q à la source S, et transportant la même quantité Q' à la source S'. Si ces cycles sont réversibles, on peut faire fonctionner M dans un sens et M_1 en sens inverse : M transportera Q' de S à S' et effectuera un travail T ; en même temps, un travail T' sera dépensé par M_1 et une quantité de chaleur Q' sera transportée de la source S' à la source S. Si l'on accouple les deux corps M et M_1, en les faisant fonctionner simultanément, l'état calorifique de tout le système M-M_1 et des sources S-S' n'éprouvera aucune variation ; il ne peut y avoir non plus de variation d'énergie externe, d'après le principe de la conservation de l'énergie. Il faut donc que T=T' ; il faut qu'à une même quantité de chaleur *transportée* Q' corresponde le même travail T, ou qu'il y ait un rapport constant entre le travail T = E(Q — Q') et la quantité de chaleur transportée Q' ; *quelle que soit la nature de l'agent intermédiaire* qui sert à transformer une certaine partie de la chaleur qui le traverse. Ce rapport déterminé dans le cas particulier d'un gaz parfait décrivant le cycle de Carnot, s'applique donc à tous les cycles réversibles :

$$\frac{T}{Q'} = \frac{E(Q-Q')}{Q'} \quad E = \frac{T-T'}{T'} \,;$$

il ne dépend que des températures absolues des deux sources, ou de la température absolue du réfrigérant et de la *chute de température* $(T-T')$.

Lorsque le corps fonctionne, non entre deux sources, mais entre un nombre quelconque de sources, lorsqu'il décrit un cycle réversible quelconque, on démontre que ce cycle peut être divisé, par des lignes adiabatiques et isothermiques, en un certain nombre de cycles de Carnot. Pour chacun de ces cycles :

$$\frac{\delta Q}{T} = \frac{\delta Q'}{T'}$$

et pour l'ensemble :

$$\int \frac{dQ}{T} = 0.$$

3° Transformation non réciproque de l'énergie externe et de l'énergie interne. (Clausius.) — Il y a des phénomènes qui ne se prêtent pas à la représentation graphique. L'état d'un corps solide n'est pas toujours déterminé par la densité et la température. Quant à la pression, si elle n'est extrêmement grande, elle n'a quasi pas d'influence. Un métal qu'on chauffe un peu et qu'on laisse refroidir semble reprendre son identité ; mais si on le soumet un certain nombre de fois à des échauffements et refroidissements successifs, on constate des changements notables. L'état final ne dépend pas seulement, comme celui du gaz, des conditions finales ; il tient aussi aux conditions intermédiaires, comme le prouvent surabondamment les faits de la trempe et du recuit. On ne saurait attribuer les hautes propriétés de l'acier trempé à sa densité. L'état d'une barre de fer forgée, déformée, allongée, tordue, est loin d'être déterminé par le volume et la température.

De l'eau contenue dans un vase de verre bout ou ne bout pas suivant que le récipient a été rincé de telle ou telle manière ; la température et la pression ne suffisent pas à déterminer l'état de ce système.

Des phénomènes calorifiques qui comportent une évolution en cycle fermé ne sont pas toujours réversibles. Un gaz se dilate dans le vide sans travail et sans échauffement ; il ne peut être ramené à son volume initial sans un travail et une variation calorifique. La vapeur d'eau peut fondre la glace en se condensant ; l'eau en se congelant ne peut directement transformer l'eau en vapeur. Il n'y a pas seulement question de chaleur, de quantité de chaleur, mais aussi question de température, de qualité de la chaleur.

En général, la chaleur peut passer spontanément, par contact ou par rayonnement et sans travail, d'un corps chaud à un corps froid ; tandis qu'il faut toujours du travail pour faire passer de la chaleur à une température plus élevée. (Clausius.)

Les modes de transformation de chaleur en travail sont limités. La raison m'en paraît simple : La chaleur et généralement l'énergie interne, c'est la force vive des corpuscules se mouvant dans tous les sens ; l'énergie externe comporte toujours un déplacement d'ensemble, un mouvement commun aux éléments, un certain *ordre* dans les mouvements corpusculaires. Et il y a beaucoup plus de manières de passer de l'ordre au désordre, que du désordre à l'ordre. Deux corps se choquent, se frottent, une partie de leur énergie d'ensemble se transforme toujours en énergie calorifique non ordonnée. Tandis que la transformation réciproque d'énergie interne en énergie ordonnée ou d'ensemble ne s'opère qu'en des circonstances spéciales.

La machine animale fait du travail musculaire avec la chaleur de combustion des aliments. L'endosmose de Dutrochet, l'élévation des liquides dans les pores et vases capillaires sont des travaux aux dépens de l'énergie interne ; et Lippmann a construit récemment une machine dans laquelle les moteurs sont des faisceaux de tubes capillaires. La chaleur des réactions chimiques de la pile de Volta peut être transformée en travail dynamo-électrique ou magnétique.

Une barre métallique, en se dilatant par la chaleur ou en se raccourcissant par le froid, peut produire un travail de poussée ; on a redressé ainsi des murs penchés et c'est aussi de cette manière qu'on place ordinairement les frettes sur les canons. Mais s'ils sont capables de grands efforts, les solides ne peuvent produire que des petits déplacements.

Le grand moyen, le grand véhicule transformateur de la chaleur, c'est le gaz, c'est la poudre, c'est la vapeur, c'est le vent. On sait assez l'influence sociale des armes à feu et des machines à feu, et le rôle de la vapeur d'eau dans l'économie naturelle. Sous l'influence de la chaleur solaire, l'eau des mers monte et remonte sur les plateaux, forme et entretient les rivières, fait marcher les *machines à eau* Le gaz, produit des réactions chimiques, ne lance pas seulement les boulets, il lance aussi les *ballons*. Le *vent*, c'est-à-dire l'air passant d'une température à une autre, gonfle les voiles du navire et fait tourner les ailes du moulin.

Dans toutes les machines il y a toujours des résistances passives, des frottements, des chocs, des échauffements ; et en général, toutes les fois que de la chaleur se transforme en travail, quelque travail se perd en même temps ou se transforme en chaleur. Tandis que l'énergie externe peut produire de la chaleur, comme il apparaît dans la rencontre de deux corps, sans que, pour cela et à l'inverse, de la chaleur se transforme en travail.

L'illustre Clausius conclut de là qu'il y a augmentation constante de l'énergie interne du Monde aux dépens de l'énergie externe, et comme les corps plus chauds vont toujours se refroidissant et les plus froids se réchauffant, qu'il y a tendance générale et universelle à l'équilibre des températures et au repos des objets.

Cette conception, déduite de l'axiome physique de la conservation de l'énergie et du fait que la chaleur ne passe pas spontanément d'un corps froid à un corps chaud,

le philosophe Herbert Spencer l'a étendue, par analogies,
à tous les ordres de phénomènes concrets, depuis l'astronomie jusqu'à la sociologie. « L'évolution, c'est-à-dire la
marche ascendante universelle que suivent les existences
sensibles, individuelles et dans leur ensemble, est un
changement partant d'une forme moins cohérente pour
aller à une forme plus cohérente, par suite de la dissipation du mouvement et de l'intégration de la matière. »
(*Les Premiers Principes.*)

26. — Théorie des gaz.

Toricelli. — Pascal. — Otto de Guericke.
Mariotte et Boyle.
Gay-Lussac.
Clément et Desormes. — Regnault.
Lucrèce. — Bernouilli. — Avogadro et Ampère.
Clausius.

Les gaz sont pesants et expansibles (Toricelli, 1640;
Pascal, Otto de Guericke) et se mélangent spontanément,
quelles que soient leurs densités relatives (Berthollet).

Leur volume est généralement bien plus grand que celui du liquide correspondant; ils sont donc susceptibles
d'une grande condensation, et les corpuscules occupent
une très petite fraction du volume total. Le rapport des
volumes corpusculaires au volume des vides intercorpus-
culaires est un peu inférieur au rapport du volume du liquide froid au volume gazeux.

Le rapport des dimensions linéaires des pleins et des
vides est à peu près égal à la racine cubique du rapport
des densités du gaz et du liquide. Un litre de vapeur d'eau
à 0° et à 760 millimètres de pression pèse $0^{gr},08$; le même
poids d'eau liquide occupe 0,8 de centimètre cube; le
rapport des densités de la vapeur et de l'eau à zéro est
$\dfrac{8}{10\,000}$ et le rapport des dimensions linéaires des corpuscules aux intervalles $\dfrac{1}{11}$.

La pression d'un gaz donné, à une température déterminée, est proportionnelle à la densité, ou au nombre des corpuscules contenus dans l'unité de volume. (Loi de Mariotte et de Boyle.)

Le coefficient de dilatation est le même pour tous les gaz. (Loi de Gay-Lussac et de Charles.)

$$\alpha = \frac{1}{273}.$$

La pression est, par suite, proportionnelle à la *température absolue* $T = \theta + 273$, rapportée à un zéro virtuel, à 273 degrés centigrades au-dessous du point de fusion de la glace :

$$\frac{pv}{T} = \text{constante}.$$

Les volumes des gaz qui se combinent sont dans un rapport très simple entre eux et avec le volume du gaz composé. (Loi de Gay-Lussac.) Un litre d'oxygène ($1^{gr},437$) se combine à deux litres d'hydrogène ($2 \times 0^{gr},089$), pour former deux litres de vapeur d'eau ($2 \times 0^{gr},8$).

Un volume donné de gaz, à une pression et à une température déterminées, contient un nombre de *molécules* indépendant de la nature chimique du corps. (Hypothèse d'Avogadro et d'Ampère.)

Il résulte de cette hypothèse que le *poids moléculaire d'un gaz ou d'une vapeur,* simple ou composé, est proportionnel à sa *densité.* — Le poids moléculaire d'un gaz simple diffère ainsi du *poids atomique* qui est la plus petite quantité relative entrant dans une combinaison chimique.

Un volume d'oxygène contient n molécules et deux volumes d'hydrogène $2n$ molécules; ils forment en se combinant deux volumes ou $2n$ molécules (H^2O) de vapeur d'eau. — Ces $2n$ (H^2O) contiennent donc $2n$ molécules d'hydrogène et n molécules d'oxygène; et chaque molécule H^2O une molécule d'hydrogène et une demi-molécule ou un atome d'oxygène. — Les molécules de gaz hydrogène et oxygène sont donc H^2 et O^2, elles sont formées de deux atomes :

$$H^2 = H - H \qquad O^2 = O - O \qquad Cl^2 = Cl - Cl$$

La molécule du chlore gazeux est aussi formée de deux atomes ; car un volume ou n molécules de chlore, avec un volume ou n molécules d'hydrogène, se combinent sans condensation et donnent deux volumes ou $2n$ molécules de gaz chlorhydrique ($H\,Cl$). — Chaque molécule $H\,Cl$ contient donc une demi-molécule ou un atome d'hydrogène et une demi-molécule ou un atome de chlore.

Les réactions gazeuses doivent être représentées ainsi qu'il suit :

$$nO^2 + 2nH^2 = 2nH^2O \qquad O^2 + 2H^2 = 2H^2O \qquad Cl^2 + H^2 = 2HCl$$

Les molécules du gaz ne se combinent pas directement entre elles ; elles font la double décomposition :

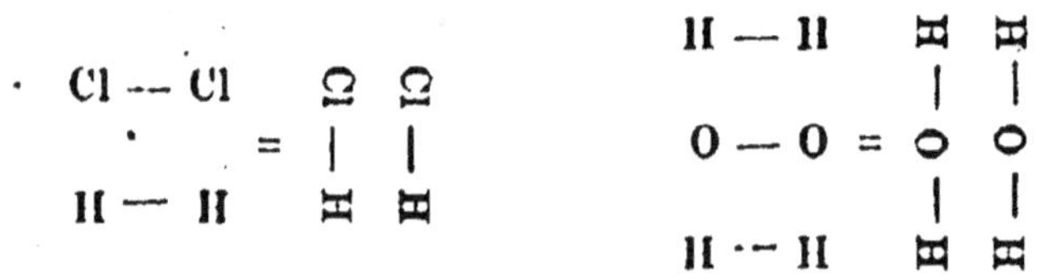

$$
\begin{array}{ccc}
Cl - Cl & & {\overset{\displaystyle Cl}{\underset{\displaystyle H}{|}}} \quad {\overset{\displaystyle Cl}{\underset{\displaystyle H}{|}}} \\
& = & \\
H - H & &
\end{array}
\qquad\qquad
\begin{array}{ccc}
H - H & & {\overset{\displaystyle H}{\underset{\displaystyle H}{\overset{|}{\underset{|}{O}}}}} \quad {\overset{\displaystyle H}{\underset{\displaystyle H}{\overset{|}{\underset{|}{O}}}}} \\
O - O & = & \\
H - H & &
\end{array}
$$

Lorsque les gaz, à molécules formées de deux atomes, se combinent *sans condensation*, la molécule composée contient aussi deux atomes ; et, à volume égal, ces gaz composés, qui contiennent le même nombre de molécules, contiennent aussi le même nombre d'atomes que les gaz simples. Cela n'a plus lieu lorsque la combinaison est accompagnée d'une *condensation* : un volume de vapeurs d'eau contient nH^2O ou $3n$ atomes simples, tandis qu'un volume d'oxygène, de chlore, de gaz chlorhydrique ne contient que $2n$ atomes. — Certains gaz et vapeurs simples contiennent un nombre d'atomes variable avec la température.

Les chaleurs spécifiques des gaz simples, sous volume constant ou sous pression constante, ne varient pas, dans les limites où ces gaz suivent les lois de Mariotte et de Gay-Lussac (Delaroche et Bérard, Regnault). La *capacité calorifique atomique*, produit de la chaleur spécifique par le poids atomique, est la même pour ces divers gaz :

$$Hc = Oc'$$

Et il en est de même des *capacités calorifiques moléculaires*

$$H^2 c = O^2 c'.$$

Les gaz composés formés *sans condensation* ont la même capacité moléculaire que les gaz simples. Les gaz composés formés avec la *même condensation*, et qui suivent la loi de Mariotte, ont, à égalité de volume, la même capacité calorifique. (Dulong, Wœstyn.)

Lorsqu'à travers la nuit d'une chambre fermée
Le soleil entre et darde une flèche enflammée,
Ne vois-tu pas souvent dans le champ du rayon
D'innombrables points d'or, mêlés en tourbillon.....
Je veux te faire lire en cette humble poussière
Le travail invisible et sourd de la matière.
Vois ces points, sous des heurts que l'œil ne saisit pas,
Changer de route, aller, revenir sur leurs pas,
Ici, là. Quelque atome en passant les dérange,
Et c'est ce qui réforme ou défait leur phalange.
Par lui-même en effet se meut tout corps premier.
Sur les groupes errants qui n'ont pu se lier
S'il tombe un poids égal, il les réduits en poudre.
L'imperceptible choc n'a-t-il pu les dissoudre ?
Ont-ils pu résister ? ils tremblent seulement.
Ainsi des corps premiers font tout ce mouvement
Qui par degrés arrive à nos sens et rencontre
Enfin ces frêles grains que le rayon nous montre ;
Nous voyons ondoyer leur poussière et nos yeux
Ne peuvent point saisir la cause de leurs jeux.
(LUCRÈCE, trad. André LEFÈVRE.)

Les molécules des gaz sont très petites à côté des intervalles, surtout aux températures élevées. Elles sont animées de mouvements de *translation*, et la pression est due à leurs chocs sur les parois. (D. Bernouilli.) De ces chocs sur les parois et entre molécules résultent aussi des mouvements de *rotation* (Secchi) et des mouvements intérieurs à la molécule ou mouvements vibratoires. Leurs distances moyennes étant très grandes, les molécules n'exercent d'actions sensibles les unes sur les autres que pendant la période extrêmement courte du choc; on peut les regarder comme des corps indifférents animés de vitesse, se choquant et se réfléchissant.

La *pression* du gaz sur une surface est mesurée par la *quantité de mouvement* des molécules qui frappent cette surface pendant l'unité de temps.

Ceci demande explication; la question est délicate. — Une force f, agissant pendant un temps infiniment petit dt, donne à la masse m une accélération :

$$\frac{dv}{dt} = \frac{f}{m}.$$

$f \cdot dt = m\, dv$ s'appelle *impulsion élémentaire* de la force f pendant le temps dt.

$$\int_0^t f\, dt = m \cdot v$$ s'appelle *impulsion totale* de la force variable f pendant le temps t; elle est égale à la variation de la *quantité de mouvement* mv pendant le même temps. On peut écrire

$$\int_0^t f\, dt = \mathrm{F} \cdot t = m \cdot v$$

le produit de la *force moyenne* F appliquée à la masse m par la durée t de son action est égal à la quantité de mouvement.

Une molécule, rencontrant une surface fixe, se réfléchit et sa vitesse finale dépend des diverses circonstances du choc, de la forme et de la rotation des molécules, de la direction et de la grandeur de la translation initiale. — $\pm v$ étant la vitesse moyenne des molécules pendant un temps suffisant pour que le nombre des chocs soit très grand, la vitesse variera, en moyenne, dans une réflexion normale, de $+v$ à $-v$, ou de $\pm 2\,v$; et la variation moyenne de quantité de mouvement sera

$$2m{\cdot}v.$$

La paroi est constamment frappée par un nombre immense de molécules, et la somme des impulsions de ses réactions moyennes F pendant un temps déterminé t, est égale à la somme des variations des quantités de mouvement de molécules, pendant le même temps :

$$\Sigma F{\cdot}t = \Sigma 2m{\cdot}v.$$

Cette somme est proportionnelle : à la variation de la quantité de mouvement moyenne d'une molécule $2mv$; au nombre de molécules n contenu dans un volume donné; et au nombre de chocs de chaque molécule dans le temps t, ou au produit de la vitesse moyenne v par le temps t :

$$\Sigma 2mv = 2mv \times n \times v{\cdot}t = 2nmv^2 t.$$

Les chocs des molécules des gaz animées de mouvements en tout sens, se produisent sous des angles divers; on peut remplacer le gaz par un fluide virtuel dans lequel les mouvements moléculaires s'exécutent, suivant trois directions rectangulaires, dans six sens : une direction ou deux sens normalement, quatre sens parallèlement à la paroi. — Un sixième seulement du nombre total n de molécules contenu dans l'unité de volume frappera la paroi (Krönig).

$$\Sigma F{\cdot}t = 2\,\frac{n}{6}\,mv^2 t = \frac{1}{3}\,nmv^2{\cdot}t.$$

Dans un tube vertical plein d'air, bouché par un piston chargé d'un poids, l'équilibre s'établit; le volume du gaz est déterminé par le poids et la température..... Une force ne peut faire varier la vitesse d'une molécule sans agir sur elle pendant un certain temps, sans faire parcourir un certain espace à son point d'application sous son action continue; absolument, il n'y a pas de *forces instantanées*. — Que les molécules du gaz et de la paroi arrivent ou non au contact : pour qu'il se produise des variations finies de vitesse, il faut que les actions s'exercent *à distance*. Les molécules de la paroi éprouvent des déplacements, mais l'ensemble demeure fixe. — Ainsi doit être entendue la *pression statique*, résultant de chocs extrêmement répétés de masses extrêmement petites. — Elle est égale à la somme des réactions *f* de tous les points choqués ou à la somme des réactions moyennes. $P = \Sigma F$.

Le produit de la pression statique constante P, par la durée de son action, est égal à la variation de la quantité de mouvement normal moléculaire pendant le même temps :

$$P \times t = \Sigma \int f dt = \Sigma F \cdot t = \frac{1}{3} n \cdot m \cdot v^2 \cdot t$$

$$P = \frac{1}{3} n \cdot m' v'.$$

La pression sur l'unité de superficie est égale au tiers de la force vive de translation moléculaire de l'unité de volume. (Clausius.)

Cette égalité, une pression statique égale à une force vive, semble radicalement hétérogène. — Une pression et une force vive ne peuvent être égales, mais elles peuvent être mesurées par la même valeur numérique. Le nombre de kilogrammes qui représente la pression est égal au nombre de kilogrammes-mètres qui représente le tiers de l'énergie moléculaire de translation.

$$mv^2 = mv \times v$$

ne représente pas le produit de la masse par le carré de la vitesse, mais le produit de la quantité de mouvement par le nombre des chocs, nombre proportionnel à la vitesse *v*.

Le nombre de molécules contenues dans l'unité de volume étant *n*, dans le volume V il sera $N = n V$; d'où

$$P \cdot V = \frac{1}{3} N \cdot mv^2.$$

A une température déterminée, le produit P. V est constant, c'est la loi de Mariotte; la *force vive de translation* N m v^2 est donc aussi constante.

D'après le principe de la conservation de l'énergie, la *force vive totale* d'une masse gazeuse est constante à une température donnée; par conséquent :

La force vive de translation est dans un rapport constant avec la force vive totale ou énergie calorifique des gaz parfaits. (Clausius.)

La loi du *mélange des gaz* résulte immédiatement de l'égalité entre la force vive totale et la somme des forces vives de chaque masse gazeuse :

$$P \cdot V = \Sigma \frac{1}{3} N_i m \cdot v^i = \Sigma P_i V_i.$$

D'après la loi de Gay-Lussac, la quantité $\dfrac{PV}{T}$ est constante.

$$T = 273 + \theta;$$

donc :

La température absolue T *est proportionnelle à la force vive de translation moléculaire.* — Tel est le résultat le plus remarquable, le plus original, de la théorie moderne des gaz. La difficulté qu'éprouvent les nouveaux initiés à entendre nettement cette différence entre la température, la chaleur, l'énergie (j'en parle par expérience personnelle), la confusion si fréquente encore entre l'énergie calorifique et l'énergie thermique, suffisent à faire apprécier la haute conception de Clausius.

$$\frac{P \cdot V}{1 + \dfrac{\theta}{273}} = P \cdot V_0 \qquad P \cdot V = 273 \cdot P \cdot V_0 T = \frac{1}{3} N \cdot m \cdot v^i.$$

N$\cdot m$ représente le poids du volume V_0;

$$\frac{Nm}{V_0} = \delta_0 \text{ la densité du gaz.}$$

$$\delta_0 \cdot v^i = 879 \cdot P \cdot T.$$

Cette équation détermine la vitesse moyenne de translation de molécules : 500 mètres environ à la seconde pour l'air, 1,800 m. pour l'hydrogène, sous la pression de 760^{mm} et à la température de la glace fondante. A une pression et une température déterminées, la vitessse des molécules des divers gaz est inversement proportionnelle à la racine carrée de leur densité.

Le rapport de l'énergie thermique ou force vive de translation moléculaire à l'énergie calorifique ou force vive totale ne varie pas avec la température, au moins dans certaines limites, pour les gaz qui suivent exactement les lois de Mariotte et de Gay-Lussac : hydrogène, oxygène, azote, gaz composés formés *sans condensation*. Mais pour d'autres, comme le chlore et les gaz formés *avec condensation*, le rapport de la force vive de translation à l'énergie totale diminue avec la température, une partie plus grande de l'énergie est employée aux mouvements de rotation et de dissociation.

27. — Changements d'états.
Vapeurs. — Dissolution des gaz.
Température et pression critiques.

Watt. — Saussure. — Leslie. — Deluc. — Volta.
Dalton. — Clément et Desormes. — Gay-Lussac.
Fahrenheit. — Blagden. — Donny. — Dufour. — Gernez. — Boutigny.
Cagnard de Latour. — Andrews. — Mendeleïeff. — Carnelley.
Faraday. — Thilorier. — Cailletet. — Pictet. — Wroblewski.

Tous les gaz, y compris, paraît-il, l'oxyde de carbone, ont été réduits à l'état liquide ou solide sous une forte pression accompagnée d'un abaissement de température produit soit par le milieu, soit par la détente du gaz lui-même. (Faraday, Thilorier, Cailletet, Pictet, Wroblewski.)

Mais la propriété d'exister sous les trois états, solide, liquide, gaz, n'est pas générale : un grand nombre de corps, sels, huiles fixes, substances organiques, ne peuvent être réduits en vapeurs sans se décomposer. — L'alcool, l'éther, n'ont pas encore, que je sache, été solidifiés ; mais à — 100° l'alcool est déjà épais comme de l'huile.

La fusion et la solidification se produisent souvent brusquement ; alors la température est déterminée, constante pendant toute la durée du changement d'état. — Elle est regardée comme une caractéristique de la substance et sa fixité comme un indice de pureté. — Lorsqu'au contraire le passage de l'état solide à l'état liquide, ou le passage inverse, se fait graduellement : les divers états de ramollissement sont accompagnés de variations continues de température.

Certains liquides donnent des vapeurs à toute température, tandis que d'autres ne s'évaporent qu'au delà de certain degré. — Le mercure donne des vapeurs à + 15° en ce sens qu'il blanchit promptement une lame d'or placée à moins de 1 millimètre de sa surface. A 1 centimètre, il n'exerce aucune action (Faraday), et l'on dit que les vapeurs de mercure n'ont pas la force de *se diffuser* ; elle ne se diffusent qu'à une température plus élevée.

Les vapeurs *séparées du liquide générateur* se comportent comme les gaz, sauf les perturbations aux lois de Mariotte et de Gay-Lussac. — Elles se mélangent spontanément entre elles ou avec les gaz ; et la pression totale du mélange est égale à la somme des pressions qu'aurait chaque gaz ou vapeur dans le volume total ; le volume total est égal à la somme des volumes qu'occuperait chaque gaz sous la pression du mélange.

La pression (tension) des vapeurs, dans le vide ou dans un gaz, a une limite supérieure déterminée par la température ; l'atmosphère est dite alors *saturée* de vapeurs. L'état de saturation se produit spontanément au contact du liquide générateur. — Si la température d'une atmosphère saturée est abaissée, ou si la pression est élevée, la vapeur se condense en liquide ou en brouillard. — Dans le vide, les vapeurs se produisent presque instantanément ;

plus ou moins lentement dans une atmosphère gazeuse ; mais les pressions maxima sont à peu près les mêmes dans les deux cas.

Lorsqu'une vapeur est séparée de son liquide générateur, la pression augmente ou diminue suivant que son volume diminue ou augmente. — Lorsque l'atmosphère qui la contient est en contact avec le liquide générateur, la pression est indépendante du volume.

Si deux vases, contenant un liquide et sa vapeur, sont à des températures différentes, les pressions seront différentes et l'équilibre ne pourra subsister si on les met en communication. — La vapeur passera du vase chaud dans le vase froid ; le liquide chaud distillera et se refroidira, émettra de nouvelles vapeurs qui iront se condenser dans le vase froid et le réchauffer. Et ainsi jusqu'à ce que l'équilibre de température soit établi. Tel est le *principe de Watt,* base de son *condensateur* de machines à vapeur.

La pression et, par suite, la *densité des vapeurs saturées* augmentent rapidement avec la température. Cagniard de Latour, en chauffant de l'eau, de l'alcool, de l'éther, du sulfure de carbone en vase clos, est arrivé à les réduire totalement en vapeurs dans un volume différant peu du volume du liquide ; la densité des vapeurs est donc à peu près égale à celle du liquide dans ces conditions : 360° et 200 atmosphères environ pour l'eau. — L'alcool disparaît dans un volume triple du sien à 259° ; la pression est alors de 119 atmosphères. — L'éther se vaporise à 40° et le volume de la vapeur est 200 fois celui du liquide ; sous une pression suffisante pour élever le point d'ébullition à 160°, l'augmentation de volume est seulement de 4 $^1/_2$, qui correspond à un accroissement de distance moléculaire à peine égal à une fois et demie. A 195°, le volume de vapeur est égal au volume liquide. — Chauffé en vase clos, l'anhydride sulfureux (SO^2) se dilate énormément et disparaît complètement vers 150° ; mêmes résultats pour l'anhydride carbonique (CO^2) à 31°.

La vapeur d'eau, à 100° et sous une pression de 760ᵐᵐ de mercure, occupe un volume 1 600 fois plus grande que l'eau, ce qui correspond à une distance moléculaire $\sqrt{1600} = 12$ fois plus grande; sous une pression plus forte et à 240°, le rapport des volumes de la vapeur et de l'eau est 50 et les distances corpusculaires sont seulement quadruplées. A 580°, l'eau se vaporise, la vapeur reste gazeuse, quelle que soit la pression.

C'est la *température critique d'Andrews*. Il existe pour chaque gaz une température au-dessus de laquelle ce gaz ne peut passer à l'état liquide sous l'influence d'une pression, si grande qu'elle soit. — Ce *point critique* correspond à l'égale densité de la vapeur et du liquide ou à une chaleur de vaporisation nulle (Mendeleïeff). On dit encore qu'il correspond à la perte de cohésion des liquides, mais cela ne signifie pas grand'chose. Au-dessus de la température critique, la vapeur est un *gaz parfait ;* au-dessous, la *vapeur* est un état intermédiaire entre le liquide et le gaz, analogue à l'état *visqueux* ou *sirupeux* des dissolutions concentrées, ou à l'état *pâteux* que prennent certains solides avant de fondre.

Quelques solides émettent des vapeurs dont la pression peut devenir supérieure à la pression atmosphérique à une température inférieure au point de fusion. Ils peuvent ainsi être réduits rapidement en vapeurs, sans passer par l'état liquide, lorsqu'on les chauffe à l'air libre. Sous une pression assez forte, ces corps peuvent être fondus.

Tout corps émettant des vapeurs sensibles peut être volatilisé sans fondre, pourvu que la pression soit assez faible, soit inférieure à une certaine *pression critique* (Carnelley); au-dessous de cette pression, le corps ne peut être fondu, quelle que soit la température.

Le rapport du volume de *gaz dissous* à celui du liquide dissolvant varie avec la température et est indépendant de la pression lorsque le gaz suit les lois de Mariotte et de Gay-Lussac. — Le poids de gaz dissous dans un volume donné de liquide est proportionnel à la pression. — Un mélange de gaz se dissout, comme si chaque gaz occupait seul le volume total (Henry, Dalton). Dans ce cas, comme dans celui des vapeurs saturées, la pression totale résultant de la présence des autres gaz dans le mélange, est sans influence sur l'état final; c'est la pression du gaz lui-même, virtuellement isolé, qui régit le phénomène de dissolution.

« On peut augmenter la faculté d'absorption de l'eau pour beaucoup de gaz, en y ajoutant des substances qui ont pour le gaz une affinité chimique, même très faible. Ainsi, lorsqu'on ajoute à l'eau du phosphate de soude, on augmente sa faculté d'absorber l'acide carbonique ; la présence d'un centième de ce sel donne au liquide la propriété d'absorber deux fois plus d'acide carbonique que n'en absorberait l'eau pure sôus la pression ordinaire. Une solution aqueuse de sulfate de fer absorbe jusqu'à 40 fois plus de bioxyde d'azote que l'eau pure ; *les gaz absorbés se dégagent des deux liquides dans le vide ;* on peut même déjà les en expulser en agitant le premier liquide avec l'air, le second avec le gaz carbonique. Personne ne songe à considérer ces phénomènes, si semblables à ceux que présente le sang, comme la preuve que l'acide carbonique dans la dissolution de phosphate de soude, ou le bioxyde d'azote dans la solution de sulfate de fer, y seraient simplement absorbés et non combinés chimiquement : on sait en effet que, dans ce cas, la quantité de gaz absorbé augmente, à un certain degré, avec la proportion du sel dissous et on en conclut nécessairement que l'absorption du gaz dépend du sel et non de l'eau. » « L'absorption d'un gaz par un liquide est due à deux causes : l'une, extérieure, consiste dans la pression exercée par le gaz en cóntact avec le liquide ; l'autre, chimique, est l'attraction manifestée par les parties constituantes du liquide. — Dans tous les cas où le gaz est contenu dans un liquide simplement à l'état absorbé et non en combinaison chimique, la quantité de gaz absorbé ne dépend absolument que de la pression extérieure..... La faculté d'absorber l'acide carbonique n'augmente pas plus pour la solution de sulfate de soude que pour l'eau pure, parce que l'attraction chimique qui exalte d'abord la faculté d'absorption ne continue pas à agir. » (Liebig.) En un mot : les combinaisons des gaz avec les sels sont définies et non influencées par la pression ; les absorptions ou dissolutions ne sont pas en proportions simples et varient avec la pression ; voilà toute la différence.

La température d'*ébullition* ou de formation de bulles gazeuses au sein du liquide est généralement égale à la température à laquelle la pression de la vapeur atteint la pression de l'atmosphère, et l'on a basé sur ce fait un moyen de mesurer l'altitude des montagnes avec le thermomètre; mais elle peut aussi lui être supérieure. — La nature du vase, la présence de certains corps, ont une grande influence sur le phénomène d'ébullition. Quand l'eau est privée d'air, elle bout d'une manière saccadée comme l'acide sulfurique, et sa température s'élève entre chaque éruption de vapeurs (Donny). — Dans l'huile de lin à 110°, on laisse tomber une goutte d'eau ; lorsqu'elle touche le fond du vase, il se produit brusquement de la vapeur. Le globule remonte un peu diminué, puis il retombe ; nouvelle formation de vapeur, nouvelle ascension. Aucune production de vapeur lorsque le globule ne touche pas le fond. Certaines gouttes ont pu être portées à 150° sans se volatiliser ; et cela dans des capsules de platine, de cuivre, de verre, de porcelaine. Des gouttes d'eau ordinaire, non purgée d'air, en équilibre dans un mélange convenable d'huile de lin et d'essence de girofle, ont été amenées jusqu'à 178°. De l'acide sulfureux est resté liquide jusqu'à + 8° entre deux couches inégalement denses d'acide sulfurique hydraté (Dufour). C'est aux gaz adhérents que les solides et surtout les corps poreux doivent a faculté de provoquer l'ébullition (Gernez).

Lorsqu'on diminue la pression extérieure, une partie du gaz dissous se dégage, comme on le voit dans l'eau de Seltz ; mais en général les solutions gazeuses restent sursaturées et ne perdent l'excès de gaz que très lentement, et seulement par la surface libre. Il ne se forme pas de bulles, c'est une simple évaporation. On peut déterminer l'ébullition par des vibrations ou en introduisant un corps solide auquel adhère de l'air ; c'est ainsi qu'on fait mousser le vin de Champagne dans un verre.

Fahrenheit a observé, il y a longtemps, que l'eau pouvait être maintenue liquide bien au-dessous du point de fusion de la glace, et qu'une secousse suffisait à amener la congélation d'une partie du liquide ainsi refroidi. Blagden a fait de nombreuses expériences sur ce sujet, et est parvenu à déterminer divers centres de cristallisation en variant le mode de vibration qui produisait la solidification. « La possibilité d'abaisser la température de congélation, dit Beudant, nous paraît tenir à ce que la forme des particules aqueuses est différente de celle des particules de glace. » L'eau en se solidifiant augmente de volume, comme la fonte du fer, le bismuth, contrairement à la règle générale.

Des gouttes d'eau isolées de tout contact solide, dans un milieu liquide de chloroforme et d'huile d'amandes douces, sont restées liquides jusqu'à — 20° et pouvaient être agitées, déformées sans se prendre. A — 10°, l'introduction de divers corps solides ne produisait pas de changement d'état ; tandis qu'un fragment de glace déterminait immédiatement la congélation (Dufour).

Le point de solidification peut être abaissé lorsque l'eau renferme des sels en dissolution. D'ailleurs, en se gelant, l'eau perd généralement son sel, la glace est douce ; on peut cependant obtenir de la glace saline.

28. — Dissociation.

Deville et Debray.
Berthelot. — Troost et Hautefeuille. — Gernez.

Au-dessus de 580°, l'eau ne peut exister qu'à l'état de gaz, quelle que soit la pression ; au delà de 1,000°, elle est partiellement décomposée en hydrogène et en oxygène.

Longtemps l'eau a été regardée comme indécomposable par la chaleur seule ; et voici pourquoi : la vapeur après avoir traversé un tube de porcelaine, si chaud qu'il soit, se retrouve toujours à l'état de vapeur d'eau. En réalité, elle se décompose dans la partie chaude, et les éléments se recombinent dans la partie froide. C'est ce qu'a découvert Henri Sainte-Claire-Deville (1864) ; il a nommé cette décomposition partielle par la chaleur : *dissociation*. Se basant sur ce qu'un mélange d'oxygène et d'hydrogène ne détone pas quand il est diffusé dans une grande masse de gaz inertes, tels que l'azote ou l'acide carbonique ; que la diffusion se produit à travers la porcelaine poreuse ; que l'oxygène et l'hydrogène ne se recombinent pas *immédiatement* et ne se combinent plus lorsqu'ils ont été suffisamment refroidis, Deville a pu empêcher l'eau dissociée de se reconstituer.

Divers gaz, acide chlorhydrique, acide carbonique, ont ainsi subi une dissociation, plus ou moins avancée suivant les circonstances, dans laquelle un nombre relatif de molécules, plus ou moins grand, était décomposé.

Ce n'est pas d'aujourd'hui que date la décomposition des solides par la chaleur ; l'industrie du chaufournier n'est pas neuve. Les lois de cette décomposition ont été pour la première fois étudiées par Debray. A 440° (température de fusion du soufre), le carbonate de chaux cristallisé est à peine décomposé ; à 860° (fusion du cadmium), la décomposition s'arrête lorsque la pression de l'acide carbonique dégagé est égale à 85 millimètres de mercure ;

à 1,040° (fusion du zinc), la *pression de dissociation* est de 520 millimètres. Quand on retire du gaz, qui d'ailleurs est complètement absorbable par la potasse, la pression se rétablit à la même hauteur ; et l'on peut ainsi, en retirant le gaz, au fur et à mesure de son dégagement, arriver à la décomposition complète, à une température relativement basse. Qu'on ajoute au carbonate en dissociation un excès de chaux vive ou du gaz carbonique en présence d'un excès de chaux, cela ne change rien à la pression, qui ne dépend que de la température. En se refroidissant, la chaux absorbe l'acide carbonique dégagé, et le vide finit par exister dans le vase.

On voit combien ces *pressions de dissociation* ressemblent aux *pressions des vapeurs* en contact avec le liquide générateur (Deville).

La dissociation des sels hydratés en « eau de cristallisation » et en sel anhydre ou moins hydraté (Debray) est intermédiaire entre la vaporisation et la décomposition franchement chimique. Elle explique les conditions de l'*efflorescence* : les sels s'effleurissent dans une atmosphère de vapeur d'eau comme le carbonate de chaux se décompose dans une atmosphère d'acide carbonique. Les sels s'effleurissent dans une atmosphère quelconque contenant de la vapeur d'eau, dans les mêmes conditions que si la vapeur existait à une pression égale à celle qu'elle a dans le mélange gazeux. A chaque température, les hydrates, ainsi décomposables, ont une pression de dissociation déterminée ; l'efflorescence se produit lorsque la pression de la vapeur de l'atmosphère est inférieure à cette pression de dissociation, et cesse dès qu'elle lui est supérieure.

Diverses autres dissociations moléculaires ont été effectuées dans des conditions analogues : le chlorure d'argent ammoniacal $AgCl + 3AzH^3$ commence à se décomposer en AzH^3 et $2AgCl + 3AzH^3$ (Isambert).

Toutes les dissociations des solides, liquides ou gaz, suivent des lois analogues à celles des carbonates de chaux.

Des transformations toutes différentes peuvent aussi être produites *en proportions plus ou moins grandes* à diverses températures :

Transformations *isomériques* ou *polymériques* de l'acétylène en benzine (Berthelot); du cyanogène, de l'acide cyanurique en acide cyanique (Troost et Hautefeuille);

Tranformations isomériques ou *allotropiques* des corps simples, telle que la décomposition d'un nombre relatif plus ou moins grand de molécules d'ozone O^3 ou de molécules d'oxygène O^2 en atomes O.

Lorsqu'on fait passer un courant de gaz inerte dans une dissolution d'un bicarbonate, on transforme ce sel en un carbonate neutre (Gernez); une partie de l'acide carbonique du bicarbonate se comporte comme s'il était simplement dissous sous une forte pression. On dit qu'il y a une tension ou pression de dissociation dans le bicarbonate dissous; et pour justifier l'expression, on fait le vide au-dessus d'une dissolution concentrée de bicarbonate de potasse contenant un excès de cristaux, et l'on détermine ainsi une véritable ébullition, causée par le dégagement du gaz carbonique partant des cristaux.

Tout cela montre comment la décomposition chimique par la chaleur se lie intimement par toute une série d'intermédiaires, à l'évaporation, la condensation des vapeurs et la dissolution des gaz.

29. — Chimie dynamique. — Régime permanent. Mélanges et dissolutions.

Berthollet et Berthelot.

La *dissociation* n'est qu'un genre de *décomposition limitée par les réactions inverses et simultanées ;* elle appartient à la dynamique chimique, et n'a été exposée séparément que dans le but de mieux montrer les rapports de la combinaison avec la dissolution des gaz et l'évaporation.

La théorie physique des gaz ne s'occupe guère que des moyens mouvements, quoique les molécules diverses aient des mouvements de translation et de rotation très différents. Lorsque la rotation est assez rapide autour de certains axes, la molécule est disloquée, décomposée. En sorte que dans une masse de gaz simple ou composé, il y a, au moins à partir d'une certaine température, des atomes ou radicaux libres. Inversement, ces atomes, simples ou composés, pourront se rencontrer dans certaines conditions et se recombiner; mais en général cette *action inverse* ne se produira pas immédiatement et la recombinaison dépendra de l'état de condensation ou de dilution, de la durée et de toute circonstance qui pourra faciliter la rencontre des éléments dans des conditions favorables. Là encore, on passe plus facilement, plus rapidement, de l'ordre au désordre, que du désordre à l'ordre. La température et la pression, la présence d'un gaz inerte et sa quantité (ce que Berthollet appelait la *masse chimique*) auront une grande influence sur les réactions elles-mêmes, et surtout sur leur *vitesse* (Berthelot), c'est-à-dire sur la proportion de produits transformés.

Un mélange d'oxygène et d'hydrogène suffisamment dilué dans une masse inerte d'azote, ne détone pas sous l'influence de l'étincelle électrique. Les physiciens de notre époque disent, avec quelque raison, que l'étincelle agit seulement en vertu de sa haute température. Elle imprime aux molécules des gaz de grandes vitesses de translation et aussi de rotation, d'où résulte la décomposition de quelques molécules O^2 et H^2 en atomes O et H qui peuvent se combiner et forment des molécules H^2O. Cette combinaison amène un grand dégagement de chaleur, une élévation considérable de température et produit l'effet d'une nouvelle étincelle. Ainsi se propage la réaction par décompositions et combinaisons successives, le phénomène total étant régi par le principe du travail maximum.

Si l'hydrogène et l'oxygène sont seuls en présence, le

mélange détone et la combinaison est aussi complète que possible ; l'un des gaz disparaît totalement. Mais, s'il y a, dans le mélange, une quantité considérable de gaz inerte, la réaction est bien moins vive et très limitée. Et alors les atomes libres d'oxygène et d'hydrogène réagissent sur les molécules ou les atomes d'azote et forment en petite quantité des composés oxygénés et hydrogénés d'azote.

L'eau n'est pas décomposée, l'oxygène et l'hydrogène ne se combinent pas, au-dessous de 450° ; de 450° à 900°, O^2 et H^2 sont décomposés et les atomes produits se combinent tous en H^2O qui n'est pas décomposée ; de 900° à 3,000°, la combinaison est incomplète, l'eau étant en partie décomposée, la combinaison est limitée par la réaction inverse, plus ou moins, suivant la température ; au delà de 3,000°, plus de combinaison, la dissociation est complète ou à peu près. Dans la synthèse de l'eau au moyen de l'étincelle électrique, la combinaison est totale, parce que le refroidissement par les parois de l'eudiomètre est assez rapide.

———

L'analyse de l'air, par Lavoisier, est basée sur le fait que le mercure s'oxyde à 350°, un peu au-dessous de la température d'ébullition 360°, et que l'oxyde se décompose à 400°.

La première étude systématique de l'influence du temps, de la température et de la pression a été décrite en 1863 par Berthelot et Péan de Saint-Gilles ; elle se rapporte à la formation et à la décomposition des éthers.

Un mélange d'alcool et d'acide acétique, à équivalents égaux, étant abandonné à lui-même à la température de 9°, la proportion d'acide éthérifié a été, au bout de

1 — 2 — 5 — 10 — 20 — 32 — 49 — 71 — 95 jours,
0,9 — 1,8 — 3,9 — 7,3 — 11,8 — 16,2 — 21 — 26 — 30 p. 100.

Elle tend vers une *limite* 66 p. 100, qui n'a pas été atteinte après plusieurs années. L'action s'effectue donc progressivement et de plus en plus lentement. La courbe $y = f(t)$ des quantités éthérisées y en fonction des durées t tourne sa concavité vers l'axe des temps et est asymptote à $y = 66$.

La *vitesse* d'éthérification ne varie pas avec l'état d'agitation ou de repos du liquide. Et lorsque l'alcool et l'acide sont gazeux, cela n'empêche pas la réaction d'avoir une *durée* considérable, car, dans certaines conditions, la proportion d'acide éthérifiée est inférieure à 50 p. 100 au bout de 20 jours.

La *vitesse* croît très rapidement avec la température : à 85° il se produit en 3 heures $^1/_4$ autant d'éther qu'en 20 jours à 9° ; à 100°, au bout de 4 heures, elle est supérieure au double de ce qu'elle est dans le même temps à 85° ; enfin à 170°, la limite 66 p. 100, qui est indépendante de la température, est atteinte en 22 heures.

La pression n'a pas d'influence sensible sur les liquides ; mais sur les gaz, l'influence est considérable, et là *vitesse* de la réaction est d'autant moins grande que le gaz occupe un plus grand volume.

La *vitesse* dépend aussi beaucoup de la proportion des matières en présence ; elle est minimum dans le mélange à équivalents égaux. Un excès de l'un ou l'autre des réactifs, alcool ou acide, facilite les rencontres favorables et augmente la vitesse de la réaction. Lorsqu'un des corps est en grand excès, les produits sont proportionnels à la plus petite des deux quantités.

Un liquide inerte n'a pas d'action sensible sur la vitesse.

La *limite* est déterminée par la réaction inverse, décomposition de l'éther produit par l'eau mise en liberté et reconstitution d'alcool et d'acide acétique ; elle correspond au point où les quantités d'alcool, d'acide, d'éther et d'eau, sont telles que la quantité d'éther formé est constamment égale à la quantité d'éther que l'eau décompose.

Les quantités absolues de matières actives, toujours à équivalents égaux, diminuent de plus en plus; telle est la cause du ralentissement progressif. Berthelot a démontré indirectement que les quantités d'acide éthérifié, à un instant donné, et pendant un temps déterminé très court, sont proportionnelles aux quantités absolues en présence.

La réaction élémentaire est représentée par la formule:

$$C^4H^4, H^2O + C^4H^4O^4 = C^4H^4, C^4H^4O^4 + H^2O$$
Alcool. Acide acétique. Éther acétique. Eau.
$$A,B + C = A,C + B$$

Les mêmes réactions se produisent lorsqu'on laisse, à l'inverse, un mélange d'éther et d'eau pendant longtemps à diverses températures.

Lorsqu'il n'y a pas de réaction inverse, comme il arrive dans l'action de l'acide sulfurique sur le zinc, la décomposition de l'ammoniaque par la chaleur, la réaction est totale si la température est maintenue, soit extérieurement, soit par la combinaison elle-même, au degré où elle a commencé. Dans ce cas, la pression est sans influence.

Il arrive, au contraire, quelquefois que la période de recombinaison se confond très sensiblement avec la période de décomposition; alors la décomposition, pas plus que la combinaison, ne peuvent être complètes. Tel est le cas du sulfure de carbone, qui se décompose à toutes les températures où le soufre et le carbone peuvent s'unir pour le former; ce qui explique la difficulté d'enlever au sulfure de carbone l'excès de soufre qu'il contient. (Berthelot.)

Lois de Berthollet. — Dans un mélange d'acides, de bases, de sels, toutes les fois qu'un corps *insoluble* ou *volatil* peut se produire, il se produit.

Pour Berthollet, le résultat final d'une action chimique dépend de la *cohésion* et de l'*expansibilité*, forces variables avec la température et les *masses chimiques*, c'est-à-dire les quantités en présence ; et de l'*affinité*, force constante qui détermine l'état de *saturation*. La cohésion et l'expansibilité sont des forces latentes, analogues à celles d'un ressort bandé ; elles préexistent dans les solutions. La cause déterminante n'est pas l'affinité, qui règle seulement l'état de saturation et se rapproche ainsi de l'atomicité des néo-chimistes. Les combinaisons s'effectuent en toutes proportions, entre deux limites, qui sont déterminées, comme la réaction elle-même, par la cohésion et l'expansibilité.

Les lois de Berthollet ont été restaurées par Dumas, Malaguti, Berthelot, Gladstone. Deux sels dissous A-B, A'-B' et mélangés, réagissent l'un sur l'autre, font la double décomposition et il existe à la fois dans la dissolution quatre composés A-B, A'-B', A-B', A'-B en proportions diverses ; comme dans le mélange de Berthelot, il existe à la fois alcool, acide, eau, éther. Les bases fortes s'unissent aux acides forts en plus fortes proportions que les bases faibles aux acides forts, et inversement. Dans un mélange à équivalents égaux de deux solutions de sulfate de zinc et de chlorure de potassium, il se produit :

0,84 de sulfate de potasse et 0,16 de sulfate de zinc ; 0,84 de chlorure de zinc et 0,16 de chlorure de potassium.

Dans le mélange inverse de sulfate de potasse et de chlorure de zinc à équivalents égaux, il existe :

0,83 de sulfate de potasse et 0,17 de sulfate de zinc ; 0,83 de chlorure de zinc et 0,17 de chlorure de potassium.

Il suffit de mélanger du sulfate de cuivre bleu avec du chlorure de sodium pour voir apparaître la couleur verte ; preuve de l'existence du chlorure de cuivre.

Ces réactions sont complètement indépendantes des forces de cohésion et d'expansibilité : les composés se forment même à l'état *liquide*. Mais, si parmi les corps formés, il s'en trouve de *solides* ou de *gazeux*, ils *se précipitent* ou *s'évaporent* au fur et à mesure de leur formation. De nouvelles réactions s'effectuent; il se produit, comme on dit, un nouvel *équilibre chimique*; de nouvelles quantités de sel, d'acide ou de base, solide ou gazeux, se forment, se précipitent ou se volatilisent, et ainsi de suite jusqu'à précipitation ou volatilisation complète suivant les vieilles lois de Berthollet.

On peut rapprocher de ces faits le dédoublement en dextrine et glucose de l'amidon hydraté sous l'influence de la diastase; cette transformation, très limitée, devient complète si l'on fait intervenir la levure de bière, qui dédouble la glucose en alcool et acide carbonique, donne naissance à un produit gazeux qui s'échappe.

Les quantités relatives des corps dissous ont une influence considérable sur la proportion des produits et sur la *vitesse de la réaction*, qui souvent n'exige qu'un temps très court et d'autres fois plusieurs heures.

L'eau, à une certaine température, ne peut dissoudre au maximum qu'une certaine proportion d'un corps solide. L'eau *saturée* d'un sel A-B peut dissoudre un autre sel A′-B′ et dissoudre ensuite une nouvelle quantité du premier sel A-B dont elle était saturée. (Vauquelin.) L'eau saturée d'azotate de potasse dissout le sel marin, et il se forme du chlorure de potassium et de l'azotate de soude; les bases d'égale force se partagent également les acides. Il n'existe plus alors dans la dissolution que la moitié de l'azotate de potasse primitif, et l'eau peut en redissoudre une nouvelle quantité. Le fait de la *redissolution* du même sel est ainsi lié au fait qu'une dissolution saturée d'un sel peut dissoudre un autre sel.

L'eau seule est chimiquement active; et, selon Berthelot, le partage de la base d'un sel dissous entre l'acide et l'eau, caractérise les *acides faibles*.

J'ai lu quelque part (?) qu'une dissolution de sulfate de

potasse était séparée par les diaphragmes diffusifs en hydrate de potasse et acide sulfurique hydraté, ce qui donne fort à penser sur l'état chimique des sels dissous, même des plus stables.

Berthollet ayant observé qu'un courant de gaz acide sulfhydrique décompose les carbonates en dissolution, et qu'inversement un courant de gaz acide carbonique décompose les sulfures ou sulfhydrates, attribuait la réaction à la *masse* ou quantité d'acide.

Depuis les travaux de Deville sur la dissociation, on a changé les termes : l'acide carbonique des carbonates dissous a une *tension de dissociation* dans la dissolution ; si cette tension est inférieure à la tension du gaz carbonique de l'atmosphère, il n'y a pas de réaction ; mais dans une atmosphère privée de gaz carbonique, dans une atmosphère de gaz sulfhydrique, l'*équilibre* ne peut exister ; l'acide carbonique se *diffuse* jusqu'à ce que sa tension dans l'atmosphère soit égale à sa tension de dissociation ; et si l'atmosphère est constamment renouvelée, l'acide carbonique se dégage complètement. Quant au gaz sulfhydrique, il se dissout, et la solution persiste, un gaz ne pouvant se diffuser dans une atmosphère saturée de sa propre substance. Inversement et pour les mêmes raisons, le gaz carbonique déplace l'acide sulfhydrique. « La dissolution d'un gaz n'est que le mélange d'un liquide (le dissolvant), dont la tension de vapeur à la température ordinaire est médiocre, avec un liquide (le gaz liquéfié) doué d'une tension de vapeur énorme. » (*Physique* de Jamin et Bouty, 1885.)

Cette explication et celle de Berthollet diffèrent-elles donc tellement, qu'on admire l'une tandis qu'on traite l'autre d'aberration ? Quelle grande différence y a-t-il entre la *force expansible,* analogue à un ressort *tendu,* et la *tension* de dissociation latente, préexistante, d'un corps combiné ou dissous qui *tend* à se dégager?

L'importance d'ailleurs n'est pas dans les mots. En fait, l'acide carbonique d'un carbonate dissous, l'acide sulfhydrique d'un sulfhydrate dissous, se comportent comme les gaz carbonique et sulfhydrique dissous. Il y a, entre la *dissolution* et la *combinaison*, tout au plus une différence de degré.

« Les chimistes ont souvent regardé comme une propriété *générale* des combinaisons de se constituer en proportions constantes. C'est une hypothèse qui n'a d'autre fondement que la distinction entre la combinaison et la dissolution. » (Berthollet, *Statique chimique.*)

Le fait que beaucoup de corps sont des combinaisons en proportions définies simples a suffi à déterminer la théorie atomique. Nul doute que, dans les dissolutions, les diffusions, les réactions biologiques, les combinaisons se produisent entre éléments de poids déterminé ; la conception de Dalton s'étend à tous les corps, y compris ceux qui se combinent en proportions non simples et que la petitesse des atomes fait paraître indéfinies.

Les formules en écriture chimique ne donnent sur ces réactions que des renseignements fort incomplets au point de vue *quantitatif*. En ce qui concerne la *qualité*, la *constitution* et le *mécanisme*, il y a bien des raisons de voir dans maints phénomènes chimiques des *réactions moléculaires* plutôt que des actions entre atomes.

La doctrine des proportions définies n'est applicable, pensait Berthollet, qu'aux composés exceptionnellement soustraits à la *continuité naturelle de l'action chimique.* Il entendait la continuité matérielle, statique. Il suffit de la remplacer par la conception d'une *continuité dynamique* pour rajeunir toutes les questions d'*équilibre* et de *statique chimique.*

Dans les gaz, dont les molécules sont constamment en mouvement, l'équilibre de dissociation correspond à *l'égalité des réactions inverses*; c'est un état dans lequel le nombre des molécules décomposées est constamment égal au nombre des molécules reconstituées. État essentiellement dynamique. Le soi-disant *équilibre* n'est qu'un *rapport constant entre les quantités des différents corps coexistants*. C'est une *égalité dynamique* et non pas un *équilibre statique*.

Dans une machine en mouvement, il n'y a pas équilibre entre la puissance et la résistance ; il y a égalité entre le travail moteur et le travail résistant. Le mouvement de rotation d'un solide de révolution autour de son axe n'est pas le repos. Dans un cours d'eau à *l'état de régime permanent*, il y a, à tout instant, dans le même espace, le même nombre de molécules occupant les mêmes positions, ayant les mêmes vitesses. Il y a identité de forme, non de matière.

Et toujours est-ce mesme ruisseau, et toujours eau diverse.

(*La Boëtie.*)

Le panache de fumée de la locomotive, la queue d'une comète, sont formés d'éléments qui varient continuellement, qui sont constamment remplacés à un bout et s'échappent à l'autre. Un animal adulte est formé d'un nombre à peu près constant de molécules, non des mêmes molécules ; il absorbe et excrète, aspire et respire, assimile et désassimile. Paris, considéré dans une période assez courte, est toujours Paris, avec le même nombre d'habitants, non pas avec les mêmes habitants ; tous les jours il y a des entrées et des sorties, des naissances et des morts. Le 13ᵉ *régiment* est toujours le 13ᵉ régiment et depuis longtemps il a son existence propre, son effectif constant, mais pas toujours les mêmes soldats. Le factionnaire, cet atome social qui oscille devant la porte de la caserne, que ce soit Pierre ou Jean, c'est toujours le factionnaire.

« C'est le pompier de service, disait une figurante de théâtre, qui est le père de mon enfant. » L'erreur de cette mère naïve est, au point de vue logique, la même que celle de nos chimistes qui confondent *l'équilibre statique* avec le *régime permanent*.

Les corps en équilibre chimique sont des corps arrivés à l'état de régime permanent. Et cet état n'est pas spécial aux gaz : il s'établit entre les liquides ou même les solides, et les vapeurs et gaz dissous, diffusés, dissociés, condensés, évaporés ; et aussi dans les mélanges de liquides.

Vapeur ou gaz étant en contact avec un liquide, le régime permanent est établi lorsque le nombre de molécules condensées ou dissoutes est égal au nombre des molécules évaporées. État très différent d'un équilibre, en ce sens que par établissement de l'équilibre on entend que la réaction physique, le changement d'état est terminé lorsque la pression de la vapeur a atteint une certaine valeur ; tandis que le *régime permanent* ne diffère du régime général de production de vapeurs que par le fait de l'égalité entre la production de vapeur et la production de liquide. Cela s'applique identiquement à la dissociation des liquides et des solides : un sel s'effleurit, comme l'iode s'évapore, tant que le nombre des molécules d'eau émises est supérieur au nombre des molécules d'eau de l'atmosphère qui se condensent sur le solide.

Dans un mélange de sels dissous, les réactions continuent quand même les proportions des divers corps restent fixes ; seulement, dans ce cas, il y a égalité entre les réactions directes et inverses, simultanées. Dans un carbonate en solution aqueuse, il y a un continuel échange entre les molécules d'eau, d'acide et de base.

Ces considérations, qui serviront de bases à la théorie générale de la constitution des corps et particulièrement des liquides, offrent des avantages même à la théorie des gaz et vapeurs. On peut contester leur exactitude, on ne niera pas leur netteté, leur positivité. Aux *tendances* ou *tensions déterminantes,* elles substituent les *pressions effec-tives.* Ce n'est pas que l'expression de *tendance* doive être absolument bannie de la chimie et de la science ; elle doit être seulement réservée aux questions de *stabilité:* un corps dans un état instable *tend* à changer, en ce sens qu'il suffit d'un léger dérangement pour déterminer un change-ment considérable.

30. — Thermochimie.

Berthelot.
Joule. — Fabre et Silbermann. — Thomson.

Voici les trois principes tels qu'ils sont énoncés par le principal fondateur de la Thermochimie (Berthelot, *An-nuaire du Bureau des longitudes,* 1877).

1. — Principes des travaux moléculaires. — La quan-tité de chaleur dégagée dans une réaction quelconque mesure la somme des travaux chimiques (chaleur de com-position) et physiques (changement d'état, condensation...) accomplis dans cette réaction ; elle est précisément égale à la somme des travaux qu'il faudrait accomplir pour réta-blir inversement les corps dans leur état primitif.

L'énergie chimique dégagée dans une pile est indépen-dante de la forme et de l'espèce du circuit; la somme des quantités de chaleur dégagée à l'intérieur et à l'extérieur est constante, s'il n'y a pas de travaux mécaniques ou chimiques extérieurs ; elle est, en général, diminuée de la quantité d'énergie employée au travail mécanique ou aux décompositions chimiques effectués (Joule).

2. — Principes de l'équivalence calorifique des trans-formations chimiques. — Si un système de corps simples ou composés, pris dans les conditions déterminées, éprouve des changements physiques ou chimiques, capables de l'amener à un nouvel état, sans donner lieu à aucun

effet mécanique extérieur au système, la quantité de chaleur dégagée ou absorbée par l'effet de ces changements
dépend uniquement de l'état initial et de l'état final du
système. Elle est la même, quelles que soient la nature
et la suite des états intermédiaires.

Cela résulte de la conservation de l'énergie : un corps
à un état déterminé possède une énergie déterminée,
quels que soient les états et transformations antérieures ;
mais à la condition que l'état soit complètement, parfaitement déterminé.

La chaleur dégagée dans une réaction varie avec les
changements d'état, avec la température. Les quantités de
chaleur dégagée Q_1 $Q_{1'}$ aux températures θ et θ' sont différentes.

$$Q_1 - Q_{1'} = U - V$$

U chaleur nécessaire pour porter les composants de θ' à θ ;
V quantité de chaleur dégagée par le composé ramené de
θ à θ' ; U et V dépendent des chaleurs latentes et spécifiques.

Les *chaleurs de combinaison* sont indépendantes de la température, $Q_1 = Q_{1'}$ lorsque $U - V = 0$. C'est le cas des
réactions *gazeuses* à volume constant ; c'est aussi le cas de
réactions rapportées à l'état *solide;* la chaleur spécifique
moléculaire des solides étant à peu près égale à la chaleur
atomique des composants.

L'état *liquide* est plus complexe : *la chaleur dégagée par la
dissolution d'un sel anhydre change continuellement de grandeur avec la température de dissolution ; elle change même
quelquefois de signe.*

La *chaleur de formation* d'un sel solide S est égale à la
somme des chaleurs dégagées par les actions de l'acide
sur l'eau D_1, de la base sur l'eau D_1', de l'acide dissous
sur la base dissoute Q_1 à la température θ, diminuée de la
chaleur de dissolution du sel Δ_1 à cette température :

$$S = D_1 + D_1' + Q_1 - \Delta_1$$

S est sensiblement indépendante de la température θ.

3. — **Principe du travail maximum ou du plus grand dégagement de chaleur.** — « Tout changement chimique accompli sans l'intervention d'une énergie étrangère tend vers la production du corps ou système de corps qui dégage le plus de chaleur. » (Berthelot.)

Un *dégagement* de chaleur, c'est le passage d'une quantité de chaleur d'un corps à un autre, généralement plus froid : les réactions s'effectuent avec élévation de température. Cette règle n'est pas absolue ; il existe des réactions *réfrigérantes,* qui se produisent spontanément, avec abaissement de température et par suite *absorption* de chaleur.

Tout ce qui a été dit précédemment prouve qu'il est impossible d'établir une limite tranchée entre les réactions chimiques proprement dites avec dégagement de chaleur, et les réactions physiques ou changements d'état avec absorption ou dégagement de chaleur.

Le très grand nombre de réactions qui se produisent avec dégagement de chaleur suffit à établir le *principe de la stabilité chimique,* beaucoup plus compréhensif que celui du *travail maximum.*

La cause première des réactions, la vertu spéciale, métaphysique, des *affinités prédisposantes,* qui n'est qu'un mot, est remplacée désormais par les notions positives de *conditions d'existence* et de *stabilité :*

Les produits qui se forment sont ceux qui peuvent *subsister* dans les conditions actuelles. Les réactions qui s'effectuent d'ordinaire, sont celles qui déterminent les produits les plus *stables.*

Certains composés formés avec absorption de chaleur sont *instables ;* tels les *explosifs,* mais la stabilité naturelle physico-chimique ne correspond pas toujours au plus grand dégagement de chaleur, à la dissipation maximum d'énergie. Un sel en se dissolvant produit un abaissement de température, la dissolution plus froide que le milieu absorbe de la chaleur sans être pour cela instable.

31. — Stabilité mécanique, physique et chimique. Explosifs. — Réfrigérants.

Toricelli. — Maupertuis. — Lagrange.
Lejeune-Dirichlet. — Ledieu. — Clausius. — Berthelot.

Un corps est en équilibre *stable* lorsque, étant aban·
donné à l'action des forces qui le sollicitent après avoir été
légèrement déplacé, il oscille de part et d'autre de sa position primitive. Si, au contraire, un *léger* déplacement suffit
à l'éloigner sans retour de la position qu'il occupe, l'équilibre est *instable*.

On démontre en mécanique rationnelle, et l'expérience
vérifie que l'équilibre des corps *pesants*, des corps uniquement sollicités par la pesanteur, est stable lorsque le centre de gravité est *le plus bas* possible relativement aux
positions *voisines* qu'il peut occuper; et *instable* lorsqu'il
est *le plus haut* possible. (Toricelli.) Tout déplacement,
dans le premier cas, élève le centre de gravité qui redes·
cend dès qu'il est abandonné à l'action de la pesanteur;
dans le second cas, au contraire, tout déplacement l'abaisse
et la pesanteur, bien loin de le remonter à sa position initiale, tend au contraire à l'en éloigner davantage en le faisant descendre encore.

Cette condition d'équilibre stable détermine la solution
de diverses questions statiques, par exemple : celle de la
chaînette, forme que prend une chaîne, parfaitement flexible
et inextensible, sous la seule action de la pesanteur, lorsque ses extrémités sont attachées à deux points fixes ; la
solution mécanique, c'est-à-dire que la forme de la chaînette, par la condition du minimum d'altitude du centre
de gravité, est ramenée à une question d'analyse algébrique.

Un solide pouvant tourner autour d'un axe comme un
pendule, ou circuler sur une directrice, sous la seule action

de la pesanteur, sera en équilibre stable ou instable suivant qu'il occupera la position la plus basse ou la plus élevée; s'il oscille, la vitesse du centre de gravité sera maximum au point le plus bas et minimum au point le plus haut. Ces considérations sont applicables à l'aiguille aimantée, à la girouette, qui ne sont que des pendules oscillant sous l'action du magnétisme ou du vent.

En général, pour tout système de corps soumis à des forces attractives ou répulsives, soit entre eux, soit vers des centres fixes, à des *forces centrales variant seulement suivant une fonction quelconque de la distance :* l'équilibre *stable* correspond au *maximum de travail* virtuel, ou au *maximum de force vive* et au *minimum d'énergie de position,* (Loi du repos de Maupertuis. — Loi de la stabilité de Lagrange.)

Un corps pesant mobile sur une surface ondulée sera en équilibre stable dans tous les fonds, en tous les points les plus bas relativement à leurs voisins; et en équilibre instable aux sommets et crêtes horizontales. Un *col* est le point le plus haut de la gorge ou de la route, l'équilibre y sera donc instable relativement à certains déplacements ; mais il sera stable relativement à d'autres déplacements, le col étant le point le plus bas de la crête.

Sur la directrice ondulée ABCDE, l'équilibre est instable en C et stable en D et en B, plus stable même en B qu'en D, en ce sens que le mobile, en B, pourra supporter de plus grands déplacements qu'en C, sans cesser de revenir à sa position initiale. Car, abandonné à la seule action de la pesanteur et de légères résistances passives, en un point A ou E plus élevé que C, le mobile finira par s'arrêter en B et non en D.

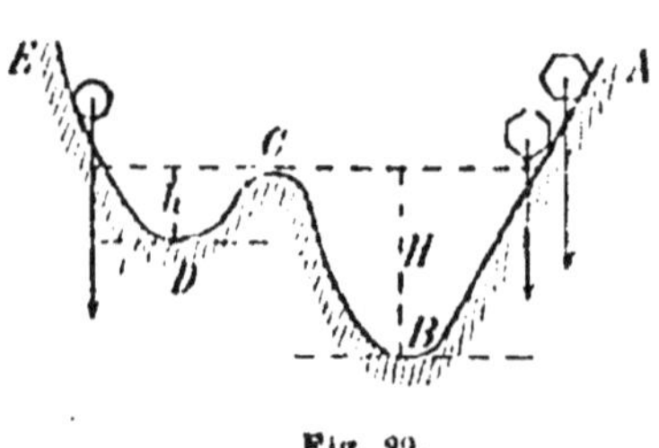

Fig. 29.

Ces considérations sur la stabilité ont été étendues aux

équilibres vibratoires ou moléculaires, dans lesquels chaque molécule oscille de part et d'autre d'une *position fixe*. « Il y a *stabilité* quand, en déplaçant extrêmement peu les points du système des positions pour lesquelles il sont en *équilibre ordinaire* ou en *équilibre vibratoire*, et modifiant la vitesse de chacun d'eux, leurs déplacements par rapport auxdites positions restent toujours compris entre certaines limites déterminées et très petites. » (Ledieu, *Comp. rend. Ac. des Sc.*)

Le troisième principe de la thermo dynamique, suivant lequel l'énergie externe tend finalement à se transformer en énergie interne, les températures tendent à s'égaliser : c'est le principe de la *stabilité physique*.

Le troisième principe de la thermochimie, d'après lequel les réactions qui se produisent *dégagent* de la chaleur et déterminent une *élevation de température* d'où résulte le passage de chaleur du produit chaud au milieu plus froid, une transformation de chaleur à température plus élevée en chaleur à température moins élevée : c'est le principe de la *stabilité chimique*. « Un système est d'autant plus stable, toutes choses égales d'ailleurs, qu'il a perdu une fraction de son énergie plus considérable. » (Berthelot.) Il est intimement lié au principe de thermodynamique ; il le complète : non seulement la chaleur passe d'un corps à un autre plus froid, mais, lorsque la température d'un système peut s'élever sous les seules actions intérieures, elle s'élève ; et ainsi le système qui a la plus grande énergie spécifique en cède une partie au milieu dont l'énergie est moindre. Ce principe, induit par Berthelot d'expériences nombreuses et variées, pour n'être pas absolu, n'en est pas moins une des bases les plus solides de la thermodynamique.

Pour qui admet la constitution corpusculaire des objets, la stabilité physique et chimique se rattache, et fort intimement, à la stabilité mécanique ; elle n'est que la stabilité mécanique des systèmes d'atomes et de molécules. Mais admettre que cette stabilité naturelle est régie par la loi du maximum de force vive ou de la plus grande consommation de travail, c'est faire une nouvelle hypothèse, et il convient de la déclarer. La loi classique de la stabilité de Lagrange n'est relative qu'aux seuls cas où les actions entre corpuscules varient uniquement avec la distance, sans dépendre de leurs mouvements.

La chaleur ne passe jamais spontanément d'un corps froid à un corps chaud ; elle passe en général spontanément d'un objet à un autre dont la température est plus basse. Pas toujours cependant : les solides, liquides et gaz *diathermanes* (Melloni) ne s'échauffent pas en présence des corps plus chauds.

La loi du dégagement de chaleur, dans la production chimique des corps stables, n'est pas absolument générale. Dans les *mélanges réfrigérants* de liquides ou de solides, la chaleur *dégagée* par l'action chimique proprement dite est inférieure à la chaleur *absorbée* par les changements d'état. Le cas de l'action du sel marin sur la glace pilée, dans laquelle deux solides réagissent et produisent un liquide stable, est remarquable à plus d'un titre ; et il convient peut-être d'en rapprocher les phénomènes de liquation et de fusion minérale par le moyen des *fondants*. Il se produit du *froid* dans bien d'autres circonstances : évaporation, dissolution, mélanges de liquides, petits allongements élastiques des métaux ; la détente des gaz sous pression extérieure est un des moyens de produire les froids les plus intenses : l'hydrogène a été solidifié par sa propre détente. Si la loi du dégagement de chaleur, c'est-à-dire d'élévation de température, était absolue, les changements d'état ne se produiraient pas dans ces conditions.

La loi de la stabilité correspondant au travail maximum

est essentiellement abstraite, rationnelle ; ce n'est pas une loi naturelle absolument générale ; et cela montre encore (¹) l'insuffisance de la doctrine qui confond les corpuscules avec des points matériels ou qui regarde les forces intérieures comme dépendant uniquement des distances des points matériels dont sont formés les corpuscules.

Dans tous les phénomènes mécaniques réels, il y a toujours quelques résistances passives, *frottements, résistance de l'air...* qui changent grandement les conditions de la stabilité. Un corps pesant qui ne peut que glisser sur une surface plane ou courbe d'inclinaison moindre que l'angle limite de frottement, est en équilibre stable en toute position, qu'on élève ou qu'on abaisse son centre de gravité. Cette *stabilité réelle* est radicalement différente de la *stabilité rationnelle.* Qu'on l'appelle *équilibre indifférent,* le mot importe assez peu ; il n'en est pas moins un équilibre durable, qui mérite le nom de stable malgré la définition même ; car le principal caractère de la *stabilité* n'est pas tant le retour à la position initiale que le fait de ne pas continuer spontanément à s'en éloigner au moindre écart.

Le principe général de la conservation de l'énergie s'applique d'ailleurs en tout cas : la quantité de chaleur produite dans le mouvement est équivalente à ce qu'on appelle le *travail du frottement.*

L'équilibre et la stabilité des corps pesants sur les rampes dépendent beaucoup de leur forme ; un corps rond *roulera,* un corps à facettes pourra tourner successivement autour de ses arêtes, et dans ce cas il n'y a pas de frottement proprement dit. Il suffira d'imprimer à l'objet une certaine vitesse ou de l'abandonner à lui-même dans la position qui correspond à la plus grande élévation du centre de gravité (fig. 29), pour le faire dévaler en roulant, d'un mouvement accéléré. Sa force vive sera de plus en plus grande s'il n'y a que peu ou point de frottement ;

---

1. Voyez page 39.

et s'il rencontre d'autres corps sur la rampe, il pourra les mettre en branle et déterminer leur chute. Tel est le mécanisme des *avalanches* de pierres.

C'est aussi l'image frappante des *explosions*, dans lesquelles une *énergie potentielle* considérable se transforme en *force vive*. Un mélange d'oxygène et d'hydrogène possède une stabilité considérable, on peut le dilater, le comprimer, lui faire transmettre des sons, le chauffer jusqu'à 400 degrés, sans qu'il cesse de se comporter comme un gaz simple ; il suffit cependant d'une étincelle électrique, d'une allumette, d'une *amorce* pour *déterminer* l'explosion. Les molécules O-O, H-H, sont stables et ne se décomposent qu'à une température élevée. L'étincelle produit la décomposition d'un nombre relativement petit de molécules ; le phénomène est amorcé, l'impulsion est donnée. Quelques atomes libres O et H se combinent et forment des molécules H^2O douées d'une énergie considérable qu'elles cèdent en grande partie aux molécules O^2 et H^2 qu'elles rencontrent ; il y a dégagement de chaleur ou élévation de température d'où nouvelle décomposition de molécules d'hydrogène et d'oxygène, nouvelle formation d'eau, nouvelle transformation d'énergie potentielle en force vive. D'où avalanche, explosion, propagation extrêmement rapide de la réaction gazeuse. Finalement la chaleur dégagée est absorbée par le vase qui contient le mélange détonant ; c'est au refroidissement rapide qu'est due la persistance des produits, dont beaucoup seraient eux-mêmes décomposés à la température même de l'explosion.

« En général, toute réaction qui dégage de la chaleur est susceptible de donner lieu à des phénomènes explosifs, si elle donne naissance à des produits gazeux. »

L'énergie explosive est mesurée par la quantité de chaleur dégagée ; c'est la caractéristique la plus importante de l'explosif au point de vue pratique, comme déterminant le développement d'énergie externe, travail de dislocation (mines), ou force vive (artillerie). Ce travail extérieur n'est ici, comme en tout cas, qu'une fraction de l'énergie calorifique dégagée.

L'énergie des mélanges gazeux détonants est supérieure à celle des explosifs solides, à égalité de poids ; mais à égalité de volume c'est tout le contraire ; et comme, en somme, les pressions produites par l'explosion dépendent énormément du volume dans lequel l'explosif détone, volume au moins égal au volume initial de l'explosif, la *force explosive* des solides dépasse de beaucoup celle des mélanges gazeux. Tandis que les pressions développées par certaines poudres sont souvent supérieures à mille atmosphères, celles qui résultent des mélanges de gaz ne dépassent guère vingt atmosphères.

La *poudre* de guerre, type primitif des explosifs, renferme du salpêtre contenant de l'azote, de l'oxygène pouvant former du gaz carbonique avec le charbon, et du potassium pouvant former un sulfure avec le soufre. On figurait autrefois l'explosion de la poudre par la formule suivante :

$$2(AzO^3K) + 3C + S = K^2S + 2Az + 3CO^2.$$

En réalité, les produits sont bien plus divers : à l'azote et au gaz carbonique sont mélangés un peu d'oxyde de carbone, d'hydrogène, d'oxygène, de gaz sulfhydrique. Quant aux composés solides, il se forme, non pas du sulfure de potassium, mais du sulfate et du carbonate de potasse.

La force de l'explosion est diminuée par le mélange de l'explosif à un corps inerte : détonation d'un mélange gazeux dans lequel un des gaz est en grand excès, ou dilué dans l'azote... La *dynamite* (Nobel) est un mélange de nytroglycérine et d'un corps neutre tel que la silice.

L'*amorçage* ou élévation considérable de température dans une petite zone, peut être produit par une flamme, une étincelle, par un *choc* ou une *friction* (fulminate de mercure). La stabilité sous le choc est d'autant plus faible que la température est plus élevée. La *celluloïde*, si stable aux températures ordinaires, qu'on l'emploie à la construction des appareils de denture, détone sous le marteau lorsqu'elle est chauffée vers 170°, lorsqu'elle commence à se ramollir en approchant de son point de fusion.

Les circonstances de l'explosion varient quelquefois beaucoup avec le genre d'amorçage. Il y a deux *ordres d'explosion* de la dynamite, totalement différents, suivant que le feu est mis par la percussion d'une amorce de fulminate ou par de la poudre enflammée. (Berthelot, *la Force des matières explosives d'après la thermochimie.*)

J'ai montré que les *déformations stables* des solides, les seules qui se produisent ordinairement, sous l'action d'un système quelconque de forces, correspondaient à chaque instant au *maximum de travail*. Il a suffi pour cela de supposer les efforts produits par des poids au moyen de leviers convenables ; ces leviers étant eux-mêmes équilibrés et de telles grandeurs que les poids soient incomparablement plus lourds que le corps déformé. L'ensemble du corps, des leviers et des poids peut être ainsi considéré comme un corps pesant formé uniquement des poids déformateurs; l'équilibre stable de cet ensemble, et par conséquent du corps déformé, correspond au maximum de travail des poids qui est égal, quels que soient les leviers, au travail des forces déformatrices.

Dans les machines d'épreuves, la traction ou compression est souvent équilibrée par une colonne de mercure libre qui la mesure ; l'ensemble de la machine et de la barre d'épreuve peut être regardé comme un système pesant, en équilibre stable lorsque le niveau du mercure manométrique est le plus bas possible. Les déformations stables se produisent donc dans de telles circonstances que l'effort est constamment minimum ; c'est un cas parfaitement net de ce que Maupertuis appelait le *principe de la moindre action*.

Les grandes déformations sont loin d'être des déformations simples ; elles sont déterminées, non par l'uniformité qui plaît à l'esprit, mais par les conditions de stabilité. Une barre homogène étirée *devrait* rester cylindrique, dit le métaphysicien ; elle prend la forme d'un fuseau, dit le physicien. Les grandes déformations produites par traction longitudinale ne consistent nullement en un simple allongement uniformément réparti sur toute la longueur et dans toute l'épaisseur ; en tout point où la déformation est très grande il y a non seulement tension normale dans une certaine direction, mais pression normale dans une ou deux directions perpendiculaires, et la densité varie peu ou point.

Géométriquement, toutes les grandes déformations élémentaires, extérieures et intérieures, sont de même espèce, qu'elles soient élastiques comme celles du caoutchouc ou permanentes comme celles des métaux doux ; je l'ai montré expérimentalement. Elles sont toutes accompagnées d'une élévation de température ; les seules déformations qui produisent du froid sont les petites dilatations élastiques, qui donnent lieu aussi à une diminution de densité. J'ai déjà cité le cas si remarquable de la torsion élastique des corps ronds sans variation thermique.

Parmi les divers genres d'instabilité physique, il convient de citer les *surfusions* (eau liquide au-dessous de zéro), la *sursaturation* (solution de sulfate de soude), les liquides chauffés sous pression au voisinage du *point critique*, les déformations des solides voisines de la *limite d'élasticité* ; et aussi, dans une autre espèce, les *larmes bataviques*, les *bulles* liquides.

32. — Influence du temps et de la répétition. Énervement. Synthèse des corps naturels.

Dans les phénomènes mécaniques ou physiques réels, l'action du temps et des petits effets souvent répétés produit des équilibres très divers. Un corps pesant est en équilibre stable sur un plan incliné : si pendant un temps, si court qu'il soit, le contact et par suite le frottement sont supprimés, le corps tombera pendant ce temps, son centre de gravité s'abaissera. Par de légères *trépidations* suffisamment répétées, le centre de gravité descendra au point le plus bas de la directrice.

Lorsque des objets de formes diverses sont placés pêle-mêle, ils forment un *tas* plus ou moins stable ; s'ils sont très nombreux et tous à peu près de même forme et de même grosseur, les tas seront stables dont la pente sera inférieure au *talus naturel* ou *à terre coulante* correspondant à l'espèce d'objets, comme l'équilibre sur un plan incliné est stable pour tout angle inférieur à l'angle de frottement : tels les tas de sable, de cailloux, de blé.... Par des trépidations on produira un *tassement*, c'est-à-dire un abaissement du centre de gravité du tas ou de l'ensemble des objets qui le forment ; c'est ainsi qu'on arrive à faire entrer dans une boîte le maximum de poids de graines, de sable, de bonbons...

On appelle *densité gravimétrique* le poids d'un litre rempli, non de la matière compacte, ce qui serait la densité absolue, mais de grains séparés par des espaces vides. Si le nombre des grains est très grand, la densité gravimétrique sera d'autant plus élevée, se rapprochera d'autant plus de la densité absolue, que les grains seront plus petits. De là résulte que le centre de gravité d'un ensemble d'objets de même substance sera plus bas, et l'équilibre plus stable, lorsque les objets seront disposés en couches

de grosseur croissante de bas en haut. Des trépidations
répétées suffiront à amener les gros objets en haut et les
petits en bas. C'est ainsi qu'on sépare la poudre de guerre
en grains de différentes grosseurs par des trépidations
systématiques. Le même phénomène se produit sur les
routes très fréquentées, et c'est là un exemple très remarquable de transformations lentes : les grosses pierres
remontent à la surface où elles forment les *têtes de chat* des
cantonniers.

Les déformations des solides, surtout les grandes, ne se
produisent pas instantanément ; les courbes qui représentent
les déformations en fonction des efforts dépendent généralement de la rapidité de l'épreuve. Les perturbations sont
très sensibles en ce qui concerne les grandes déformations
permanentes des métaux ; dans la torsion, par exemple,
elles sont énormes. Le temps a aussi une influence très
marquée sur l'appréciation de la *limite d'élasticité :* si la machine marche vite pendant la production des petites déformations élastiques, le mercure manométrique monte plus
haut, et quelquefois beaucoup plus haut que dans le cas
où la marche est lente ; au moment où se produisent les
premières déformations permanentes, bien plus grandes
que les déformations élastiques, le mercure retombe et sa
chute équivaut souvent à un effort de plusieurs kilos par
millimètre carré de section de l'éprouvette. Il y a là une
image frappante de l'instabilité des déformations élastiques
ultimes, et de la durée nécessaire à la production des déformations permanentes. Le caoutchouc très déformé ne
reprend complètement sa forme primitive qu'au bout de
plusieurs jours.

Certains corps, très raides, très fragiles, incapables d'acquérir la moindre déformation permanente sous l'action
d'une force de courte durée, peuvent, à la longue, se dé-

former comme les corps les plus mous, comme des liquides. Si l'on place au-dessus d'une rainure contenant des morceaux de liège, un bloc de *poix-résine* et quelques cailloux sur la poix, on voit, quelques jours plus tard, la poix, toujours dure et fragile, moulée sur la rainure, surmontée du liège, tandis que les cailloux occupent le fond. (Obermayer.)

La rupture peut se produire à la suite de déformations continues ou de déformations alternativement produites dans un sens et dans l'autre, comme il arrive quand on plie et replie un fil d'archal. Cet *énervement* qui abaisse beaucoup la résistance résulte soit d'un petit nombre de grandes déformations, soit d'un très grand nombre de petites déformations alternatives. C'est une qualité requise du caoutchouc de supporter un certain nombre d'allongements et de détentes successives dans un temps donné. Les essieux et arbres de transmission finissent par se rompre sous les mêmes efforts qu'ils ont longtemps supportés ; les trépidations prolongées ont suffi à changer la constitution du métal, quelquefois à produire une cristallisation. Les trempes et les recuits successifs ont des effets analogues.

La nature, c'est l'art en plus grand.

LEIBNITZ.

Ce que la nature a fait dans le commencemen , disaient les alchimistes, nous pouvons le faire également en remontant au procédé qu'elle a suivi ; ce qu'elle fait, peut-être encore, à l'aide des siècles dans ses solitudes souterraines, nous pouvons le lui faire achever en un instant, en l'aidant et en la mettant dans des circonstances meilleures.

Jean REYNAUD.

Berthelot.

C'est en renonçant aux *actions violentes et instantanées*, en faisant appel, au contraire, aux *actions lentes*, aux *affinités faibles et délicates*, aux *énergies calorifiques et électriques* employées, non plus dans toute leur force brutale, mais au contraire avec ménagement, que Berthelot a réalisé dans le laboratoire la *synthèse organique* qu'on regardait comme un attribut exclusif de la vie.

Le carbone se combine directement à l'hydrogène, atome par atome, ou molécule à molécule, sous l'action de l'arc voltaïque et forme l'*acétylène* C^2H^2 (1863), le plus simple des corps organiques d'où dérivent, synthétiquement, les alcools et jusques aux corps-gras. « Le rôle qu'il joue dans la synthèse s'explique, non seulement par la simplicité de sa composition, mais aussi par cette circonstance qu'il est *formé avec absorption de chaleur depuis ses éléments :* il renferme dès lors un excès d'énergie qui se dépense à mesure dans la formation des autres combinaisons : tel est l'un des principaux secrets de la synthèse. »

Par une chaleur longtemps entretenue à une température constante, Lavoisier réalisait la synthèse de l'oxyde de mercure, décomposé à une température plus élevée. C'est par le même procédé que Berthelot détermine la combinaison de l'acétylène avec l'hydrogène, l'oxygène l'azote, les métaux, et réalise la synthèse d'un si grand nombre de corps organiques. C'est encore sous l'influence d'une température constante prolongée que l'acétylène C^2H^2 se combine à lui-même, se condense spontanément, sous la seule action de la chaleur et du temps, en benzine C^6H^6 dont la vapeur, à volume égal, est trois fois plus lourde.

C'est aussi sous l'action méthodique de la chaleur que s'opèrent les décompositions succesives, donnant naissance à des corps si divers, dans lesquels la proportion d'un des éléments s'accroît de plus en plus, à mesure que s'opère la condensation des produits. Les carbures d'hydrogène décomposés par la chaleur ne produisent jamais de carbone isolé ; ils donnent de l'hydrogène et des carbures de plus en plus riches en carbone ; on arrive finalement à des carbures solides, cristallisés même, qui ne contiennent plus que 3 ou 4 p. 100 d'hydrogène. *Les charbons vulgaires ne sont autres que des carbures* $C^m H^n$ *dans lesquels m est extrêmement grand relativement à n.*

La *grosse molécule* d'acide iodhydrique ($IH = 126 + 1$) est peu stable; sa formation et sa décomposition correspondent à une faible variation de chaleur. Elle fournit un procédé général et facile d'hydrogénation au moyen d'hydrogène *à l'état naissant* ou atomique.

Les acides organiques et la glycérine laissés en contact pendant plusieurs mois fournissent des corps gras acides; les composés successifs mis en contact avec la glycérine pendant des mois et encore des mois, ont produit les corps gras neutres, identiques aux corps gras naturels. Ainsi fut renversée définitivement la barrière qui séparait la chimie minérale de la chimie vitale.

James Hall (1800). — G. Watt.
Sénarmont. — Ebelmen. — H. Deville.
Fouqué et M. Lévy.
Daubrée.

Si l'on a cru longtemps la chimie artificielle incapable de synthèse organique, on n'a jamais mis en doute que les minéraux naturels, si compliqués qu'ils soient, n'aient été formés par les mêmes actions que celles du laboratoire. Et cependant, il n'y a pas longtemps qu'on est parvenu à *faire des pierres*; encore n'en produit-on qu'un certain nombre et généralement en cristaux microscopiques. On n'a pas encore fait de mica.....

Si le temps intervient dans la chimie biologique, c'est bien autre chose dans la chimie géologique; c'est à des durées immenses qu'on doit attribuer la formation des grosses pierres cristallisées. Les températures très élevées, maintenues longtemps au même degré, et aussi les pressions, sont les causes déterminantes principales de la minéralisation.

La durée du refroidissement a la plus grande influence sur le produit : le soufre fondu refroidi brusquement est mou, une goutte de verre, solidifiée dans l'eau, forme une *larme batavique* extrêmement fragile, le verre ramolli et trempé à l'huile ou à la graisse est très élastique ; c'est le *verre incassable*, il ne se fêle pas mais se brise en miettes ; — l'acier a des propriétés très diverses suivant qu'il est *trempé* au mercure, à l'eau, à l'huile, à l'air ou lentement *recuit*; — certaines fontes *coulées en coquille*, refroidies rapidement par un moule métallique épais sont blanches et extrêmement dures, tandis que dans le *coulage en terre* ou refroidissement lent, une partie du carbone dissous se sépare à l'état de graphite et détermine la teinte grise ; — d'autres, longtemps recuites, deviennent des fontes malléables.

Les culots de *verrerie* et les *laitiers* de hauts-fourneaux, refroidis lentement, contiennent des substances qui se rapprochent beaucoup des minéraux naturels (G. Watt-Koch) ; c'est en ce genre la première synthèse, qui fut plus tard systématisée. Les silicates, les borates, donnent des *verres* en se solidifiant après fusion, si le refroidissement est assez brusque pour empêcher la cristallisation de certaines substances ; d'autres passent lentement de l'état visqueux à l'état cristallisé, tels les feldspaths. La fusion d'une roche, d'un agrégat de cristaux produit un *verre* plus fusible que ne l'est chacun des cristaux constituants (James Hall) ; le verre soumis à un recuit prolongé se *dévitrifie*, prend une structure cristalline microscopique, devient opalin et difficile à fondre. En maintenant assez longtemps un verre à une température légèrement supérieure à celle de son ramollissement et inférieure à celle de sa fusion, on le placera dans des conditions favorables à la détermination d'arrangements moléculaires cristallisés pouvant se solidifier au sein d'un magma visqueux. C'est ainsi que Fouqué et Michel Lévy sont arrivés à reproduire, non seulement des cristaux, mais les mélanges enchevêtrés qui constituent les roches cristallines elles-mêmes.

Deville a découvert le fait, extrêmement remarquable, que les variations de température, très souvent répétées, font grossir les cristaux.

Par de simples variations de température atmosphérique, Debray a vu cristalliser, à la longue, les précipités *gélatineux* de phosphate ammoniaco-magnésien. La silice *gélatineuse* se tranforme en silex-meulière.

La volatilisation lente de dissolvants tels que le borax ou l'acide borique, sous la chaleur des moufles à porcelaine qui restent au feu pendant des mois, a permis à Ebelmen d'obtenir de nombreux cristaux naturels.

Le verre chauffé en tube scellé, contenant aussi de la vapeur d'eau à haute température et haute pression, est attaqué et se transforme en quartz, silicate de chaux et silicates alcalins (Daubrée). L'association du quartz et du feldspath orthose a été obtenue en chauffant en vase clos, et en présence de l'eau alcalinisée, les éléments constitutifs de ces minéraux (Friedel et Sarrasin).

Deville a montré par de nombreuses synthèses le rôle *minéralisateur* du fluor. Le fluorure de silicium $SiFl^3$ agissant sur des corps oxygénés produit de la silice SiO^3 qui, dans cet *état naissant*, se combine aux bases et forme des silicates cristallisés.

33. — Température. — Chaleur latente.

Drebbel (xvie). — Les académiciens de Florence (xviie).
Bacon. — Boyle. — Newton.
Fahrenheit. — Réaumur.
Black, 1760.
Fourrier. — Clausius. — V. Meyer. — Berthelot. — Tyndall.

Le froid et le chaud ont été rapportés à nos sensations directes, jusqu'au xvie siècle.

Deux corps, A et B, étant mis en présence ou en contact, si A se refroidit et que B se réchauffe, A est plus chaud ou moins froid que B.

La chaleur dilate les corps, et en général les dilatations sont d'autant plus grandes que le corps est plus chaud, ce qui a conduit à prendre la grandeur des dilatations pour mesure des *degrés de chaleur*.

La température, c'est ce que marque le thermomètre. — Le *thermomètre* est un instrument dont les dilatations sont indiquées par les divisions d'une échelle ayant deux points correspondant à deux phénomènes bien déterminés. Dans l'échelle *centigrade*, le *zéro* correspond à la *fusion de la glace*, et le degré *cent* à l'*ébullition de l'eau* pure, dans un vase déterminé, sous une pression de 760 millimètres de mercure ; l'intervalle est divisé en cent parties égales et la graduation prolongée en deçà du zéro et au delà du degré cent.

Dans l'échelle dite *absolue*, les températures sont comptées en degrés centigrades, à partir de 273° au-dessous du point de fusion de la glace. $\theta' = 273 + \theta$. Il ne faut voir dans cette température absolue qu'une convention apte à simplifier les formules relatives aux gaz ; le binôme $\left(\dfrac{1}{\alpha} + \theta\right)$, dans lequel $\dfrac{1}{\alpha} = 273$, est l'inverse du coefficient de dilatation commun à tous les gaz parfaits (Loi de Gay-Lussac), y est ainsi remplacé par la température $\theta' = \dfrac{1}{\alpha} + \theta$.

Les thermomètres ordinaires sont formés d'un liquide se dilatant beaucoup plus que le vase qui les contient (Ac. del Cimento). Le vase thermométrique comprend un tube très étroit dans lequel affleure le liquide dont la plus grande partie est contenue dans un large *réservoir*. La température du tube a peu d'influence sur l'indication du thermomètre, régie à peu près uniquement par la température du réservoir. Pour connaître la température d'un fluide ou semi-fluide, il suffit de plonger dedans le réservoir du thermomètre, et d'attendre que l'équilibre de température soit établi.

La mesure directe des températures d'un solide offre de grandes difficultés, et ne peut se faire qu'avec l'intermédiaire d'un liquide en contact avec le solide et contenant le réservoir (thermomètre de contact de Fourier).

Que le corps observé soit solide ou fluide, il est nécessaire que sa masse soit assez grande pour contenir le réservoir, et pour que sa température ne soit pas sensiblement influencée par la présence du thermomètre.

Il est généralement impossible de mesurer directement la température des petites masses. La mesure indirecte, déduite de la connaissance des *chaleurs spécifiques*, se fait au moyen de *calorimètres*, parmi lesquels il faut citer le *thermomètre à calories* de Fabre et Silbermann. Cet appareil, qui a rendu de si grands services à la thermochimie, est un thermomètre à vaste réservoir dans lequel on introduit le corps en expérience.

Lorsqu'un corps change d'état physique, passe de l'état solide à l'état de liquide et à l'état de vapeur, *il absorbe une certaine quantité de chaleur sans changer de température ;* le thermomètre reste stationnaire dans l'eau bouillante et dans l'eau en contact avec la glace fondante. Les changements d'états, très propres à la détermination des points fixes de l'échelle ou d'une gamme thermométrique, et à la mesure des quantités de chaleur, doivent être absolument évités dans les appareils à mesurer les températures ; les corps thermométriques doivent être *fixes* dans les limites de leur emploi.

Les liquides peuvent se solidifier aux basses températures, se volatiliser ou se décomposer aux températures élevées ; ils doivent alors être remplacés par des gaz fixes. Dans le *thermomètre à air*, le volume, la pression et la température sont liés par la relation :

$$p_0 v_0 = \frac{p \cdot v}{1 + \alpha\theta} = \frac{1}{\alpha} \cdot \frac{p \cdot v}{\dfrac{1}{\alpha} + \theta} \qquad 273 + \theta = \frac{p \cdot v}{273 \cdot p_0 v_0}.$$

Il suffit donc de mesurer la pression et le volume de l'air du thermomètre, ou la pression sous volume constant.

$$v = v_0 \qquad 273 + \theta = \frac{p}{273 \cdot p_0},$$

ou le volume sous pression constante

$$p = p_0 \qquad 273 + \theta = \frac{v}{273 \cdot v_0},$$

pour avoir la température θ du milieu dans lequel est placé le réservoir du thermomètre.

Les passages de l'état solide à l'état liquide et à l'état gazeux ne sont pas les seuls changements d'états ; il existe toute une série d'*états intermédiaires*, et aux *changements d'états physiques*, il faut ajouter les *changements d'états chimiques* ou décompositions par la chaleur. Les gaz composés sont plus ou moins décomposés aux températures élevées (dissociation de Deville) et les gaz simples eux-mêmes sont susceptibles de changements d'états, de décomposition.

Black a établi la différence entre la chaleur et la température, dans les phénomènes de fusion et de vaporisation ; entre la *chaleur thermique* sensible au thermomètre et la *chaleur latente*, dont la somme est égale à la *chaleur totale*. Et cette différence s'étend à tous les phénomènes calorifiques :

Énergie interne totale = Énergie thermique + Énergie latente.

Le thermomètre marque les *degrés de température* et non les *degrés de chaleur*.

Il ne faut pas songer plus à mesurer la température avec un gaz qui se dissocie, qu'avec un liquide émettant d'abondantes vapeurs ou un solide ramolli. Les phénomènes calorifiques au voisinage des changements d'état sont trop compliqués et trop *spéciaux* pour servir à la mesure générale des températures.

Les *gaz parfaits*, à égalité de pression, de volume et de température, sont considérés comme formés d'un même nombre de molécules, animées de translations, rotations et vibrations intérieures. La chaleur absorbée par un poids donné de gaz dont la température s'élève, sans dilatation ou sans travail extérieur, la chaleur spécifique à volume constant, est égale à la somme des accrois-sements de forces vives de translation, de rotation et de vibration. La température est proportionnelle à la quantité de chaleur ; la *force vive de translation*, proportionnelle à la pression et à la température absolue, est une fraction constante de l'énergie totale (Clausius).

Les dilatations des divers gaz, sous faible densité, sont les mêmes dans certaines limites de température, et tous les thermomètres à gaz donnent les mêmes indications dans les mêmes circonstances, jusqu'à 200° environ au-dessus du point de fusion de la glace. Aux températures plus élevées, les choses se passent autrement : les dilatations de l'air, de l'hydrogène sont toujours les mêmes, mais elles sont bien inférieures à celles du chlore ; le thermomètre à chlore indique 2400° là où le thermomètre à air marque seulement 1600° (V. Meyer). Si l'on admet qu'à ces températures, le nombre de molécules, à égalité de volume, est le même pour tous les gaz : il faut que le nombre de molécules de chlore ait augmenté, que les molécules de chlore se soient décomposées. Les nombres de molécules d'oxygène, d'hydrogène, d'azote demeurent-ils fixes ? Il est à croire qu'ils restent seulement dans le même rapport, et qu'un certain nombre de molécules d'oxygène, d'hydrogène, d'azote subissent la décomposition. La chaleur spécifique de ces gaz ne reste pas toujours constante ; elle devient à 4500° triple de ce qu'elle est aux basses températures. Les températures appréciées par la dilatation ou par les accroissements de pression sous volume constant sont proportionnelles aux quantités de chaleur jusqu'à 200° ; mais au delà la proportionnalité n'existe plus ; si bien que deux thermomètres à air basés, l'un sur les pressions, l'autre sur les quantités de chaleur, marqueront : le premier 4500°, le second 8815° dans le même milieu. (Berthelot, *Revue scientifique* du 26 avril 1884.)

Un gaz qui ne se dissocierait pas serait naturellement indiqué pour la mesure des températures. S'il est vrai que les molécules de vapeur de mercure ou de l'iode aux températures élevées soient de simples atomes (comme l'indiquent l'égalité entre la densité de vapeur et le plus petit poids qui entre en combinaison chimique, la chaleur spécifique solide, les densités de vapeurs des composés), les vapeurs de mercure et d'iode au delà d'une certaine température ne se dissocieront plus, ce qu'on reconnaîtra à la constance des chaleurs spécifiques.

Avec une série de thermomètres à liquides et à gaz, on pourra mesurer les températures avec exactitude et précision. Si l'on ne trouve pas de gaz indissociable, le mieux serait peut-être d'employer des thermomètres solides ou *pyromètres*, formés de corps très réfractaires et bien définis. Ou bien il faudrait renoncer, au delà de certaines limites, à parler de température autrement que comme coefficient empirique.

C'est d'ailleurs, à divers points de vue, une question fort mal définie que celle de la température. Y a-t-il une température déterminée dans un milieu quelconque ? Dans l'eau chaude, tous les thermomètres indiquent le même degré ; la température est bien déterminée. Mais au soleil, les thermomètres à mercure, à alcool, à air, suivant qu'ils sont peints en noir ou en blanc, marquent des degrés très différents. En général, les matières de couleur sombre s'échauffent plus que les autres (Franklin); pas toujours cependant. « On a pris deux thermomètres à mercure très sensibles, on a recouvert la boule de l'un d'iode et la boule de l'autre d'alun. En les exposant à la même distance de la radiation d'une flamme de gaz, le mercure du thermomètre recouvert d'alun s'est élevé d'une fois aussi haut que celui de son voisin. » (Tyndall.) Qu'est-ce donc que la température au soleil? La température, c'est ce que marque le thermomètre; les thermomètres discordant, il n'y a' pas, au soleil, de température déterminée. On peut convenir d'employer un instrument, un procédé particulier, pour la mesure des températures au soleil; mais alors les indications sont purement empiriques. « M. Arago propose d'attacher un thermomètre à une machine rotative douée d'une grande vitesse et produisant un vent artificiel. Il *espère* obtenir ainsi la température de l'air dégagée des effets du rayonnement des corps dont le thermomètre est entouré. » (Procès-verbaux du Bureau des longitudes, 1830.)

La mesure du poids au moyen d'étalons déterminés a été longtemps regardée comme absolument indépendante de l'*instrument* de mesure. Cette indépendance n'est pourtant pas absolue : le poids d'un corps est différent suivant qu'il est apprécié avec une balance à levier, ou avec un peson à ressort gradué et taré à une altitude et une latitude différentes de celles du lieu de la pesée actuelle. Il n'a fallu rien moins qu'un Galilée et un Newton pour substituer à l'invariabilité du *poids* la conception d'une *masse* constante. Le poids dépend encore de la température et de la pression de l'atmosphère. Mais la connaissance et l'interprétation de ces faits devaient être précédées de la découverte du poids de l'air, de la pesanteur newtonienne inversement proportionnelle au carré de la distance au centre de la terre, du mouvement de rotation de la terre déterminant une action centrifuge et diminuant ainsi le poids d'autant plus que le corps est plus éloigné de l'axe terrestre, enfin de l'aplatissement polaire de notre planète.

Les perturbations qui compliquent la notion de température sont bien autrement considérables. Depuis Clausius et grâce à des hypothèses indispensables, la *température des gaz parfaits* a une signification très nette ; elle est proportionnelle, sous la même pression, à la *force vive de translation moléculaire*, comme le poids est, en un lieu, dans un milieu déterminé, proportionnel à la masse. Quant à la *température en général*, on arrivera sans doute à en donner une idée *exacte ;* mais c'est faire fausse route que de chercher, dans une question aussi complexe, la *précision* astronomique.

<h3 align="center">34. — Chaleur spécifique.</h3>

Dulong et Petit. — Wœstyn. — Berthelot.

L'unité de chaleur est la *calorie,* quantité de chaleur nécessaire pour élever un kilogramme d'eau de zéro à un degré centigrade (1°).

La quantité de chaleur absorbée ou dégagée dans un phénomène thermique est proportionnelle au poids de la matière.

Conformément au principe de la conservation de l'énergie, la quantité de chaleur absorbée par l'échauffement est égale à la quantité de chaleur dégagée par le refroidissement inverse.

La *chaleur spécifique* d'une matière, à la température θ, est la limite du rapport de l'accroissement de chaleur de l'unité de poids à l'accroissement de température :

$$c = \frac{d \cdot Q}{d \cdot \theta}$$

ou, ce qui est à peu près la même chose, la quantité de chaleur nécessaire pour élever un kilogramme de matière de $\theta°$ à $\theta+1°$.

Ce coefficient (c) varie avec la température et l'état physique des corps. Il peut être regardé comme sensiblement constant pour une variation de température peu étendue, lorsque celle-ci est assez éloignée des points de fusion ou de ramollissement, liquéfaction, dissociation...

La chaleur spécifique est toujours plus grande et plus variable dans l'état *liquide* que dans l'état solide ou gazeux.

Les connaissances relatives aux chaleurs spécifiques des corps à divers états et températures sont très restreintes. Voici quelques exemples :

	SOLIDE	LIQUIDE	VAPEURS
Eau	0,5	1	0,48
Brome . . . . :	0,084	0,107	0,055
Mercure	0,031	0,033	
Plomb	0,03	0,04	
Azotate de potasse	0,24	0,33	

Carbonate de chaux : cristallisé, spath 0,208, craie 0,215, marbre 0,216.

Alcool : 0,5 à — 20°,   0,6 à + 20°,   0,7 à + 60°.

Diamant : 0,06 à — 50°,   0,09 à 0°,   0,19 à 100°, 0,28 à 200°, constante = 0,45 au delà de 600°.

Fer :   0,11 de 0° à 100°,   0,12 de 0° à 300°.

Cuivre : 0,09 de 0° à 100°,   0,10 de 0° à 300°.

Verre : 0,177   —   0,19   —

La *chaleur atomique*, produit du poids atomique (M) d'un corps simple par sa chaleur spécifique (c) à l'état solide ou gazeux, est *à peu près constante* (Loi de Dulong et Petit). Elle est comprise, pour tous les corps, entre 37 et 42 ; sauf celle du charbon qui serait, d'après les données actuelles, égale à 35.

$$M \cdot c = M_1 c_1 = M_2 c_2 = \ldots\ldots = 40.$$

La *chaleur moléculaire* des composés ($M^m M_1^{m_1} M_2^{m_2} \ldots$), produit du poids moléculaire ($mM + m_1 M_1 + \ldots$) par la chaleur spécifique à *l'état solide* (C), est en général très voisine de la somme des chaleurs atomiques des composants *solides*. Ou, d'après la loi de Dulong et Petit : la chaleur nécessaire pour échauffer un corps *solide*, simple ou composé, ne dépend que du nombre d'atomes qu'il contient (Loi de Wœstyn rectifiée par Berthelot).

$$(mM + m_1M_1 + m_2M_2 + \ldots)\, C = m \cdot M \cdot c + m_1M_1c_1 + m_2M_2c_2 + \ldots$$
$$= Mc(m + m_1 + m_2 \ldots) = 40\,(m + m_1 + m_2 + \ldots)$$

D'après ces lois, il est possible de déduire la chaleur atomique d'un corps simple *solide* de celle de ses composés *solides*. Tous les composés doivent conduire à une même valeur voisine de 40. C'est ce qui arrive pour le chlore, par exemple, dont la chaleur atomique à l'état solide, déterminée de cette manière, est d'environ 39. Tous les composés solides de l'oxygène conduisent bien à une chaleur atomique constante pour l'oxygène solide, mais elle serait seulement égale à 30.

Les chaleurs spécifiques correspondant à l'état *liquide*, *fondu* ou *dissous*, varient rapidement et présentent de grandes inégalités entre le système des corps composants et celui des produits.

35. — Théorie des solides.
De la prétendue chaleur latente de dilatation.
Travail de désagrégation.

J'appellerai état *solide vrai* ou *solide parfait* (par analogie avec l'état des gaz parfaits qui suivent les lois simples) l'état des *solides durs*, dont *les dilatations thermiques sont très petites et proportionnelles aux variations de température et de chaleur*, des solides qui ont un *coefficient de dilatation très petit et constant* et une *chaleur spécifique constante*. A ces solides, simples ou composés, s'appliquent les lois simples des chaleurs spécifiques.

Dans les objets solides, les molécules oscillent autour de positions fixes; outre les mouvements de translation, elles peuvent être animées de rotations et de vibrations intérieures ([1]). A une température déterminée θ, le centre de gravité d'une molécule sollicitée par diverses forces,

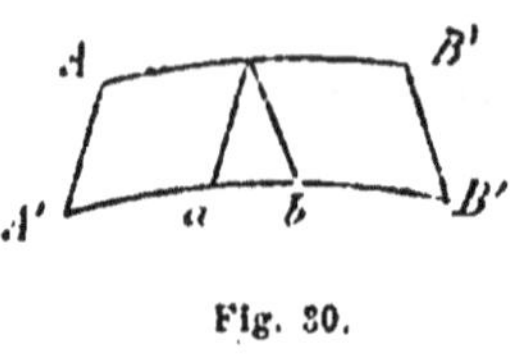

Fig. 30.

attractions et répulsions, oscille suivant une trajectoire AB. Le corps étant échauffé, la température devenant $\theta + \Delta\theta$, les forces qui agissent sur la molécule varient et la trajectoire de l'oscillation devient A′B′ = AB + ab. En même temps, l'objet se dilate et la dilatation linéaire $\alpha \cdot \Delta\theta$ est égale à la variation relative de l'amplitude oscillatoire :

$$\alpha \cdot \Delta\theta = \frac{A'B' - AB}{AB} = \frac{ab}{AB}.$$

La variation du maximum de force vive de translation moléculaire $\Delta \dfrac{mv^2}{2}$ est égale à la variation du travail des forces appliquées aux centres d'attraction et de répulsion de molécule, ou au produit de la variation d'amplitude ab par une fonction F de la température, du corps, de la distance, de l'orientation... en un mot, des diverses manières d'être des molécules

$$\Delta \cdot \frac{mv^2}{2} = \alpha \cdot \Delta\theta \cdot AB \times F.$$

pour un objet

$$\Delta \frac{\Sigma mv^2}{2} = \alpha \cdot \Delta\theta \cdot \Sigma F \cdot AB = \Delta\theta (\alpha \cdot \Sigma F \cdot AB).$$

Dans l'état solide parfait, la coefficient de dilatation α est constant et très petit, ab est très petit relativement à AB, A′B′ diffère très peu de AB. Il ne faut pas une grande hardiesse pour supposer que, dans ces circonstances, les diverses conditions des molécules, comme la distance de leurs centres d'attraction et répulsion, varient

----

1. « Il est bien naturel d'attribuer aux molécules des corps un mouvement le plus général possible : c'est-à-dire de les supposer animées simultanément de *rotation* et de *translation*. » (Secchi, 1863.)

très peu, et regarder la fonction F comme constante dans ces limites. Il résultera de là que :

Dans l'état solide parfait, la variation de température $\Delta\theta$ est proportionnelle à la variation de la force vive moléculaire de translation, comme dans l'état de gaz parfait.

Le coefficient de dilatation cubique est sensiblement égal au triple du coefficient linéaire, lorsque celui-ci est très petit. La variation de volume $(1 + \alpha\cdot\Delta\theta)^3$ diffère extrêmement peu de $(1+3\alpha\cdot\Delta\theta)$. Exemple : pour le cuivre à 100° $\alpha = \dfrac{1}{58300} = 0,000017$, le coefficient de dilatation cubique *mesuré* à la même température est $0,000051 = 3\alpha$; à 300°, il est un peu plus grand, $0,000056$; l....fficient α serait d'environ $0,0000185$.

Le coefficient de dilatation des liquides est toujours supérieur à celui des solides. Cependant, les considérations précédentes peuvent s'appliquer aux liquides dans les conditions où leur coefficient de dilatation est comparable à celui des solides et non à celui des gaz, comme il arrive au voisinage du point critique.

La variation d'énergie totale $c.\Delta\theta$ (c étant la chaleur spécifique) est égale à la somme de l'énergie thermique ou de translation $K\alpha\Delta\theta$, et de l'énergie latente Δl.

$$c\Delta\theta = K\cdot\alpha\Delta\theta + \Delta l$$
$$c = K\alpha + \frac{\Delta l}{\Delta\theta},$$

c, K, α sont des constantes dans les solides parfaits. Faut-il admettre d'après cela que $\dfrac{\Delta l}{\Delta\theta}$ est aussi constant, que la variation de chaleur latente est proportionnelle à la variation de température? Je ne le pense pas. Il y a de nombreuses raisons de croire que la variation Δl est très faible et que l'énergie de rotation et de vibration est elle-même une fraction négligeable de l'énergie de translation.

$$\frac{\Delta l}{\Delta\theta} = 0 \qquad c = K\cdot\alpha \qquad K = \frac{c}{\alpha}.$$

Il convient d'ailleurs de rappeler qu'un principe général ne se déduit pas des résultats particuliers d'expérience, mais s'induit. Toute induction est une hypothèse, procédé scientifique appréciable, comme tout autre, à l'utilité. Toute hypothèse est légitime, si elle est féconde, tant qu'un fait dûment constaté n'en montre pas la fausseté. J'induis donc de l'ensemble des résultats expérimentaux :

Que *dans l'état solide parfait, l'énergie latente ou force vive de rotation est très petite*, et que *l'énergie thermique de translation est sensiblement égale à l'énergie interne totale.*

Les lois simples de la calorimétrie des solides parfaits qui ont conduit à regarder la variation d'énergie interne comme dépendant uniquement du *nombre des atomes* constituants, montrent assez combien la constitution moléculaire, la forme, les moments d'inertie et par conséquent les mouvements de rotation de la molécule ont peu d'influence sur les phénomènes calorifiques, dans cet état.

Dans *l'état liquide* au contraire, dans les solides *mous* et en général dans tous les solides ayant une chaleur spécifique inconstante, ou un coefficient de dilatation grand et variable, *la variation de force vive de rotation est une fraction notable de l'énergie interne totale* et pendant l'échauffement, *une partie de la chaleur produit l'élévation de température, l'autre est latente.*

La force vive d'un corps oscillant varie à chaque instant, comme celle d'un pendule ; nulle aux extrémités de la trajectoire qui correspond à la plus grande énergie de position, elle est maximum au point où l'énergie de position est nulle. La force vive et l'énergie de position sont complémentaires; la somme de la force vive à un instant donné, et du travail correspondant au déplacement depuis le point où l'énergie de position est nulle, cette somme est égale au maximum de force vive. Lors donc qu'on parle de la

force vive d'un corps oscillant, de la force vive de translation moléculaire, il faut entendre la *force vive maximum;*
il serait préférable de dire *l'énergie de translation,* celle-ci
étant la somme constante de la force vive et de l'énergie
de position ou travail des forces intérieures appliquées au
centre de la molécule.

C'est cette *énergie de translation* qui détermine les dimensions, le volume des gaz et des solides parfaits, et
par suite leur température ; c'est la chaleur thermique
complément de la chaleur latente à la chaleur totale.

Pour les physiciens de notre époque, la chaleur totale
est la somme de la chaleur sensible au thermomètre et de
la *chaleur latente de dilatation;* elle est une fonction de la
température et de la dilatation considérées comme variables *indépendantes.*

On peut faire varier la température des gaz sans changer
le volume ; mais il n'y a pas pour cela de chaleur de dilatation. Les gaz se dilatent sans variation calorifique dans
le vide ; et lorsqu'ils se dilatent sous pression, la chaleur
de dilatation n'est autre que le travail externe. Quant aux
solides parfaits, on n'espère pas, je pense, les échauffer
sous volume constant. Si l'on n'oublie pas qu'en réalité la
température des solides est appréciée par leurs dilatations
mêmes, si l'on n'est pas aveuglé par l'autorité, on regardera *l'indépendance de la température et de la dilatation* des
solides comme le comble de l'abstraction.

Cette question illustre proprement le vague des conceptions physiques qui servent de bases à certaines théories
algébriques. La température des solides indépendante de
la dilatation, est de la même espèce que l'électricité ou le
calorique indépendant des corps ; elle sent le fluide,
l'entité.

Il faut voir aussi dans ce sujet une réaction implicite
de la doctrine qui assimile les molécules à des *points matériels,* la seule que puisse aborder l'algèbre. Les points matériels n'ont que des mouvements de translation ; dès lors

il n'y a qu'une manière de diviser l'énergie totale : la décomposer en force vive et *travail moléculaire*. La force vive mesure la température; la chaleur latente correspond aux travaux moléculaires et devient une *chaleur de dilatation*, les travaux correspondant à l'écartement des points matériels. Ce travail d'écartement statique, de dilatation sans variation de température, est insensible à côté du travail thermique. En effet : la quantité de chaleur capable d'élever la température d'un solide de $\Delta\theta$ est proportionnelle à $c.\Delta\theta$; tandis que le travail mécanique correspondant à la même dilatation $\alpha.\Delta\theta$ est proportionnel au produit de cette dilatation par une force $E \times \alpha.\Delta\theta$. Pour une dilatation extrêmement petite, ce travail est donc d'ordre de petitesse supérieur au travail thermique. Il n'y a pas de travail de dilatation; tout le travail calorifique sert à augmenter la force vive moléculaire : la force vive de translation ou température, et la force vive de rotation ou chaleur latente.

On dit, dans les théories statiques, que la *chaleur latente de fusion* est équivalente au *travail de désagrégation*, correspondant à un écartement des molécules tel que ces éléments n'ont plus d'action sensible les uns sur les autres. Ce qui suit donnera une idée assez nette de ce travail de désagrégation.

Que l'on conçoive une sphère métallique homogène soumise sur toute sa surface à une tension normale et uniformément répartie. Sa déformation sera stable, toujours très petite, élastique et proportionnelle aux efforts. Tout élément plan, à l'intérieur ou à la surface, sera sollicité normalement par une tension égale à A^{kg} par millimètre-carré de superficie. Un élément prismatique ayant ses arêtes dx, dy, dz parallèles à trois axes de coordonnées, sera sollicité normalement sur ses diverses faces par des forces $A.dx.dy$, $A.dy.dz$, $A.dz.dx$. Chaque force produit un allongement $\dfrac{A}{E}$ dans sa direction et une contraction transversale égale à environ $\dfrac{1}{3}\dfrac{A}{E}$; E étant le coefficient d'élasticité. Chaque arête, dz par exemple, éprouvera une dilatation :

$$dz\left(\frac{A}{E} - \frac{1}{3}\frac{A}{E} - \frac{1}{3}\frac{A}{E}\right) = \frac{dz}{3}\frac{A}{E}.$$

Le travail des forces $A.dx.dy$ sera donc :

$$\frac{1}{2} \cdot A\,dx\cdot dy \times \frac{dz}{3}\frac{A}{E} = \frac{dv}{6}\frac{A^2}{E} \qquad dv = dx\cdot dy\cdot dz$$

et le travail des trois paires de forces :

$$\frac{dv}{2}\frac{A^2}{E}.$$

Le travail total de dilatation, étendu à tout le volume V, sera :

$$T = \int_0^v \frac{A^2}{E}\frac{dv}{2} = \frac{1}{2}\frac{A^2}{E}\cdot V.$$

Si A représente la *cohésion*, c'est-à-dire la *résistance à l'écartement normal*, très différente de la ténacité ou résistance à la simple traction longitudinale : T représente *le travail de désagrégation*, le travail nécessaire pour réduire le corps en éléments aussi petits que possible ; quelque chose comme la poussière en laquelle se résout une larme batavique ou une bulle d'eau de savon.

J'ai estimé la cohésion de l'acier doux à 250 kilogrammes par millimètre carré de superficie, E est d'environ 20,000 kilogrammes ; d'après la formule précédente, T ne serait guère égal qu'à 250 kilogrammètres par kilogramme d'acier, ce qui équivaut à une demi-calorie, quantité insignifiante si l'on songe qu'il faut près de 30 calories rien que pour fondre un kilogramme de zinc sans changer sa température. Et la chaleur latente du fer, quoique difficile à dégager de la chaleur thermique dans la chaleur totale de fusion, est certainement bien supérieure à celle du zinc.

Lorsqu'on dit que les solides perdent toute cohésion en fondant, on n'exprime qu'une idée très vague et incapable de rendre quelque service. Les liquides, lorsqu'ils sont loin du point critique, me paraissent avoir une cohésion considérable, en ce sens qu'on arriverait difficilement à les dilater ou à les rompre par écartement normal, par une action exercée simultanément et uniformément sur toute la surface. C'est la résistance au glissement qui est à peu près nulle. « Les expériences de Henry (1843) et de Donny ont montré que la cohésion des liquides, en ce qui concerne leur résistance à la rupture, est beaucoup plus grande qu'on ne l'a cru jusqu'ici. » (Grove, *Corrélation*.)

Le passage de l'état solide à l'état liquide se rapproche bien plus des réactions chimiques que des phénomènes simples de la mécanique.

38. — Isomérie.

Berzelius, 1830.

Liebig, 1821. — Faraday. — Pasteur. — Schrœtter...
Kékulé.

Les corps *isomères* ont, avec la même composition proportionnelle, centésimale, des propriétés physiques et quelquefois chimiques différentes.

Cette différence de propriétés peut être attribuée à la structure des objets ou à la structure de la molécule.

Les molécules des isomères peuvent être formées du même nombre d'atomes (*métamérie* ou isomérie proprement dite) ; être non identiques, mais seulement *équivalentes*, au sens géométrique ; quelquefois symétriques. Les quatre acides : tartrique droit, tartrique gauche, racémique, tartrique inactif (Pasteur), répondent tous à la formule centésimale $C^4H^6O^6$. L'oxyde de méthyle (éther méthylique) et l'hydrate d'éthyle (alcool vinique)

$$O \Big\langle {{}^{C^2H^3} \atop {}^{C^2H^3}} \qquad\qquad (HO)' - (C^4H^5)'$$

sont représentés par la même formule centésimale C^4H^6O.
La théorie atomistique explique ainsi l'isomérie d'un
grand nombre de corps. Les dérivés isomères de la benzine
proviennent des divers modes de liaisons des *atomicités* du
carbone tétratomique (Kékulé).

Les molécules des isomères peuvent être seulement *semblables* quant aux nombres, contenir des nombres d'atomes
multiples, proportionnels (*Polymérie*). Le premier cas
d'isomérie reconnu (Liebig) est celui de l'acide fulminique $C^2H^2Az^2O^2$, polymère de l'acide cyanique de Wœhler
$CHAzO$, qui a encore pour polymère l'acide cyanurique
$C^3H^3Az^3O^3$, les acides fulminurique, dicyanique, cyanilique et la cyamélide $(CAzHO)^n$. Le butylène C^4H^8 est
polymère de l'éthylène C^2H^4 (Faraday) ; la benzine C^6H^6,
de l'acétylène C^2H^2.

Selon l'école atomistique, les corps qui se *polymérisent*
ne sont pas *saturés* et la polymérisation résulte de la liaison des *atomicités libres*. Pour expliquer la formation du
polymère $C^3Az^3O^3$ du chlorure de cyanogène $CAzH$, elle
invoque la *tendance* de l'azote triatomique à devenir pentatomique ; elle est muette en ce qui concerne les hydrates
de carbone polymère $(C^6H^{10}O^5)^n$.

On désigne par *polymorphisme* le fait que certains corps
peuvent se présenter sous divers *états isomériques* suivant
le milieu dans lequel ils sont placés. Les verres amorphes
se *dévitrifient*, perdent leur transparence en cristallisant,
prennent l'aspect porcelanique. Même transformation du
sucre d'orge, de l'arsenic vulgaire. Cet anhydride ou acide
arsénieux As^2O^3, vitreux, amorphe, prend spontanément
une structure cristalline et devient opaque, surtout à la
température de l'eau bouillante ; ce corps polymorphe a,
sous ces deux formes, des densités et des solubilités très
différentes. Mitscherlich a observé que des cristaux de
sulfate de nickel, de séléniate de zinc à forme prismatique,
exposés à la lumière du soleil, se transforment en cristaux
octaèdres.

Berzelius a donné le nom d'*allotropie* à l'isomérie des corps simples. Soufre amorphe soluble, S. amorphe insoluble, S. octaédrique, S. prismatique, S. mou. Sélénium vitreux, Sé. métallique. Phosphore rouge cristallisé, Ph. amorphe, Ph. blanc. Silicium amorphe, Si. cristallisé. Charbons, graphite, diamant...

Il existe des *liquides isomères* possédant, avec une composition équivalente, des propriétés physiques différentes (densité, point d'ébullition, pouvoir rotatoire luminifère).

Les gaz, même les gaz simples, se présentent aussi sous divers états : l'ozone O^3 est un polymère ou état allotropique de l'oxygène O^2. Les états de dissociation des gaz et vapeurs sont aussi des états allotropiques : vapeur de soufre S^6 et S^2, vapeur d'iode I^2 et I, chlore Cl^2 et Cl...

C'est à tort qu'on regarde les états isomériques comme des exceptions. Si une différence de forme ou de propriété suffit à caractériser l'isomérie, on peut en observer de nombreux cas chez les métaux : le platine métallique diffère du noir et de l'éponge de platine ; le fer qui provient de la réduction d'un oxyde par l'hydrogène, s'enflamme spontanément dans l'air. Dans la galvanoplastie, le métal qui se dépose trop rapidement, est en poussière ou manque de cohérence et s'écrase sous le moindre effort; le dépôt, au contraire, devient cristallisé lorsqu'il s'effectue très lentement.

L'eau existe-t-elle seulement sous trois états : solide, liquide, vapeur ? Les quarante formes de neige se ramènent-elles à un seul type ? La neige est-elle identique à la glace, à la grêle, au grésil, au verglas ? Et les *bulles*, et cette poussière d'eau qui, déposée en *buée* sur le verre, conduit si bien l'électricité, est-ce de l'eau liquide, est-ce de la vapeur ? Qu'est-ce qu'un nuage ?

Et les *états physiques* eux-mêmes que sont-ils, sinon des états isomériques. Un solide, un liquide, une vapeur, ont la même composition centésimale ; combien diffèrent leurs propriétés physiques et chimiques ! Les corps n'agissent pas chimiquement à l'état solide.

On a reconnu l'existence d'états isomériques de vapeurs de soufre, on les attribue à la constitution moléculaire qui serait dans un cas S^2 et dans l'autre S^6; on admet que le soufre mou a une composition moléculaire différente de celle du soufre cristallisé, sans penser à la différence qui doit exister entre les molécules de vapeurs et les molécules des solides ou liquides. Tant est grande la force de l'habitude qui laisse voir seulement les phénomènes singuliers, extraordinaires, et voile les faits les plus communs, les plus généraux.

37. — Complexité des molécules. — Combinaisons moléculaires. — Atomes et molécules élémentaires et complexes.

Ce qu'on appelle *poids moléculaire* dans la théorie atomistique, c'est le poids de la *molécule de vapeur*, proportionnel à sa densité d'après l'hypothèse d'Avogadro. Lorsqu'on dit, par exemple, que le poids moléculaire du chlorure de cyanogène solide Cy^3Cl^3 est trois fois plus grand que le poids moléculaire de chlorure liquide·$Cy\,Cl$, cela veut dire que la *densité de vapeur* du chlorure solide est triple de la *densité de vapeur* du chlorure liquide ; ces poids moléculaires n'ont qu'un rapport très indirect avec les molécules spéciales à l'état solide ou liquide.

La loi de simplicité relative des gaz et de complexité moléculaire croissante à mesure qu'on s'éloigne de l'état gazeux pour arriver à l'état liquide et solide, est manifeste.

Tous les *sels* sont solides à la température ordinaire ; très peu sont volatils ; les uns sont fusibles, les autres sont réfractaires ou se décomposent avant de fondre. Les molécules de certains sels sont très compliquées :

Alun de potasse : $(SO^4)^3Al^2, SO^4K^2 + 24H^2O$.

Borate silico-magnésien : $(MgO)^4, Na^2O, (Bo^4O^3)' + 30H^2O$.

Feldspath orthose : $K^2O, Al^2O^3, 6SiO^2$.

Apatite cristallisée : $Ph^3Ca^4O^{12}Fl$.

une partie du fluor est souvent remplacée par du chlore dans l'apatite.

Beaucoup de solides, naturels ou artificiels, ont des compositions bien autrement complexes:

L'acide sulfurique SO^4H^2 est presque une abstraction ; le composé réel, même cristallisé, contient toujours une petite quantité d'eau, et doit s'écrire :

$$SO^4H^2 + \frac{1}{n}H^2O,$$

n étant d'autant plus grand que les distillations ont été plus répétées.

Les pyrites naturelles renferment, avec le soufre et le fer, du cuivre, du plomb, du calcium, de l'arsenic, de l'oxygène et quelquefois de l'or. La tourmaline, ce cristal transparent qu'on décore du nom de silico-borate fluorifère d'alumine, contient de la magnésie, du fer, du manganèse, de la chaux, de la ·soude, de la potasse et parfois du lithium, de l'acide phosphorique.

Le *verre* à bouteille renferme :

Silice	45,6
Potasse	6,1
Chaux	28,1
Alumine	14
Oxyde de fer	6,2

Les *laitiers* de hauts-fourneaux sont plus compliqués encore.

Comme les mélanges liquides, ces corps échappent à la loi des proportions multiples simples. On dit que ces corps, physiquement homogènes, comme la pyrite cristallisée, les verres transparents, sont des *mélanges*, des *dissolutions solidifiées*. Qu'est-ce qu'un mélange ; qu'est-ce qu'une dissolution ; qu'est-ce qu'une combinaison ?

Les *alliages métalliques* en proportions simples ou indéfinies ont des propriétés physiques qui ne sont pas les *moyennes* des propriétés des éléments ; ils n'ont donc pas le caractère propre des mélanges. Le point de fusion des alliages est quelquefois inférieur à celui du métal allié le plus fusible. L'alliage à 3 de sodium et 1 de potassium est liquide aux températures atmosphériques. L'alliage d'Arcet à 8 de bismuth fusible à 217°, 5 de plomb fusible à 325°, 3 d'étain fusible à 228°, fond à 94°. Le mélange d'acides gras est plus fusible que chacun de ces acides en particulier. Le mélange réfrigérant de 2 de glace pilée et 1 de sel marin est liquide aux températures où l'eau et le sel sont solides.

Les silicates sont d'autant plus fusibles qu'ils sont plus complexes. Les *fondants* solides ajoutés au combustible et au minerai des hauts-fourneaux déterminent la fusion par la production des laitiers complexes, silicates d'alumine et de chaux[1]. Une très petite proportion de carbone, de silicium, rend le fer très fusible, le transforme en fonte ou en acier. Voici, comme exemple, une analyse de fonte : fer 95 p. 100, manganèse 1, carbone 2, silice 1, aluminium $^1/_2$. Les aciers sont bien moins carburés surtout les acier doux à $^1/_2$ de carbone pour 100 de fer. Des traces de soufre et de phosphore, comme les petites quantités de carbone et de silicium, suffisent à changer considérablement les propriétés des fers et aciers.

Les métaux se *combinent* à certains gaz en proportions définies, et d'autre part, ils *absorbent* des gaz en proportions indéfinies. L'absorption de l'hydrogène par le palladium est la plus remarquable : employé comme électrode dans la décomposition de l'eau, le palladium peut absorber jusqu'à mille fois son volume d'hydrogène ; il contient alors, en poids, 4.68 p. 100 d'hydrogène ; sa densité est réduite de 12,38 à 11,78 et sa ténacité très augmentée. Ce produit, qui n'est détruit qu'à une température supérieure à 200', est considéré comme un alliage de palladium et d'*hydrogénium*, hydrogène condensé sous une densité

---

1. Voyez page 223 la fusion des agrégats de cristaux et des verres, et page 201 la redissolution des sels.

double de celle de l'eau et voisine de celle de l'aluminium (Graham). L'hydrogène, l'oxygène, l'oxyde de carbone et d'autres gaz s'unissent à divers métaux, avec un dég..gement de chaleur quelquefois considérable. L'absorption finale dépend du volume et non de la surface du métal.

L'influence de la complexité moléculaire sur l'état physique, le point de fusion, la solubilité, la volatilité, est manifeste surtout dans les composés organiques homologues (Lois de Kopp).

A tout ce qui n'est pas proportions définies simples, on refuse le nom de combinaison ; c'est un mélange, une dissolution, un alliage, un excès. Le feldspath, les verres, les laitiers, sont des silicates doubles qui contiennent souvent un *excès* de silice :

$$CaO, SiO^1 + Al^2O^3, SiO^1 + n \cdot SiO^2.$$

L'acide sulfurique purifié par distillation contient $1^1/_2$ p. 100 d'eau *en excès;* cet excès d'eau lui donne des propriétés particulières : il bout à 325° et ne se solidifie qu'à — 34°; tandis que l'acide le plus pur SO^4H^2 obtenu après un certain nombre de congélations, à chacune desquelles il perd *un peu* d'eau, fond à + 10° et bout à 338°. L'eau qui fait décrépiter le sel marin quand on le chauffe, s'appelle *eau d'interposition;* en réalité la séparation de cette eau est une *liquation,* c'est-à-dire une séparation du corps le plus fusible ; à une température basse, cette eau serait solide, et le sel avec son excès d'eau serait analogue à un alliage.

« L'alumine hydratée a une grande affinité pour les matières colorantes ; elle s'y combine en donnant des précipités insolubles dans l'eau, appelés *laques.* » Voilà certes une combinaison qui n'est pas en proportions simples.

Les carbures d'hydrogène ne sont jamais décomposés par la chaleur en leurs éléments carbone et hydrogène; l'élimination d'hydrogène est progressive et les carbures qui en résultent sont de plus en plus compliqués, successivement gazeux, liquides, solides ; de plus en plus riches en carbone. Les carbures définis et cristallisés, solubles dans un grand nombre de dissolvants, extraits des résidus de la distillation des pétroles, contiennent 97.5 p. 100 de carbone (Prunier). Le graphite n'est qu'un hydrure de carbone, à 1 p. 100 d'hydrogène ; son poids moléculaire est par suite très élevé, *sa molécule est formée d'un très grand nombre d'atomes.* Par l'action du chlore et des alcalis, on peut arriver à décomposer ces hydrures et obtenir du carbone pur ; mais les produits ainsi obtenus ne sont pas identiques ; ils ont des caractères physiques et chimiques différents ; ils doivent être des *polymères très élevés* de l'atome C. Dans la décomposition par la chaleur des hydrates de carbone, cellulose, matière sucrée, amylacée, l'eau s'élimine graduellement et le carbone s'accumule de plus en plus, sans qu'on arrive jamais au carbone pur. Les *métaux usuels*, comme les *charbons*, ne sont jamais absolument purs ; *leurs molécules doivent être formées d'un très grand nombre d'atomes de même espèce* et de quelques autres éléments. (Berthelot.)

Les propriétés des composés dits organiques, naturels ou artificiels, se déduisent généralement des propriétés et des masses relatives des composants ; rien de pareil dans les composés métalliques. La volatilité, la chaleur spécifique de certains composés, ne sont pas en rapport avec celles des métaux, du charbon. Tout cela porte à croire que le charbon et les métaux solides, isolés, sont très différents, et probablement des polymères très élevés du carbone et des métaux en combinaisons, éléments qui se rapprochent beaucoup plus du carbone et des métaux gazeux. (Berthelot.)

Aux *combinaisons moléculaires* les disciples de Gerhart ont substitué les combinaisons atomiques. Le sulfate de cuivre est décomposé par le courant voltaïque, non en acide sulfurique anhydre SO^3 et oxyde de cuivre CuO, mais en cuivre métallique Cu (au pôle $-$) et acide et oxygène $SO^3 + O$ (au pôle $+$). Suivant la remarque de Davy, ce sulfate doit être considéré comme formé d'un métal électro-positif et d'un radical acide SO^4 électro-négatif; il diffère de l'acide $SO^3, HO^2 = SO^4H^2$, non par la substitution d'un oxyde à l'eau, mais d'un métal à l'hydrogène. Dans la formation de l'acide chlorhydrique, ce n'est pas une molécule de chlore qui se combine à une molécule d'hydrogène; les molécules Cl^2 et H^2 font la double décomposition et l'union a lieu atome par atome.

On a reproché à l'école atomistique de ruiner les fondements de la chimie, en détruisant la simplicité des corps simples. Il n'y a rien d'illégitime à démolir lorsqu'on remplace; et dans l'espèce, les atomistes n'ont fait que reprendre en sous-œuvre un édifice qui croulait sous le poids des faits. Si l'ordre a été troublé, c'est au nom d'un principe absolu; ainsi qu'il arrive d'ordinaire. Au lieu d'admettre à la fois les combinaisons atomiques et les combinaisons moléculaires, les hyperatomistes ont voulu rattacher tout à un principe unique, fondamental, primordial; là ils se sont montrés purs démolisseurs en cherchant à détruire même ce qu'ils ne pouvaient remplacer.

Parmi les combinaisons définies franchement moléculaires, les plus remarquables sont les *hydrates*. Le sulfate de magnésie cristallise d'habitude avec sept molécules d'eau $SO^4Mg + 7HO^2$; mais il se montre aussi anhydre SO^4Mg et sous d'autres formes cristallines $SO^4Mg + 2HO^2$, $SO^4Mg + 6HO^2$, $SO^4Mg + 12 HO^2$. Ces molécules nHO^2 se nomment *eau de cristallisation*; on les sépare du sel anhydre par le signe $+$, absolument comme si elles n'étaient pas combinées. Qu'on distingue la *combinaison physique* de la *combinaison chimique*, il n'y en a pas moins une union intime, car elle détermine la forme cristalline; et puisque la virgule est employée dans les combinaisons chimiques, le point et virgule pourrait être pris comme indication de combinaison physique. Le sulfate de magnésie s'écrirait :

$$SO^3, MgO ; 7H^2O \qquad \text{ou} \qquad SO^4, Mg ; 7H^2O.$$

Viennent ensuite les *sels doubles :*

Sulfate ammoniaco-magnésien : $SO^4, Mg ; SO^4, (AzH^4)^2 ; 6H^2O$.

Hydrates d'oxychlorures de magnésium : $MgCl^2 ; 5MgO ; 17H^2O$
$MgCl^2 ; 9MgO ; 24H^2O$.

Les *hydrates de carbone* contiennent un nombre d'atomes d'hydrogène double de celui des atomes d'oxygène ; ils peuvent être représentés par

$$C^n(H^2O)^p.$$

Sous l'action de la chaleur et de divers réactifs, il y a élimination d'un certain nombre de molécules d'eau. Les corps amylacés, y compris la gomme, la cellulose, sont représentés par n molécules de glucose $C^6 (H^2O)^6$ moins n molécules d'eau :

$$nC^6(H^2O)^6 - nH^2O = nC^6(H^2O)^5.$$

Dans la molécule saturée $C^6 H^{12} O^6 = C^6 H^{10} O^5, H^2O$, $C^6 H^{12} O^5$ peut être regardé comme ayant la même *valence moléculaire* et pouvant se substituer à H^2O, pour former $C^6 H^{10} O^5$; $C^6 H^{10} O^5 = (C^6 H^{10} O^5)^2$.

Si l'on songe au rôle de l'eau dans la vie et particulièrement dans la végétation, on conviendra que les corps amylacés sont parfaitement nommés *hydrates*.

Un grand nombre de corps organiques, parmi ceux qui n'ont pas d'analogues dans les minéraux, doivent être aussi considérés comme des combinaisons moléculaires. Les innombrables *carbures d'hydrogène* $C^m H^{2p}$, saturés ou non, contiennent tous, sans une seule exception, *un nombre pair d'atomes* d'hydrogène ou un nombre entier de molécules gazeuses H^2.

D'après ce qui précède, on peut rapporter tous les éléments qui entrent en combinaison aux quatre types suivants :

Les *atomes simples*, la plus petite partie d'un corps simple entrant en combinaison : H, O, Cl, Cu...

Les *atomes composés* ou *radicaux* CAz, AzH⁴, CH³...

Les *molécules élémentaires* ou unimolécules, la plus petite partie d'une combinaison atomique H^2, O^2, H^2O, HCl, SO^4K...

Les *molécules complexes* ou plurimolécules, produit de la combinaison de molécules homogènes ou hétérogènes.

Les molécules des gaz sont d'ordinaire des molécules élémentaires ; c'est principalement aux solides et liquides qu'appartiennent les molécules complexes. La molécule des métaux, du charbon, est formée d'un très grand nombre d'atomes. Je regarde les molécules des composés solides et liquides comme des plurimolécules archicomposées, polymères généralement très élevés des molécules élémentaires des gaz composés. L'eau solide ou liquide est formée non de molécules de vapeurs H^2O, mais de molécules complexes $(H^2O)^n$.

Que les atomes de même espèce s'unissent entre eux, que les molécules de même espèce s'unissent entre elles, il n'y a pas à en douter ; la *solidité* des corps simples et des corps composés le prouve surabondamment. Il faut donc que les molécules simples d'un objet soient toutes unies de la même manière, ou qu'elles soient unies de manières différentes. Dans ce dernier cas, elles forment des groupes, des molécules complexes ou polymolécules. Cette conception permet d'expliquer la grande variété de solidité et aussi de liquidité ou mobilité des liquides, le parallélisme si remarquable entre les états de dissociation des corps tels que le carbonate de chaux solide et les changements d'états physiques, la liquidité elle-même, et enfin la conductibilité électrique. Elle réconcilie les atomes de Dalton avec les combinaisons indéfinies de Berthollet.

L'activité chimique des divers éléments, comme la stabilité, est essentiellement *relative* au milieu ; elle dépend surtout de la température. Les atomes semblent inactifs aux températures élevées ; ils se combinent aux températures plus basses et forment des molécules élémentaires qui peuvent à leur tour se combiner à des températures encore plus basses et former les molécules complexes des liquides et des solides. Les radicaux sont généralement très actifs aux températures ordinaires et se combinent entre eux ou à d'autres atomes. Quelques-uns, cependant, comme l'oxyde de carbone CO, n'ont qu'une très faible activité.

38. — Force centrifuge.
Déformation moléculaire et décomposition centrifuge.

Huyghens (1660).

Lorsqu'un corps décrit une courbe, il exerce sur le corps qui le dévie de la ligne droite qu'il parcourrait en liberté, un effort normal à la trajectoire ; qu'il soit d'ailleurs animé d'un mouvement de rotation ou d'une simple circulation ou translation curviligne. Cette *force centrifuge* est égale à

$$\frac{mv^2}{\rho} = m \cdot \omega^2 \cdot \rho$$

ρ rayon de courbure, m masse, v et ω vitesses linéaire et angulaire autour du centre de courbure. La force centrifuge n'est pas appliquée au mobile ; au contraire, elle est exercée par le mobile sur la directrice. La directrice réagit et exerce sur le mobile une action égale et contraire, une *force centripète* dirigée du côté de la concavité.

Lorsqu'un point matériel décrit une courbe, la pression sur la directrice est la résultante de la force centrifuge due au mouvement curviligne et de la composante normale de la force extérieure appliquée. Dans la fronde, les valeurs extrêmes de la tension de la corde résultent de la force centrifuge $m\omega^2\rho$ et de la composante de la pesanteur mg dans la direction du lieu ; elles correspondent aux points le plus haut et le plus bas, à la position verticale de la corde, et ont pour valeurs :

$$m(\omega^2\rho + g) \qquad m(\omega^2\rho - g).$$

Pour que la corde soit constamment tendue, il faut que

$$\omega^2\rho - g > 0 \qquad \omega > \sqrt{\frac{g}{\rho}}$$

La pierre soudainement abandonnée à elle-même, s'échappe tangentiellement ; son mouvement est déterminé par la vitesse actuelle et la pesanteur.

Il importe de remarquer que la force centrifuge existe aussi bien dans les mouvements curvilignes alternatifs que dans les mouvements continus, quelle que soit la rapidité de l'oscillation. La force centrifuge ne met pas un certain temps à se produire, elle est instantanément déterminée par la vitesse et la forme de la trajectoire. Dans les oscillations du pendule, la force centrifuge, nulle aux extrémités de la course, est maximum au point où la vitesse est maxima. La plus grande tension du lien est

$$m\left(\frac{v^2}{\rho} + g\right);$$

et il suffit qu'elle atteigne une certaine valeur pour que le pendule se brise, comme se brisent les bras d'un volant dans le mouvement de rotation continue.

Il est souvent fort utile de substituer, à un mouvement absolu, un mouvement relatif rapporté à des axes mobiles. Il faut alors adjoindre aux forces réelles deux forces apparentes : la force complémentaire de Coriolis et la force d'inertie d'entraînement. Cette force d'entraînement appliquée au point matériel considéré comme lié invariablement aux axes mobiles, se décompose en *force d'inertie tangentielle* $-m\dfrac{dv}{dt}$ et *force d'inertie centrifuge*. Lorsque les axes de comparaison ont seulement un mouvement de rotation uniforme autour d'un axe fixe, la force d'inertie d'entraînement se réduit à la force centrifuge

$$m \frac{v^2}{\rho}.$$

On peut de même substituer au mouvement un *équilibre relatif*, par l'adjonction de la force d'inertie d'entraînement. Le *poids* résulte de la gravitation mg et de la force d'inertie centrifuge due au mouvement de rotation de la terre. Cette force $\omega^2\rho = \omega^2 R \cos\lambda$ diminue quand la latitude λ augmente ; à l'équateur, elle est maximum et directement opposée à la pesanteur ; sa valeur est :

$$\cos\lambda = 1 \qquad \omega^2 R = \frac{g}{289} = \frac{g}{(17)^2}.$$

Le poids serait nul à l'équateur si la terre tournait 17 fois plus vite. La force centrifuge et la gravitation varient aussi avec l'altitude. L'atmosphère limitée aux points où le poids est nul, serait un sphéroïde à rayons équatorial et polaire dans le rapport de 3 à 2.

Le mouvement excentrique absolu d'une bille traversée par une tige horizontale, animée d'un mouvement de rotation (ω) autour d'un axe vertical, est très simplement déterminé lorsqu'on le regarde comme un mouvement relatif sur la tige, immobile par rapport à des axes d'entraînement animés d'une rotation $(-\omega)$. La réaction normale de la tige, seule force réellement appliquée, ne détermine aucun déplacement de la bille ; non plus que la force complémentaire normale à la seule trajectoire que peut décrire le mobile. Le mouvement est donc uniquement déterminé par la force d'entraînement qui est égale à $m\,\omega^2\,\rho$. L'équation du mouvement est déterminée par la valeur de la force centrifuge

$$m \frac{d^2\rho}{dt^2} = m\omega^2\rho\;;$$

mais *la bille ne se meut pas sous l'action de la force centrifuge*. La force centrifuge entendue ici est une force purement *fictive* comme toutes les forces d'inertie. La force centrifuge proprement dite, réelle, n'existe que quand un obstacle s'oppose au déplacement excentrique de la bille ; et cette force est appliquée par la bille sur l'obstacle et n'agit aucunement sur la bille. Quant à la force centripète, réaction de l'obstacle, elle tend à empêcher la bille de s'écarter du centre (Mécanique de Bour).

C'est encore dans ce sens qu'on dit que la pierre de la fronde s'éloigne du centre en allongeant la corde, sous l'action de la force centrifuge ; tandis qu'en réalité la force appliquée à la pierre est centripète.

Ces mouvements centrifuges, sous l'action de forces fictives, sont voilés d'une obscurité qu'il importe de dissiper complètement. Le déplacement longitudinal d'une bille sollicitée par une force transversale, le mouvement centrifuge d'une pierre sollicitée par une force centripète, le mouvement excentrique de la terre du périgée à l'apogée, s'éloignant du soleil de janvier à juillet sans cesser d'être attirée par l'astre central, tous ces mouvements ainsi présentés sont durs à concevoir.

On les comprend, au contraire, avec une netteté parfaite lorsqu'on les regarde comme résultant de la *vitesse actuelle ou acquise :* La Terre, en T, a une vitesse v dirigée suivant TV, qui, seule, l'amènerait en A, $TA = vt$. Mais pendant ce temps t, l'attraction solaire a déterminé une chute AB, qui peut être plus petite ou plus grande que $AC = AS - TS$. Ainsi sous l'impulsion initiale et la gravitation centrale, la Terre s'éloignera ou se rapprochera du soleil, suivant la direction et la grandeur de v. La trajectoire sera toujours concave du côté du centre d'attraction.

La bille P, entraînée par la tige qui la traverse, reçoit une impulsion perpendiculaire à SP ; ainsi animée d'une vitesse v, elle décrit d'un mouvement uniforme la droite PP_1, en s'éloignant de l'axe S. A chaque instant nouvelle impulsion normale à la tige, se composant avec la vitesse

antérieurement acquise, nouveau mouvement $P_1 P_2$ de plus en plus excentrique. Les frottements ne font que retarder ces mouvements centrifuges. De même, la pierre de la fronde tend à chaque instant à décrire une droite tangente à la trajectoire, et s'éloignerait encore bien plus du centre, si l'action centripète du lien ne la retenait.

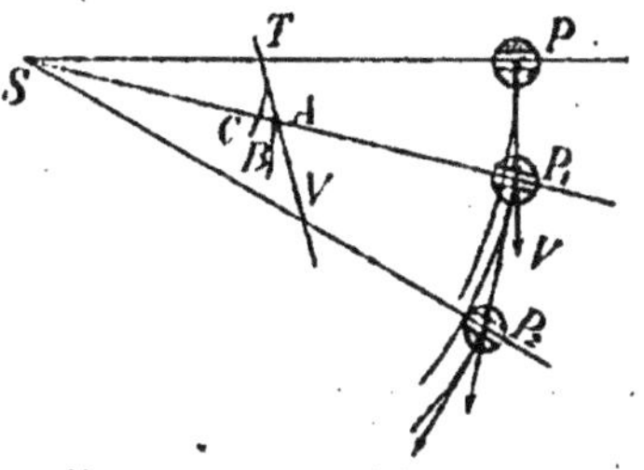

Mouvements centrifuges.

Fig. 31.

En chaque point de la trajectoire ou de l'orbite d'un corps, la force centrifuge est égale à la composante normale de la force qui produit la courbure.

Les orbites planétaires étant peu éloignées de la forme circulaire, l'attraction solaire sur l'unité de masse est

$$f = \omega^2 \cdot R \qquad \omega = \frac{2\varpi}{t}$$

ω étant la vitesse angulaire et t la durée de la révolution

$$f = \frac{4\varpi^2 R}{t^2}.$$

D'après la troisième loi de Képler,

$$t^2 = K \cdot R^3 \qquad K R^3 f = 4\varpi^2 R \qquad f R^2 = \frac{4\varpi^2}{K}.$$

Si l'on considère maintenant une même planète aux extrémités du grand axe de son orbite elliptique, la courbure $\frac{1}{\rho}$ étant la même en ces deux points, la force centrifuge sera proportionnelle au carré de la vitesse $f = \frac{v^2}{\rho}$.

D'après la première loi de Képler, les aires décrites dans l'unité de temps sont constantes

$$v \cdot R = C \qquad f = \frac{v^2}{\rho} = \frac{C^2}{\rho} \times \frac{1}{R^2}.$$

Le produit $f \cdot R^2$ est constant ; l'attraction solaire est inversement proportionnelle au carré de la distance. Telle est l'ébauche des lois de Newton, déduite de la théorie centrifuge d'Huyghens.

La force centrifuge, comme la vitesse, varie à chaque instant, dans les oscillations du pendule ; la longueur ne reste donc pas constante ; le centre de gravité de la masse oscillante a aussi un mouvement longitudinal alternatif. En général, la vitesse suivant le rayon ne sera pas nulle à l'extrémité de la course du pendule, les oscillations longitudinales et les oscillations transversales ne seront pas synchrones.

Dans les mouvements relatifs, le travail de la force complémentaire normale à la vitesse étant nul, il suffit d'ajouter aux travaux des forces réelles le travail des forces d'entraînement. Lorsque celles-ci se réduisent à la force d'inertie centrifuge, ce travail est égal à :

$$\int m\omega^2 \rho d\rho = \frac{1}{2} m\omega^2 (\rho^2 - \rho_0^2).$$

L'aplatissement des corps tournants, en particulier l'aplatissement polaire du sphéroïde terrestre, des sphères liquides en suspension à la Plateau, des bulles d'eau de savon, la forme paraboloïde que prennent les liquides en rotation, peuvent être regardés comme des équilibres relatifs résultant des forces réellement appliquées et de la force d'inertie centrifuge.

Le mouvement du système de deux masses m, m' reliées par une chaîne et sollicitées par des forces quelconques, peut être décomposé en une translation et une rotation autour du centre de gravité. Les forces centrifuges qui tirent la chaîne en sens inverse $m\omega^2\rho = m'\omega^2\rho'$ sont égales, comme il résulte de l'égalité $m\rho = m'\rho'$ qui détermine la position du centre de gravité.

Tout ce qui précède peut être appliqué aux *molécules* formées de plusieurs *atomes*; à la corde de la fronde, au lien matériel qui réunit les objets, il suffit de substituer une force, une *action à distance*, analogue à l'attraction planétaire ou magnétique. Une molécule d'hydrogène, aux températures ordinaires, est formée de deux atomes reliés l'un à l'autre par une force analogue au poids, à l'action d'un aimant sur le fer, d'un corps électrisé sur un autre. Qu'on imagine cette molécule isolée, animée d'un mouvement de translation et d'une rotation autour d'un axe principal; ses vitesses de translation et de rotation seront constantes, ses deux atomes constituants seront en équilibre sous l'action de leurs attractions et répulsions mutuelles et de la force centrifuge. Elle aura une énergie de rotation constante, qui sera une certaine fraction de l'énergie totale. Une action extérieure quelconque fera varier la vitesse de rotation et par suite la force centrifuge et la forme de la molécule. Ces *déformations* variables constituent les *vibrations moléculaires*, d'autant plus compliquées que les axes de rotation changent généralement en même temps que les vitesses.

On peut, dès à présent, se faire une idée assez nette des mouvements corpusculaires.

Les molécules ont des mouvements de translation et de rotation, continus ou alternatifs; les atomes qui les composent ont, dans l'intérieur de la molécule, des mouvements relatifs: ils tournent et oscillent.

L'énergie corpusculaire totale est en somme égale à l'énergie absolue des atomes; on peut la considérer comme formée de l'énergie relative des atomes dans l'intérieur de la molécule et de l'énergie de translation et de rotation moléculaire.

Un mouvement de rotation assez rapide amène la *décomposition centrifuge* ou dislocation moléculaire; ainsi se dissocient les molécules gazeuses à haute température. Si certaines molécules sont décomposées en atomes, inversement les atomes libres et même les molécules peuvent s'unir lorsqu'ils passent près les uns des autres, dans certaines conditions.

Toutes les molécules ne se décomposent pas à la fois ; sous l'action de la chaleur à température progressive, le nombre des décompositions va croissant. Les atomes libres se recombinent quand ils se rencontrent convenablement ; mais ce concours de circonstances demande souvent un temps très sensible. Dans ces conditions, la dissociation ou décomposition partielle peut être observée. A une température déterminée, le nombre de recombinaisons est égal au nombre des décompositions, le *régime permanent* est établi ; il existe un nombre déterminé, constant, d'atomes libres ; résultat du temps que les éléments actifs mettent à se rencontrer et à se recombiner.

Les molécules peuvent aussi s'unir : telles les molécules du soufre S^2 qui se polymérisent en S^6 à température plus basse.

L'image de la décomposition centrifuge est bien plus nette et plus simple que celle de la recombinaison. Et l'on s'imaginera bien plus clairement l'*inactivité des éléments* en la regardant comme le résultat de la *décomposition centrifuge des produits* qui pourraient naître dans le milieu considéré.

Dans l'état solide parfait, les variations d'énergie de rotation moléculaire sont insensibles et l'on peut faire abstraction des mouvements alternatifs de rotation eux-mêmes. L'énergie totale se compose dès lors de l'énergie oscillatoire de translation moléculaire et de l'énergie de rotation atomique (cette dernière pourrait être très grande sans changer avec la température). Dès que les rotations moléculaires deviennent considérables, l'état solide parfait cesse d'exister ; une partie de la chaleur absorbée devient latente et correspond à l'énergie des rotations et des vibrations centrifuges ; la chaleur spécifique varie, le solide se ramollit..... Enfin la molécule finit par se disloquer ; *le solide passe à l'état fluide ; il change d'état ou se décompose.*

La force centrifuge $m.\omega^2.\rho$ dépend de la vitesse angulaire ω, de la masse m, du rayon ρ et de l'orientation de l'axe de rotation. Un élément m_1 à une distance ρ_1 du centre de gravité, sera sollicité par une force centrifuge $m_1\,\omega^2\,\rho_1$ différente de $m\,\omega^2\,\rho$. Les forces attractives qui réunissent les éléments m ou m_1 à l'ensemble de la molécule sont aussi différentes. En général ce sont les éléments les plus excentriques qui se séparent les premiers sous l'action centrifuge ; mais ces éléments ne sont pas toujours des atomes. Le carbonate de chaux CaO, CO^2 se décompose en deux molécules CaO et CO^2 ; à une température plus élevée, le gaz carbonique est lui-même décomposé ; si le carbonate était très rapidement porté à la température de dissociation de CO^2, la décomposition se ferait peut-être différemment. — Quand on chauffe rapidement l'iodure vert de mercure Hg^2I^2, il se volatilise ; chauffé lentement, il se décompose en iodure rouge HgI^2 et mercure métallique.

L'eau solide formée de molécules $(H^2O)^n$ *se décompose physiquement* en molécules élémentaires de vapeur H^2O et en molécules moins complexes $(H^2O)^{n-1}$:

$$(H^2O)^n = (H^2O)^{n-1} + (H^2O).$$

Les molécules $(H^2O)^{n-1}$, à mesure que la température s'élève, se décomposent en molécules de moins en moins complexes $(H^2O)^{n-2}$, $(H^2O)^{n-3}$... et en molécules de vapeurs (H^2O). Cette décomposition, comme les décompositions chimiques, absorbe de la chaleur ; les *chaleurs latentes de vaporisation et de fusion* sont des chaleurs de décomposition moléculaire ou physique.

39. — Théorie des liquides.
Diffusion spontanée. — Mobilité. — Solubilité et fusibilité.
Mouvements Browniens.

Lorsqu'un solide fond, ses molécules se décomposent, sous l'action du mouvement de rotation, en deux éléments A et B. A la surface, quelques-uns de ces éléments peuvent s'échapper dans l'atmosphère environnante ; mais en pleine masse, les choses se passent autrement. Un élément libre B séparé de A, rencontre un autre élément A, et se combine avec lui ; l'élément B-A, est à son tour décomposé après avoir tourné, et ainsi de suite. *Dans l'état liquide, les molécules tournent et font constamment la double décomposition.* Cette conception, essentiellement dynamique, explique les propriétés de l'état liquide et, particulièrement, la propriété caractéristique, la *liquidité*. (Les molécules tournent : cela ne veut pas dire qu'elles font une révolution complète ; non, elles exécutent des mouvements de rotation de faible amplitude, successivement, autour d'axes divers.)

L'huile et l'eau ne se mélangent pas, elles se séparent au contraire ; l'huile, plus légère, surnage et le plan horizontal de séparation subsiste indéfiniment. Mais la plupart des liquides se mélangent *spontanément* malgré la différence de densité (Priestley). Si l'on place avec précaution le liquide le plus léger sur le plus dense, la surface de séparation ne tarde pas à perdre sa netteté géométrique et, de proche en proche, les liquides se mêlent, jusqu'à faire disparaître toute trace de séparation ; le mélange devient parfaitement homogène, c'est en cela que consiste la *diffusion des liquides*.

La diffusibilité ou vitesse de diffusion, c'est-à-dire la rapidité avec laquelle s'opère le mélange, dépend de la composition des liquides en présence et de l'étendue de la surface de séparation. Lorsqu'on agite, on ne fait que hâter l'établissement final en augmentant beaucoup la superficie des contacts. Mais, dans aucun cas, le mélange n'est instantané ; le liquide agité reste trouble quelques instants avant de devenir clair, homogène.

Pour étudier la diffusion, Graham place le liquide dans un petit vase N, au fond d'un grand vase M plein d'eau distillée, et retire doucement le couvercle C en évitant autant que possible les agitations.
Il se contente souvent de déposer le liquide avec une pipette au fond du grand vase et supprime le petit. La composition du liquide est étudiée de temps en temps, à intervalles réglés. Dans ces conditions, une solution d'alun se divise en

Diffusion de Graham.
Fig. 32.

sulfate de potasse plus diffusible et sulfate d'alumine. La diffusibilité augmente avec la température. La filtration à travers le papier est d'autant plus rapide que le liquide est plus chaud. Plus une substance est diffusible, moins elle gagne en diffusibilité par l'élévation de température. (Graham.)

Devant le fait de la diffusion spontanée, on ne peut admettre que les éléments des liquides oscillent, comme ceux des solides, autour de positions fixes. On ne peut admettre, d'autre part, qu'ils soient indépendants et se déplacent d'un mouvement de translation comme les molécules des gaz, car la pression exercée par les liquides sur les parois des vases dépend uniquement de leur poids et nullement de la température avec laquelle varient certainement les vitesses corpusculaires. Le seul mécanisme, à mon avis, qui puisse expliquer les phénomènes liquides, c'est le mouvement de rotation accompagné de double décomposition, le *mouvement de permutation corpus-culaire.*

Les molécules d'eau liquide $(H^2O)^n$ se décomposent spontanément en éléments $A = (H^2O)$ et $B = (H^2O)^{n-1}$. Au sein de la masse, ces décompositions sont rapidement suivies de recombinaisons; à la surface, quelques éléments s'échappent et se diffusent dans l'atmosphère gazeuse ou dans le liquide en contact. En même temps, des molécules gazeuses extérieures, Az^2 par exemple, s'unissent aux éléments $(H^2O)^{n-1}$, sorte de radicaux moléculaires; les molécules hétérogènes $(H^2O)^{n-1} Az^2$ tournent et se décomposent à leur tour; Az^2 permutent avec les éléments de l'eau et se diffusent dans le liquide. Ces molécules de *gaz dissous* finissent par revenir à la surface et s'échapper dans l'atmosphère, tandis que d'autres entrent dans le liquide; et ainsi s'établit le *régime permanent* entre une atmosphère limitée, les vapeurs, le liquide et le gaz dissous.

Le mécanisme de la diffusion entre liquides est de même espèce. A et B étant les molécules de vapeurs, les molécules des liquides seront des polymères généralement élevés de A et de B; si elles peuvent faire entre elles la double décomposition, il se forme des molécules hétérogènes $A^p B^q$, et les liquides sont miscibles. Les éléments de l'huile ne s'allient pas aux éléments de l'eau; c'est un fait analogue à l'indifférence de l'oxygène pour l'azote aux températures ordinaires. L'éther ne s'unit pas en toutes proportions avec l'eau; un régime permanent s'établit entre deux couches liquides de composition constante à température déterminée. L'alcool, au contraire, s'unit à l'eau en toutes proportions.

Les doubles décompositions qui s'effectuent au sein des liquides se manifestent dans certaines circonstances : action mutuelle des sels dissous et surtout éthérification. Deux composés liquides A-B, C-D étant mélangés, il se produit A-D, B-C; et, au bout d'un certain temps, plus ou moins long, il existe quatre composés en régime perma-

nent. Leur existence et leur proportion peuvent être constatées par certains procédés spéciaux ; grâce à l'insolubilité
de l'un d'entre eux, par exemple, dans un liquide en grand
excès. Inversement, si l'on mélange A-D, B-C, il se produit
A-B, C-D et le même régime permanent s'établit. Une
élévation de température augmente parfois beaucoup la
rapidité de la réaction : tel est le cas de l'éthérification
acétique, qui atteint l'état permanent en six mois ou six
heures suivant qu'on opère à 10° ou 100°. L'acide acétique
A-B et l'alcool C-D produisent de l'éther A-D et de l'eau
B-C. Inversement, un mélange d'eau B-C et d'éther A-D
donne naissance à une certaine proportion d'alcool C-D et
d'acide acétique A-B. Comme par l'élévation de température, la vitesse de la réaction est accélérée par la présence
d'un excès d'un des deux liquides, un excès d'eau B-C par
exemple : le nombre de rencontres entre B et A, C et D
étant ainsi augmenté.

Si l'éther ne se mélange pas à l'eau en toutes proportions, si un régime permanent s'établit entre les deux couches superposées d'eau contenant un peu d'éther, et d'éther
contenant un peu d'eau, c'est que les éléments de l'éther
se substituent seulement aux éléments (H^2O) de l'eau.
Tandis qu'entre l'alcool et l'eau, les liaisons sont plus
diverses ; non seulement la molécule simple d'alcool
permute avec la molécule de vapeur (H^2O), mais il se
forme des molécules complexes $(C^2H^6O)^p (H^2O)^q$, p et q
pouvant avoir différentes valeurs, puisque le mélange s'effectue en toutes proportions. Ceci est une interprétation,
non la seule ; l'alcool, avec sa grande avidité manifeste
pour l'eau, décompose peut-être les molécules complexes
$(H^2O)^m$, et cela pourrait encore expliquer le mélange en
toutes proportions.

L'eau qui provient immédiatement de la fusion de la
glace contient des éléments (H^2O) et $(H^2O)^{n-1}$; quelques
molécules de vapeurs H^2O s'échappent dans l'atmosphère
avec une vitesse considérable, et l'eau perd à la fois du

poids et de l'énergie, plus d'énergie proportionnellement que de poids. La température s'abaisse en même temps que la proportion de $(H^2O)^{n-1}$ augmente. A un instant donné, il y a un certain nombre d'éléments $(H^2O)^{n-1}$ en l'air, ou bien ces radicaux moléculaires se combinent entre eux. L'évaporation s'arrêtera lorsqu'il n'y aura plus de molécule (H^2O); la température sera très basse; le liquide ne contiendra que des molécules complexes permutant entre elles. Tel est sans doute l'état instable de l'eau au-dessous de zéro. Si, après la fusion de la glace, on entretient la chaleur et surtout, si on élève la température, les molécules complexes $(H^2O)^{n-1}$ seront décomposées en molécules $(H^2O)^{n-2}$ moins complexes et en molécules de vapeurs (H^2O) qui ne tarderont pas à être en excès.

Ce qu'on appelle *mobilité des liquides* dépend de la nature des éléments, de leur composition, de leur grosseur et aussi, et surtout, de la *rapidité des permutations*. C'est un fait très général que la mobilité augmente avec la température, comme augmente la rapidité de la réaction, de l'établissement du régime permanent d'éthérification par exemple. L'eau *surchauffée* en vase clos est bien plus mobile que l'eau usuelle; dans l'une les éléments qui font la double décomposition sont bien plus nombreux que dans l'autre. Au *point critique* il n'y a plus que des permutations entre molécules de vapeurs, que des molécules doubles $(H^2O)^2 = (H^2O)$, (H^2O) faisant la double décomposition; état instable, car il suffit d'une désorientation pour déterminer l'état gazeux expansif, c'est-à-dire l'indépendance de ces molécules élémentaires animées de grande vitesse.

Cette décomposition moléculaire, cet état dynamique des liquides explique comment leur *activité* chimique et biologique augmente, comme la *mobilité*, avec la température; elle donne la raison des bons effets de l'eau chaude en chirurgie, des boissons chaudes.....

La mobilité des liquides varie avec la température et

la composition moléculaire, depuis la mobilité extrême
des gaz liquéfiés à haute pression comme l'acide sulfureux,
auprès desquels l'eau paraît sirupeuse ; jusqu'à la consistance des huiles à la température ordinaire, de l'alcool
visqueux dans un mélange d'éther et de neige carbonique,
et enfin de la poix-résine, solide ou mobile comme un
liquide, suivant qu'on l'observe pendant un instant ou
pendant plusieurs jours.

Les précipités fins se déposent très lentement dans les
solutions froides, et plus rapidement dans les liquides
chauds.

La formation de l'éther ordinaire, dans laquelle l'acide
sulfurique semble ne jouer qu'un rôle de présence, peut
s'exécuter en deux phases. Dans la première, l'alcool A-B
s'unit à l'acide sulfurique C-D pour former de l'acide
sulfovinique A-C et de l'eau B-D ; dans la seconde, l'acide
sulfovinique A-C réagit sur l'alcool A_1-D, reconstitue
l'acide sulfurique C-D et forme l'éther A-A_1. L'acide sulfurique régénéré sert à produire de nouveau la même
réaction, à transformer une nouvelle quantité d'alcool en
éther. En opérant d'abord sur de l'alcool amylique, puis
sur de l'alcool éthylique, Williamson a montré que le
composé intermédiaire (acide sulfovinique) n'est pas le
même au commencement et à la fin de l'opération. Cette
remarquable expérience illustre admirablement la différence entre l'état d'équilibre stationnaire et le régime
permanent en général, et l'état dynamique des liquides en
particulier.

La réaction est-elle moléculaire ?

$$SO^3, H^2O + C^4H^6O = H^2O + SO^3, C^4H^6O$$
$$SO^3, C^4H^6O + C^4H^4, H^2O = C^4H^6O, C^4H^4 + SO^3, H^2O.$$

Est-elle atomique ?

$$(SO^3H)(HO) + C^4H^5O,H = H^2O + (SO^4H)(C^4H^5O)$$
$$(SO^4H)(C^4H^5O) + C^4H^5, HO = C^4H^5, C^4H^5O + (SO^3H)(HO).$$

Pour Williamson, l'un des fondateurs de la théorie atomistique, « les *atomes* changent continuellement de place dans les combinaisons fluides, dans l'acide chlorhydrique, le même atome de chlore est successivement en rapport avec les divers atomes d'hydrogène » (Dict. de Wurtz — G-S). L'exemple est singulièrement mal choisi, et l'on comprend le peu de succès de cette théorie. Comment admettre qu'un corps volatil comme l'acide chlorhydrique soit constamment en décomposition chimique dans l'état liquide, tandis que, à la même température, le gaz chlorhydrique est formé de molécules très stables HCl? Si la double décomposition avait lieu entre les atomes, le liquide émettrait des atomes d'hydrogène et de chlore, et non des vapeurs d'acide chlorhydrique. Si les atomes H et Cl se combinaient en sortant du liquide, il en résulterait un dégagement de chaleur qui, en réalité, ne se produit pas.

Ce n'est pas à dire pour cela que les éléments mobiles des liquides soient toujours des molécules ; la vapeur du mercure étant formée de simples atomes, la molécule dynamique du mercure liquide doit être Hg^m—Hg, et il en est probablement ainsi de beaucoup de métaux fondus. Les alliages entre deux métaux A^m-A, B^n-B, à l'état liquide, contiennent des molécules complexes A^p-B^q, p et q ayant des valeurs diverses lorsque le mélange se fait en toutes proportions.

En présence de certains métaux, les molécules simples d'eau ou d'acide chlorhydrique sont décomposées ; l'atome O ou Cl s'unit au métal avec dégagement de chaleur ; les atomes libres d'hydrogène H (*état naissant*) réagissent sur les molécules voisines et déterminent des décompositions, ou se rencontrent, forment des molécules H^2 et finalement des bulles de gaz qui se dégagent.

L'essence de térébenthine *absorbe* l'ozone O^3 et jouit de propriétés oxydantes spéciales ; l'oxygène absorbé n'est pas déplacé par un autre gaz. Les actions s'exercent dans ce cas, non entre les molécules O^2, mais entre les atomes simples O·ou complexes O^3 et les éléments du liquide. L'oxygène se lie d'une façon analogue aux globules du sang.

L'antimoine, qui reste intact et brillant dans le chlore liquide, brûle spontanément dans le chlore gazeux. A quoi attribuer cette différence, sinon à la présence de quelques atomes libres Cl dans le chlore gazeux facilement dissociable; atomes qui n'existeraient pas dans le liquide formé par la condensation de molécules gazeuses $(Cl^2)^m - (Cl^2)$? Même observation au sujet du protoxyde d'azote liquide sans action sur le sodium, tandis que ce métal s'enflamme spontanément dans le protoxyde d'azote gazeux.

On peut extraire de la dissolution aqueuse du chlore un hydrate $(Cl^2 ; 10\ H^2O)$; ce qui montre bien que l'eau est combinée à la molécule Cl^2. L'acide chlorhydrique, liquéfié ou dissous, doit sa liquidité à la décomposition constante des molécules dynamiques $(HCl)^m - (HCl)$ ou $(HCl)^m - (H^2O)^n$.

C'est une vieille et grande loi que *les semblables dissolvent les semblables,* plus vieille que la chimie. Les métaux dissolvent les métaux; l'eau dissout les hydrates, les sels; les silicates dissolvent les silicates, la silice; l'acide chlorhydrique dissout les chlorures; les chlorures, les iodures dissolvent les chlorures, les iodures, les bromures; l'iode est soluble dans l'eau additionnée d'iodure ou d'acide iodhydrique; les carbures d'hydrogène dissolvent les carbures; l'alcool, l'éther, dissolvent les corps gras, les essences, les huiles; le caoutchouc est remarquablement soluble dans les hydrocarbures liquides qui proviennent de sa propre distillation...

Les corps sont, en général, solubles dans les liquides qui contiennent un de leurs éléments, parce qu'ainsi la double décomposition peut se faire : le soufre est soluble dans le sulfure de carbone, le carbonate de chaux dans l'eau contenant du gaz carbonique. Une dissolution de bicarbonate n'est qu'une solution de carbonate dans de l'eau contenant de l'acide carbonique. « Dans le sulfate acide de potasse, d'après Berthelot, une partie de l'acide sulfurique est comme à l'état de liberté. » Ce que les atomistes formulent SO^4KH devrait être représenté comme un sel dont le SO^4K^2; SO^4H^2. « Les chlorhydrates de chlorure sont en général plus solubles que les chlorures correspondants. » (Engel.) L'hyposulfite de soude dissout les sels d'argent, parce qu'il se forme un hyposulfite double de sodium et d'argent soluble; autrement dit, l'hyposulfite d'argent se dissout dans l'eau chargée d'hyposulfite de soude.

Lorsqu'en présence d'un excès de solide, la solution est *saturée*, cela veut dire que le *régime permanent* est établi; que le liquide (A-B) dissout, à chaque instant, autant de solide (C-D) qu'il en dépose. La solution saturée contient des molécules dynamiques A-B, C-D, A-C, B-D ; elle peut dissoudre un autre corps F-G, dont les molécules peuvent faire la double décomposition avec les éléments A, B, C, D du corps déjà dissous et du dissolvant. Les éléments du sel C-D qui feront la décomposition avec ceux de F-G laisseront libres des éléments du liquide A-B, qui pourra *redissoudre* une nouvelle quantité de sel C-D.

Il se passe quelque chose d'analogue dans la fusion des silicates. Les silicates formés de bases complexes sont plus fusibles que les silicates simples; ils existent liquides à des températures plus basses ; ils peuvent dissoudre de la silice, de l'acide borique. Les alliages sont plus fusibles que les métaux. Un mélange d'acides gras fond à une température inférieure au point de fusion des acides seuls. Le chlorure de sodium ($NaCl$; $10 H^2O$) ne se solidifie qu'à — 20°; tandis que le chlorure ($NaCl$; $2 H^2O$) se dépose de la solution concentrée à une température moins basse. Le sulfate de magnésie cristallise avec 12, 7, 6, 2 molécules d'eau, suivant que la solidification se fait à 0, 15, 50 ou 100 degrés. Les sels hydratés fondent à une température moins basse que les sels anhydres (fusion aqueuse et fusion ignée).

La *fusibilité* augmente donc souvent avec la *complexité moléculaire*, tandis qu'elle diminue avec la *complexité atomique*.

A la règle générale que la solubilité des solides augmente avec la température, il y a de remarquables exceptions : Le sulfate de soude à 10 molécules d'eau, très soluble dans l'eau, a son maximum de solubilité à 33°; à cette température, « il fond dans son eau de cristallisation ». Au delà de 33°, la molécule ($Na^2 SO^4$; $10H^2O$) se décompose, les éléments du liquide, moins complexes, se solidifient plus facilement.

Entre la *fusion* et la *dissolution*, il y a cette différence que dans l'une les éléments mobiles sont moins hétérogènes que dans l'autre. Pour fondre un solide, il faut effectuer sa décomposition moléculaire ; pour dissoudre, il faut souvent effectuer en plus la décomposition d'une partie des radicaux moléculaires du dissolvant. Il faut ainsi *plus de chaleur pour dissoudre un sel que pour le fondre ;* et, *plus la dissolution est étendue, plus elle absorbe la chaleur :* 1 kilogr. de salpêtre exige 49 calories pour fondre, 69 c. pour se dissoudre dans 5 kilogr. d'eau, 80 c. pour se dissoudre dans 20 kilogr. d'eau (Person). Plus la dissolution est étendue, plus il y a décomposition moléculaire du liquide.

Qu'arrive-t-il dans les *dilutions* successives des homœopathes ? L'état moléculaire dynamique d'un corps dissous varie en général avec l'état de dilution. Un corps est-il dans le même état, soit qu'on dissolve quelques vapeurs dans un grand excès de liquide, soit qu'on dissolve le solide correspondant à saturation? Certainement non, dans un grand nombre de cas.

A dose égale, l'acide oxalique agit plus rapidement et plus énergiquement, comme toxique, *en solution diluée* qu'en solution concentrée. Les médecins n'attachent pas assez d'importance à la température et à l'état de dilution des solutions salines purgatives.

L'acide azotique concentré attaque le cuivre et non l'étain; étendu d'eau, il attaque l'étain et non le cuivre.

La quantité de gaz dissous dans un liquide varie avec la température et la pression. Le volume des gaz dissous par unité de poids de liquide, mesuré sous la pression finale, est constant; autrement dit, le poids du gaz dissous est proportionnel à la pression. Plusieurs gaz mêlés se dissolvent comme s'ils étaient seuls, à la pression qu'ils ont dans le mélange. La solubilité des gaz, contrairement à celle des solides, *décroît* quand la température s'élève (Dalton).

Lorsqu'un liquide a été chargé de gaz à une certaine pression, et qu'on diminue cette pression, une partie du gaz se dégage, mais la solution reste *sursaturée*; le liquide contient plus de gaz qu'il ne pourrait en dissoudre directement. Les molécules de gaz se dégagent peu à peu, à mesure qu'elles arrivent à la surface de l'atmosphère ou d'une bulle déjà formée, avec des vitesses suffisamment obliques; et encore lorsqu'elles se rencontrent, au sein du liquide, en assez grand nombre pour former des bulles gazeuses. Ces rencontres sont grandement facilitées par certains mouvements ondulatoires.

Il existe aussi des *solutions sursaturées* de solides et des cas de *surfusion*. La solution sursaturée de sulfate de soude à l'abri des poussières atmosphériques peut être agitée sans se prendre, elle cristallise en masse en présence d'un cristal isomorphe avec les hydrates de sulfate de soude, ou sous l'influence de vibrations. L'*instabilité* de l'eau surfondue, au-dessous de zéro, est bien plus grande; elle ne peut supporter la moindre agitation sans se prendre

en glace. Cela tient à ce que tous les éléments du liquide
surfondu sont de même espèce ; tandis que ceux de la
solution sursaturée sont hétérogènes ; il faut qu'ils se
rencontrent dans des conditions plus spéciales pour cristalliser.

J'en reviens au cas de sulfate de soude. Voici les faits :
La solubilité de ce sel, c'est-à-dire la quantité de sel qui
peut être dissous, en présence d'un excès de sel solide,
augmente jusqu'à 33°, puis diminue jusqu'à un minimum,
et augmente de nouveau. En faisant cristalliser par évaporation au-dessous de 33°, on obtient des cristaux d'hydrate $NaSO^4$; $10\,H^2O$. Au-dessus de 33°, le sel se dépose
à l'état anhydre $NaSO^4$.

Du fait qu'on arrive à extraire d'un liquide, dans des
circonstances spéciales plus ou moins complexes, un solide, un cristal, il ne faut pas en conclure qu'en tout cas
la molécule de ce solide existe intacte dans la solution. Il
suffit de rappeler la diffusion des sels doubles, de l'alun
par exemple. Si au-dessus de 33° il y a sûrement des molécules $NaSO^4$ dans la solution, il n'est pas aussi certain
qu'à une température plus basse, la molécule $NaSO^4$;
$10\,H^2O$ n'éprouve aucune dissociation. Le sulfate de soude
à dix équivalents d'eau pourrait bien être un *hydrate double*,
et cette constitution moléculaire expliquerait la grande
solubilité de ce sel et les diverses anomalies qu'elle présente. Lorsqu'on dit que le sulfate de soude présente à un
haut degré l'*inertie de cristallisation*, on n'a dit qu'un mot.
Le fait, c'est qu'une solution concentrée chaude de sulfate
de soude reste liquide sursaturée lorsqu'elle se refroidit
en dehors du contact de cristaux à dix équivalents d'eau.
Dans cette solution chaude, il n'y a que des molécules
$NaSO^4$ permutant avec les éléments de l'eau; dans la solution refroidie, il y a probablement des molécules très

diverses NaSO^4; nH^{2}O permutant ensemble et avec les molécules d'eau; jusqu'à ce que des circonstances spéciales déterminent la production des molécules NaSO^4; 10 H^{2}O et la cristallisation.

Le sulfate de soude hydraté produit du froid, le sulfate anhydre produit de la chaleur, en se dissolvant dans l'eau froide. Il y a, dit-on, combinaison du sulfate anhydre avec l'eau, d'où production de chaleur; et dissolution du sulfate hydraté, d'où abaissement de température. L'explication n'est pas complète. La dissolution produit plus de froid que la fusion; l'abaissement de température provient non seulement de la séparation des molécules du solide, ou de leur dissociation, mais encore de la dissociation des éléments du liquide dissolvant.

La baisse de température est plus considérable et plus rapide lorsque, au lieu d'eau, on emploie la solution aqueuse d'acide chlorhydrique comme dissolvant du sulfate de soude hydraté. L'acide chlorhydrique dissocie les molécules complexes de l'eau; en sorte que la solution chlorhydrique contient à basse température des molécules d'eau aussi simples que celles de l'eau pure à température élevée; sans compter les molécules d'acide chlorhydrique. La solubilité du sulfate de soude résultant des permutations de ses molécules avec les molécules du liquide, étant d'autant plus grande que les molécules du dissolvant sont plus nombreuses et plus simples, sera ainsi augmentée, sans élévation de température; et de cet accroissement de solubilité résultera un abaissement de température plus grand et plus rapide.

Mouvements Browniens : oscillations, au sein des liquides, des fines poussières de 3 à 4 millièmes de millimètre de diamètre. Elles sont accompagnées de rotations et ont 4 à 5 diamètres d'amplitude.

Les mouvements Browniens ne peuvent être expliqués que par les mouvements moléculaires des liquides. Ce qui ne veut pas dire que ces grains de poussière, organiques ou inorganiques, sont des molécules ; non, seulement ces grains sont assez petits pour être sensiblement déplacés par les molécules en mouvement. Pour voir les mouvements Browniens, il suffit d'observer sous le microscope, avec un grossissement de 500 diamètres, un peu de couleur délayée.

Le fait que ces mouvements sont visibles ne me paraît pas une raison suffisante pour n'en tenir aucun compte dans les théories physiques.

40. — Suite de la théorie des solides.

> Et je voudrais bien que quelqu'un m'expliquât d'une manière intelligible, comment les parties de l'or et du cuivre, qui venant d'être fondues tout à l'heure, étaient aussi désunies que les particules de l'eau ou du sable, ont été, quelques moments après, si fortement jointes et attachées l'une à l'autre, que toute la force du bras d'un homme ne saurait les détacher.....
>
> D'ailleurs les particules de l'eau sont si fort détachées les unes des autres, que la moindre force les sépare d'une manière sensible. Bien plus, si nous considérons leur perpétuel mouvement, nous devons reconnaître qu'elles ne sont point attachées l'une à l'autre. Cependant, qu'il vienne un grand froid, elles s'unissent et deviennent solides : ces petits atomes s'attachent les uns aux autres et ne sauraient être séparés que par une grande force. Qui pourra trouver les liens qui attachent si fortement ensemble les amas de ces petits corpuscules qui étaient auparavant séparés? Quiconque, dis-je, nous fera connaître le ciment qui les joint si étroitement l'un à l'autre, nous découvrira un grand secret, jusqu'à cette heure entièrement inconnu.
>
> (LOCKE.)

Quand le liquide A-B, composé de molécules A-B, A_1-B_1, A_2-B_2..., faisant constamment la double décomposition, se prend, les permutations cessent et les éléments A, B, A_1, B_1..., oscillent autour de positions fixes.

B, par exemple, oscille entre A et A₁, A, oscille entre
B, B₁, B₂.

C'est la *disposition* des éléments, lorsqu'elle est régulière,
géométrique, bien plus que les
éléments eux-mêmes, qui détermine la *cristallisation*. Suivant
la loi de l'*isomorphisme* de Mit-
scherlish, certains éléments peuvent être substitués à d'autres
sans changer la forme cristalline. Les grenats peuvent être
cités comme exemple remar-

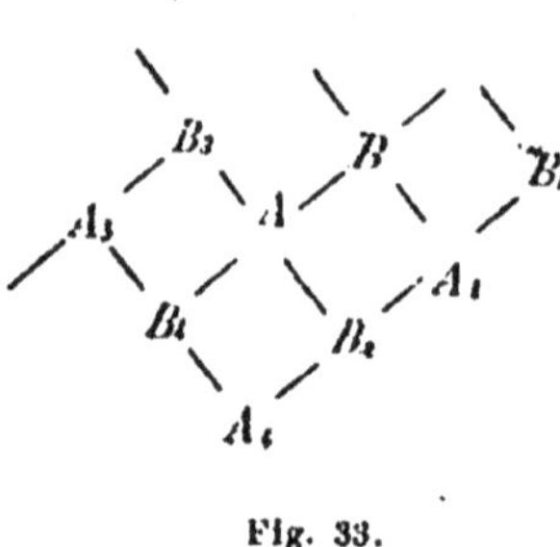

Fig. 33.

quable ; ce sont des silicates complexes à bases de chaux,
oxydes de fer ou de manganèse (MO) et d'alumine, de
sesquioxyde de fer ou de chrome (N²O³)

$$6MO, 2N^2O^3, 6SiO^3$$

Wollaston a montré que les angles des corps isomorphes
n'étaient pas absolument les mêmes, différaient quelquefois de plusieurs degrés. L'*isomorphisme* consiste, non
dans l'identité absolue des formes cristallines des corps
ayant des formules chimiques semblables, mais dans la
grande ressemblance des cristaux et surtout dans la *propriété de cristalliser ensemble en proportions indéfinies.*

Le fait de la *solidité* prouve que les éléments exercent
entre eux des attractions. Il est dans les habitudes des
physiciens de concevoir un solide homogène formé de
molécules identiques, et d'attribuer la *cohésion* à une action
moléculaire ou physique, distincte de l'action atomique
ou chimique. Si le solide est un corps simple : ou bien
les molécules sont formées d'atomes de même espèce, ou
elles ne sont elles-mêmes que de simples atomes ; comment
comprendre alors la distinction entre l'action physique et
l'action chimique?

Pour nous, les éléments des corps solides, simples ou composés, sont, en général, des molécules complexes, et non des atomes ou des molécules simples de vapeur. Généralement aussi, les éléments (A, B) ne seront pas identiques ; il arrivera même qu'un solide sera formé de plus de deux espèces d'éléments. Dans un métal A-B, $A = M^m$, $B = M^n$; m et n peuvent être différents, m très grand par exemple, et n égal à l'unité. $A—B = M^m—M$, ce qui veut dire seulement que m atomes M forment un gros noyau qui peut être considéré séparément de l'élément excentrique $B = M$. Plusieurs de ces éléments excentriques B ou M sont liés au noyau.

Inversement, tout élément B peut être considéré comme appartenant à plusieurs éléments A, A_1...

C'est cette liaison entre éléments déterminés qui constitue la *cohésion* ; tandis que la *liquidité* résulte de la *permutation* incessante des éléments liés entre eux, et l'*expansibilité* des gaz de l'*indépendance* des éléments animés de grandes vitesses.

———

Il y a *déformation élastique* lorsque les éléments éprouvent des déplacements relatifs sans sortir de leur groupe ; lorsque B vient en B′ sans cesser d'être lié à A et A_1, sans contracter de nouvelle liaison. Les *déformations permanentes* au contraire résultent de mutations corpusculaires ; B vient en B″, reste lié à A_1, mais cesse d'être lié à A et contracte ou non une nouvelle liaison avec A_2.

Fig. 31.

Si la disposition des éléments est irrégulière, comme il arrive dans les corps *amorphes*, les déplacements des divers éléments ne seront pas identiques ; les uns auront permuté tandis que d'autres ne seront pas encore sortis de leurs groupes. Ainsi se produisent les *déformations permanentes successives*. Tous les phénomènes d'élasticité, de déformation et de rupture seront, plus loin, rattachés à la doctrine corpusculaire.

La *fusion* est l'inverse de la solidification, c'est-à-dire une séparation des éléments A-B, suivie de liaisons et de séparations successives avec d'autres éléments. L'action centrifuge expliquera toujours d'ailleurs la résolution des éléments complexes M^m en éléments plus simples.

Si l'on envisage, non pas chaque propriété abstraite isolément, mais bien l'ensemble des propriétés d'un corps, on se convaincra facilement de l'impossibilité d'admettre une homogénéité absolue, soit comme matière, soit comme mouvement. Un objet réel se trouve toujours dans un milieu qui agit sur lui et sur lequel il réagit. Jamais l'équilibre n'existe absolument, et l'état de la superficie des objets, non seulement l'état dynamique, mais l'état matériel, est toujours plus ou moins différent de celui des couches profondes. Des solides absorbent, dissolvent d'autres corps ; il n'y a, avec les liquides, qu'une différence de degré, de nombre. Sans doute la plupart des corpuscules oscillent autour de positions fixes, mais il faut bien admettre que quelques éléments exécutent des *permutations*, même au sein des solides. Il ne faut pas confondre cette constitution avec celle de la poix-résine, dans laquelle tous les éléments permutent spontanément ou sous une influence très faible comme la pesanteur, et qui peut être assimilée à un liquide très peu mobile.

Les mouvements de permutation corpusculaire dans les masses solides, se manifestent aussi par les changements de structure sans passage par l'état fluide, quelquefois même sans changement de température : cristallisation des arbres de couche en fer, des essieux, sous l'action de vibrations semblables longtemps répétées ; effet de l'usage prolongé sur la caisse des violons, qui arrivent à rendre de meilleurs sons, sur le métal des instruments à vent, qui finissent toujours par se fausser.

Mais c'est surtout la *chimie des corps solides* qui dévoile l'existence de ces mouvements. Des chevilles de fer enfoncées dans le marbre exposé aux variations atmosphériques, finissent par le colorer en jaune à plusieurs centimètres de profondeur. Dans un mélange intime d'argile et de solution saline, bien solidifié et durci, les molécules de sel se déplacent et se réunissent en certains points pour y former des cristaux réguliers (Séguin). C'est ainsi que se forment les *rognons* de silice, de fer dans certaines pierres siliceuses, ferrugineuses. Les géologues appellent *métamorphisme* les modifications mécanique, physique, chimique, éprouvées par les roches postérieurement à leur dépôt et souvent à leur consolidation. La *mâcle*, silicate d'alumine en prisme carré qu'on trouve dans certains schistes, s'incorpore avec une disposition régulière, cristallographique, des parties de la roche encaissante ; c'est ce qu'on appelle un *action de contact* géologique. Le soufre en poudre et le cuivre, solides, se combinent ; le poussier de charbon se dissout dans le fer rouge, et la *cémentation* n'est qu'un lent mouvement de permutation corpusculaire, mouvement excentrique des éléments fer et concentrique des éléments carbone.

Les gaz ne s'unissent pas autrement aux solides. L'absorption la plus remarquable est celle de l'hydrogène par le palladium. Ce métal, fort analogue au platine, est relativement très léger ; sa densité est égale à 12 tandis que celle du platine, le plus lourd des corps, est de 21,5. Le platine forgé absorbe 400 à 500 fois son volume d'hydrogène ; le palladium en absorbe jusqu'à mille volumes ; la densité de l'alliage du palladium, qui contient en poids 4,7 p. 100 d'hydrogène, est de 0,6 inférieure à celle du métal (Graham). L'argent, l'or, le fer, le cuivre, le carbone, absorbent divers gaz. Le palladium absorbe cinq millièmes de son volume d'alcool, un millième d'eau ou d'éther.

Ces phénomènes sont accompagnés de grands dégagements de chaleur. La mousse de platine rougit en absorbant l'hydrogène. L'absorption d'un volume d'ammoniaque par le charbon dégage 84 calories, la dissolution 87, la liquéfaction 44; l'acide sulfureux 108-77-36 calories. La condensation dans un solide ou dans un liquide produit bien plus de chaleur que la simple condensation homogène.

Les corps naturels ou qui proviennent de fabrication industrielle sont généralement fort éloignés de l'état abstrait de pureté chimique. Les sens nous révèlent la présence de quantités impondérables, c'est-à-dire que nous ne savons pas peser. Tel corps qui répand des odeurs depuis longtemps, n'a pas sensiblement changé de poids; une minime quantité de matière suffit à colorer une grande masse de liquide, de verre. Pour petites qu'elles soient, ces quantités n'en ont pas moins, à certains points de vue, une importance considérable. On sait le rôle des 4 à 6 dix-millièmes de gaz carbonique de l'air et l'influence délétère des impuretés atmosphériques. On a constaté que l'eau dissout un peu de plomb, de mercure; elle dissout probablement bien d'autres métaux; et d'ailleurs les métaux n'ont-ils pas une odeur spéciale? La présence de certains corps en très faible proportion n'exerce pas seulement une action biologique; son influence sur les nombreuses propriétés des corps solides est manifeste. Des traces de soufre et de phosphore rendent le fer cassant. On sait combien varient les propriétés des fontes, fers et aciers, avec la proportion de carbone, de silicium, de manganèse; la résistance, le magnétisme; combien s'abaisse le point de fusion à mesure que la faible proportion de carbone s'accroît dans cet alliage de fer et de carbone, ces deux corps quasi réfractaires.

41. — Hygrométrie. — Endosmose. — Colloïdes. — Gelées.

Saussure. — Leroi et Daniel.
Dutrochet (1827). — Dubrunfaut. — Graham (1864). — Grimaux.

Certains sels, le chlorure de calcium par exemple, absorbent l'eau contenue dans l'atmosphère, se recouvrent de gouttelettes liquides et finissent par se dissoudre; ils sont *déliquescents*. D'autres, au contraire, sont *efflorescents* : exposés à l'air, ils perdent leur eau de cristallisation : le sulfate de cuivre cristallisé bleu s'effleurit et devient blanc et amorphe. L'eau se condense sur un grand nombre de minéraux, en particulier sur le verre, et c'est sur cette propriété qu'est fondé l'*hygromètre* Leroi-Daniel. A la longue, l'*humidité* décompose les silicates complexes et c'est ainsi que se forment la plupart des argiles par division des feldspaths en silicates d'alumine hydratés et en silicates alcalins enlevés par l'eau (Daubrée).

Les substances organiques surtout sont *hygrométriques*. La corde à boyau qui se tort et se détord, couvre ou découvre le *capucin*, suivant le degré d'humidité. Le *cheveu* dégraissé, soumis à une tension constante (Hygromètre de Saussure), s'allonge ou se raccourcit suivant la quantité d'eau qu'il contient. Ces déformations peuvent être qualifiées d'élastiques, et comparées à celles qui résultent d'actions mécaniques ou d'élévation de température, puisqu'elles disparaissent avec la cause qui les a produites; mais avec cette différence que, dans les déformations hygrométriques, les écartements moléculaires sont accompagnés de l'introduction de nouveaux éléments. La peau de vessie, le parchemin, le caoutchouc, le papier-parchemin ou parchemin végétal, résultat de l'action de l'acide sulfurique sur le papier végétal, sont très hygrométriques.

Certaines substances, insipides lorsqu'elles sont pures, la *gélatine*, les *gommes*, absorbent d'énormes quantités d'eau, gonflent et se ramollissent, forment des *gelées* (gelées de gélatine, de viande, de fruits ; pâtes pectorales, mucilages). Ce ramollissement est bien différent de celui qu'acquièrent par la chaleur certains corps avant de fondre ; il y a entre les deux la différence de consistance de l'argile et du caoutchouc ; les grandes et faciles déformations des corps mous, plastiques, malléables, sont permanentes, celles de gelées tremblotantes sont *élastiques*.

Graham a donné le nom de *colloïdes*, par opposition à *cristalloïdes,* aux corps capables de former des gelées. Ils ne sont pas tous organiques : la silice précipitée du silicate de soude par l'acide chlorhydrique est en gelée ; l'alumine gélatineuse jouit de propriétés physiques et chimiques spéciales. Graham a découvert de nombreux colloïdes minéraux : hydrate ferrique, ferrocyanure de cuivre, bleu de Prusse, silicates..., et Grimaux a préparé par synthèse des colloïdes azotés analogues à l'albumine.

Certaines gelées finissent par se dissoudre après s'être fortement gonflées et sont liquéfiables par la chaleur, comme la gélatine. Au contraire, l'albumine *coagulée* par la chaleur se gonfle dans l'eau sans jamais s'y dissoudre. L'hydrate ferrique qui vient de se prendre en gelée peut être redissout dans l'eau, tandis qu'il perd cette propriété lorsque le coagulum est formé depuis une demi-heure, preuve que la nature de ce coagulum change avec le temps (Grimaux).

Certains colloïdes dissous finissent par se coaguler spontanément en gelées ; une faible quantité de sel suffit à déterminer la prise. L'élévation de température accélère la coagulation ; la dilution la ralentit d'habitude ; quelquefois, au contraire, elle favorise les dépôts gélatineux. Une solution assez riche en glycérine devient coagulable par la chaleur sous l'action d'un courant de gaz prolongé ;

le coagulum se redissout sous l'influence d'un courant d'air (Grimaux).

Dutrochet a découvert qu'une poche membraneuse, comme une vessie animale, un tégument intestinal, contenant une dissolution de gomme, se gonfle lorsqu'on la plonge dans l'eau et devient turgescente. Il y a donc un transport de l'extérieur à l'intérieur, une *endosmose*. Il existe un transport simultané de l'intérieur de la poche à l'extérieur, une *exosmose*, moins fort, en ce cas, que le courant inverse. Dutrochet l'observa en colorant la solution de gomme avec de l'indigo; l'eau extérieure devenait bleue en même temps que la vessie se gonflait.

La poche membraneuse étant mise en communication avec un tube vertical, l'endosmose détermine l'ascension du liquide, jusqu'à une certaine limite, très élevée. On l'apprécie facilement avec un siphon, le coude en bas plein de mercure, la petite branche plongée dans l'eau, remplie d'une solution de gomme et fermée par une feuille de parchemin. Les courants osmotiques s'arrêtent, dit-on, lorsque la pression atteint une certaine limite. La pression n'agit qu'indirectement : *l'osmose cesse lorsque la membrane est suffisamment tendue.*

Rien ne montre mieux la différence radicale entre ces courants osmotiques et l'écoulement par des *pores* ou orifices; si la membrane était poreuse, les pores, d'autant plus ouverts, laisseraient d'autant mieux passer le liquide que la tension serait plus grande. C'est le contraire qui arrive. Graham a constaté d'ailleurs que la vitesse de *diffusion* des liquides à travers les *corps poreux solides*, plâtre, plombagine, était à peu près indépendante des pressions exercées sur les deux faces. Les dénivellations dans les tubes capillaires diminuent quand la température augmente, tandis que l'élévation de température ne fait qu'activer l'osmose. Le nom de *courant* lui-même est impropre en ce qu'il suggère l'idée d'écoulement dans un canal et rend ainsi l'existence de deux courants, inverses et simultanés, impossible à comprendre. Une membrane, avant de fonctionner, absorbe les liquides en contact, se gonfle en gelée; Graham, avec beaucoup de raison, a dit que *la membrane dissout les liquides qui la traversent*, et a rapproché très heureusement cette *diffusion* osmotique de la *cémentation*.

Le mécanisme de la diffusion à travers les membranes est le même que celui du mélange spontané de deux liquides en contact; les molécules superficielles s'allient aux éléments du liquide, et la diffusion dans l'intérieur du colloïde se fait par *permutations tournantes*. La double décomposition explique la dualité de l'osmose; en même temps qu'un élément marche vers l'intérieur, celui avec lequel il tourne marche vers l'extérieur; la différence de masses des éléments suffirait à expliquer la différence d'intensité de l'exosmose et de l'endosmose. Il n'y a pas de courant : au début, les éléments qui sortent d'un côté, ne sont pas ceux qui entrent de l'autre. Un corpuscule ne traverse la membrane qu'après avoir participé à un grand nombre de combinaisons et décompositions successives.

Une gelée n'est pourtant pas un liquide. Puisqu'elle a une forme bien déterminée, il faut que certains éléments constituent le squelette, la charpente, la trame du colloïde, et oscillent autour de positions fixes comme les corpuscules des solides parfaits; tandis que d'autres exécutent, comme les éléments liquides, des mutations continuelles.

Les gelées ont une faible densité et des molécules extrêmement complexes. « Il est difficile de ne pas rapporter l'indifférence des colloïdes à la grande expression de leur équivalent, surtout lorsque cet équivalent est formé par la répétition d'un petit nombre d'éléments. On est amené à se demander si la molécule colloïdale ne serait pas constituée par le groupement d'un certain nombre de molécules cristalloïdes plus petites, et si le principe du colloïdisme ne reposerait pas effectivement sur le caractère complexe de la molécule. » (Graham.)

La silice gélatineuse doit être représentée par $(SiO^2)^m(H^2O)^n$, n au moins, étant très élevé. Le caoutchouc contient surtout du carbone et de l'hydrogène ; on le représente par la formule simple C^4H^7, mais à la distillation il donne de l'hydrogène sulfuré, de l'acide chlorhydrique et diverses autres produits. Un chimiste représente l'albumine par la formule $10(C^{40}H^{31}Az^5O^{12}) + S^2Ph$, un autre par $C^{60}H^{100}Az^{16}O^{20}$, qui correspond à un poids moléculaire égal à 1364 « en négligeant provisoirement le soufre ». La gélatine comparée aux substances albuminoïdes contient un peu moins de carbone et un peu plus d'azote.

Ces grosses molécules forment la partie *statique* de la gelée ; elles oscillent sur place, et les intervalles considérables qui les séparent expliquent à la fois la faible densité et la grande élasticité. Les petits éléments qui constituent la partie *dynamique* du colloïde, passent d'un gros élément à l'autre, lorsque leurs mouvements de rotation ont assez d'amplitude. Ils restent en place, lorsque les oscillations tournantes sont suffisamment réduites par la tension ou le froid.

Les colloïdes et matières hygrométriques gonflent et absorbent les liquides ; les éléments statiques sont écartés et finissent quelquefois par permuter ou se décomposer : la gélatine se dissout ou fond sous l'action de l'eau et de la chaleur. Le caoutchouc absorbe jusqu'à 20 p. 100 de son poids d'eau, d'alcool ; dans le sulfure de carbone, il gonfle beaucoup et finit par se dissoudre, mais pas à la manière des cristalloïdes : il tombe en lambeaux en se déchiquetant avant de se résoudre dans le dissolvant.

Il absorbe beaucoup de soufre, et ainsi *vulcanisé*, il jouit de propriétés spéciales.

Pour que la diffusion se produise, il suffit que les fluides qui sont de chaque côté de la membrane soient hétérogènes et miscibles. La présence d'un acide d'un côté et d'un alcali de l'autre est très favorable à l'osmose; ces circonstances s'établissent spontanément lorsque la membrane est mouillée par certains sels qui se décomposent en acide qui la traverse et en sel basique. L'hydrogène des ballons de caoutchouc se diffuse dans l'air (Mittchel); un ballon plein d'air se gonfle dans une atmosphère d'hydrogène; une bulle de savon gonflée d'air et placée dans un vase rempli de gaz carbonique devient de plus en plus lourde. L'osmose des gaz est très différente suivant que la membrane est sèche ou mouillée, et suivant la nature des liquides qui la gonflent. L'oxyde de carbone traverse des plaques de fonte rougies (Deville).

Les colloïdes dissous ne diffusent que peu ou point à travers les diaphragmes; les dissolutions minérales diffusent plus ou moins rapidement. Les gros éléments colloïdaux ne permutent pas, tandis que les molécules très simples des chlorures, des iodures permutent facilement; l'acide chlorhydrique, dont la molécule élémentaire HCl est la plus simple, est le corps le plus diffusible. La diffusion des sels neutres à travers les membranes ne diffère guère du mélange spontané des dissolutions en contact direct; il n'en n'est pas ainsi des solutions acides ou alcalines.

L'osmomètre qui sert à observer et mesurer les diffusibilités osmotiques se compose d'une cloche de verre B terminée par un tube vertical gradué T et

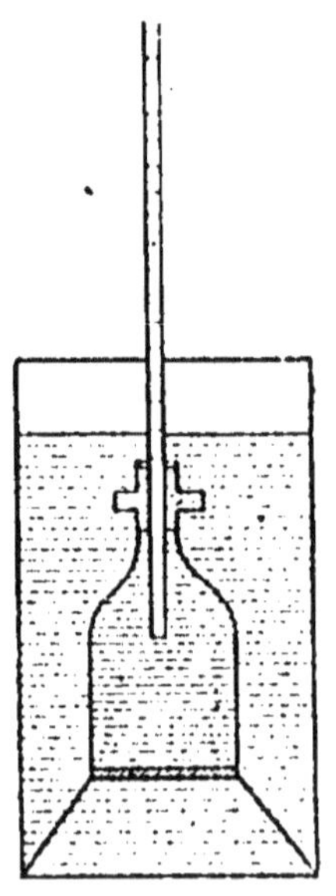

Endosmose de Dutrochet

Fig. 35.

obturée par un diaphragme membraneux CD, morceau de vessie de bœuf ou de calicot trempé dans le blanc d'œuf et coagulé ensuite par l'eau bouillante. L'instrument contenant le liquide à essayer est placé dans un vase A plein d'eau distillée. Si la solution est alcaline, l'eau s'élève dans le tube ; elle baisse, au contraire, l'exosmose l'emporte sur l'endosmose lorsqu'elle est acide. L'osmose est *élective*, comme tout phénomène chimique.

Elle est d'autant plus rapide, plus énergique, que les solutions sont plus étendues ; ce fait doit être rapproché de l'absorption de chaleur croissante avec la quantité de dissolvant. Les radicaux moléculaires $(H^2O)^n$ sont décomposés par le minéral dissous en molécules moins complexes qui diffusent plus facilement ; et cette décomposition absorbe de la chaleur. Je rappellerai à ce sujet que les différentes formes solides d'acide arsénieux ont des solubilités très différentes.

Les corps mélangés diffusent à peu près comme s'ils étaient seuls ; il en est de même des éléments de beaucoup de combinaisons qui sont dissociées par le dissolvant. Des corps mélangés ou combinés peuvent être industriellement séparés par diffusion à travers un diaphragme. L'épuration des mélasses de betteraves se fait par séparation osmotique des jus sucrés et des sels minéraux et organiques (Dubrunfaut). Graham a donné le nom de *dialyse* à cette séparation, et celui de dialyseur à l'osmomètre. On peut extraire de l'air, au moyen d'un sac membraneux, un mélange contenant jusqu'à 47 p. 100 d'oxygène, et capable de rallumer une bougie qu'on vient d'éteindre (Graham). Les sels doubles et certains sels simples sont divisés par la diffusion. L'addition d'un dixmillième de carbonate de potasse rend cinq fois plus rapide l'osmose du sulfate de potasse parfaitement neutre ; osmose qui est annulée par une très faible quantité d'acide chlorhydrique.

42. — Catalyse. — Nutrition.
Ferments. — Microbes.
Cuisine.

> La science doit expliquer toujours le plus obscur et le plus
> complexe par le plus simple et le plus clair. Or, la vie, qui est ce
> qu'il y a de plus obscur, ne peut jamais servir d'explication à rien.
> J'insiste sur ce point parce que j'ai vu des chimistes invoquer par-
> fois eux-mêmes la vie pour expliquer certains phénomènes physico-
> chimiques spéciaux aux êtres vivants. J'ai quelquefois entendu dire
> que la propriété de dédoubler le sucre était due à la *vie* propre du
> globule de levure. C'est là une explication vitale qui ne veut rien
> dire et qui n'explique en rien la faculté dédoublante de la levûre
> de bière. Nous ignorons la nature de cette propriété, mais elle doit
> nécessairement appartenir à l'ordre physico-chimique et être aussi
> nettement déterminée que la propriété de la mousse de platine,
> par exemple, qui provoque des dédoublements plus ou moins ana-
> logues, mais qu'on ne saurait attribuer dans ce cas à aucune force
> vitale. En un mot, toutes les propriétés de la matière vivante sont,
> au fond, ou des propriétés connues et déterminées, et alors nous les
> appelons propriétés *physico-chimiques,* ou des propriétés inconnues
> et indéterminées, et alors nous les nommons propriétés *vitales.*
> (Claude BERNARD, *Introduction à la médecine expérimentale.*)

Berzélius a donné le nom de *catalyse* aux phénomènes
chimiques qui se produisent en présence de certains
corps dont la composition demeure sensiblement constante du commencement à la fin de la transformation :
action catalytique du noir de platine produisant le changement de l'alcool en acide acétique ; transformation du
sucre en alcool par la levure de bière. Mittscherlich les
appelle *effets de contact* ou *actions de présence ;* pour lui, la
transformation est due, non à l'affinité mais à la seule
présence qui remplace nominalement la *force catalytique* de
Berzélius. Catalyse signifie proprement : action dissol-
vante ; appliquée spécialement aux *ferments,* l'expression
est heureusement choisie.

Une quantité relativement faible d'acide sulfurique peut
éthérifier une grande quantité d'alcool. Le rôle que joue
dans cette réaction l'aci le sulfovinique et par suite l'acide
sulfurique, tel que l'a si bien montré Williamson, est le
véritable type de l'action de présence.

$$SO^3(H^2O)_a + C^2H^4O + C^2H^4(H^2O)_b$$
$$= SO^3(H^2O)_b + C^2H^4O, C^2H^4 + (HO^2)_a.$$

L'acide est successivement décomposé et régénéré ; mais l'acide final $SO^3(H^2O)_b$ n'est pas absolument le même que l'acide initial $SO^3(H^2O)_a$, tout en ayant une composition identique à l'élément sulfuré ; la molécule SO^3 (ou le radical SO^4) est toujours la même, mais la molécule $(H^2O)_a$ (ou les atomes H^2) a été remplacée un très grand nombre de fois par des éléments identiques $(H^2O)_b$.

Les vapeurs d'alcool s'oxydent à l'air en présence du platine très divisé et se transforment en acide acétique ; les éléments alcooliques se combinent avec l'oxygène allié au platine :

$$C^4H^6O + (Pt)^m O_a^2 + O_b^2 = C^4H^4O_a^2 + H^2O + (Pt)^n O_b^2.$$

Cette *fermentation* acétique se produit aussi sous l'action d'un ferment organique ; la réaction n'a peut-être pas lieu entre les mêmes éléments, l'alcool pouvant être décomposé de diverses manières ; mais on imaginerait difficilement un mécanisme différent de la permutation physico-chimique. Ces transformations sont toujours d'ailleurs accompagnées de dégagement de chaleur.

« Tous les corps susceptibles de se putréfier *deviennent, en se putréfiant, des ferments,* c'est-à-dire qu'ils acquièrent, dans cet état, la faculté d'exciter la fermentation dans un corps fermentescible.....

« .... Tous les phénomènes de fermentation, considérés dans leur ensemble, confirment ce principe, émis depuis longtemps par Laplace et Berthollet, qu'*une molécule mise en mouvement par une force quelconque peut communiquer son propre mouvement à une autre molécule en contact avec la première.* » (Liebig.)

Sous l'action des *ferments solubles,* les transformations sont des *dédoublements* moléculaires après fixation d'eau. La *diastase,* substance azotée amorphe extraite de l'orge germée (Payen), transforme deux mille fois son poids d'amidon en glucose et dextrine :

$$C^{12}H^{20}O^{15} + H^2O = C^6H^{12}O^6 + C^{12}H^{10}O^{10}.$$

Les membranes dans l'osmose et l'eau dans la simple diffusion opèrent des hydratations et des dédoublements analogues. Une feuille de parchemin bien gonflée d'eau détermine le dédoublement de sels doubles, tout en conservant sensiblement la même composition au commencement et à la fin de la dialyse. L'osmose est une catalyse.

Certaines piles ne fonctionnent pas en circuit ouvert; l'action de l'acide sur le zinc amalgamé est déterminée par la *présence* du conducteur ou le *contact* de deux solides. N'est-ce pas là le caractère des actions catalytiques?

On appelle *nutrition* « le double mouvement continu de combinaison et de décombinaison, d'assimilation et de désassimilation, que présentent, sans se détruire, les éléments anatomiques des êtres vivants ». Le mécanisme de la nutrition est le même que celui des liquides et des gelées colloïdes; le nom de *mouvements hydrotrophiques* conviendrait très bien à ces permutations corpusculaires tournantes qui constituent la liquidité, la diffusion, la nutrition. (Dans toutes les langues vivantes occidentales, *hydro* et *trophie* signifient liquidité et nutrition.)

Les éléments anatomiques des êtres supérieurs, différenciés, comme les êtres inférieurs eux-mêmes, sont des cellules ou globules colloïdaux, vivant au sein d'un *liquide.*

Pour qu'un principe soit assimilé, il faut qu'il soit dissous. C'est le rôle des ferments de transformer les aliments en matières solubles, de les *digérer*. L'eau, les corps solubles, comme les sels minéraux, peuvent être absorbés et assimilés, en traversant par osmose les membranes et tissus, sans passer par les appareils spéciaux de circulation et de digestion. Sous l'action du vésicatoire, le liquide du sang se diffuse, s'épanche à travers les vaisseaux et tissus et s'accumule en ampoule sous l'épiderme

tendu. Les *purgatifs salins*, sulfates et chlorures alcalins en
solution *étendue*, déterminent une exosmose considérable
et épaississent ainsi les liquides de l'organisme. Les liquides légèrement acides déterminent, au contraire, l'endosmose et sont rafraîchissants. On sait l'importance du
sel dans la digestion des civilisés.

Des organismes généralement petits et inférieurs comme
les graines, les germes, quelquefois très différenciés
comme les rotateurs et probablement beaucoup d'autres
(branchypus), peuvent supporter une dessiccation considérable et demeurer très longtemps à l'état statique, à l'état
de *vie latente*. Sous l'action de l'eau et surtout de l'humidité chaude, ils se gonflent en gelée comme un morceau
de parchemin, puis *vivent effectivement*, dynamiquement.
L'acte fondamental de toute vie, c'est la nutrition qui peut
différer, mais non essentiellement, de l'osmose. L'organisme, quelles que soient sa forme, sa différenciation,
est soumis à l'action physico-chimique du milieu, et
réagit sur lui; ses corpuscules, comme ceux des gelées
colloïdes dans une solution aqueuse, de l'acide sulfurique
dans l'alcool, permutent avec ceux du liquide ambiant,
qu'ils transforment en se transformant eux-mêmes. A
l'état adulte, l'organisme se conserve en échangeant constamment ses éléments avec ceux du milieu; il est à l'état
de *régime permanent*, comme l'acide de Williamson dans
l'éthérification. Il peut aussi assimiler plus, moins ou différemment qu'il désassimile, et ainsi croître, s'hypertro-
phier ou décroître; cristalliser, se dissoudre, se volatiliser;
mourir, pourrir.

Les effets de la *fermentation* vineuse, dit Lavoisier (1789),
se réduisent à la séparation du sucre en deux parties, dont
l'une s'oxyde aux dépens de l'autre : l'acide carbonique et
l'alcool combustible. Les résultats principaux de cette

transformation (95 p. 100 des produits) sont représentés, selon Gay-Lussac, par l'équation suivante :

$$C^{12}H^{12}O^6 = 2CO^2 + 2C^4H^6O^2.$$

Dans les cinq centièmes restant, Pasteur a trouvé de la glycérine, de l'acide succinique ; il a montré de plus que le ferment *levure de bière* (organisme végétal-Schwann) ne fait pas seulement acte de présence, mais vit et se développe pendant la fermentation ; qu'il y a production de cellulose. La *vie* de la levure est à la fois la cause et l'effet de la fermentation alcoolique. D'après Berthelot, le dédoublement des liquides sucrés peut se produire sans l'intervention de la levure, en présence d'un ferment amorphe, non *figuré*, mais dans des conditions différentes et avec moins de rapidité. « Si le champignon est la cause de la destruction du chêne, si l'infusoire est la cause de la putréfaction de l'éléphant mort, quelle est donc la cause qui détermine la putréfaction du champignon et de l'animalcule, quand la vie s'est aussi retirée d'eux ? Ils fermentent, ils se pourrissent, ils se détruisent, comme l'arbre, l'éléphant et donnent finalement comme eux les mêmes produits !.... Certainement leur présence *accélère* beaucoup la pourriture des substances organiques ; c'est qu'ils emploient pour se nourrir, pour se développer, les parties animales qui se décomposent et par là celles-ci se détruisent naturellement plus vite. » (Liebig.)

Sous l'influence des ferments émulsifs et saponifiants, tels que la pancréatine, les corps gras sont émulsionnés et saponifiés, c'est-à-dire dédoublés, après hydratation, en glycérine et acides gras (Claude Bernard), comme ils le sont en présence des alcalis, en glycérine et sels gras ou savons (Chevreul). Cette transformation et les analogues : catalyse de l'amidon par la diastase ou la ptyaline de la salive, et la liquéfaction des matières albuminoïdes par la pepsine du suc gastrique, constituent la digestion des mammifères, et précèdent nécessairement l'absorption intestinale. Cette absorption n'est pas une simple diffusion osmotique ; elle est accompagnée de phénomènes physiologiques spéciaux. Les cellules épithéliales qui pavent la membrane intestinale sont les agents intermédiaires de l'absorption ; elles se développent, meurent, tombent et sont remplacées par d'autres qui naissent (Cl. Bernard). Dans l'absorption intestinale comme dans la fermentation vineuse, il y a donc, outre le phénomène physico-chimique, des phénomènes biologiques caractérisés par la présence d'*éléments figurés* vivants, cellules de levure ou cellules épithéliales ; phénomènes cardinaux ou secondaires suivant le point de vue auquel on se place. Mais le mécanisme corpusculaire est en tous cas le même; l'activité physiologique, vitale, envisagée dans toute sa profondeur, ne diffère que par degrés de l'activité chimique proprement dite. Il n'y a qu'une chimie et non deux : une vivante et une morte. Suivant les circonstances, les objets sont minéraux ou organiques et aptes à vivre. Les atomes des êtres figurés, vivants, sont les mêmes que les atomes des êtres amorphes ou cristallisés. Les groupements atomiques et moléculaires sont différents ; mais il y a moins de différence, en ce qui concerne les éléments corpusculaires et leurs mouvements, entre un tissu vivant et un liquide minéral ou une gelée de silice, qu'entre un liquide ou une gelée et un cristal, un métal solide, un gaz. Et les transformations chimiques biologiques sont plus rapprochées des phénomènes de combustion lente et d'éthérification, que ceux-ci des phénomènes explosifs et des réactions violentes et brusques des laboratoires.

Ce qui distingue surtout la vie de la physique chimique, c'est l'existence d'éléments colloïdes *figurés*, c'est l'*état histologique.* Sans une forme déterminée quoique variable, la *reproduction d'éléments semblables* n'a pas de signification.

On donne le nom de *liquides vivants* aux blastèmes interstitiels, aux plasmas circulants, parce qu'ils sont constamment en mouvements de composition et décomposition; pour nous, tous les liquides sont en mouvements hydrotrophiques. Cette conception va fournir de nouveaux arguments à la querelle des ferments.

A la manière des fabricants de conserves alimentaires, mais dans des conditions parfaitement déterminées, Pasteur enferme, dans un vase stérilisé, du sang, de l'urine, à l'abri de tout ferment, de tout germe; ces liquides se conservent des mois, dans le vase scellé, sans changer d'aspect et d'odeur. Voilà le fait.

Voici maintenant le dogme : « Toute *fermentation* est liée à l'existence, la nutrition, la multiplication d'un *microbe spécial*, caractérisé par ses formes, ses propriétés biologiques, et les modifications chimiques spéciales qu'il détermine dans le milieu où il vit. » La *putréfaction* et les *maladies infectieuses* ont de grandes analogies avec les fermentations et sont attribuées, de même, à des microbes spéciaux qui sont la partie réellement active des ferments, des virus et des vaccins. Pour Pasteur et son école, pas de fermentation, pas de putréfaction, pas de maladies, pas de contagion, pas de vaccination préservatrice, sans une cause extérieure, sans un *petit être vivant* spécial, qui *respire* l'oxygène libre de l'atmosphère (*aèrobie*) ou l'oxygène combiné dans certaines matières qu'il décompose en respirant (*anèrobie*). — Ces *microbes, micro-organismes, micro-parasites, végétaux microscopiques,* qu'on nomme, suivant leurs formes : *cellule, bactérie, vibrion, bacille, micrococcus...,* sont visibles au microscope sous de très forts grossissements, avec le secours, dans certains cas indispensables, de matières colorantes électives; quelquefois ce sont des *microbes hypothétiques* comme celui de la rage. — Entre les ferments physiques, chimiques, amorphes, liquides, entre les *diastases* ou ferments digestifs, dissolvants, entre les *venins* des serpents et insectes ou *poisons* analogues, entre tous ces ferments et les microbes ou *ferments figurés,* il y a une différence radicale, absolue. Les *antiseptiques* ne sont que des *microbicides, des parasiticides.*

Cependant, la transmission de l'immunité du charbon de la mère au fœtus, à travers le placenta, filtre qui ne laisse passer normalement aucune bactérie (Chauveau); la mort parfois foudroyante des cholériques sans qu'on trouve le bacille de Koch ailleurs que dans l'intestin; montrent que la théorie microbienne doit être au moins modifiée.

Il y a longtemps que Berthelot a montré que la levure excrète un ferment *soluble,* un *liquide,* qui agit sur le sucre comme la diastase sur l'amidon et peut agir en dehors de tout organisme figuré. Panum, puis Gautier, ont extrait des matières organiques en putréfaction des substances vénéneuses, les *ptomaïnes,* comparables aux venins et aux poisons alcaloïdes, particulièrement à la strychnine. Tout récemment Peyraud a découvert deux *vaccins chimiques* de la rage, l'essence de tanaisie et le chloral. Enfin les lieutenants de Pasteur eux-mêmes, Roux et Chamberland, ont reconnu la possibilité de *vacciner* contre les maladies infectieuses *sans aucun virus vivant,* par la simple inoculation de substances animales, végétales ou minérales, de substances non figurées, solubles, liquides, mais de constitution identique ou comparable aux substances toxiques élaborées par les *microbes pathogènes.* Aujourd'hui, on prononce un peu partout, timidement il est vrai, le nom de *poison rabique.*

Quelle différence y a-t-il donc entre un *virus* et un *poison?* « Les venins et certains alcaloïdes peuvent agir eux aussi à très petite dose; mais en produisant leur effet, ils agissent tout autrement que les virus; ils ne se multiplient pas; au contraire, ils se détruisent » (Chamberland). « Le *poison* exerce une action foudroyante ou s'élimine peu à peu de l'organisme empoisonné; le poison produit par les microbes se reproduit constamment. C'est cette *reproduc-*

lion incessante des ptomaïnes qui distingue les maladies microbiennes de l'intoxication ordinaire. » (Duclaux)[1].

J'en reviens à l'éthérification : en présence d'une petite quantité d'acide sulfurique, il se forme dans l'alcool une *production incessante* d'éther, comme il y a *production incessante* d'alcool au sein des liquides sucrés en présence d'une petite dose de levure. L'acide sulfurique ne se détruit pas, il se régénère au fur et à mesure de sa décomposition; c'est un véritable *ferment éthérifique*, un ferment chimique, liquide, minéral, dont le mode d'action ne diffère pas essentiellement de celui des diastases et des ptomaïnes. L'acide sulfurique ne se multiplie pas; en cela, il diffère certainement des microbes qui favorisent évidemment la fermentation par leur multiplication, qui la rendent plus active, plus énergique. Mais, encore une fois, il n'y a pas là de différence radicale.

Dans l'éthérification l'acide sulfurique A se conserve, sans s'accroître, sans se° multiplier, dans l'alcool B, en produisant, en excrétant constamment de l'éther C. Si le liquide C était un ferment, un poison, en quoi différerait-il des ptomaïnes incessamment produites par des éléments figurés? L'ensemble du liquide (A-C) se nourrit, s'accroît, se reproduit, en un mot *vit* dans le milieu B; c'est la vie liquide, *la vie sans forme.*

Les aliments humains, aliments proprement dits et médicaments, sont profondément transformés, avant l'ingestion, par la cuisson et les divers procédés de la cuisine domestique et manufacturière (boulangerie, pâtisserie, confiserie et conserves... pharmacie).

Cuisine! Il n'y a pas de mot plus méprisant pour cer-

---

1. Voyez les divers articles du tome XLI de la *Revue scientifique.* 1888.

tains chimistes qui limitent la science aux petites proportions numériques. Le mépris de la cuisine est classique ; on le professe au moins implicitement. Qui ne l'a
ressenti, qui ne l'éprouve encore ? En quoi l'économie domestique est-elle plus ignoble que l'économie rurale ?
L'illustre comte de Rumfort jugeait l'art du cuisinier
aussi intéressant que l'art de l'agriculture ; il employait
sans honte sa haute science à l'étude d'une soupe, comme
à celle d'une lampe ou d'une cheminée.

Il y a beaucoup à apprendre dans le laboratoire de la
nutrition civilisée ; non seulement pour l'utilité qui doit
toujours primer la curiosité scientifique, mais encore au
point de vue théorique[1].

« C'est par une suite de cette disposition (capacité
calorifique et température d'ébullition) que les liquides
chauds agissent d'une manière différente sur les corps
sapides qui y sont plongés. Ceux qui sont traités à l'eau
se ramollissent, se dissolvent et se réduisent en bouillie ;
il en provient du bouillon ou des extraits ; ceux au contraire qui sont traités à l'huile se resserrent, se colorent
d'une manière plus ou moins foncée et finissent par se
charbonner. Dans le premier cas l'eau dissout et entraîne
les sucs intérieurs des aliments qui y sont plongés ; dans
le second, ces sucs sont conservés, parce que l'huile ne
peut les dissoudre, et si ces corps se dessèchent, c'est
que la continuation de la chaleur finit par en évaporer les
parties humides. » (Brillat-Savarin, *Physiologie du goût
ou Méditations de gastronomie transcendante. Méditation VII.
Théorie de la friture*, § 2. *Chimie.*)

« Les médecins ?.... Mais à quoi leur sert la curieuse
avidité qu'ils montrent à considérer certaines choses ?....
Ce n'est pas assez d'examiner ce qui s'échappe. » (Sterne,
Tristram Shandy, XXV.)

---

1. Voyez la fin du numéro 41.

43. — Atmosphères superficielles.
Contractilité. — Capillarité. — Mouillure.
Corps à grande surface. — Corps poreux. — Filtres.
Terres. — Agriculture.

Les mouvements corpusculaires des fluides au voisinage de la surface ne sont pas identiques aux mouvements en pleine masse. Lorsqu'un liquide est en contact avec un solide dans lequel il ne diffuse pas, ou avec un liquide auquel il ne se mélange pas, aucun élément ne traverse la surface de contact ; tandis qu'en pleine masse, tout élément plan d'une superficie déterminée est traversé, pendant l'unité de temps, par un nombre de corpuscules indépendant de son orientation. Si le liquide est en contact avec un liquide auquel il se mélange en partie, comme l'eau avec l'éther ; avec un colloïde dans lequel il se diffuse ; avec un gaz ou avec sa propre vapeur : la surface de séparation sera traversée par un certain nombre d'éléments des deux corps en présence ; mais, en général, le nombre des permutations corpusculaires sera plus grand dans le plan tangent à la surface que dans la direction perpendiculaire. Et telle est la cause des perturbations aux lois simples de l'hydrostatique : dénivellation capillaire, forme des liquides, tension superficielle...

Les expériences de Woolf, Palzow, Lippmann, illustrent nettement la connexion entre les phénomènes capillaires et les permutations corpusculaires des corps en contact.

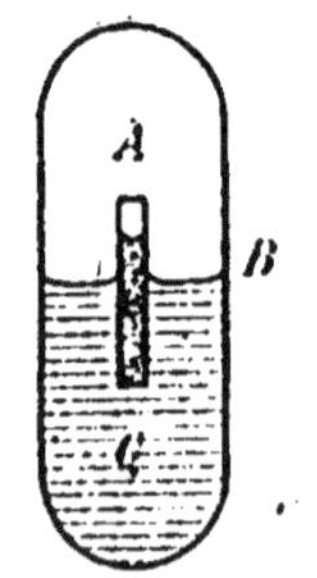

Expérience de Woolf
Fig. 36.

Un tube capillaire A, ouvert aux deux bouts, est maintenu dans l'axe d'un vase B complètement clos et à moitié plein d'un liquide C : éther, alcool, sulfure de carbone, huile de naphte... La dénivellation capillaire et la courbure du ménisque diminuent en même temps, à mesure que la température s'élève, c'est-à-dire à mesure que les échanges moléculaires entre le liquide et sa vapeur deviennent plus fréquents. Au voisinage du point critique, les permutations se font à peu près également dans le plan tangent à la surface et dans la direction normale; le ménisque devient plan et se met de niveau avec le liquide extérieur.

Le mercure étant en contact avec un liquide, il suffit d'ajouter à ce liquide une très petite quantité de certaines solutions pour faire varier considérablement les phénomènes capillaires. La dénivellation du mercure augmente subitement sous l'action d'une trace d'acide chlorhydrique, de sel marin, d'hyposulfite de soude, ajouté à l'eau contenant un peu d'acide sulfurique et qui surnage, ou par l'addition d'un peu de zinc ou de potassium au mercure lui-même. Au contraire, l'acide chromique, le bichromate ou permanganate de potasse, diminuent la dépression, la tension superficielle. La mouillure du verre par l'eau pure est instable; l'eau acidulée mouille très bien. Pour interpréter ces faits, il faut d'abord se rappeler les propriétés de dissolutions très diluées.

Les solutions aqueuses de brôme, d'iode, ont une action capillaire de même sens que celle des hydracides; tandis que leur homologue, le chlore, dissous dans l'eau, n'a pas d'action sensible. Ces corps halogènes attaquent pourtant tous trois le mercure. Cela montre bien que la tension superficielle n'est pas déterminée par la combinaison chimique proprement dite. Il y a combinaison et combinaison.

Les mouvements hydrotrophiques, de décomposition et combinaison corpusculaires, des *bulles* et *atmosphères superficielles* des liquides s'exécutent surtout dans l'épaisseur. Dans certains cas, il n'y a aucune mutation corpusculaire à travers la surface SS; toutes les permutations s'effectuent parallèlement à la surface : B prend la place de B₁, est successivement combiné avec A, A₁, A₂...; B′ avec

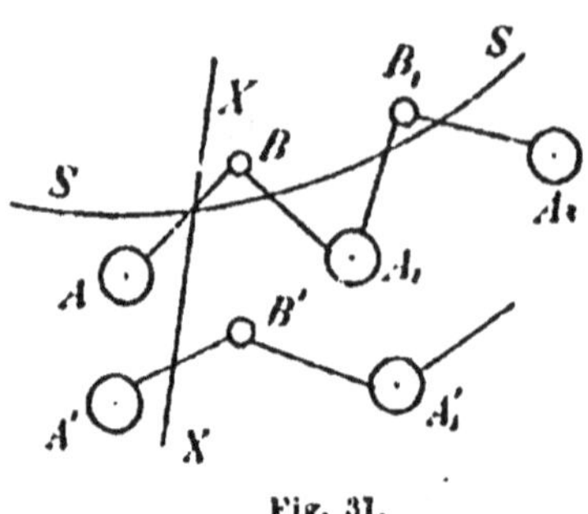

Fig. 31.

A′, A′₁... Ainsi il y a *glissement spontané* dans toutes les directions parallèles à la surface SS ; tandis que dans toute direction franchement oblique XX, non seulement il n'y a pas de glissement spontané, mais encore il faudrait une force pour produire un glissement ; B′ passe de A′ à A′₁, mais non de A′ à A. *La bulle est solide dans la direction normale à la surface et liquide dans toutes les directions tangentielles*[1].

L'atmosphère superficielle est comparable, à un certain point de vue, à une membrane élastique constamment tendue ; c'est une membrane *contractile*. La contractilité diffère beaucoup d'ailleurs de l'élasticité : la force élastique diminue au fur et à mesure que le corps se détend ; la contractilité n'a pas de limite. Quelle que soit la grandeur de la contraction, quelle que soit l'épaisseur de la bulle, la contractilité existe toujours, elle ne diminue pas ; la tension superficielle est indépendante de la courbure, de la forme. Toutes les fois qu'une mince couche de liquide est étendue sur un corps qu'elle ne mouille pas, on la voit se contracter, se déchirer, prendre la forme qui correspond à la plus petite superficie[2].

L'atmosphère superficielle des liquides adhère peu à la masse, et peut être enlevée au moyen d'un anneau mouillé. Cette couche enlevée, une autre se reforme et peut être enlevée à son tour ; c'est un vrai *clivage*. La production des *feuillets* cristallins, au contact des couches successivement formées, est toute semblable à la production des

---

1. Voir plus loin les numéros 58 et 59.
2. Voir pages 31 et 47.

atmosphères successives. Le feuillet du cristal ne diffère de la bulle que par sa solidité en toutes directions; la bulle est une lame cristalline dynamique.

Dans la vaporisation, des petits éléments B se dégagent et sont remplacés par d'autres B'; d'où glissements spontanés suivant XX et diminution de tension superficielle, d'autant plus sensible que l'évaporation est plus active.

Les effets de la combinaison d'un élément extérieur C avec un corps formé d'éléments A, B, non identiques, (quoique pouvant être formés d'atomes ou de molécules identiques) seront généralement différents, suivant que C s'alliera à A ou à B. La combinaison C-B produira, comme l'évaporation, une diminution de tension; c'est le cas des atomes d'oxygène et des substances oxydantes sur le mercure. Les molécules élémentaires H^2O, HCl, les *molécules* d'iode, les éléments métalliques R, H, s'allient aux gros éléments A et déterminent au contraire un accroissement de dénivellation capillaire.

Entre l'eau et l'air il se fait des échanges constants; si l'ensemble du liquide est animé d'une certaine vitesse, les molécules de gaz et de vapeurs qui s'échappent conservent la vitesse générale qu'elles avaient dans la dissolution. Ce qui explique *l'entraînement* des gaz par les liquides, la formation de globules gazeux au sein de l'eau versée d'une certaine hauteur.

Les molécules gazeuses peuvent se combiner statiquement aux solides. Il est difficile d'enlever l'air qui adhère aux vases de verre et qui détermine l'ébullition. Aux températures ordinaires, les molécules simples de vapeur d'eau (H^2O) se fixent sur le verre; lorsqu'elles sont assez nombreuses et rapprochées, elles ne tardent pas à se réunir et à former des molécules complexes, la *buée* et finalement des gouttes ruisselantes. L'eau pure ne mouille le verre qu'un instant aux températures ordinaires; tandis que l'eau contenant des traces d'acide sulfurique le mouille parfaitement. Cela tient à ce que les solutions étendues, qui ont une énergie interne considérable, contiennent, en bien plus grand nombre, des molécules élémentaires H^2O capables de se combiner aux éléments du verre.

La combinaison peut être dynamique sans diffusion à l'intérieur, c'est alors une *diffusion superficielle* ; un élément C ne reste pas lié au corpuscule A du solide, mais permute avec les divers éléments B de la surface. L'atmosphère du solide mouillé est alors semblable à celle des liquides. Un fluide qui mouille un objet s'étend spontanément à sa surface, et c'est ainsi que les liquides qui mouillent le verre s'élèvent spontanément sur les bords des vases et dans les tubes capillaires.

Lorsqu'on approche d'une couche d'eau colorée une goutte d'éther, les vapeurs d'éther se dissolvent dans l'eau voisine et diminuent la tension superficielle dans une certaine zone. Sous l'action des tensions supérieures de la périphérie, cette zone se creuse et forme une fossette. La couche d'eau peut être complètement percée si elle est assez mince, et le fond du vase mis à nu.

L'eau et les solutions salines mouillent le mercure ; la tension superficielle, et, par suite, la forme de sa surface, dépendent de l'action du liquide en contact, de la façon dont le mercure est mouillé. Une goutte de mercure placée au fond de l'eau s'aplatit sous l'action de la pesanteur ; elle s'aplatit davantage au contact des matières oxydantes comme le bichromate de potasse, et se contracte, au contraire, sous l'action de l'acide chlorhydrique. Les mêmes phénomènes se reproduisent sur les gouttes de métaux ou alliages fondus sous des liquides divers. Une goutte de chloroforme, dans l'eau distillée, tombe au fond et conserve sa forme arrondie ; elle s'aplatit dès qu'on ajoute un peu de solution saline, et reprend sa forme primitive par l'addition d'un acide (Donny).

Des actions inverses successives déterminent, dans certaines circonstances, des déformations alternatives extrêmement remarquables. Voici une expérience de Lippmann aussi saisissante que facile à réaliser : « On met une large goutte de mercure dans une soucoupe. On verse par-dessus de l'eau contenant de l'acide sulfurique et une *très faible* quantité de bichromate de potasse. Enfin, on fixe près de la soucoupe un fil de fer dont l'extrémité pénètre dans l'eau et vient toucher le bord de la goutte de mercure. Aussitôt que ce contact a lieu, la goutte se contracte vivement ; le mouvement, ainsi commencé, continue pendant plusieurs heures : la goutte subit une série de contractions et de dilatations successives, d'autant plus rapides qu'elle est plus petite, d'autant plus étendues qu'elle est plus grande ».

$$Cr^2O^7K^2 + 4SO^4H^2 = SO^4K^2 + (SO^4)^3Cr^2 + 4H^2O + 3O.$$

Sous l'action de l'acide sulfurique, le bichromate donne des sulfates de potasse et de chrome, de l'eau et de l'oxygène qui se combine au mercure et détermine un abaissement de tension superficielle, un aplatissement de la goutte. Le fer et l'acide sulfurique, en produisant de l'hydrogène, agissent en sens inverse. Chaque fois que la goutte de mercure touche le fer, elle se contracte ; le contact cesse, la goutte s'oxyde de nouveau, se dilate, retouche le fer, se contracte et ainsi de suite.

L'atmosphère superficielle n'occupe pas seulement la surface en contact avec un milieu fluide ; elle enveloppe complètement le corps. Un liquide placé dans un vase est complètement entouré d'une atmosphère, d'un sac membraneux qui se moule sur les parois. Il peut d'ailleurs exister des différences plus ou moins grandes, soit de tension, soit de composition, entre les diverses parties de cette atmosphère, suivant les degrés d'adhérence ou de diffusion des corps en contact.

Le vase R, plein de mercure étant en communication avec deux tubes capillaires T, T' ; on produit de grandes différences de dénivellation en plaçant au-dessus du ménisque des liquides contenant de très faibles quantités de réactifs différents. Lippmann a découvert qu'on rétablissait l'égalité de niveau dans les tubes T et T' en mettant en communication les deux liquides au moyen d'un tube de verre t rempli d'eau acidulée. Pour que l'expérience

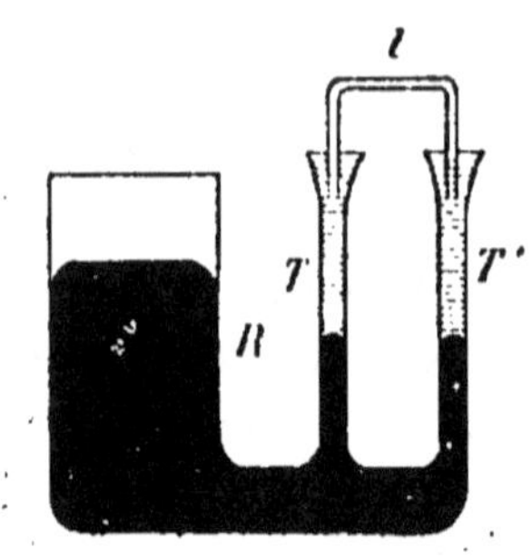

Expérience de Lippmann

Fig. 38.

réussisse, il faut que les liquides des trois tubes T, T', t ne soient pas trop différents ; par exemple, soient composés en grande partie d'eau. Les atmosphères des liquides T et T', étant en communication avec celles du liquide t, les tensions superficielles s'égalisent.

L'atmosphère superficielle des objets est généralement une très faible partie de la masse totale, et n'a aucune influence sensible sur une foule de phénomènes qui se rapportent à la partie principale. Il en est tout autrement des *corps à grande surface*, des objets qui ont une dimension au moins très petite : *bulles, membranes, fils, filaments, poudres, poussières, fumées, précipités chimiques, corps poreux, filtres...* Pour eux, l'atmosphère superficielle est presque tout, la masse profonde presque rien.

Le rapport du volume à la surface des corps sphériques est proportionnel au diamètre :

$$\frac{v}{s} = \frac{\frac{4}{3}\varpi r^3}{4\varpi r^2} = \frac{r}{3}.$$

Les corps, ayant trois dimensions du même ordre de

grandeur, ont une superficie relative d'autant plus grande
qu'ils sont plus petits. Il en est encore de même des membranes $v = s \times e$ et des filaments :

$$v = \varpi r^2 \times l = 2\varpi \cdot r \cdot l \times \frac{r}{2} = \frac{s \cdot e}{4}$$

dont le volume est proportionnel au produit de la surface
par l'épaisseur. La superficie des corps criblés de pores
cylindriques est :

$$\sum s = \sum \frac{4 \cdot v}{e};$$

e étant l'épaisseur moyenne ; le volume des pores Σv étant
une fraction déterminée du volume du corps, la superficie
Σs est d'autant plus grande que e est plus petit, que les
pores sont plus nombreux.

Le poids d'un corps de densité δ dans un fluide de densité δ' est $v\,(\delta - \delta')$; s'il est sollicité par une pression
$p \times s$ égale ou supérieure au poids, il ne tombera pas. Dans
le cas où le corps est sphérique :

$$p \cdot s = 4 \cdot \varpi \cdot r^2 \cdot p \geqslant \frac{4}{3} \varpi r^3 (\delta - \delta') \qquad p \geqslant \frac{r}{3}(\delta - \delta').$$

Les poussières qui ont une faible densité, et surtout de
très petites dimensions sont très légères, en ce sens qu'il
suffit d'un très petit effort pour les empêcher de tomber.
Les bulles ont une densité relative $(\delta - \delta')$ extrêmement
petites ; les grosses bulles sont elles-mêmes très légères ;
les petites ont une légèreté extrême, voltigent au moindre
souffle ; elles ne peuvent tomber qu'avec une grande lenteur, la résistance de l'air croissant très rapidement avec
la vitesse. Des corps aussi légers éprouvent, lorsqu'ils
sont assez petits, des déplacements sensibles sous le choc
des molécules gazeuses, et il en résulte des mouvements
analogues aux *mouvements Browniens,* mais bien autrement
étendus : les *mouvements de Lucrèce* [1].

---

1. Voy. page 181.

Les poussières ne restent guère en suspension que dans une atmosphère agitée et à peu de distance du sol. Dans une chambre close, non habitée depuis longtemps, presque toutes les poussières sont tombées, l'air ne contient plus de microbes et est impropre à déterminer la fermentation des corps les plus fermentescibles (Pasteur) ; et il en est de même dans les lieux élevés, sur les pics montagneux.

La densité des corps en très petits fragments doit être, en général, très différente de la densité des masses considérables, l'atmosphère superficielle tenant une large place, souvent même la plus importante dans les objets de très petites dimensions ; de plus, elle varie avec le milieu. De là des perturbations sensibles au principe d'Archimède, illustrées par les *émulsions*, formées de corps très divisés en suspension dans un liquide de densité très différente. La démonstration rationnelle de la grande loi hydrostatique repose sur l'hypothèse qu'on ne change rien en substituant à une masse liquide une masse quelconque de même forme ; supposition fausse absolument, car on change évidemment les mouvements hydrotrophiques, et qui conduit certainement à des résultats inexacts lorsqu'on l'applique aux très petits objets.

La condensation de la vapeur, simple transformation d'un gaz en liquide lorsqu'elle est seule, se complique de phénomènes spéciaux lorsqu'elle a lieu dans un milieu gazeux. La condensation de la vapeur d'eau dans l'air ne produit pas immédiatement un liquide transparent, elle donne naissance à un *brouillard* opaque. « Lorsque la vapeur répandue dans l'atmosphère vient à subir une diminution de température, elle repasse à l'état liquide ; mais l'air, au milieu duquel ses particules sont logées, devient un obstacle à la réunion en une masse liquide ; de sorte qu'il se forme une multitude de petits globules d'eau extrêmement fins, séparés les uns des autres par une petite couche d'air. Cet amas de petits globules constitue les *brouillards* et les *nuages* qui flottent dans notre atmosphère, descendent ensuite et se déposent lentement à la surface de la terre, ou se résolvent en pluie. Saussure dit avoir observé que les petits globules d'eau sont creux; aussi a-t-il donné à leur assemblage le nom de *vapeur vésiculeuse;* mais il paraît bien difficile de s'assurer de ce fait. Tout le monde sait que l'haleine des hommes et des animaux est visible pendant l'hiver : il est facile de s'en rendre raison.... » (Beudant.) « Des nuages flottent dans l'air, et, parce qu'ils flottent dans l'air, on les suppose formés de vésicules aériennes ou de globules qui seraient non de petites sphères liquides et pleines, mais de petits ballons d'air à parois d'eau. D'éminents voyageurs disent qu'ils ont vu ces ballons, et leurs assertions ont droit au respect de tous. Cependant... » (Tyndall, *Chaleur*, 224.) Le *brouillard* n'est ni un gaz, ni un liquide, c'est une émulsion d'eau dans l'air. Parmi les globules, les uns sont peut-être pleins, les autres creux. Une bulle a toujours une certaine épaisseur, et le diamètre d'une bulle creuse est nécessairement supérieur au double de l'épaisseur minima; au-dessous de certaines dimensions, les globules sont des bulles pleines.

La condensation de la vapeur est facilitée par la présence des solides, surtout des solides très divisés. Lorsque l'air est très humide, les poussières, les petits insectes absorbent l'humidité, deviennent plus gros, plus lourds, et tombent, comme le savent si bien les hirondelles. Dans les pays de montagne, les objets paraissent bien plus rapprochés et surtout bien plus nets avant comme après la pluie; ces variations de perspective aérienne sont des signes auxquels les montagnards ne se trompent pas. On dit que les ébranlements du tir au canon déterminent la pluie. Ce fait mérite d'être mentionné et rapproché, peut-être, de la prise de solutions sursaturées sous l'action de certaines vibrations.

Les argiles, produits de la décomposition des feldspaths, forment avec l'eau des *pâtes plastiques* (terre à potier, à modeler). Par la dessiccation et la cuisson, elles durcissent et forment des poteries, terres cuites, pierres poreuses dans lesquelles l'eau sert de ciment. Les argiles sont des silicates d'alumine hydratés, quelquefois très purs (kaolin), souvent mélangés à d'autres corps, colorés par des oxydes de fer (ocres). Les molécules d'eau se combinent à différentes molécules de silicate, et peut-être d'alumine et de silice, et les réunissent comme la chaux réunit les grains de sable et les moellons de calcaire.

La *terre cuite* a des propriétés osmotiques toutes semblables à celles des colloïdes. Et de fait, la silice et l'alumine peuvent former des *gelées* élastiques ; les argiles smectiques (terre à foulon), qui absorbent la graisse, se dissolvent en gelées dans les acides. Le verre est très hygrométrique et ses propriétés capillaires diffèrent de celles des terres cuites, surtout par la différence d'étendue des surfaces. Le verre chaud, si compact cependant, est traversé par des gaz. La terre cuite est un squelette de colloïde ; imbibé d'eau, un vase de porcelaine dégourdie se comporte comme une membrane de parchemin. C'est un colloïde moins la grande élasticité ; ses éléments ne sont pas unis de la même manière que ceux de la gélatine ; réduit en poudre fine, elle forme avec l'eau une *pâte* et non une gelée.

C'est un fait extrêmement remarquable que les éléments minéralogiques de l'écorce terrestre primitive, *la silice et l'alumine,* soient susceptibles de former avec l'eau des argiles et des gelées, dont les propriétés colloïdes sont intermédiaires entre celles des minéraux proprement dits et des vivants. La silice et l'alumine ne sont pas des aliments importants, ce sont des transformateurs, des digesteurs, des fixateurs, des conservateurs d'aliments et d'eau en particulier. On sait les bons effets du marnage. On obtient de bons résultats en plaçant la plaie d'une bouture dans une boulette d'argile.

Le kaolin, la terre de pipe, employés dans l'impression sur étoffes, ne jouent pas seulement le rôle d'*épaississant* dans l'application ; comme l'albumine, ils sont de vrais *fixateurs plastiques* de matières colorantes insolubles. On obtient un noir *décolorant* supérieur au noir animal ou charbon d'os, en pulvérisant un mélange desséché d'argile, de goudron et d'eau ; là encore, le rôle de l'argile n'est pas purement passif, statique.

Les propriétés absorbantes et décolorantes des charbons poreux, comme le charbon de bois, ou très divisés comme les noirs, sont particulièrement utilisées dans l'industrie des sucres, le filtrage des eaux, la conservation des viandes. Ces propriétés ne sont pas absolues, mais purement relatives à la grande étendue des atmosphères superficielles des corps poreux ou des poudres ; on les appelle *action de porosité, de surface, affinité capillaire*. L'anthracite, la plombagine, le coke, n'ont qu'un faible pouvoir absorbant. L'absorption capillaire est une diffusion superficielle. Dans l'épuration des jus sucrés, l'activité du noir animal augmente avec la température ; comme dans l'osmose, les permutations sont d'autant plus nombreuses que les éléments sont décomposés par la chaleur en éléments plus simples.

Les gaz les plus solubles dans l'eau sont les plus absorbables par le charbon : un volume de charbon de bois absorbe 90 volumes de gaz ammoniaque, 85 de gaz chlorhydrique, 55 de gaz sulfhydrique. Le dégagement de chaleur est très grand, la liquéfaction d'un équivalent de gaz sulfureux dégage 60 calories ; la dissolution dans l'eau, 77 ; la condensation par le charbon, 90. Les molécules qui avaient de grandes vitesses de translation, ont, après l'absorption, des oscillations très énergiques ; c'est ce qui détermine l'élévation de température. Cette élévation est considérable, lorsque la surface du corps absorbant est très grande relativement à son poids, et peut donner lieu à des phénomènes spéciaux. Le phosphore en lames minces, le fer en poudre provenant de la réduction de l'oxyde par l'hydrogène, s'enflamment spontanément à l'air. La mousse ou éponge de platine obtenue par calcination du chlorure de platine et d'ammonium rougit dans l'oxygène. Le noir de platine, provenant de la précipitation par le zinc, agit comme un ferment en présence de l'alcool. Le platine métallique, forgé, absorbe aussi le gaz et peut provoquer la combinaison de l'oxygène à l'hydrogène sans grande élévation de température. Ces actions de présence sont généralement des actions chimiques superficielles. Des molécules d'oxygène sont décomposées en atomes ; il y a production d'oxygène naissant O, d'ozone O^3.

La terre arable, le sable lui-même, absorbe l'humidité et aussi d'autres substances, avec dégagement de chaleur. Les matières absorbées sont modifiées, transformées. L'ammoniaque en dissolution tue certaines plantes, si elle n'a pas été primitivement absorbée par la terre. Les sols et sables argileux, la terre végétale, fixent l'azote atmosphérique, même en dehors de toute végétation.

L'acide phosphorique des superphosphates est si bien fixé par le sol, que les eaux d'irrigation ne l'entraînent pas ; on dit qu'il est rendu insoluble : il est combiné à la surface des grains de terre, et, dans cet état, assimilable.

Les êtres vivants se composent principalement de carbone, oxygène, hydrogène et azote, c'est-à-dire des éléments de l'air et de l'eau ; en comprenant parmi eux le gaz carbonique qui existait en si grande abondance dans l'atmosphère des anciens temps géologiques. L'absorption gazeuse est facilitée par la présence de certaines matières ; quelques substances, engrais, sont aussi utilement ajoutés à la terre, mais c'est l'*ameublissement* qui a la meilleure influence. La chaux éteinte, délitée, doit ses bons effets surtout à son état de division, et il en est probablement ainsi du plâtre et de beaucoup de poudres employées sous le nom d'engrais. Non pas que la chaux soit sans action spéciale. «Lorsqu'on agite du lait de chaux avec de l'argile ou de la terre de pipe délayée dans de l'eau, le mélange s'épaissit à l'instant même ; ce mélange, abandonné à lui-même, se prend en *gelée* par l'addition d'un acide.... La chaux, en se combinant avec une partie de l'argile, la rend soluble, et, ce qui est encore plus remarquable, met en liberté la plus grande partie des alcalis contenus dans l'argile. » (Fuchs dans Liebig.)

Le meilleur engrais, c'est la *façon*... « C'est le fonds qui manque le moins », a dit La Fontaine.

L'amendement des terres est la cuisine de l'agriculture. Amender c'est rendre meilleur, non pas tant en ajoutant qu'en transformant, qu'en préparant les aliments des plantes pour les rendre assimilables. L'eau manque quelquefois, l'air ne manque jamais.

La terre, pour être végétale, doit avant tout contenir les éléments nécessaires à la végétation ; éléments qui sont pour la plupart puisés dans l'air. Il faut que ces substances soient absorbées par une grande surface et se transforment en se diffusant dans la masse. Les produits de la transformation peuvent être d'ailleurs très différents des produits ordinaires de laboratoires : nitrates, sels ammoniacaux...

En fait, l'azote des récoltes dépasse celui des fumures. L'azote se trouve dans l'atmosphère, dans les plantes, dans la terre, dans le terreau, à l'état nitrique, ammoniacal et *organique,* c'est-à-dire sous des formes très multiples, plus ou moins définies (Boussingault — Schlœsing — Berthelot — Gautier).

On a trouvé des microbes dans la terre. Et quand on trouve des microbes, il semble que le but est atteint..... contrairement à l'opinion de Claude Bernard [1]. Le microbe est l'explication primordiale, la panacée intellectuelle. « Les microbes fixent à l'état organique l'azote

—————————

1. Voy. page 246.

ammoniacal, à la manière du *ferment nitré* qui fixe l'azote à l'état de composés oxygénés. » — On dit que la théorie microbienne, quand elle n'aurait fait que nous débarrasser des actions catalytiques, aurait rendu un grand service. L'explication vitale diffère-t-elle donc tellement de l'action de présence? Non pas que je conteste les bienfaits des théories de Pasteur : les admirables résultats des pansements chirurgicaux de Lister, de Guérin, les nombreux faits de guérison, de préservation, sont là, devant lesquels les mots n'ont qu'à s'incliner; et aussi l'explication de la contagion, de la virulence, de l'accoutumance... Mais quand j'entends dire que les microbes remplacent absolument les corps poreux dans les nitrières, que les microbes sont la cause de la destruction des matériaux de construction, de la désagrégation des roches, de l'incrustation des tuyaux de conduite et de bien d'autres choses encore, je pense, malgré moi, aux vieux alchimistes qui voyaient les guangues, les matrices, se transformer en métaux sous l'action fécondante des vapeurs minérales, et la terre m'apparaît comme un immense ovule fécondé par les microbes, spermatozoïdes universels.

Tous les organismes, les petits comme les grands, interviennent activement dans la fixation de l'azote; mais ils n'ont pas le monopole. Un excès d'humidité, de plasticité, de tassement, dit Gautier, s'oppose à la fixation ; une bonne aération, nous dirons, nous, la grande division la favorise.

Les êtres vivants sont eux-mêmes des corps à grande surface ; les plantes avec leurs feuilles, les animaux avec leurs appareils respiratoires, circulatoires et surtout avec les innombrables *globules* sanguins. Ce sont ces globules qui fixent l'oxygène, le transforment et le conduisent jusqu'aux profondeurs des capillaires où s'effectue la respiration des tissus. Leur rôle est inverse de celui de la *chlorophylle ;* mais, dans les deux cas, oxygène et acide carbonique ne sont que les termes extrêmes d'une longue série de transformations.

Les corps à grandes surfaces s'unissent quelquefois entre eux. Les fibres très ténues adhèrent entre elles ; cette adhérence est une des principales propriétés de la ouate. Les poussières se déposent, se fixent à la surface des objets. Une grande surface peut fixer un grand nombre de molécules, une grande quantité de poussières ; le charbon poreux retient les matières colorantes et odorantes, soit dissoutes, soit en suspension (pigments), et probablement bien d'autres qui ne sont sensibles ni à la balance, ni à la vue, ni à l'odorat, ni au goût.

Les atmosphères superficielles sont le siège des réactions des solides ; on active la dissolution en réduisant un cristal en poudre. Quelques réactions sont toujours précédées d'une grande augmentation de surface ; les graisses sont émulsionnées par le suc pancréatique avant d'être dissoutes.

« Lorsqu'on place une gravure sur une boîte plate et ouverte, au fond de laquelle se trouve un peu d'iode, et qu'on l'expose ainsi pendant quelques minutes à la vapeur émise par ce corps à la température ordinaire, qu'on presse ensuite la gravure sur une feuille de papier collé à l'amidon et humecté d'acide sulfurique très dilué, on obtient, sur cette feuille, une belle impression, fort exacte de la gravure. Si l'on place cette impression sur une plaque de cuivre, les lignes bleues disparaissent peu à peu sur le papier, et l'on voit apparaître très distinctement l'image sur le cuivre.

« Lorsqu'on expose quelques instants à la vapeur d'iode une gravure, un dessin et même un tableau à l'huile, ils se reproduisent sur une plaque d'argent, et si l'on expose ensuite celle-ci aux vapeurs de mercure et qu'on la traite par les procédés ordinaires, on obtient une image aussi belle que les meilleures épreuves daguerriennes.

« Dans ces expériences, les parties sombres, colorées ou rugueuses, attirent les vapeurs d'iode et les condensent avec bien plus d'énergie que le papier blanc.... La condensation de l'iode est due à la même cause qui détermine, en général, la condensation des gaz à la surface du corps.

« ... L'attraction des parties noires d'une gravure pour l'iode (et, comme l'indique M. Niepce, pour le chlore et pour une foule de corps en vapeur), ainsi que l'attraction des globules du sang pour l'oxygène, est très probablement l'effet d'une affinité chimique ; mais nous ne possédons, sur l'essence de cette force, que des notions si incomplètes que nous n'avons pas même encore de nom particulier pour désigner ce genre d'attraction. » (Liebig.)

La gélatine chromatée est insoluble ou soluble, mouillée par l'huile ou par l'eau, suivant qu'elle a été ou non exposée à la lumière. (Poitevin, *Photolithographie*.) L'exposition à la lumière suffit aussi à déterminer une adhérence considérable entre cette gélatine et le verre, mis en contact dans l'obscurité. (Albert, *Phototypie*.) Cette adhérence statique, le non-mouiller, et l'insolubilité résultent de la même cause : cessation de permutations corpusculaires.

Le soufre en fleur, le verre pilé, conduisent bien l'électricité statique, tandis qu'en masse compacte ils sont mauvais conducteurs.

44. — Adhérence. — Solidification. — Collage. — Feuilleté. Activité chimique des organismes morts.

Lorsque deux liquides miscibles sont superposés, les permutations moléculaires qui s'effectuent à travers la surface de séparation se succèdent de plus en plus rapidement, jusqu'à ce que la fréquence soit la même en tout sens. Si ces deux liquides étaient subitement solidifiés avant la consommation du mélange, les unions moléculaires seraient moins nombreuses, à travers la surface de séparation qu'en toute autre direction. Cette surface serait alors un *joint* de moindre cohésion ; un plan de *clivage* si la différence de cohésion est considérable. En général, plus il y a de molécules alliées à travers un élément plan de superficie déterminée, plus la *cohésion* est grande dans la direction correspondante. La *cohésion* ou *solidité* résulte de la combinaison physique ou chimique d'éléments oscillant autour de positions fixes : la *rupture* est une *dé-composition*.

Vauquelin, Chevreul, Becquerel, Pelouze, Daubrée, reconnaissent que certaines actions mécaniques, frotte-ment, trituration, déterminent la décomposition lente et graduelle de certaines substances. « Le feldspath en fragments soumis à une longue trituration en présence de l'eau distillée, dans des cylindres de grès tournants, subit une décomposition notable, qui est accusée par la pré-sence dans l'eau de silicate de potasse qui la rend alca-line ». (Daubrée, *Géologie expérimentale. Décomposition chi-mique par les actions mécaniques.*) Cela n'est pas spécial à certaines actions, à certaines substances ; toutes les rup-tures par écartement normal ou par glissement, toutes les usures, rayures, triturations, porphyrisations, sont des décompositions. Comme toutes les actions chimiques, elles sont accompagnées de phénomènes thermiques, quelquefois lumineux, électriques : le clivage du mica, le décollement d'une carte à jouer produit des étincelles (Becquerel) ; le sucre broyé s'entoure de lueurs phospho-rescentes dans l'obscurité.

Pas de cohésion, pas d'adhérence, sans combinaison. La cohésion résulte de l'affinité. L'adhérence vraie n'est qu'une faible cohésion.

Les chaux hydrauliques et ciments résultent de la calci-nation de mélanges de calcaire et d'argile, déterminant des silicates et aluminates de chaux qui durcissent sous l'eau. (Vicat, *Théorie du durcissement des mortiers hydrauliques.*)

La solidification sous l'eau ou à l'air, l'union des chaux avec le sable, les briques, les pierres, le bois, résultent de la formation d'hydrosilicates et de carbonates de chaux hydratés : cette liaison est une combinaison. Les pierres ne sont que des mortiers naturels solidifiés ; la cohésion d'un moellon comme celle d'une brique résulte de l'affinité chimique.

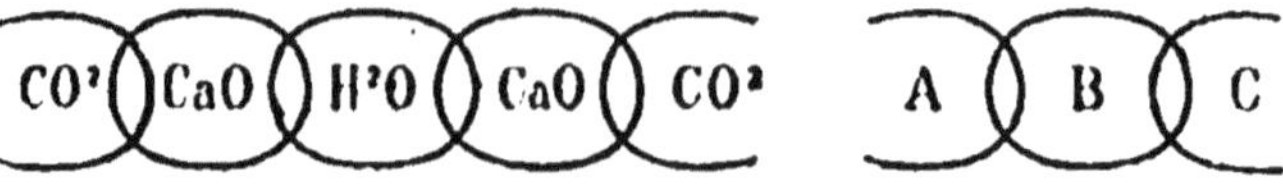

Ces figures représentent schématiquement l'adhérence, la cohésion : le corpuscule B est uni, allié, combiné aux corpuscules A et C. Dans les mortiers c'est la chaux unie à l'acide carbonique et à l'eau ; une molécule d'eau alliée à deux molécules de chaux. Dans la colle de pâte B représente l'eau unie à deux corpuscules d'hydrates de carbone. Dans l'état liquide, ces éléments permutent avec d'autres en tournant autour des voisins ; à l'état solide, ils oscillent de part et d'autre d'une position fixe.

Pour prendre, la chaux doit être en lait, le mortier en bouillie ; dans cet état dynamique les corpuscules peuvent se combiner entre eux et à ceux des solides en contact. Les pâtes, les graisses, les mastics adhèrent aux autres corps et à eux-mêmes, et peuvent être pétris. Le caoutchouc fraîchement coupé se recolle ; vulcanisé, il perd cette qualité en même temps que sa sensibilité aux variations hygrométriques ; l'une et l'autre résultant de la facilité des permutations moléculaires. Toute l'industrie du caoutchouc est basée sur les propriétés différentes de ce colloïde, avant et après l'action du soufre. Le caoutchouc conserve son élasticité après la vulcanisation ; ce qui montre que les gros éléments squelettiques ont le principal rôle dans les déformations.

Le fer et le platine, provenant plus ou moins directement d'une réduction chimique sans fusion (loupe, éponge), peuvent se souder à eux-mêmes à la température du ramollissement. L'acier ou fer fondu ne se soude pas ; aussi le travail de forge est-il tout différent et quasi inverse suivant que le métal provient de fours d'affinage ou de convertisseurs ; on ajoute des paquets dans le premier cas, on enlève des morceaux dans le second.

Les glaces de verre adhèrent souvent très fortement entre elles ; deux morceaux d'une balle de plomb fraîchement coupée adhèrent légèrement lorsqu'on les rapproche en les faisant glisser l'un contre l'autre. Le verre est très hygrométrique et même décomposable par l'eau à haute température ; le plomb se dissout un peu dans l'eau, il laisse une trace noire sur le papier, il a de l'odeur. Tout cela montre l'existence d'états légèrement dynamiques, cause d'adhérence.

Les semblables collent les semblables : la *soudure* ou *brasure* métallique fondue s'allie aux métaux et les unit. On recolle le verre, la porcelaine, avec des silicates alcalins qui se combinent aux morceaux qu'ils réunissent, comme la chaux au calcaire, l'eau aux hydrates. Pour coller le bois, le papier, on emploie de la colle de pâte à la farine ou des colloïdes gommeux, gélatineux qui se combinent avec la cellulose hydratée ; colles végétales et animales, colle forte extraite des os, des peaux, des cartilages ; colle de poisson, colle au caoutchouc, glu.

La *fixation* des couleurs sur les fibres textiles végétales (coton, chanvre) ou animales (laine et soie) s'opère directement ou par l'intermédiaire d'un *mordant*, tel que l'alumine qui s'unit à la fois à la fibre et à la matière colorante en formant une *laque* (teinture et impression sur étoffes). Pour Chevreul, cette fixation est une véritable union physico-chimique. Tel n'est pas, il faut le dire, l'avis du grand nombre des chimistes teinturiers qui regardent la plupart des fixations comme purement mécaniques : la laque est prise dans les pores comme un clou dans une planche. Ils oublient que le clou n'est fixé qu'à la condition d'être coincé entre les fibres du bois ; rien de pareil n'arrive pour les précipités qui, d'ordinaire, prennent du retrait en se solidifiant. Dans les pores des fibres textiles comme dans ceux du charbon, l'union des matières colorantes, minérales ou organiques, avec la matière organique des corps poreux est une combinaison, comme la coloration de la gelée d'alumine ou d'albumine coagulée.

La fixation des couleurs a lieu dans les mêmes conditions que les réactions biologiques, sous l'action de l'eau et surtout de la *chaleur humide*. La coloration des tissus anatomiques, si employée en technique biologique, et la *fossilisation* sont encore des exemples très remarquables de l'*activité chimique des organismes morts*. La fossilisation consiste dans le remplacement extrêmement lent, partiel ou total, molécule à molécule, des coquilles et autres appareils squelettiques par la roche encaissante ou par les minéraux des eaux d'infiltration, silice, pyrites...

Lorsqu'un liquide devient pâteux avant de se solidifier, les permutations moléculaires se font de plus en plus lentement mais toujours à peu près également dans toutes les directions ; le solide correspondant est amorphe et se ramollit avant de fondre. Si, au contraire, les diverses parties du liquide passent successivement, et plus ou moins rapidement mais franchement, de l'état liquide à l'état solide, les choses se passent autrement ; le solide est plus ou moins régulièrement cristallisé et capable d'arriver à l'état liquide sans passer par l'état pâteux.

Les cristaux, surtout les cristaux clivables, s'obtiennent plutôt de dissolution que de fusion. Le clivage exceptionnel des cristaux nés au sein du bismuth fondu, doit être rapproché du fait que ce métal gonfle comme l'eau en se solidifiant (J. Heilmann). Pour avoir des cristaux par refroidissement d'un corps fondu, de soufre par exemple, il faut décanter le liquide ; en général, ces cristaux ne se clivent pas aussi facilement que ceux qui proviennent des dissolutions. Voici pourquoi : les dernières couches solidifiées, dans le corps en fusion, étant en contact avec des couches de même composition, à une température égale, font avec elles de nombreux échanges d'éléments ; de telle sorte que les couches parallèles qui se solidifient successivement sont parfaitement unies et difficilement clivables ; il n'y a de cristallisation franche qu'à la surface. Au sein des dissolutions, les couches solidifiées diffèrent en composition du liquide en contact, et les mutations moléculaires peuvent être très peu nombreuses entre les parties, successivement et lentement solidifiées ; d'où des différences de cohésion souvent très considérables suivant les directions et possibilité de *clivages*.

Certains corps, qui pourraient être qualifiés de *cristaux à une dimension*, sont formés de *feuillets* plus ou moins adhérents, ne présentant d'ailleurs aucun ordre moléculaire dans chacune des couches : le mica, l'ardoise et en général les *schistes*, les phyllades. Leur résistance dans la direction du clivage est bien moindre que dans toute autre et souvent presque nulle. Le *fil* des schistes est oblique au plan de sédimentation, ce qui exclut l'hypothèse de dépôts successifs analogues à une cristallisation. La déformation de corps figurés, tels que les fossiles, contenus dans les schistes montre que la constitution spéciale de ces minéraux résulte de pressions. La schistosité a été produite artificiellement par des déformations (Tyndall, Daubrée). Elle provient en général de *ruptures par glissements* ; les fils ou plans de clivages sont des cassures plus ou moins obliques à la plus grande pression principale. Si la rupture est consommée, l'adhérence des feuillets tiendra seulement à la pression atmosphérique ; mais elle peut être incomplète et les feuillets en contact être unis par quelques éléments. La rupture peut encore avoir été complète et une liaison postérieure s'être établie à la suite d'échanges moléculaires entre feuillets voisins; ce qui se produira surtout sous l'influence de l'humidité.

Le desséchement des *feuilletés* peut produire deux effets opposés : l'eau peut s'évaporer en traversant deux feuillets en contact, alors les permutations moléculaires sont nombreuses entre les deux feuillets qui restent fortement unis. Ainsi, les téguments des amandes, des noix, qui se détachent facilement du noyau frais, adhèrent fortement après le desséchement. Il suffit de les tremper dans l'eau bouillante pour les faire *revenir* et les *émonder*. La vapeur d'eau peut ne pas traverser les feuillets et se dégager entre les deux, en produisant des boursouflures ou au moins une grande diminution d'adhérence. C'est dans ces conditions qu'apparaît nettement le *feuilleté* des pâtisseries formées de galettes pliées et repliées un grand nombre de fois sur elles-mêmes après laminage au rouleau. C'est aussi de cette manière que la châtaigne grillée se sépare de ses téguments, tandis que la châtaigne bouillie s'émonde comme les amandes.

L'inverse de *dur* n'est pas *mou*, c'est *tendre*. On appelle mou ce qui cède facilement à la pression du doigt. Les corps mous sont déformés par de faibles efforts, que les déformations soient permanentes comme celles des pâtes, ou élastiques comme celles des gelées, du caoutchouc. Une vessie gonflée de fluide est plus ou moins *raide* ou *molle* suivant l'état de turgescence, de tension de la membrane; lorsqu'on appuie le doigt sur un ballon, on éprouve une résistance qui tient uniquement à la variation de tension de l'enveloppe provenant du changement de forme. Les muscles sont mous, quelle que soit leur forme, lorsqu'ils ne sont pas tendus. Le *degré de mollesse* s'apprécie à la faiblesse des efforts et à la grandeur des déformations. Lorsqu'il s'agit d'un ressort facilement déformable dans une direction particulière, on dit qu'il est *doux*, qu'il n'a pas de *raideur*.

« La dureté est la propriété qu'ont les solides de résister à ce qui tend à les entamer. » *Le degré de dureté* s'apprécie, dans l'échelle adoptée, par la position des corps entre deux types, l'un qui raye, l'autre qui ne raye pas ou est rayé. (Werner, Mohs.)

La dureté des minéraux, comme la fusibilité, la solubilité, la densité, doit être en relation intime avec l'état de combinaison physico-chimique.

45. — Mécanisme histologique.

« Et le monde végétal, qu'est-il autre chose que le résultat des actions complexes des forces moléculaires? Ici, comme partout dans la nature, si la matière se meut, c'est qu'une force la met en mouvement; et s'il se produit une structure, c'est par le mode d'action des forces que possèdent les atomes et les molécules, dont les arrangements composent la structure. »

(TYNDALL, *La Matière et la Force.*)

« Jusqu'à présent il nous est impossible de dire comment les choses se passent dans chaque cas particulier, spécialement dans les groupes de matière qui forment les corps organiques... Néanmoins, d'une façon générale, il est exact de dire que tout *dépend* de la matière et du mouvement, et nous revenons ainsi à la vraie philosophie, déjà professée par Galilée, lequel ne voyait dans la nature que mouvement et matière, ou modification simple de celle-ci par transposition des parties ou diversité de mouvement. »

(Le Père SECCHI,
Unité des forces physiques. Conclusion.)

« Nous appelons vitales les propriétés organiques que nous n'avons pas encore pu réduire à des considérations physico-chimiques; mais il n'est pas douteux qu'on y arrivera un jour. »

(Claude BERNARD, *Introduction.*)

Aristote. — Galien.
Descartes. — Stahl. — Boerhaave.
Harvey, 1626. — Malpighi. — Schwammerdam. — Needham. — Spalanzani.
Buffon. — Bordeu. — Haller, 1750. — Barthez. — Bichat, 1800.
Wolff, 1760. — Oken. — Baer. — Rathke. — Müller.
Schwann, 1840. — Virchow. — Robin. — Hæckel.
Lavoisier, 1780. — Dutrochet, 1825. — Claude Bernard, 1860.

Proprement, *histologie* signifie « science des tissus ». Les tissus sont regardés comme des colonies d'éléments cellulaires plus ou moins fusionnés. Aujourd'hui, l'expression histologie s'étend non seulement à l'étude des tissus, mais à celle des éléments anatomiques qui les composent ou qui vivent d'une vie plus ou moins indépendante : cellules épithéliales, ovules mâle et femelle, globules du sang, microbes, amibes, infusoires, algues... Cette extension, les étymologistes peuvent la regretter, mais, en fait, elle existe. C'est dans ce sens que je désigne par mécanisme histologique le mécanisme des éléments biologiques[1].

Les combinaisons organiques ne sont pas seulement instables, comme on le dit, elles sont dynamiques; elles se font et se défont constamment.

L'état dynamique des corps vivants est, en général, fort éloigné de l'uniformité ; les permutations moléculaires s'effectuent *différemment* suivant les directions ; et de là résulte la *différenciation*, constitution membraneuse et feuilletée, division ou reproduction, dès que les êtres atteignent certaines dimensions.

L'élément biologique fondamental, c'est le *globule*, grumeau colloïde, élastique, homogène, avec ou sans noyau central ; nu, et c'est alors que son activité chimico-vitale est la plus grande (*monère* de Hæckel); ou bien ayant une enveloppe superficielle membraneuse ; dans ce cas, c'est une *cellule* complète, utriculaire. On donne le nom de sar-

---

1. Dans sa *Théorie de la génération* (1759), Wolff a détruit la doctrine de l'*involution* de Haller, suivant laquelle tout est *préformé* dans les germes, et montré qu'il n'y a pas seulement croissance ou augmentation de ce qui existe, mais qu'il se forme quelque chose de nouveau par différenciation de ce qui était homogène ; les organismes naissent graduellement (*épigenèse*). Suivant la *Théorie cellulaire* (Schwann, 1833), tous les tissus, tous les êtres sont formés de cellules qui prolifèrent soit par gemmation ou bourgeonnement extérieur, soit par accroissement avec segmentation intérieure. Dans le développement, normal ou pathologique, certaines cellules, suivant Robin, se liquéfient, et au sein des liquides résultant de cette fusion, naissent de nouveaux éléments figurés qui se *substituent* aux cellules primitives. Il y a *genèse* dans les *blastèmes*, c'est-à-dire « un mode de naissance des éléments anatomiques, dans lequel rien n'existant que des matériaux liquides, on voit ces matériaux se réunir, molécule à molécule, en une substance solide ou demi-solide. Cette substance, dans le plus grand nombre de cas, offre une conformation déterminée dès qu'elle est visible, mais modifiable à mesure de l'arrivée de nouveaux matériaux. » (*Dict. Robin et Littré.*)

code (Dujardin) ou de protoplasma à la substance du globule, végétal ou animal. Tant qu'il vit, le globule échange constamment des éléments avec le milieu. Comme toute action chimique, les réactions du globule sur le milieu sont *électives* (élection des matières colorantes, des poisons, des médicaments, des virus); ce qui, d'ailleurs, n'a rien de providentiel : les cellules peuvent absorber des poisons qui les tuent.

La constitution, essentiellement dynamique, du protoplasma exclut radicalement toute idée de composition statique déterminée. Exactitude et précision numérique sont choses fort différentes. Ici, comme ailleurs, il est illogique de dépasser le degré de précision que comporte la question. On ne met pas la vie en équation, et c'est commettre un sophisme que d'exprimer en *formule* chimique la composition du *protoplasma*. Sans être aussi compréhensif que colloïde, le nom de protoplasma est un terme générique qui s'applique à des substances très diverses. Comme presque toutes les gelées, le protoplasma contient surtout de l'eau ($^1/_5$ environ); après l'eau, la matière la plus importante qu'on peut en extraire est l'albumine ; on y trouve aussi de la graisse, du soufre, du phosphore, des sels, des métaux. Des tissus non globuleux des organismes on retire de la *gélatine*, au lieu d'*albumine*. Dans les cellules jeunes, la graisse n'existe pas à l'état spécifique, ses éléments permutent avec les autres éléments du protoplasma ; plus tard, ils se réunissent et forment des gouttelettes graisseuses ; comme d'autres éléments forment des bulles de gaz, des vacuoles de *sucs* cellulaires.

Pour être homogène, un globule doit être sphérique et dans un milieu homogène, afin que les échanges nutritifs se fassent également par toute la superficie. Mais l'homogénéité parfaite n'est qu'une abstraction, dont la réalité s'éloigne toujours plus ou moins.

Dans tout objet vivant ou mort, organique ou minéral, la *différenciation* résulte de mouvements corpusculaires ordonnés dans certains sens différemment que dans d'autres. La formation du noyau central est une différenciation. Il y a lieu de distinguer les mouvements de relation avec le milieu extérieur, des mouvements intérieurs au globule, qui sont souvent manifestés par des courants de fines granulations. Dans certaines circonstances extérieures, de chaleur, d'humidité ou autres, peu propres à la vie, l'activité interne l'emporte beaucoup sur l'activité relative ; l'état de la couche superficielle, qui contient de nombreux éléments du milieu, devient de moins en moins dynamique et se rapproche de l'état solide statique. Ainsi se forme la *membrane*-enveloppe de la cellule. Dans des circonstances opposées, la membrane pourra disparaître, être *résorbée* en tout ou en partie par le globule et le milieu. Dans les végétaux, les mouvements moléculaires de la sève se produisent surtout dans la direction longitudinale, les membranes cellulaires disparaissent seulement en certaines zones de contact, et déterminent des canaux ; ou bien l'osmose s'effectuant de préférence à travers certaines membranes, il en résulte simplement une adhérence plus grande entre les files de cellules longitudinales qu'entre les autres et la détermination de *fibres* longitudinales.

L'*adhérence* entre deux objets quelconques résulte toujours de combinaisons physico-chimiques, d'échanges corpusculaires ayant lieu ou ayant eu lieu entre ces objets. L'adhérence de la greffe végétale ou animale à la souche nourricière vivante, la placentation utérine, résultent des échanges nutritifs. L'adhérence entre la greffe et la souche après la mort provient des échanges nutritifs qui ont eu lieu entre ces deux corps ; d'où résultent ensuite des combinaisons statiques entre leurs éléments, comme il arrive dans la solidification d'un liquide. La soudure des deux lèvres d'une plaie est d'autant plus rapide que la nutrition locale est plus active ; elle est plus vive chez les jeunes que chez les vieux, et d'autant plus que les tissus sont plus rapprochés de l'état liquide et plus éloignés de l'état solide statique. La soudure des os, surtout des os vieux et chargés de minéraux, exige beaucoup de temps ; et je ne sais pas si les ongles et les cheveux, dont l'état dynamique est si peu prononcé, sont capables de se recoller.

L'adhérence, la cohésion, sont plus ou moins grandes dans telle ou telle direction, suivant la fréquence des mutations moléculaires. Les fibres végétales sont le résultat de l'intensité osmotique plus forte dans la longueur que dans la largeur. Les parois en contact de deux cellules peuvent adhérer fortement et arriver à se fondre en une seule, si les échanges sont assez fréquents. Inversement, sous certaines influences, l'osmose à travers une cloison peut cesser ; dès lors, plus de permutations dans cette direction, plus de cohésion, et il suffit d'un petit effort pour dédoubler la membrane. La division en *feuillets,* que ce soit la schistosité d'une ardoise, le clivage d'un cristal, le feuilleté d'une galette, la séparation de l'épiderme ou de la cuticule du corps d'un ver ou d'une feuille, la division de l'embryon humain en feuillets, résulte, en tout cas, de ce que les permutations corpusculaires ne sont pas les mêmes dans toutes les directions. Si l'épiderme se laisse enlever tout d'une pièce, c'est que les combinaisons dans cette couche sont plus nombreuses qu'entre elle et la voisine. Si le feuillet externe du blastoderme peut être séparé de la membrane vitelline et du feuillet moyen, c'est que les échanges nutritifs sont plus intenses entre les cellules d'un même feuillet, qu'entre celles-ci et les cellules des membranes voisines. « Chez les éponges, il y a des échanges constants entre l'endoderme et le mésoderme qui ne sont pas encore radicalement séparés. » (Metschnikoff.)

Un tissu formé de cellules juxtaposées, mais non confondues, en forme de membrane, se nomme *épithélium;* il tapisse la surface des organismes animaux en couche simple ou multiple, et préside aux échanges avec l'extérieur.

L'épithélium intestinal, ou plutôt chaque cellule épithéliale, absorbe les aliments digérés, qui traversent ensuite la membrane de l'intestin. L'osmose, qui détermine d'abord l'adhérence des cellules à la membrane sous-jacente, devient si intense, durant l'absorption aiguë, que les cellules ne se trouvent plus reliées à la membrane que par une couche liquide ; elles tombent alors, comme tombe un objet collé lorsque la colle est trop liquide, comme tombe le tégument d'une amande gonflée dans l'eau bouillante. La mue épithéliale utérine, qui se produit ordinairement chez les mammifères à l'époque du rut, en même temps que l'ovulation, est accompagnée, chez la femme, de l'hémorragie menstruelle. Physiquement, on ne comprend pas comment cette hémorragie peut résulter de la chute épithéliale. Qu'il tombe en cellules éparses ou tout d'une pièce, comme il arrive quelquefois, l'épithélium n'est pas mécaniquement arraché en déchirant les vaisseaux sanguins du voisinage. Au contraire, la chute résulte de la congestion qui détermine une exosmose intense, analogue à celle de l'intestin pendant la digestion et surtout pendant la purgation saline ; exosmose qui produit le *décollement* des cellules épithéliales. C'est la même cause, la congestion, c'est-à-dire l'afflux considérable de liquide sanguin, qui détermine et l'hémorragie et la chute des cellules.

Les membranes proprement dites, épiderme, cuticule, membrane intestinale, comme les fibres, sont formées de cellules à un état dynamique moins actif et plus solide ; la division cellulaire disparaît quelquefois totalement avec l'âge.

L'absorption épithéliale, comme toute nutrition, toute action chimique, est élective ; le choix peut d'ailleurs varier suivant les circonstances. L'épithélium qui tapisse la vessie urinaire, refuse absolument tout passage à l'urine durant la vie, et l'accorde quelque temps après la mort. Au contraire, les os, l'ivoire vivants peuvent absorber certaines matières colorantes, qu'ils sont incapables d'assimiler après la mort. De faibles changements font souvent varier beaucoup les fonctions des tissus. L'hydre d'eau douce dévaginée, retournée comme un gant, continue à vivre en absorbant la nourriture par le tégument externe ainsi placé à l'intérieur. Les cellules extérieures distendues sont peu disposées à l'osmose ; à l'intérieur, au contraire, elles sont ou comprimées tangentiellement par le tégument externe tendu, comme le sont les couches internes d'un canon fretté, ou comprimées transversalement lorsque le corps de l'hydre est gonflé d'aliments.

Les mouvements moléculaires peuvent éprouver des changements de direction dans l'intérieur de la cellule et amener des divisions. Cette *segmentation* est particulièrement déterminée par la sortie de quelque matière, ou par l'introduction de substances spéciales, telles que le spermatozoïde dans l'ovule ; mais elles sont souvent spontanées. Cette évolution donne naissance à un individu pluricellulaire ou à plusieurs individus monocellulaires, si les globules se séparent. La segmentation est souvent précédée de déformations locales, résultat d'une nutrition plus active en certaines zones de la superficie ; ainsi naissent, d'une cellule mère qui *bourgeonne*, des cellules filles qui forment une *colonie*, ou se détachent pour vivre de la vie indépendante. Cela dépend et de l'espèce et du milieu : l'hydre d'eau douce bourgeonne peu, et les jeunes se détachent généralement au fur et à mesure de leur production ; mais dans un milieu artificiel très riche en nourriture, il se forme une colonie hydraire relativement nombreuse. C'est un fait général, qu'une plante ou un animal trop nourri bourgeonne, croît, mais se reproduit moins. Pour rendre productif un arbre improductif, « pour le mettre à fruit », on l'affaiblit. Prolétaire, prolifique :

même étymologie. Il faut encore rapprocher de ces faits la grande fécondité relative des espèces et des races inférieures. La reproduction des organismes diminue au fur et à mesure de l'évolution ; tandis que la durée moyenne de la vie augmente. Moins d'enfants, plus de vieillards. Fait ignoré de Malthus, l'auteur de la célèbre loi des générations en progression géométrique [1].

Les matières constituantes des descendants proviennent du milieu et de l'ancêtre commun ; si le milieu ne fournit pas absolument tous les matériaux indispensables, la re-

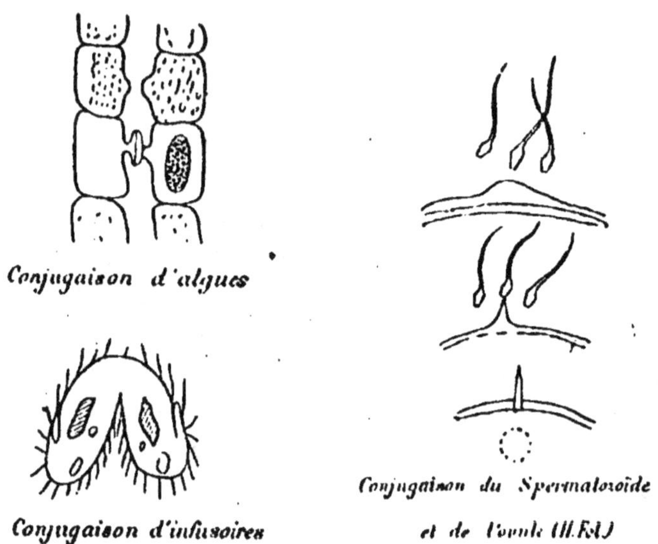

Fig. 39.

production simple a un terme. Tous les individus nés d'une même mère ne sont pas identiques ; quelques-uns ont en plus ce que d'autres ont en moins ; les uns se nourriraient avantageusement des excrétions des autres. Dans ces conditions, si deux individus, ainsi légèrement différenciés, se trouvent en voisinage, il s'établira un double courant d'échanges nutritifs entre les parties les plus rap-

____

1. G. Delaunay, *Fécondité*. (*Revue scientifique* 1885.)

prochées. D'où gonflement des membranes et production de deux bourgeons dirigés l'un vers l'autre et finissant par se toucher. Les membranes en contact se résorbent, les globules diffusent l'un dans l'autre, forment un seul individu fécond (spore d'algues) ou se séparent après la diffusion en deux individus féconds (infusoires). Tel est le mécanisme de la *conjugaison* ou *fécondation initiale*, origine de la *différenciation sexuelle* (ovule femelle fécondé par un spermatozoïde ou un grain de pollen) [fig. 39].

C'est un axiome biologique, depuis Harvey, que *tout ce qui vit provient d'un œuf*. Et Virchow, poussant à l'extrême la théorie de Schwann, pose en principe que *toute cellule naît d'une cellule*. Tous les organismes descendraient donc d'une ou de plusieurs cellules mères, *spécialement créées*. Si l'on étend jusqu'aux dernières limites le dogme de l'*évolution universelle*, on pensera, au contraire, que les premiers globules se sont formés spontanément dans certaines circonstances, et pourraient se former encore, si des circonstances analogues venaient à se reproduire. Robin a reconnu la formation de toute pièce d'éléments figurés au sein de certains liquides organiques. Cette genèse, cette naissance sans parents, d'éléments extrêmement simples est-elle possible dans un liquide minéral? Déjà, en 1802, Oken et les Philosophes de la Nature croient à une « substance colloïde primitive »; et aujourd'hui, Hæckel voit la vie apparaître au fond des mers, sous la figure d'un protoplasma gélatineux.

La Terre, à une époque reculée, était complètement en fusion; la température était telle, que toutes les combinaisons étaient dissociées. Alors il n'y avait non plus de chimie que de vie. A mesure que la température s'abaisse, et que l'existence des composés devient possible, les combinaisons se produisent. Après l'affinité chimique, l'activité biologique se manifeste lorsque le milieu satisfait aux *conditions d'existence* des organismes. La vie est une propriété de la matière, comme l'affinité. Impossible sur la terre en fusion, elle n'a pas existé de toute éternité ; les êtres ne se sont produits, n'ont vécu qu'à partir d'une certaine époque. Comme les combinaisons minérales, les organismes n'ont *existé* que dans les conditions où ils pouvaient *subsister*. Les organismes complexes sont nés ensuite des organismes simples.

Les combinaisons chimiques qui se sont produites par le seul fait qu'elles pouvaient subsister, se reproduisent journellement dans les mêmes circonstances ; pourquoi les globules élémentaires ne se reproduiraient-ils pas ? Il est possible que l'ensemble des circonstances, de substance, température, durée... que l'état dynamique moléculaire soit difficile à réaliser ; mais la *génération spontanée des organismes simples,* hérétique ou fausse pour les partisans de *créations spéciales,* n'a rien d'absurde pour les positivistes, qui croient qu'aucune *cause entitaire,* qu'aucune *volonté divine* ne peut empêcher *les mêmes choses de se reproduire dans les mêmes circonstances ;* qui ont pour dogme l'*invariabilité des lois* et non l'arbitraire des agents surnaturels. (J'entends les lois physiques, naturelles, expression raisonnée et compréhensive des faits observés, qui n'ont rien de commun avec la législation et les codes.)

Lady Montague, 1717. — Jenner, 1798.
Pasteur.
Chauveau. — Toussaint. — Koch. — Chamberland. -- Gaultier. — Peyraud.

Les *microbes* pathogènes sont *polymorphes,* peuvent, suivant le milieu, passer de la forme ronde à la forme en bâtonnet rigide, en filament ondulé, et se transformer en *germes* par dessiccation. L'encombrement, le séjour prolongé dans un milieu confiné, suffisent à produire des changements notables, résultant soit de la présence d'excrétions nuisibles, soit de l'appauvrissement des aliments.

Les microbes acquièrent aussi des propriétés différentes — *polymorphisme dynamique* — par la culture dans des milieux différents. (Les ferments figurés sont classés parmi les végétaux ; c'est à ce titre qu'on dit *ensemencer* des bactéries, *cultiver* des microbes.) Les *germes* peuvent flotter dans l'air et rester longtemps dans certains milieux sans se développer ; ils résistent à une température de 90°, à l'action de l'alcool, de l'acide carbonique, de l'oxygène comprimé, qui tuent les microbes en vie active. Pour *stériliser*, c'est-à-dire détruire tous les germes, il faut une température supérieure à celle de l'eau bouillante, un flambage, une filtration à travers la porcelaine dégourdie ou un lavage antiseptique.

Par des *cultures à la surface* des bouillons de viande, des infusions de foin, *au contact de l'air* (Pasteur) ou des gelées colloïdes (Koch) ; par une simple élévation de température (Toussaint) ; par une culture dans une solution diluée antiseptique (Chamberland et Roux) ; par des cultures successives dans des milieux divers, artificiels ou naturels, par exemple, dans une série d'animaux de même espèce, de même race, de même âge, ou d'espèce, de race, d'âge différents (Pasteur), on diminue les propriétés malfaisantes des microbes, on *atténue la virulence*. D'autres fois, on l'exhalte ; dans certains cas, le même virus transformé est plus malfaisant pour certains organismes, et plus inoffensif pour une autre espèce. Les transformations microbiennes sont *spécifiques*, comme les maladies, les médicaments et tout ce qui touche à la vie, à la chimie.

Non seulement les microbes acquièrent ainsi de nouvelles propriétés physiologiques, mais ils les transmettent à leurs descendants ; que la reproduction se fasse d'ailleurs par scissiparité, par bourgeonnement ou par germes. Par un *traitement prolongé* pendant un temps suffisamment long, quelques jours, par exemple, on entrave les moyens d'existence des microbes, on rend leur nutrition plus difficile ; l'intensité de la reproduction diminue, les ptomaïnes[1]

---

1. Voyez page 293.

perdent de leur virulence, et de plus en plus, au fur et à mesure des nouvelles générations. A telle génération, le virus ainsi traité est encore mortel pour tel petit animal, et inoffensif pour tel autre plus gros ou moins jeune ; tuera une proportion moins forte d'animaux de même espèce ; agira moins rapidement, aura une *période d'incubation* plus longue. Dans un milieu convenable, une génération de microbes peut être *fixée* à son état actuel de virulence ; et c'est là un exemple remarquable de transformisme rapide.

Pasteur a découvert que les *virus atténués* étaient des *vaccins* préservatifs, analogues au vaccin variolique de Jenner ; pouvant produire l'*immunité morbide* correspondante, soit par une seule *inoculation* préventive, soit par une série d'injections *à doses successivement croissantes.* La quantité de vaccin et le lieu d'inoculation peuvent avoir une influence considérable. Quant à la durée de la préservation, elle ne pourra être déterminée qu'avec le temps.

Tout élément vivant, globule, ovule, microbe ou spermatozoïde, assimile et excrète. Dans la *fécondation,* les excrétions des éléments mâles ou ces éléments eux-mêmes servent d'aliment à l'ovule femelle et lui donnent le pouvoir prolifique. Dans l'*infection,* l'élément anatomique est la proie des microbes qui pullulent à ses dépens, lui enlèvent ses aliments ou l'empoisonnent de leurs sécrétions ; il existe aussi des *microbes incompatibles.* — *Atténuer la virulence,* c'est surtout diminuer la prolifération. *Vacciner,* c'est introduire dans un organisme certaines substances (sécrétées ou non par des microbes, contenant ou non des microbes) capables d'empêcher le développement de microbes ou de matières pathogènes, sans nuire aux éléments de l'organisme. Les éléments anatomiques de l'organisme ne pourraient-ils, dans certaines conditions physiologiques, produire eux-mêmes des poisons et, par suite, des maladies virulentes, sans aucun microbe extérieur ? (Cl. Bernard, Duclaux.)

Le gaz carbonique que nous exhalons est impropre à la respiration, et finirait par rendre une atmosphère confinée inhabitable ; de même, un liquide, d'abord favorable, devient impropre à la vie, par épuisement des aliments, ou par altérations malfaisantes. Non seulement le liquide d'une culture, achevée et filtrée, ne peut nourrir une nouvelle génération ; mais l'addition d'une certaine quantité de ce liquide à du bouillon neuf, le rend moins propre à la culture ; injecté dans l'organisme, il peut produire l'immunité vaccinale ; preuve que les excrétions, les ptomaïnes sont, dans certains cas, toxiques pour les microbes mêmes qui les ont excrétées.

Par le dernier procédé d'absorption à petites doses croissantes, imaginé par Pasteur, on produit l'*accoutumance* de l'organisme à des quantités qu'il n'aurait pu supporter du premier coup ; que le vaccin soit d'ailleurs un virus atténué, un liquide de culture stérilisé mais contenant des ptomaïnes, ou un poison chimique comme l'essence de tanaisie de Peyraud.

L'*adaptation* des éléments anatomiques, c'est-à-dire « une altération structurale ou chimique vaccinante » (Bordier), acquise et transmise : tel est le mécanisme de l'*immunité* produite par vaccination, par une première atteinte de la maladie, par l'acclimatement individuel ou par habitude spécifique[1]. Des maladies sont moins dangereuses aujourd'hui qu'autrefois, moins meurtrières pour les nations qui les subissent depuis longtemps que pour les peuplades auxquelles nous les portons ; d'autres sont moins dangereuses pour l'indigène que pour le colon. Au commencement de la saison hivernale, les méridionaux ne sont plus incommodés par les piqûres des moustiques affai-

---

1. Adaptation directe et progressive des globules blancs au rôle de *phagocytes*, capables de dévorer les microbes après les avoir *englobés*, suivant Metschnikoff.

Au point de vue physico-chimique, il n'y a pas de différence importante entre la digestion enzymatique ou prédissolvante et la digestion intracellulaire ou préenglobante, quel que soit d'ailleurs le grand intérêt que présente cette distinction au physiologiste. Ici, on ne s'occupe que des bases physiques de la vie.

blis, tandis que les étrangers en souffrent quelques jours, à mesure de leur arrivée. Il arrive aussi, à l'inverse, que les virus acquièrent de la virulence en passant successivement par divers organismes, semblables ou différents ; et Pasteur voit dans ce fait le mécanisme de l'apparition des grandes maladies humaines.

Les microbes produisent la fièvre, mais sont tués en grand nombre, directement ou indirectement, par l'élévation de température qui en résulte ; la fièvre et la température baissant, nouveau développement de microbes, nouvel accès et ainsi de suite. Tel serait, d'après le docteur Richard, le *mécanisme de l'intermittence*.

Des germes peuvent rester longtemps à l'état de *vie latente*, et ne se développent que dans certain milieu spécial ; ce qui explique assez bien l'apparition tardive de certaines maladies héréditaires, au même âge, dans les générations successives ; et d'autres cas de *microbisme latent*.

Mécaniquement, les phénomènes sont déterminés par les conditions d'équilibre et de stabilité ; un grand nombre de réactions chimiques sont régies par le principe du maximum de travail ; les phénomènes biologiques sont déterminés par la loi de *conservation* et d'*accroissement*.

L'élément vivant originel provient-il d'une synthèse moléculaire directe ? La première condition est alors l'accroissement. S'est-il formé par séparation d'une masse gélatineuse ? La première loi sera la conservation, c'est-à-dire la réalisation d'un milieu constant propre à la nutrition dans les conditions mêmes où il s'est produit. En fait, l'individu et surtout la descendance croissent et se conservent.

Dans un milieu déterminé, constamment identique, un être ne peut croître beaucoup sans changer de forme ; la superficie par laquelle s'opèrent les échanges nutritifs,

croissant moins vite que le volume, surtout lorsque le
corps est globuleux, a une forme à peu près sphérique.
Le rapport de la surface au volume de la sphère varie inversement au diamètre :

$$\frac{4\varpi r^2}{\frac{4}{3}\varpi r^3}=\frac{3}{r}.$$

D'où les déformations amiboïdes, poussées quelquefois
jusqu'à la segmentation.

La segmentation peut amener la division en individus
indépendants, c'est la *reproduction*; les individus peuvent
rester unis et former une colonie, c'est l'*organisation*.

Tant que les échanges avec l'extérieur ne sont pas très
actifs, la segmentation peut se poursuivre dans le liquide
intérieur nourricier, suffisamment entretenue par l'osmose
à travers l'enveloppe gélatineuse ; l'animal, alors formé
d'un grand nombre de cellules, a l'aspect d'une mûre
(*morula*). Mais la superficie devient insuffisante, la nutrition des parties profondes diminue ; les cellules internes,
n'échangeant plus assez d'éléments, ne peuvent ni se reproduire, ni croître, ni se conserver ; elles meurent et se résolvent en un colloïde amorphe. Ainsi se forme la *vésicule
blastodermique* découverte par Baer ; sphère creuse composée d'une seule couche de cellules (blastoderme, épithélium blastodermique) qui, en contact direct avec le milieu
extérieur, croissent et se multiplient rapidement. Le milieu intérieur, albumineux, sert aussi à la nourriture du
blastoderme ; et l'on peut même dire que les cellules profondes ont été mangées par les cellules de la périphérie.
A ce stade, l'embryon humain a un millimètre de diamètre, cinq fois plus long que l'ovule primitif qui n'a que
1/5 de millimètre.

La fécondation a déjà eu lieu à cette époque ; l'embryon
a assimilé un aliment spécial, le *spermatozoïde*. Cette absorption s'est faite dans une zone spéciale de la surface, et

dans son voisinage le développement est plus rapide. Alors la forme générale change, ou bien la multiplication se produit dans l'épaisseur d'un segment. Dans le premier cas, la sphère s'aplatit et s'invagine ; les cellules les plus prolifiques déterminent la concavité ; les cellules de la partie convexe, de plus en plus tendues, deviennent moins propres à l'osmose, ont une vie moins active. Tel est le mécanisme de la formation de la célèbre *gastrula* de Hæckel. Les deux couches de cellules finissent par arriver au contact, lorsque le milieu intérieur est complètement absorbé ; alors l'animal a un *tégument externe* et un *épithélium intestinal;* les polypes les plus simples ne dépassent pas ce stade.

La vésicule humaine conserve sa forme ovoïde ; mais du côté où la nutrition est plus active, la prolifération cellulaire se fait dans le sens du rayon ; l'épithélium blastodermique s'épaissit dans une certaine zone (tache germinative) et ne tarde pas à être formé de plusieurs *feuillets* ou couches de cellules mécaniquement séparables : le feuillet externe sensoriel-cutané ou ectoderme qui deviendra téguments et annexes, organes des sens ; le feuillet interne, glandulaire-intestinal ou entoderme qui formera l'intestin et ses annexes, glandes, poumons.... (Tout cela se passe avant la placentation ou rapports intimes et réguliers avec la mère.)

Le milieu matériel étant altéré par les organismes qui vivent dans son sein, un être ne peut vivre indéfiniment dans un milieu limité ; il faut que le milieu se renouvelle, que l'être ait un mouvement relatif. Il se déplace dans un milieu fixe, se meut ; ou se fixe dans un milieu mobile. La fixation est simple comme celle des mollusques au rivage ; ou mixte : l'organe de fixation est en même temps un organe de nutrition, racines des plantes, suçoirs des parasites, placentas des embryons de mammifères.

Jamais le milieu n'est absolument constant; il est quelquefois très variable. L'organisme varie avec le milieu; il *s'adapte* ou meurt. Darwin a découvert cette *sélection naturelle* et son immense influence sur la marche de *l'évolution.*

Les diverses parties d'un organisme, surtout lorsqu'il est gros, se trouvent souvent dans des conditions très différentes; de là résultent des *adaptations partielles.* Tout organisme qui vit dans un milieu (et il faut entendre par *milieu,* avec Comte, l'ensemble des circonstances de toute espèce), se *transforme;* et, transformé, est plus apte qu'un autre à vivre dans les mêmes circonstances, c'est-à-dire plus apte à remplir les diverses fonctions spéciales d'absorption, de résistance, de mouvement..... Ainsi s'établit la *différenciation des organes* et, suivant l'expression de Milne Edwards l'Ancien, la *division du travail physiologique.*

La forme d'un liquide est déterminée par les forces extérieures et la tension superficielle. En petites masses, les liquides ont la forme sphérique, plus ou moins aplatie par la pesanteur.

Le globule vivant est un colloïde *figuré;* il a une forme propre. La tension superficielle ne détermine pas la forme, elle la modifie. Les variations de tension superficielle produisent des contractions et dilatations; et, soit que le globule ait plus de résistance dans certaines directions que dans d'autres, soit que les échanges moléculaires nutritifs soient plus nombreux en certaines zones qu'en d'autres, la déformation n'est pas uniforme et devient *amiboïde.*

Les mouvements de la goutte de mercure dans l'eau acidulée et un peu teintée de bichromate[1], lorsqu'on la touche avec un et surtout avec deux fils de fer (x, y), ont une

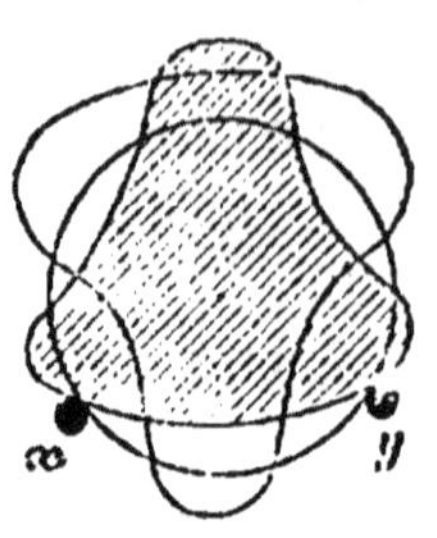

Contractions amiboïdes

d'une goutte de mercure

Fig. 40.

ressemblance remarquable avec les *mouvements amiboïdes* (mouvements des amibes, des globules sanguins, de certains ovules...). Ils se produisent sous l'influence d'actions chimiques alternatives, analogues à l'assimilation et à la désassimilation ; seulement, ces actions sont plus vives et les mouvements plus rapides.

En laissant à poste fixe les deux fils de fer, on peut observer pendant des heures les contractions du mercure. J'ai souvent joui de l'ébahissement des personnes auxquelles je montrais cette expérience. Le mercure a réellement une physionomie animale ; ce n'est pas un métal, c'est une bête.

Les déformations peuvent devenir très grandes et le globule s'étrangler et se diviser, c'est-à-dire se reproduire.

D'Arsonval a tout récemment comparé la *contractilité musculaire* à la contractilité du mercure ; on n'avait proposé jusqu'alors que des fantômes d'explication[2].

Un corps solide, s'il fournit des éléments nutritifs, peut déterminer une concavité dans le globule voisin, comme la goutte d'éther à côté de l'eau. Le corps étranger peut finalement être *englobé*, puis rejeté ; la séparation s'opère lorsqu'il n'y a plus d'échanges moléculaires entre le corps et l'amibe. Si l'absorption se fait plus facilement dans quelque zone, cette zone devient une *bouche;* c'est le début de la spécialisation de l'appareil digestif. Les échanges nutritifs suffisent aussi à produire de l'adhérence entre l'ani-

---

1. Voyez page 301.
2. Voir encore un second mémoire de d'Arsonval. (Ac. des sciences, 25 juin 1838.

mal et l'objet alimentaire ; adhérence qui cessera avec les mutations moléculaires, ou, suivant les circonstances, deviendra cohésion statique (solidification, incrustation...).

Les *cils vibratils* qui se trouvent à la surface d'êtres inférieurs et sur certains éléments d'organismes élevés, sont animés de mouvements spéciaux. Je ne vois, dans le monde inorganique, rien d'analogue à la *vibratilité*. Cela n'empêche pas cependant d'attribuer ces mouvements aux mêmes causes que les mouvements ami-

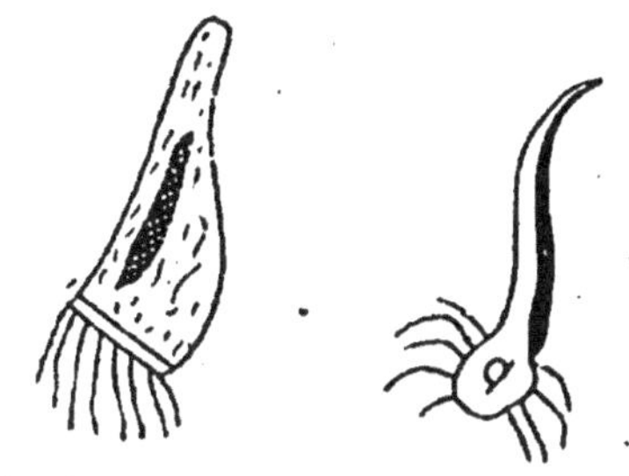

Fig. 41.

boïdes et les contractilités inorganiques, car ils varient dans les mêmes circonstances.

Les élévations ou abaissements de température, les solutions alcalines ou acides étendues, agissent sur les cils en sens inverse et de la même manière que sur la goutte de chloroforme[1]. Et les mêmes effets se produisent sur les muscles : un milieu alcalin facilite la contractilité, qui est empêchée par un liquide légèrement acide. Les spermatozoïdes cessent tout mouvement en présence d'un acide ; au contraire, l'activité renaît et devient très vive dans une solution alcaline. On sait toute l'influence des milieux acides et alcalins sur le mouvement et plus généralement sur la nutrition des microbes.

Les spores des Prêles (*Equisetum*) ont cela de très remarquable qu'elles portent quatre longs bras membraneux se croisant en un point du corps. Il suffit de projeter l'haleine sur ces spores, placées sur le porte-objet du microscope, pour voir ces quatre *élatères* (ressorts) s'enrouler en

------

1. Voyez page 300.

spirales autour de la spore ; à l'air sec, au contraire, ils se débandent comme des ressorts. Ici, les déformations inverses, produites par des actions physico-chimiques inverses, sont manifestes. Que ces actions soient répétées alternativement et rapidement, les élatères deviennent des cils *vibratils*.

Les hygromètres à cheveu et à fanon de baleine sont fondés sur la propriété qu'ont certaines matières organiques de se tendre et de se détendre dans une atmosphère sèche ou humide. Les champignons hygrométriques de nos contrées (*Geastrum*, Étoile de terre) exécutent des mouvements analogues à ceux des élatères, mais plus lents. Lorsqu'une tige droite est courbée mécaniquement, la partie concave est comprimée, la partie convexe allongée et tendue. Pour qu'une tige se courbe sous l'action d'un milieu physique ou chimique, il faut que l'une des faces se contracte plus que l'autre. On ne s'explique physiquement la déformabilité des élatères qu'en admettant que la face intérieure s'allonge moins et la face extérieure plus, sous l'action de l'humidité.

Une déformation du même genre est celle des vorticelles qui vivent dans l'eau douce. Le pédoncule de ces infusoires, étendu et droit, se contracte en hélice ou sinusoïde en même temps que le corps s'invagine. Nul doute que ces déformations, comme celles des élatères d'*Equisetum*, ne doivent être attribuées à des variations de tension différentes aux différents points du pédoncule et du corps. Les ondulations des *flagellums* d'infusoires tiennent aux mêmes causes, c'est-à-dire finalement à des différences d'assimilation. Sous l'action d'un acide, la *queue* des spermatozoïdes humains s'enroule sur elle-même en hélice.

Les cils vibratils et les palettes natatoires des cténophores ondulent ou oscillent, mais toujours plus fortement dans un sens que dans l'autre, de façon à produire une réaction dans une direction déterminée. Les mouvements des cils cessent absolument dès qu'ils sont détachés de la cellule ; il est probable, d'après cela, qu'ils sont dus aux actions chimiques qui se produisent vers leur base.

Quant aux mouvements des Oscillariées et des Diatomées, que les naturalistes classent parmi les algues, ils ne peuvent être attribués à une cause différente. Je ne sais si l'influence des réactifs chimiques a été étudiée ; mais il est un fait connu, c'est que ces cellules vertes se dirigent vers la lumière et sont surtout sensibles à l'action des rayons chimiques.

On explique les mouvements des microbes par la présence, plus ou moins bien constatée, de cils vibratils. Les mouvements des microbes s'expliquent comme ceux des cils. Il n'est pas inutile de rappeler ici que les microbes sont aussi simples que les cils ; que cils et microbes ne sont pas plus compliqués que les éléments cellulaires de nos tissus ; et d'apprendre aux personnes qui citent la ténuité des cils vibratils comme l'exemple le plus frappant de la divisibilité de la matière, que le mouvement biologique n'implique pas l'existence de muscles, de nerfs et de tout l'attirail de la locomotion des animaux supérieurs ; qu'au contraire les mouvements des muscles s'expliquent par la contractilité superficielle de leurs éléments.

TROISIÈME PARTIE

SUITE DES THÉORIES DYNAMIQUES GÉNÉRALES

**Dans laquelle les éléments matériels sont regardés
comme des corps animés de mouvements de translation
et de rotation autour d'axes et dans un sens déterminés,
en relation avec les forces qui les sollicitent.**

---

46. — Sens des mouvements absolus et relatifs. — Pôles.

Lorsqu'un corps parfaitement symétrique relativement
à un plan, tant au point de vue physique qu'au point de
vue géométrique, se déplace perpendiculairement à ce
plan de symétrie, il n'y a aucune raison pour dire qu'il
avance ou qu'il recule, le corps n'ayant ni avant ni
arrière. Que ce même corps tourne autour d'un axe perpendiculaire au plan de symétrie, il sera impossible d'attribuer un sens à son mouvement de rotation. Le bonhomme indicateur d'Ampère, couché suivant l'axe, verra
tourner le corps de droite à gauche ou de gauche à droite,
suivant qu'il sera étendu dans un sens ou dans l'autre.
Le bonhomme de Poinsot, debout perpendiculairement à
l'axe, verra s'effectuer la rotation en sens direct ou inverse, suivant qu'il se trouvera à l'une ou à l'autre extrémité du corps.

Pour que le *sens absolu* du mouvement de rotation ou
de translation d'un corps considéré isolément soit déterminé, il faut que le corps ait un avant et un arrière, un
nord et un sud ; il faut qu'il ait des *pôles ;* il faut qu'il ne
soit pas formé de deux moitiés identiques.

Les *sens relatif* de deux mouvements est au contraire

absolument indépendant de toute question de pôles. Deux mouvements de translation parallèles sont *de même sens* ou *de sens contraire*. Cela n'a pas besoin d'explication ; tout le monde l'entend, nettement et précisément, de la même manière.

Deux corps en rotation tournent dans le même sens lorsque, abstraction faite de la grandeur des vitesses, le mouvement peut être communiqué à l'un par l'autre au moyen d'une courroie à brins parallèles, ou lorsque les parties voisines ont des vitesses linéaires de sens contraires. Les deux corps tournent en sens contraire lorsque les vitesses linéaires des parties voisines sont de même sens, ou, lorsque le mouvement peut être transmis de l'un à l'autre au moyen d'une courroie à brins croisés. Cette définition s'étend au cas où les axes de rotation ne sont pas parallèles. Lorsque les axes sont perpendiculaires entre eux, il n'y a pas de sens de rotations relatives.

47. — Moments d'inertie (Euler). — Mouvements des solides (Poinsot).

Au point de vue de la *translation*, c'est-à-dire des mouvements dans lesquels tous les points décrivent des trajectoires égales et parallèles, droites ou courbes d'ailleurs, un corps, quelle que soit sa forme, peut être considéré comme condensé en son centre de gravité, comme un point de masse égale à la masse du corps et auquel sont appliquées, dans leurs directions respectives, toutes les forces qui sollicitent le corps. V étant la vitesse du centre de gravité, la force vive de translation du corps est MV^2, toujours positive ; la quantité de mouvement MV du signe de V.

Les mouvements de *rotation*, c'est-à-dire les mouvements dans lesquels tous les points restent à la même distance d'un *axe de rotation*, pendant un temps fini ou infiniment petit, et décrivent des arcs de circonférences proportionnels à leur rayon, ayant leur centre sur l'axe, dans des plans normaux à sa direction ; ces mouvements sont beaucoup plus compliqués que les mouvements de translation, parce qu'ils dépendent de la *forme* du corps. La force vive, la quantité de mouvement, varient beaucoup avec la position de l'axe dans le corps.

ω étant la vitesse angulaire, la même pour tous les points ; ρ la distance à l'axe d'un point de masse m ; la vitesse linéaire de ce point sera $\rho\omega$, sa force vive $m\rho^2\omega^2$ et la force vive totale du corps $\Sigma m\rho^2\omega^2 = \omega^2 \Sigma m\rho^2$.

La quantité de mouvement du point m sera $m\cdot\rho\cdot\omega$, le Moment de la quantité de mouvement relativement à l'axe $m\rho\omega \times \rho = m\rho^2\omega$; le Moment total $\Sigma m\rho^2\omega = \omega\cdot\Sigma m\rho^2$.

L'expression $\Sigma m\rho^2 = I$, qu'on appelle le *Moment d'inertie* du corps relativement à un axe déterminé, joue dans les rotations un rôle analogue à la *masse* M dans les translations. Dans l'égalité $I = \Sigma m\rho^2 = MR^2$, R représente le *rayon de gyration* relatif à l'axe considéré ; il varie pour un même corps avec la position et la direction de l'axe ; il représente le rayon d'une surface cylindrique de révolution autour de l'axe, sur laquelle toute la masse serait condensée.

La force vive et la somme des Moments des quantités de mouvement sont ainsi :

$\Sigma m\rho^2\omega^2 = \omega^2\Sigma m\rho^2 = \omega^2 I = M\omega^2R^2$, toujours positive.

$\Sigma m\rho\omega\rho = \omega\Sigma m\rho^2 = \omega I = M\omega R^2$ du signe de la vitesse angulaire ω.

Pour calculer les Moments d'inertie, les géomètres sont obligés de supposer la matière *continue*, afin de remplacer la somme $\Sigma m\rho^2$ par une intégrale $\int m\rho^2$, dans laquelle $m = \delta\cdot dx\cdot dy\cdot dz$ est le produit de la densité moyenne δ par le volume infiniment petit $dx\cdot dy\cdot dz$.

$$I = \int\int\int \delta\cdot\rho^2 dx\cdot dy\cdot dz.$$

Il y a là une cause d'erreur, bien faible sans doute, vu

la petitesse des éléments, qu'il importe cependant de signaler. La théorie des Moments d'inertie s'applique au contraire en toute rigueur aux atomes ou aux molécules considérées comme formées d'atomes distincts.

Le Moment d'inertie I' d'un corps relativement à un axe, est égal à la somme du Moment d'inertie MD^2 de la masse totale condensée au centre de gravité, et du Moment d'inertie du corps relativement à un axe parallèle passant par le centre de gravité :

$$I' = MD^2 + I \qquad R'^2 = D^2 + R^2$$

D étant la distance de l'axe de rotation au centre de gravité.

Si, sur tous les axes menés par le centre de gravité d'un corps, on porte, à partir de ce point, des longueurs inversement proportionnelles aux rayons de gyration (ou aux racines carrées des Moments d'inertie), les extrémités de tous ces axes se troûvent sur un ellipsoïde. Au point de vue mécanique, cet *Ellipsoïde d'inertie* représente la forme abstraite du corps ; ce qui veut dire qu'en ce qui concerne les rotations, un corps *isolé* peut être remplacé par son *ellipsoïde central*. Les phénomènes relatifs, tels que les chocs, dépendent au contraire de la forme concrète, absolue, des corps. Tout corps a un ellipsoïde central déterminé ; mais un ellipsoïde donné, peut être l'ellipsoïde d'une infinité de corps, pleins ou creux, les uns contenus dans les autres, des formes les plus diverses. On changerait alors singulièrement les conditions de rencontre en remplaçant les corps par leurs ellipsoïdes.

L'ellipsoïde d'inertie d'une sphère est sphérique, celui de la Terre un sphéroïde légèrement déprimé, celui d'un anneau est très aplati. Ainsi, l'ellipsoïde central peut rappeler la forme même du corps ; mais il n'en est pas ainsi généralement, même dans le cas de formes géométriques. Un cône, un système de sphères, auront des ellipsoïdes d'inertie qui ne rappellent guère la forme concrète.

L'ellipsoïde d'inertie a trois plans et trois axes de symétrie, qui portent le nom d'*Axes principaux d'inertie*.

A cette occasion, il convient de distinguer la *symétrie mécanique* de la symétrie géométrique. La symétrie mécanique, que possèdent tous les corps, quelle que soit leur forme, consiste en l'existence d'un *centre de gravité* (centre des forces parallèles, centre de translation) et de *trois axes principaux d'inertie ou de rotation*. Elle se constate expérimentalement par les faits suivants : la verticale d'un point quelconque de libre suspension passe toujours par un point determiné du corps suspendu. A chaque axe d'oscillation pendulaire, correspond un autre axe parallèle, autour duquel le corps effectue des oscillations de même durée ; ces axes se nomment *axes réciproques d'oscillation et de percussion* et sont situés de part et d'autre du centre de gravité, généralement à des distances différentes de ce point. Dire qu'un corps peut, dans certaines questions, être remplacé par son ellipsoïde d'inertie, c'est simplement rappeler ces propriétés.

Lorsqu'un corps tournant autour d'un de ses axes principaux est abandonné à lui-même, il conserve son mouvement ; il continue à tourner avec la même vitesse autour du même axe. C'est pourquoi ces axes ont reçu le nom d'*axes permanents de rotation*. Le mouvement est *stable* autour de l'*axe majeur* ou de l'*axe mineur* et *instable* autour de l'*axe moyen*, en ce sens que, si l'on écarte légèrement le corps de sa position, il y revient dans le premier cas, ou continu à s'en éloigner dans le second. La stabilité est très grande si l'axe principal de rotation diffère beaucoup de l'axe moyen.

Lorsqu'un corps, ayant un point fixe et tournant autour d'un axe principal, est abandonné à lui-même, l'axe de rotation change à chaque instant et à la fois dans le corps et dans l'*espace absolu* (espace absolu : car dans ces questions on ne peut faire abstraction du mouvement de rotation de la Terre). Tous ces axes successifs, qu'on nomme *axes instantués de rotation*, forment deux cônes, l'un fixe dans le corps et qu'on doit regarder comme lui étant invariablement lié, l'autre fixe dans l'espace. C'est par cette considération que Poinsot a ramené le mouvement général d'un corps autour d'un point fixe, au roulement d'un cône sur un autre cône. Si le corps est un solide de révolution, les deux cônes sont eux-mêmes de révolution ; on peut alors interpréter d'une autre façon ce mouvement, analogue à celui de la toupie ou du gyroscope, et dire que : le corps tourne autour de son axe de figure (*rotation* proprement dite), tandis que cet axe décrit un cône de révolution (mouvement de *précession*) autour d'une droite fixe dans l'espace ; la verticale du point d'appui dans le cas de la toupie. Suivant que l'ellipsoïde d'inertie est allongé ou aplati, les deux cônes sont extérieurs ou intérieurs l'un à l'autre, et le mouvement de *précession* est de même sens que la *rotation* ou de sens inverse.

Si le corps n'est pas de révolution, les cônes de roulement ont des formes diverses, qui peuvent être comparées à des cannelures.

Les considérations précédentes permettent d'énoncer la loi générale de l'*inertie des corps*, complément de la loi de l'*inertie du point matériel :* lorsqu'un corps animé d'un mouvement quelconque est abandonné à lui-même, il tourne autour de son centre de gravité comme autour d'un point fixe suivant les lois de Poinsot, tandis que ce centre se meut en ligne droite avec une vitesse constante.

Le mouvement général des corps solides peut être conçu d'une autre manière : tout mouvement instantané est décomposable en une rotation autour d'un point quelconque et une translation parallèle à la vitesse de ce point. La décomposition peut ainsi se faire d'une infinité de manières. Il y un axe et un seul, pour lequel la translation composante est parallèle à l'axe de rotation correspondante ; le mouvement est alors un mouvement de vis autour de cet *axe instantané glissant* (Giulio Mozzi). Un mouvement fini quelconque peut être ainsi conçu comme résultant du roulement et du glissement de deux surfaces réglées l'une sur l'autre, ces surfaces étant les lieux, dans le corps et dans l'espace, des axes instantanés glissants. C'est le mouvement d'une vis sur un écrou dont la direction et le pas varieraient d'un point à l'autre.

48. — Les quantités de mouvement et les aires.

La pression des gaz de la poudre, pendant le tir, déplace à la fois le projectile et l'arme, qui, à chaque instant, subissent, sous l'action de la même force, une accélération inversement proportionnelle à leur masse. F étant la pression totale à un instant déterminé, m et m' les masses du projectile et de la bouche à feu, v et v' leur vitesse,

$$F = m\frac{dv}{dt} = m'\frac{dv'}{dt'}$$

et par suite $$mv = -m'v'.$$

On démontre qu'en général, la somme des projections sur un axe quelconque des quantités de mouvement d'un système reste constante, quels que soient les déformations et le développement de forces intérieures, lorsque le système n'est soumis à l'action d'aucune force extérieure. Il en résulte que le mouvement du centre de gravité du système est indépendant des variations intérieures et déterminé uniquement par les forces extérieures. Ce centre se meut comme un point de masse égale à la masse du système, sollicité par leur résultante de translation. Ce théorème porte le nom de *conservation du centre de gravité*.

Dans le cas du tir, les forces extérieures, pesanteur et résistance de l'air, étant négligées, les centres de gravité du projectile et de l'arme se déplacent en raison inverse de leurs masses, ce qui ne fait pas varier le centre de gravité de l'ensemble. Lorsqu'un projectile éclate, les éclats sont projetés de toutes parts, mais le centre de gravité de l'ensemble continue à décrire sa trajectoire parabolique.

Lorsque deux corps mous de masses m et m', animés de vitesses v et v', de même sens ou de sens contraire, se rencontrent et restent liés l'un à l'autre, le système de masse $(m + m')$ a une vitesse V déterminée par la conservation des quantités de mouvement :

$$(m + m')V = mv + m'v'$$

On voit qu'il y a dans ce cas une *perte de forces vives* (Carnot) :

$$(mv^2 + m'v'^2) - (m + m')V^2 = (mv^2 + m'v'^2) - \frac{(mv + m'v')^2}{m + m'}$$

$$= \frac{mm'}{m + m'}(v - v')^2 > 0$$

ou, dans les idées modernes, une transformation de la force vive d'ensemble en travaux de déformation et énergie interne.

On démontre aussi très simplement que la somme des moments des quantités de mouvement de tous les points matériels qui composent un système quelconque est indépendante des déformations et des forces intérieures. En général, la variation de cette somme $\Sigma \cdot \mathrm{M'} \, m \cdot v$ est égale à la somme des moments $\left(\Sigma \int_0^t \mathrm{M'} \, \mathrm{F} \cdot dt\right)$ des *impulsions* $(\mathrm{F} \cdot dt)$ des forces extérieures, pendant le temps considéré.

$$\Sigma \mathrm{M'} mv - \Sigma \mathrm{M'} mv_0 = \Sigma \int_0^t \mathrm{M'F} \cdot dt.$$

Cette relation, dans le cas où F a la même direction que v, résulte immédiatement de l'égalité $\mathrm{F} = m \dfrac{dv}{dt}$ ou $m \, dv = \mathrm{F} \cdot dt$. La distance de la force F à l'axe auquel sont rapportés les Moments étant ρ, on a :

$$m \, dv \cdot \rho = \mathrm{F} \cdot \rho \cdot dt \qquad \int_{v_0}^{v} m \cdot dv \cdot \rho = \int_0^t \mathrm{F} \rho \, dt$$

$$\Sigma(\mathrm{M'} m \cdot v - \mathrm{M'} m \cdot v_0) = \Sigma \int_0^t \mathrm{F} \cdot \rho \cdot dt.$$

Les forces intérieures étant égalés deux à deux et opposées, leur somme ou la somme de leurs Moments est nulle.

Dans le tir des armes rayées, le projectile tourne et exerce sur les rayures des réactions qui tendent à faire tourner le canon ; l'action des forces extérieures étant négligeable, la somme des Moments des quantités de mouvement $(I\omega + I'\omega')$ de tout le système, arme et projectile, demeure constamment nulle, étant nulle à l'origine ; le canon et le projectile, s'ils sont libres, prennent des vitesses angulaires, ω et $-\omega'$, en raison inverse de leurs moments d'inertie I et I'.

$$I\omega = -I'\omega'.$$

Le mouvement du canon est généralement arrêté par l'affût ; il se manifeste quelquefois par la rupture d'un tourillon ou le dévirage de la vis-culasse.

Pour que la somme des Moments des quantités de mouvement reste constante, il suffit que la somme des Moments des forces exterieures par rapport à l'axe considéré soit constamment nulle. C'est ce qui arrive lorsque le système est sollicité seulement par des *forces centrales*; pour une planète, par exemple, dont tous les points sont soumis à la gravitation vers le Soleil. Pendant le temps infiniment petit dt, la planète décrit l'élément $AB = v \cdot dt$ de la tangente à l'orbite MN, la somme des Moments des quantités de mouvement est égale à

$$m \cdot v \cdot p = m \cdot \frac{AB}{dt} \cdot SH = 2m\,\frac{\text{aire } ABS}{dt}.$$

Cette somme et la masse m de la planète étant constantes, le rapport de l'aire élémentaire ASB au temps dt que la planète met à aller de A en B est constant.

Les aires décrites par les rayons vecteurs des planètes

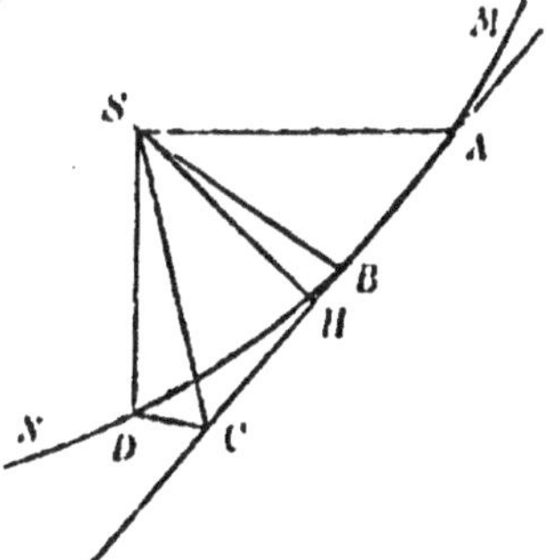

Fig. 42.

autour du soleil sont proportionnelles aux durées correspondantes. Telle est la grande loi découverte par Képler, d'ou résulte la première loi de la gravitation : les planètes sont sollicitées par une force dirigée vers l'astre central. En effet : si la planète A n'était soumise à aucune force, elle décrirait la droite A B C, parcourant des espaces égaux BC = AB, et décrivant ainsi des aires ASB = BSC égales, dans des temps égaux dt. Si la trajectoire est courbe et que la planète vienne en D au lieu de C, l'aire SBD étant égale à SAB = SBC, ou CD parallèle à BS, elle sera sollicitée par une force dirigée suivant CD, ou BS, c'est-à-dire vers le soleil.

Dans un système quelconque, la somme des Moments des quantités de mouvement est identique à la somme des produits de la masse de chaque point par l'aire qu'elle décrit autour de l'axe considéré ; on substitue à l'expression trop longue : « somme des Moments des quantités de mouvements » le mot *Aire* et l'on énonce ainsi le célèbre principe de la *conservation des aires* :

Dans un système libre de toute action extérieure, la somme des aires décrites par tous les points autour d'un axe quelconque est proportionnelle aux temps, quelles que soient les déformations et le développement de forces intérieures. Si le système est sollicité par des forces centrales, la conservation des aires n'a lieu que relativement au centre.

Lorsqu'un point M décrit une trajectoire plane fermée MBNA, la somme des aires décrites est la même pour tous les points du plan ; elle est égale à la superficie entourée par la trajectoire, multipliée par le nombre de révolutions du point. En effet, relativement au point extérieur S, la somme des aires est égale, pour une révolution,

Fig. 43.

à SAMB — SBNA = AMBN. Pour avoir la somme des aires décrites par la Terre autour du Soleil, il faudrait ajouter chaque jour aux aires relatives au moment de translation, les aires décrites par tous les points de la Terre autour de son axe ; mais cette quantité est très petite à côté de la précédente.

Les théorèmes de la conservation du centre de gravité et des aires s'appliquent aussi bien aux êtres vivants qu'au monde minéral. Un homme ne saurait déplacer son centre de gravité sans le secours de forces extérieures, pressions, tensions, frottements ; il ne saurait non plus faire varier seul la somme des aires qu'il décrit. Voici un exemple :

Un homme placé horizontalement est soutenu en l'air par la ceinture au moyen d'une suspension à chape, permettant une rotation autour de la verticale passant par son centre de gravité. Mis en mouvement et abandonné à lui-même, il n'est soumis extérieurement qu'à la résistance de l'air et aux frottements dont les Moments sont tout à fait négligeables, vu le petit diamètre du pivot. Dans ces conditions, la somme des aires décrites doit rester très sensiblement constante, quelles que soient les déformations du corps. L'homme est-il étendu comme un nageur, les rayons sont très grands et la vitesse angulaire petite ; cette vitesse angulaire ou le nombre de tours à la seconde augmente au contraire très rapidement lorsque l'homme se pelotonne en ramassant son corps et ses membres près de la ceinture. Les choses se passent bien ainsi dans la réalité ; j'ai observé le fait, il y a une dizaine d'années, au théâtre des Folies-Bergères.

R et R′ étant les rayons de gyration du corps dans les deux états extrêmes, d'inflexion et d'extension, ω et ω' les vitesses angulaires correspondantes, n et n' le nombre de tours à la seconde, on a :

$$MR^2\omega = MR'^2\omega' \qquad \text{ou} \qquad n \cdot R^2 = n'R'^2.$$

Les nombres de tours sont en raison inverse des carrés du rayon de gyration.

La variation de forces vives correspondante est :

$$MR'^2\omega'^2 - MR^2\omega^2 = MR^2\omega\cdot\omega' - M^2R^2\omega^2 = MR^2\omega(\omega' - \omega).$$

Elle représente le travail des forces centrifuges

$$\Sigma \int_r^{r'} m\omega^2 r\, dr = T.$$

En effet :

$$\Sigma mv^2 = MR^2 \qquad \Sigma 2mv\, dv = 2MR\, dR \qquad T = \int_R^{R'} M\omega^2 R\, dR$$

expression dans laquelle ω est une fonction de R.

D'après la relation

$$\omega R^2 = K \qquad d\omega R^2 + 2\omega R\, dR = 0, \qquad \omega R\, dR = -\frac{1}{2} R^2 d\omega.$$

$$T = \int_\omega^{\omega'} -\frac{1}{2} M\omega R^2 d\omega = \int_\omega^{\omega'} -\frac{1}{2} MK\, d\omega = \frac{MK}{2} \int_\omega^{\omega'} -d\omega$$

$$= \frac{MK}{2}(\omega' - \omega) = \frac{1}{2} MR^2\omega(\omega' - \omega).$$

Suivant la doctrine de la conservation de l'énergie, ce travail centrifuge, positif ou négatif, correspond à une variation de chaleur du corps déformé. Lorsqu'un homme monte à une certaine hauteur ou en descend, le travail musculaire est accompagné de combustions respiratoires plus ou moins vives, d'où une production de chaleur, une élévation de température ; de plus, il y a toujours une certaine quantité de chaleur absorbée ou produite, proportionnelle au travail résistant ou moteur ; absorption dans le cas de la montée, production dans le cas de la descente, égale à EPH ; E étant l'équivalent mécanique de chaleur, H la hauteur à laquelle le poids P est soulevé (Hirn). De même, dans les déformations de l'homme animé d'un mouvement de rotation, le travail musculaire est accompagné de développement de chaleur, résultat des combustions chimico-biologiques ; et de plus, il y a absorption de chaleur dans le passage de l'état d'extension à l'état de concentration, et transformation contraire du travail centrifuge en chaleur lorsque la vitesse angulaire diminue par suite de l'extension du corps et des membres.

La loi des aires n'est absolument vraie qu'à la condition de tenir compte non seulement des mouvements d'ensemble, mais aussi des mouvements des parties. En faisant tourner pendant un certain temps un vase plein d'eau autour d'un axe vertical, quelconque d'ailleurs, on finit par communiquer au liquide le mouvement de rotation, et l'ensemble déformé se meut comme un tout solide. Si l'on arrête le vase rapidement, le liquide continue à tourner plus ou moins lentement ; ce serait une grossière erreur de ne tenir aucun compte de ce mouvement dans les applications de la mécanique. Ces variations de vitesse angulaire, nous pouvons les produire en plaçant ce vase dans la main de notre homme en gyration. Son corps lui-même contient des vaisseaux, des liquides, dont les déplacements centrifuges amèneront des troubles physiologiques, dont les mouvements en partie indépendants détermineront des perturbations à la loi simple des aires. Les équations précédentes ne sont qu'une expression plus ou moins approchée de la vérité.

La loi rationnelle des aires est-elle applicable aux corps naturels composés de corpuscules en mouvement ?

Soit $M R^2 \omega^2$ la quantité de forces vives de rotation transformée en énergie interne ou mouvements moléculaires : supposons que tous ces mouvements soient des rotations des corpuscules autour d'axes parallèles à l'axe de rotation primitif, on aura :

$$M R^2 \omega^2 = \Sigma m r^2 \omega'^2 = r^2 \omega'^2 \Sigma m$$

r étant le rayon de gyration d'une molécule autour de l'axe passant par son centre de gravité, ω' sa vitesse angulaire, m sa masse.

$$\Sigma m = M \qquad R\omega = r\,\omega'.$$

Le rapport des aires décrites dans ces conditions par les points des corpuscules, aux aires initiales est :

$$\frac{\Sigma m r^2 \cdot \omega'}{M R^2 \omega} = \frac{r}{R},$$

égale aux rapports des dimensions linéaires des molécules aux dimensions de l'objet. Dans toute autre circonstance le rapport sera encore plus petit.

La loi des aires est donc applicable aux corps naturels, formés d'éléments extrêmement petits dans les mêmes conditions que les théorèmes relatifs aux Moments d'inertie.

49. — Plan invariable de Laplace et Poinsot. Pendule de Foucault.

Après le mouvement de la terre, ce qu'il y avait de plus difficile à concevoir, c'était l'immobilité de repères dans notre monde solaire.

Les planètes sont attirées par le soleil et s'attirent entre elles ; la réaction est toujours égale à l'action, le soleil gravite vers les planètes ; son déplacement est petit à cause de sa grande masse ; il n'en existe pas moins.

Le système planétaire est soumis à des forces intérieures et à l'action d'astres extrêmement éloignés.

La somme des projections, sur un plan fixe, des aires décrites autour du centre de gravité est constante. Réciproquement la fixité d'un plan dans l'espace absolu peut généralement se déduire de la condition d'invariabilité de la somme des projections des aires. En particulier, le plan qui correspond à la somme maxima des projections, *le plan du maximum des aires,* est un *plan invariable.* (Laplace.)

Dans la détermination de ce plan, il faut tenir compte non seulement des aires principales décrites dans la circulation des planètes autour du soleil, mais encore des aires dues à la circulation des satellites autour des planètes, à la rotation des planètes sur leur axe et surtout à la rotation de l'énorme masse solaire. (Poinsot.)

Le *plan invariable* n'est autre que *le plan du couple résultant* des quantités du mouvement des divers points du système. (Poinsot.)

———

Foucaut a réalisé matériellement un plan à peu près invariable pendant six heures, et mis en évidence le mouvement de rotation de la terre, dans sa célèbre expérience du Panthéon (1851).

On peut montrer expérimentalement que le plan d'oscillation d'un pendule est sensiblement invariable ; il suffit de faire tourner autour d'un axe vertical la potence qui supporte le pendule oscillant, pour voir que la torsion du fil ne change rien au plan d'oscillation. Une verge, montée sur un tour, oscille dans un plan fixe malgré le mouvement de rotation.

A chaque oscillation, le pendule de Foucaut marquait sur le sable son déplacement relatif ; le spectateur, convaincu de la fixité du plan d'oscillation, se sentait entraîné dans le mouvement diurne.

Le mouvement du pendule peut être traité comme toute question de mouvement relatif par l'adjonction des forces fictives ; et ainsi la déviation du pendule à la surface de la terre résulte de la force complémentaire ou centrifuge composée ([1]). La solution complète est très compliquée ; même au pôle, le mouvement relatif du plan d'oscillation n'est pas exactement l'inverse de la rotation terrestre (Poncelet). Quoi qu'il en soit, les perturbations sont assez faibles : l'angle de déviation, de gauche à droite, du plan

———

1. Voir page 7.

de Foucaut, étant d'environ 70' au bout de six heures, soit 280' en 24 heures; si le plan d'oscillation était absolument fixe, sa déviation serait, dans le même temps, égale à 360' sin λ.

La latitude de Paris est :

$$\lambda = 48°50'.N \qquad \sin \lambda = \frac{3}{4} \qquad 360° \cdot \sin \lambda = \frac{3}{4} \cdot 360 = 270°.$$

La même cause, la force centrifuge composée, produit une déviation notable de la trajectoire des projectiles à grande vitesse. Une bombe, lancée verticalement de bas en haut avec une vitesse initiale de 500 mètres à la seconde, éprouverait du fait seul de la rotation de la terre, une dérivation occidentale de 130 mètres. (Laplace, *Méc. céleste.*)

<h3 align="center">50. — Actions des forces sur un solide en repos
ou en rotation.
Orientation spontanée du gyroscope de Foucaut.</h3>

Depuis Poinsot, toutes les forces appliquées à un solide se ramènent à une force et un couple. La résultante de translation peut être appliquée au centre de gravité et remplacée par des composantes de telles directions qu'on voudra ; le couple résultant peut être également décomposé.

Si le corps a un axe (NS), le couple résultant peut être remplacé par deux couples : l'un situé dans le plan normal à NS, l'autre dans un plan passant par cet axe.

Les forces de ce dernier couple peuvent être décomposées, chacune en deux composantes, l'une normale à NS, l'autre dirigée suivant NS et n'ayant d'autre effet que de tendre le corps dans cette direction. Finalement, les forces appliquées sont ramenées à :

Des forces appliquées au centre de gravité.

Un couple de *rotation*, dans un plan normal à l'axe du corps.

Un couple de *précession*, dans le plan de l'axe et dont les forces peuvent être considérées comme normales à l'axe et appliquées à ses extrémités ou *pôles*.

La pesanteur terrestre qui s'exerce verticalement, de haut en bas, sur chaque point matériel, a une résultante unique, si le corps est de petite dimension ; c'est le poids appliqué au centre de gravité. Mais, en général, les forces physiques ne peuvent se réduire aussi simplement. L'action du soleil et celle de la lune sur le sphéroïde terrestre ne se réduisent pas à une force unique, les actions électriques, magnétiques sont très compliquées ; mais peuvent toujours se ramener à une force et un couple.

Si le corps est en repos ou en simple translation, la résultante appliquée au centre de gravité produit une translation qui se compose avec la précédente ; le couple résultant détermine une rotation autour du diamètre conjugué du plan du couple dans l'ellipsoïde central. Mais les choses se compliquent bien autrement lorsque le corps est en rotation.

Le déplacement produit sur un corps de révolution, animé d'un mouvement rapide de rotation autour de son axe, est à peu près perpendiculaire au déplacement que produirait la même action sur le corps en repos.

Inversement, lorsqu'on force l'axe à prendre un certain mouvement, la réaction ou force d'inertie est à peu près perpendiculaire à la direction du mouvement, si la rotation est très rapide. (Résal. Bour, *Cours de mécanique.*)

Cela résulte des lois générales de la méca-

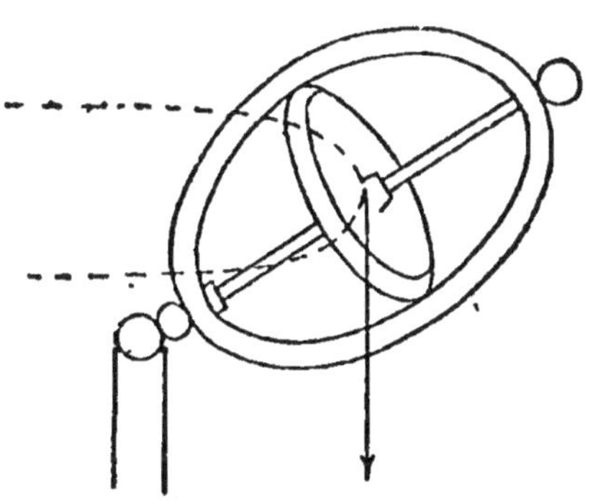

Fig. 44.

nique et explique le mouvement de *précession* de la toupie. Le poids produirait un déplacement vertical du centre de gravité si la toupie ne tournait pas ; tandis que le déplacement de ce centre est horizontal lorsque la rotation est rapide.

Dans le mouvement des projectiles oblongs, l'axe de rotation est un axe principal stable, qui conserve sa direction. Il ne tarde donc à pas être incliné sur la trajectoire courbe du centre de gravité. La résistance de l'air tendrait à déplacer le projectile autour d'une droite normale au plan de l'axe et de la vitesse, s'il ne tournait pas ; elle produit en réalité, à cause du mouvement rapide de rotation, un déplacement perpendiculaire qui fait sortir l'axe du plan vertical de la trajectoire. Ainsi le projectile prête le flanc à la résistance de l'air, non seulement en dessous mais en côté, et de là résulte la *dérivation*, à droite ou à gauche, suivant le sens des rayures de l'arme.

Si l'on cherche à incliner plus ou moins l'axe de la toupie par un choc, on ne fait qu'accélérer ou retarder le mouvement de précession ; si l'on cherche à augmenter la vitesse de précession, on change au contraire l'inclinaison de l'axe. En général, si l'on cherche à faire tourner autour d'une droite l'axe d'un corps animé d'un mouvement de rotation très rapide, cet axe se rapproche ou s'éloigne de cette droite, plus ou moins suivant la durée de l'action.

C'est ce qu'on vérifie très bien au moyen du *gyroscope,* toupie ou tore métallique massif animé d'un mouvement de rotation extrêmement rapide et suspendu à la Cardan.

Entraîné dans le mouvement de rotation terrestre, l'axe du gyroscope se rapproche de plus en plus de la direction de l'axe de la terre et finit par se fixer dans la direction Nord-Sud. Ainsi Foucaut a de nouveau, par cette expérience mémorable, démontré la réalité du mouvement de la terre et ramené à un phénomène purement mécanique l'*orientation spontanée,* considérée jusqu'alors comme étant d'ordre essentiellement physique.

Le soleil tendrait par son attraction à amener le renflement équatorial de notre globe dans le plan de l'écliptique, si la terre ne tournait pas, tandis qu'en réalité et à cause du mouvement diurne, il produit la *précession* de l'axe terrestre autour de la normale de l'écliptique. La lune agit de même ; mais comme le plan de son orbite varie en position et inclinaison sur l'équateur terrestre, son action produit une précession qui se compose avec celle du soleil et une *nutation :* sous l'influence lunaire, l'axe des pôles décrit un petit cône elliptique autour des génératrices du cône de précession.

Il n'a été question jusqu'ici que des solides de révolution. On peut admettre que les effets produits sur un corps par une cause quelconque sont différents suivant que le corps est en repos ou en rotation rapide, et, à défaut de théorie exacte et complète de la rotation, se contenter d'expériences faites sur un gyroscope dont le tore serait déformé ou sectionné. En général, le mouvement de rotation de la terre produira un déplacement de l'axe des corps tournants, non pas perpendiculaire, mais seulement oblique à la vitesse d'entraînement. Ce déplacement déterminera le rapprochement ou l'éloignement plus ou moins rapide de l'axe principal de rotation du corps, et finalement son parallélisme avec l'axe terrestre.

Tout cela montre encore une fois qu'il ne faut pas confondre corps et point matériel, et que la loi de l'opposition de la réaction à l'action est bien loin de donner une idée complète des réactions entre corps. D'après le principe de Newton : toute force f subie par un point matériel m est due à l'existence d'un autre point matériel m' qui peut être considéré comme exerçant la force en question f. Réciproquement le point m exerce sur m' une force f' égale et directement opposée à f.

Ces deux forces se nomment *l'action et la réaction,* et sont dirigées suivant la droite $m\,m'$ qui joint les deux points. Deux points pesants exercent entre eux une action mutuelle proportionnelle au produit de leurs masses et inverse du carré de la distance.

Les phénomènes que présentent les corps animés de rotation rapide montrent combien la réaction d'un corps peut différer de la réaction d'un point ; elle peut être perpendiculaire à l'action. Les phénomènes magnéto-électriques offrent un autre exemple : un élément linéaire de courant (qui est un corps et non un point matériel) exerce sur un pôle d'aimant une action perpendiculaire au plan qui passe par le pôle et le courant.

51. — Mouvements et forces moléculaires. Atome-Aimant. — Molécules.

> Les causes des phénomènes physiques et chimiques se réduisent, en dernière analyse, aux forces d'attraction et de répulsion qui ont lieu entre les molécules des corps, et entre les atomes dont ces molécules sont composées.
>
> AMPÈRE, *Philosophie des sciences.*
>
> Ces atomes et ces molécules ressemblent à de petits aimants qui ont leurs pôles attractifs et répulsifs. Les pôles qui s'attirent s'unissent, les pôles qui se repoussent se fuient, et les forces végétales sont la dernière expression de ce jeu compliqué des forces moléculaires...
>
> L'expérience du spectre magnétique fait comprendre comment un véritable commencement de structure peut résulter d'une force polaire.
>
> TYNDALL, *la Matière et la Force* (1862).
> (Traduction de l'abbé Moigno.)

Les atomes ne sont pas des points matériels ; ce sont des corps, animés de mouvements, sollicités par des forces et réagissant les uns sur les autres.

Les mouvements d'un atome peuvent être ramenés à :

Un mouvement de translation.

Un mouvement de rotation autour d'un axe fixe dans l'atome.

Un mouvement de précession ou d'oscillation, rotation de l'axe.

Les forces qui le sollicitent à :

Une force appliquée au centre de gravité modifiant la translation. *

Un couple accélérateur ou retardateur, normal à l'axe de rotation.

Un couple ayant pour bras de levier l'axe de l'atome ou forces appliquées aux pôles.

Le rapprochement entre l'*orientation spontanée* de l'aimant et celle du gyroscope de Foucaut suggère les idées suivantes :·

Les atomes animés d'un mouvement rapide de rotation se placent dans la direction Nord-Sud sous la seule action du mouvement de la terre. Dans les aimants, les atomes, fixes ou mobiles, conservent leurs directions parallèles ; la rapidité de la rotation donne une grande stabilité à l'orientation. Dans tous les corps, les atomes ont des mouvements analogues à ceux qui déterminent les propriétés de l'aimant. Les effets de la rotation plus ou moins vive diffèrent seulement par degrés ; ils peuvent être masqués par le mouvement de précession. La forme a nécessairement une grande influence ; suivant que l'ellipsoïde d'inertie est allongé ou aplati, la précession est de même sens que la rotation ou de sens inverse.

Qu'il y ait d'autres causes que la rotation diurne, agissant sur les aimants et les courants, cela ne fait aucun doute ; la boussole ne se place pas exactement suivant la ligne N.-S. comme l'axe du gyroscope. Les courants telluriques qui déterminent la *déclinaison* et l'*inclinaison* de l'aiguille aimantée, sont-ils la cause principale des phénomènes ou seulement causes perturbatrices ?

Quoi qu'il en soit, que l'orientation magnétique corresponde à une rotation dans un sens déterminé ou à une autre cause, on est, en tout cas, obligé de regarder les atomes comme ayant des *pôles*; un pôle N se dirigeant spontanément vers le Nord terrestre, un pôle S se dirigeant vers le Sud.

Il n'y a aucun inconvénient, et il y a grand avantage pour la netteté des conceptions, à supposer l'atome animé d'un mouvement de rotation de même sens que celui de la terre ; mouvement qui suffirait à déterminer l'orientation.

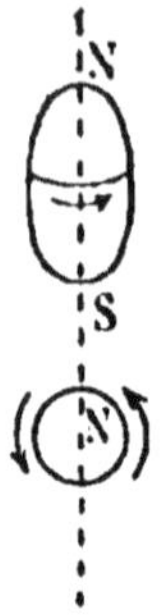

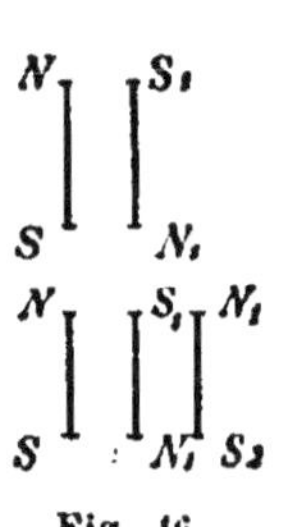

Fig. 45.

Le fait que les fragments d'aiguille aimantée sont eux-mêmes des aimants conduit à attribuer aux atomes constituants les propriétés de l'aiguille aimantée. Les pôles de même nom des atomes s'éloignent, les pôles de noms contraires se rapprochent. Les actions mutuelles des pôles dépendent de la masse, de la forme, du sens et de la rapidité de la rotation ; elles sont inversement proportionnelles aux carrés des distances.

Lorsque deux atomes ont leurs axes parallèles, ils se repoussent s'ils tournent dans le même sens et la répulsion est instable ; ils s'attirent s'ils tournent en sens inverse, et l'attraction est stable. Deux atomes étant en présence, se placeront d'ordinaire, sous leurs seules influences mutuelles, dans la position qui correspond à la plus grande attraction, les axes $NS - S_1N_1$ parallèles et de sens contraires. Il est très remarquable que la théorie dynamique des gaz conduise, de son côté, à la conception de molécules généralement formées de deux atomes.

Un troisième atome $N_2 S_2$ et d'autres encore pourront se placer parallèlement aux deux premiers, et ainsi rangés en bataille former une *molécule* plus ou moins complexe.

Fig. 46.

Un atome agit toujours sur un autre atome, comme un aimant sur un autre aimant, qu'il soit libre ou qu'il fasse partie de quelque édifice moléculaire.

L'attraction entre $N_2 S_2$ et $S_1 N_1$ est plus forte que la répulsion entre $N_2 S_2$ et $N S$. La liaison de la molécule à trois atomes $N S - S_1 N_1 - N_2 S_2$ est moins grande que celle de la molécule à deux atomes $N S - S_1 N_1$ ou $S_1 N_1 - N_2 S_2$. Plus une molécule à atomes parallèles est complexe, moins elle est résistante, plus elle est facilement décomposable soit par la force centrifuge seule, soit par le concours de forces extérieures. La force centrifuge croît avec l'excentricité et par conséquent avec la complexité, en même temps que diminue l'intensité des liaisons.

Deux molécules biatomiques et simples, formées d'atomes de même espèce, parallèles et de sens contraire :

$$M = A - V, \qquad M_1 = A_1 - V_1$$

peuvent se combiner parallèlement et former une molécule complexe

$$M - M_1 = A - A_1 - V_2 - V_3.$$

L'attraction entre les deux molécules sera la somme des attractions de tous les atomes de l'une sur chacun des atomes de l'autre. $\pm a$ étant l'action de deux atomes voisins, $\pm b$ et $\pm c$ les actions de deux atomes tels que $A A_2$ et $A V_3$: les actions de $M = A V$, seront

$$(+ a - b) \text{ sur } A_2$$
$$(- b + c) \text{ sur } V_3.$$

La liaison des deux molécules $M - M_1$ est donc :

$$(+a-b)+(-b+c)=a-2b+c \quad =(a-b)-(b-c) \quad a>b\vee c.$$

L'action sur V_3 des trois autres atomes sera

$$+ a - b + c.$$

L'atome A_2 et l'atome V_3 sont plus solidement liés à l'édifice que la molécule paire $A_2 - V_3$. Deux molécules impaires se combineront pour se dédoubler en molécules paires. Une molécule se décomposera plus facilement en molécules simples qu'en atomes.

Dans une molécule complexe $M - M_1 - M_2 - M_3 \ldots$ formée de molécules simples et parallèles $M = A - V_1$, l'attraction d'une partie sur l'autre est égale à la somme des attractions des diverses molécules simples; la liaison la plus grande existera entre les deux moitiés de la molécule complexe, la plus petite entre le noyau principal et la molécule élémentaire excentrique. Sous l'action centrifuge, résultant d'oscillations rotatoires aussi bien que de rotations continues, les molécules complexes seront décomposées en molécules simples de vapeurs. L'atome le plus excentrique est plus fortement retenu que la molécule; il pourra arriver cependant que la molécule soit disloquée d'une autre manière en molécules complexes, atomes simples ou radicaux impairs, si l'action est très brusque, ou si à la force centrifuge s'ajoute quelque action extérieure.

Lorsque les atomes combinés ne sont pas de même espèce, à plus forte raison la molécule pourra-t-elle éprouver des dislocations différentes de celle qui vient d'être décrite. Des corps se décomposent chimiquement avant de fondre ou de se volatiliser; leurs molécules se résolvent en atomes radicaux, molécules complexes et non en molécules simples de vapeurs.

Les atomes de même espèce peuvent être rangés non seulement sur une seule ligne de bataille, mais en colonne sur plusieurs rangs et plusieurs couches, et former un édifice moléculaire à trois dimensions analogue aux trois axes d'un cristal. Il ne faut pas oublier toutefois que la notion d'élément polyédrique cristallin est essentiellement statique, tandis que la molécule est toujours un corps en mouvement, un élément dynamique.

Les combinaisons peuvent être d'un tout autre genre, surtout lorsque les atomes sont hétérogènes. L'élément eau H^2O, s'il était formé de trois atomes parallèles

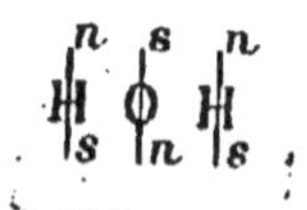

serait moins stable que HO formé de deux atomes. Il est
plus rationnel de la représenter en forme de triangle

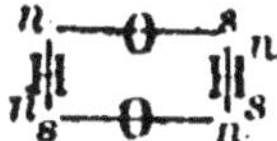

et l'eau oxygénée en rectangle

L'ammoniaque Az H³ serait représenté de la même manière ; un losange avec une diagonale figurerait la molécule à cinq atomes, telle que le carbure CH⁴.

La représentation précédente est bien d'accord avec la
théorie atomistique qui regarde l'eau comme formée d'un
atome d'oxygène combiné à deux atomes d'hydrogène et
non à une molécule d'hydrogène H². Il y a cependant une
différence : pour les chimistes, les atomes d'hydrogène
de l'eau n'ont entre eux absolument aucune action. Pour
nous, au contraire, deux atomes agissent toujours l'un sur
l'autre, qu'ils soient ou non combinés à d'autres atomes.
D'ailleurs l'action réciproque dépend de la position relative et ne s'annule qu'au cas où les atomes sont en croix ;
dans la forme HOH les deux atomes d'hydrogène se repoussent ; dans le triangle ils s'attirent, mais pas de la
même manière que dans la molécule H—H.

Dans tout cela il ne faut voir qu'une illustration propre
à éclairer le mécanisme chimico-physique essentiellement
hypothétique, et qui ne peut se recommander que par sa
simplicité et sa généralité.

52. — Réflexion mécanique.
Action à distance. — Éther.

Deux objets qui se rencontrent, se déforment ; la déformation, permanente ou élastique, augmente jusqu'à une

certaine limite ; au delà, les corps se détendent et, sous l'action continue des réactions, s'éloignent et finissent par se séparer lorsque la vitesse des centres de gravité est plus grande que la vitesse de la déformation elle-même. Il peut arriver que les objets ne se séparent pas et continuent à cheminer de conserve avec une vitesse commune

$$V = \frac{m \cdot v + m' \cdot v'}{m + m'}$$

déterminée par l'invariabilité du centre de gravité de l'ensemble, abstraction faite de tout mouvement de rotation. Cela peut se produire entre deux balles de plomb ou entre deux objets plus élastiques mais se rencontrant suivant de larges surfaces.

Lorsque deux sphères, se mouvant en sens inverse suivant la ligne des centres, se séparent après s'être rencontrées, et reprennent intégralement leur forme primitive, les réactions pendant la détente sont identiquement les mêmes que pendant la compression, à la condition que les deux corps restent en contact jusqu'à la fin de la détente. A l'instant où la déformation atteint son maximum, les deux sphères ont une vitesse commune V ; l'une a donc perdu en vitesse $v_0 - V$, l'autre a acquis un excès $V - v_0'$. Pendant la détente, la première perdra encore $V - v = v_0 - V$ et la seconde acquerra un nouvel excès $v_1 - V = V - v_0'$ égal au premier, si toutes les circonstances du choc sont symétriques pendant la compression et la détente. De là résulte

$$v' - v = v_0 - v_0' = -(v_0' - v_0)$$

équation indépendante des masses, qui montre que la vitesse relative des deux sphères a la même valeur avant ou après le choc, et a seulement changé de signe : il y a eu, dans ce choc, *réflexion relative* de l'un des corps sur l'autre.

Les vitesses absolues sont déterminées par l'équation

précédente et la suivante qui exprime la conservation de
la quantité de mouvement du système des deux sphères :

$$mv + m'v' = mv_0 + m' \cdot v_0'.$$

Si $m = m'$ et $v' = v_0 : v = v'_0$, les deux sphères échangent
leurs vitesses.

Si $m = m'$ et $v_0 = o : v = o \; v' = v_0$, la sphère mobile passe
au repos, la sphère choquée prend la vitesse de la première, suivant l'expérience classique du choc des billes
d'ivoire suspendues à des fils parallèles.

Si l'une des sphères est immense et en repos $m = \infty$
$v_0' = o : v' = v_0' = o \; v = -v_0$. Une bille élastique tombant
sur un plan fixe élastique rebondit avec une vitesse égale
à celle de sa chute.

La vitesse v_0 de la bille, lorsqu'elle est oblique, peut
être décomposée en une vitesse normale au plan fixe v_{0x}
et une vitesse parallèle au plan v_{0t}. Le mouvement de la
bille, rapporté à des axes mobiles ayant la vitesse v_{0t}, sera
normal au plan, et la bille rebondira normalement avec
la vitesse relative $v_n = -v_{0x}$. Composée avec la vitesse
de translation $-v_{0t}$, elle donnera la vitesse absolue de la
bille, égale à la vitesse initiale et faisant le même angle
avec la normale au plan élastique : l'angle et la vitesse de
réflexion mécanique sont égaux à l'angle et à la vitesse
d'incidence.

Poinsot.

Les choses se passent en général tout autrement, soit
que les corps n'aient pas la forme sphérique ou ne se rencontrent pas normalement, soit qu'ils aient un mouvement
de rotation.

Les effets de la rotation, les joueurs de billard les appellent proprement l'*effet* ; ils le produisent en appliquant la
percussion de la queue de billard, en bas, en haut, à droite
ou à gauche du centre de la bille. Alors l'angle et la vitesse
de réflexion sur la bande ne sont plus égaux à l'angle et à

la vitesse d'incidence ; l'échange des vitesses ne se produit plus simplement entre deux billes égales : la bille motrice frappant l'autre normalement, la vitesse de translation est annulée mais non la vitesse de rotation ; la bille tourne sur place, revient en arrière (*rétro* ou *réflexion*) ou reprend un mouvement dans le même sens (*coulé* ou *progression*). Cela résulte de ce que la résistance au roulement est inférieure au frottement de glissement. En général, les billes ne se rencontrent pas normalement et cela suffit à produire un certain *effet*, à déterminer une rotation des deux billes et des phénomènes de *conversion* ou variation directe ou inverse des mouvements de rotation.

Ces questions ont été éclairées d'une vive lumière par les admirables travaux de Poinsot « Sur la percussion des corps », *abstraction faite de toute élasticité.*

Un corps de forme quelconque rencontrant un *point fixe,* son mouvement de réflexion, progression, conversion, se détermine avec la plus grande facilité d'après le mouvement primitif, la position du point choqué, celle du centre de gravité et la valeur des moments d'inertie du corps, supposé solide parfaitement invariable. Si le corps n'a qu'une simple translation, la vitesse du centre de gravité, quelle que soit la position de l'obstacle, n'éprouvera que des variations d'intensité. Lorsque le corps tourne, la vitesse de translation peut diminuer, changer de sens, augmenter et même indéfiniment si la rotation est suffisante. Ce qui d'ailleurs n'est nullement en contradiction avec les principes de la conservation du centre de gravité et des forces vives. Il faut en effet remarquer, avec Poinsot, qu'en réalité il n'existe pas de point fixe ; qu'un *point fixe* n'est autre chose qu'un point libre de masse infinie ; la vitesse qu'il reçoit peut être infiniment petite et la quantité de mouvement être égale à la variation de celle du corps qui le rencontre. Quant à la variation de force vive, elle résulte de la transformation réciproque des forces vives de rotation et de translation.

Secchi.

L'illustre Secchi remarque judicieusement que ces considérations, sur la réflexion mécanique sans déformation, expliquent très bien les mouvements résultant du choc des atomes indéformables ; mais ce grand métaphysicien n'a pas vu combien cette conception était en contradiction avec sa chère doctrine « que les corps ne peuvent agir à distance ».

Deux solides invariables se rencontrent, la vitesse v_0 de l'un devient v ; il a fallu pour cela un certain temps ; une force, une réaction, si grande qu'elle soit, ne peut produire une variation de vitesse *instantanément*, dans un temps nul. Le choc, comme tout phénomène, a une durée pendant laquelle la vitesse change d'une façon *continue*. Une force ne peut produire une variation finie de vitesse, qu'en exerçant une action continue, durant laquelle le point d'application se déplace. A la vérité, on peut concevoir que le contact ait lieu successivement en divers points des atomes indéformables, pendant le choc ; mais à l'instant même où commence la rencontre, les points en contact changent instantanément de vitesse ; les axes instantanés de rotation changent brusquement, instantanément ; le centre de rotation est à la fois là et ailleurs... Donc : ou élasticité des atomes, ou action à distance.

« On admet aujourd'hui qu'au moment de la combinaison chimique, il y a précipitation des atomes les uns sur les autres avec une grande vitesse : de là résulte un dégagement de chaleur comparable à celui qui a lieu au moment du choc de deux masses sensibles, par exemple d'un marteau sur une enclume. » Une masse sensible, un objet est composé d'un nombre immense d'atomes, et la chaleur produite résulte de la transformation de force vive d'ensemble en force vive moléculaire ; le choc de deux atomes est bien différent du choc des objets.

Les atomes, tels que nous les concevons, sont des *corps*

doués des propriétés mécaniques et physiques, mais non de toutes les propriétés physiques des *objets*. L'élasticité, cette propriété qui tient à ce que les objets sont formés de plusieurs atomes, nous la refusons à l'atome, au nom de la simplicité de l'hypothèse.

« Quant à l'attraction moléculaire, dit Secchi dans sa grande synthèse : *l'Unité des forces physiques*, nous conservons ce mot comme expression d'un fait. » Nous ne l'entendons pas autrement. «.... Le cas de deux molécules isolées agissant l'une sur l'autre dans le vide absolu, est une pure fiction. » C'est aussi l'avis de Comte et de ses disciples qui regardent atomes et molécules comme des êtres de raison, des fictions pures, des corps subjectifs, des hypothèses dont l'utilité suffit à justifier l'emploi.

« On suppose dans ce système, dit Euler, que tous les corps s'attirent mutuellement, en raison de leur masse et par rapport à leur distance, suivant la loi que j'ai eu l'honneur d'expliquer à Votre Altesse. L'heureuse explication des phénomènes de la nature prouve suffisamment que cette supposition est très solidement fondée ; de sorte qu'on peut regarder comme un fait le mieux constaté, que tous les corps s'attirent mutuellement les uns les autres. Il s'agit à présent d'approfondir la véritable source de ces forces attractives, ce qui appartient plutôt à la métaphysique qu'aux mathématiques..... Puisqu'il est certain qu'en considérant deux corps quelconques, l'un est attiré vers l'autre, on demande la cause de ce penchant mutuel; c'est là-dessus que les sentiments sont fort partagés..... Le fait ne saurait être contesté ; mais on dispute s'il faut l'appeler *impulsion* ou *attraction*, quoique le seul nom ne change rien dans la chose même.....

« Si l'on veut pénétrer dans les mystères de la nature, il est très important de savoir si c'est quelque *matière sub-*

tile et invisible qui agit sur les corps et les *pousse* les uns vers les autres ou si ces corps sont doués d'une *qualité occulte* par laquelle ils s'*attirent* mutuellement. Les philosophes sont fort partagés là-dessus ; ceux qui sont pour l'impulsion se nomment *impulsionnaires*, et les partisans de l'attraction se nomment *attractionnistes*... Selon les derniers la cause de l'attraction réside dans les corps mêmes et dans leur propre nature ; et selon les premiers, cette cause réside hors des corps, dans le fluide subtil qui les environne..... Feu M. Newton inclinait beaucoup vers le sentiment de l'attraction, et aujourd'hui tous les Anglais sont attractionnistes fort zélés. Ils conviennent bien qu'il n'y a ni cordes, ni aucune des machines dont on se sert ordinairement pour tirer, dont la terre puisse se servir pour attirer à soi les corps et y causer la pesanteur ; encore moins découvrent-ils quelque chose entre le soleil et la terre, dont on puisse croire que le soleil se servirait pour attirer la terre.... cependant MM. les Anglais n'abandonnent point leur sentiment. Ils soutiennent même que c'est une qualité propre à tous les corps de s'attirer mutuellement ; que cette qualité leur est aussi naturelle que l'étendue, et qu'il suffit que le Créateur ait voulu que tous les corps s'attirassent mutuellement..... On reproche à ces philosophes que, selon leur sentiment, deux corps quelconques posés par exemple sur une table, se devraient attirer et conséquemment s'approcher ; ils accordent la conséquence, mais ils disent que, dans ce cas, l'attraction serait trop petite pour qu'il en pût résulter un effet sensible.... et qu'à moins que les corps, ou au moins l'un d'eux, ne soient excessivement grands, l'attraction ne saurait être sensible. Ainsi de ce côté on ne gagnera rien contre les attractionnistes ; ils allèguent même en leur faveur une expérience faite en Amérique par les académiciens de Paris, où l'on a observé, tout près d'une très haute et grande montagne, l'effet d'une petite attraction, dont le corps de la montagne a attiré les corps voisins. Ainsi, en embrassant le système des attractionnistes, on n'a pas à craindre qu'il nous conduise à de fausses conséquences ; on peut plutôt être assuré d'avance de leur vérité. » (Euler, *Lettres à une princesse d'Allemagne*, 1760.)

Cavendish, dans une expérience ([1]) célèbre, a, depuis, constaté l'attraction entre deux corps quelconques (1790).

Cette force, qui s'exerce entre deux objets terrestres, est toujours très faible relativement à leur poids.

Entre deux sphères égales, de masse m et de diamètre d, elle est au plus égale à

$$f = \frac{m \cdot m}{d^2}$$

la distance des centres de gravité étant au moins égale à la somme des rayons.

Le poids p d'une sphère m est :

$$p = \frac{M \cdot m}{R^2}.$$

M et R étant la masse et le rayon de la Terre.

$$\frac{f}{p} = \frac{m}{M} \cdot \frac{R^2}{d^2} = \frac{\delta}{\Delta} \cdot \frac{d}{R}$$

δ étant la densité des sphères m, et Δ la densité moyenne de la terre, 5,50 d'après Cavendish.

Pour rapporter la cohésion et l'affinité chimique à l'attraction newtonienne, il faut admettre avec Séguin que « les derniers atomes de densité immense sont, relativement à leur volume, aussi éloignés l'un de l'autre que le sont les corps célestes dans l'espace, quelque denses d'ailleurs que soient les corps ».

Les cartésiens, Jean Bernouilli, Fontenelle, reprochaient à l'attraction d'être une qualité occulte, analogue à la vertu dormitive de l'opium. D'autres disent au contraire : « Un corps tombe parce qu'il est attiré vers le centre de la Terre », pensant ainsi expliquer le phénomène. Le

---

1. Expérience reprise par Cornu à l'École polytechnique il y a quelques années

mot *attraction* n'est ni un mystère, ni une explication ; c'est l'expression d'un fait. Les premières lois mécaniques de Newton ne sont autre chose que les lois géométriques de Képler exprimées dans un langage différent. L'explication, elle, se trouve dans la comparaison, le rapprochement entre la gravitation planétaire, les marées et la pesanteur terrestre, d'où Newton a induit l'hypothèse de l'attraction universelle entre deux molécules quelconques.

« S'il est quelque chose de certain au monde, dit l'abbé Moigno, c'est que les molécules des corps et les corps eux-mêmes ne s'attirent pas réellement ; c'est que l'attraction n'est pas une force réelle, mais une force explicative ; c'est que tout se passe comme si les corps s'attiraient, quoiqu'il soit incontestablement vrai que les corps ne s'attirent pas. » (*Essence de la matière.*)

Pour le père Secchi, admettre les actions à distance ce n'est que reculer la difficulté, parce qu'on ne démontre pas *pourquoi* les corps agissent. Il consent aux actions à distance, grâce à un milieu intermédiaire, mais, « loin d'admettre qu'elles soient de nécessité *métaphysique* », il ne les accepte que « comme empiriques et entièrement libres dans leur *cause première* ».

Quant à Faraday, l'idée d'action à distance le tourmente, le torture ; il ne peut concevoir une chose qui agit sur une autre à travers l'espace absolument vide et qui ne peut être *représentée*. L'expression dynamique, le verbe, *signe* indicatif de l'acte, ne lui suffit pas ; il lui faut l'*image,* la forme statique ; il pensait surtout avec l'appareil visuel. La force, il ne peut la concevoir autrement que résidant le long de la ligne représentative ; ses *lignes de force,* il les voit, comme Euler voyait les *courants,* dans les files de grains de limaille qui entourent l'aimant ; il les croit réelles, existant en dehors de la limaille elle-même ; il ne peut penser sans leur secours. La *distance* est remplacée par le *nombre* de lignes de forces. « La gravitation est une propriété de la matière dépendant d'une certaine force, et c'est cette force qui constitue la matière. La matière n'est pas seulement pénétrable, mais chaque atome s'étend, pour ainsi dire, à travers tout le système solaire, sans cesser de conserver son centre propre de force... Les vibrations de la lumière, de la chaleur rayonnante ne sont que les frémissements des lignes de poids. L'éther est supprimé, mais non les vibrations ([1]). » Quelque jugement qu'on soit tenté de porter sur ces idées singulières, il ne faut pas oublier qu'elles ont servi à découvrir de grandes choses, et que Faraday lui-même considérait certaines d'entre elles comme des « ombres de théorie ».

« Je me sers du mot *attraction*, dit Newton, pour signifier seulement en général toute force en vertu de laquelle les corps tendent les uns vers les autres, quelle que puisse être la *cause* de cette tendance. »

Locke ajoute : « Pour les *causes*, nous devons nous résoudre à les ignorer. Nous ne pouvons aller au delà de ce que l'expérience particulière nous découvre comme un *point de fait*, d'où nous pouvons ensuite conjecturer quels effets il est apparent que les corps produiront dans d'autres expériences.

« Mais pour une *connaissance parfaite* touchant les corps naturels, nous sommes, je crois, si éloignés d'être capables d'y parvenir, que je ne ferai pas de difficulté de dire que c'est perdre sa peine que de s'engager dans une telle recherche. » (*L'Entendement.*)

« Si les généralisations toujours plus avancées qui constituent le progrès des sciences ne sont autre chose que des réductions successives de vérités spéciales à des vérités générales, et de celles-ci à de plus générales encore, il en résulte évidemment que la vérité la plus générale, ne pouvant être ramenée à une plus générale, ne peut être expliquée. » (H. Spencer, *Premiers Principes*.)

« L'explication est la perception d'un rapport entre les

1. *Faraday inventeur*, par Tyndall.

faits.... S'il n'y a aucune autre force que l'on puisse assimiler à la pesanteur, la pesanteur est le terme final de l'explication et la révélation complète du mystère. Il n'y a rien de plus à faire, rien de plus à désirer. » (Bain, *l'Esprit et le Corps*.)

Prenons les choses comme elles sont. A l'exemple de Diogène marchant devant les philosophes qui niaient le mouvement : à ceux qui nient l'attraction montrons le fer soulevé par l'aimant, l'eau qui coule et la pomme qui tombe, la Terre attachée au Soleil et la Lune qui soulève l'Océan.

Tenons-nous-en donc à l'attraction jusqu'à ce que Dieu en révèle la raison suffisante à quelque Leibnitzien.

VOLTAIRE.

« Si l'on voyait un chariot suivre les chevaux sans qu'ils fussent attelés, dit Euler, et qu'on n'y vît ni corde ni autre chose propre à entretenir quelque communication entre le chariot et les chevaux, on serait plutôt porté à croire que le chariot serait *poussé* par quelque force, quoiqu'on n'en vît rien, à moins que ce ne fût le jeu de quelque sorcière. » Aujourd'hui, si l'on fait devant nous un tour de cette espèce, nous passons la main pour chercher la chaîne que nous ne voyons pas, le cheveu qui tire la carte ; si nous ne sentons rien, nous restons convaincus qu'il y a là quelque morceau de fer attiré par un aimant. Il ne nous viendra jamais à l'idée que l'objet déplacé soit *poussé* par le vent de quelque matière subtile. Familiarisés avec les actions magnétiques, l'idée d'attraction nous est tout aussi claire que celle d'impulsion. Euler ne dit-il pas lui-même : « Quoique ce phénomène soit particulier à l'aimant et au fer, il est très propre à éclairer le terme d'attraction. » L'attraction et, nous ajouterons, la répulsion sont des propriétés analogues à celle de l'aimant. La *répulsion à distance* est aussi réelle, aussi positive que l'attraction ; entre l'attraction et la répulsion de deux aiguilles aimantées parallèles et flottant sur l'eau, il n'y a qu'une différence : la stabilité.

Ce n'est pas ainsi que l'entendent Séguin et Moigno : « La seule attraction unie au mouvement explique tout, sans qu'il soit nécessaire de recourir à *l'hypothèse purement gratuite des forces répulsives*..... Tous les phénomènes naturels sont des conséquences de la loi de la gravitation universelle. » Les éléments sont de deux sortes : les uns, enchaînés ou en repos relatif; les autres, libres et animés de grandes vitesses, passent à travers le système des premiers, les écartent, les distendent.

La répulsion est expliquée par la *distension*. « La supposition de molécules infiniment petites, infiniment denses, telles qu'on doit les considérer d'après l'accord unanime de tous les physiciens qui se sont occupés de cette matière, exclut d'ailleurs, entre les molécules, toute possibilité de rencontres et de chocs..... La simple attraction universelle, propor:..nnelle aux masses et en raison inverse du carré de la distance, suffit à rendre compte de tous les faits d'*attraction réelle* et de *répulsion apparente* dans lesquels tous les phénomènes se résument([1]). »

Combien au contraire trouvent inconcevable l'attraction et se refusent à concevoir d'autre phénomène élémentaire que la répulsion à la suite de choc ! En y regardant de près, on reconnaîtra que la réflexion mécanique est un phénomène complexe et que l'habitude seule lui donne l'apparence d'une simplicité séduisante.

« J'admets qu'il est impossible de concevoir comment un corps agit à travers le vide sur un autre corps placé à quelque distance. Mais je n'admets pas que la difficulté soit moindre, lorsque les corps sont en contact. Qu'un corps puisse être la cause efficiente du mouvement d'un

---

1. SÉGUIN, *Considérations sur les causes de la cohésion envisagée comme une des conséquences de l'attraction newtonienne, et résultats qui s'en déduisent pour expliquer les phénomènes de la nature.* 1885. Voir aussi Moigno dans la brochure : *Force et Matière.*

autre corps éloigné de lui, c'est ce que je suis loin d'affirmer. Je dis seulement que nous avons autant de raison de
croire cela possible que nous pouvons en avoir de croire
que tout autre événement naturel est la cause d'un autre,
quel qu'il puisse être...

« ...Toutes ces théories me paraissent avoir pris naissance dans les fausses notions que l'on s'est faites du vrai
but de la philosophie et dans un même préjugé...

« C'est au moyen de l'impulsion seule que nous avons
nous-mêmes la facilité de mouvoir les objets intérieurs.
C'est là un fait qui nous est familier dès l'enfance et bien
plus que tout autre; il nous frappe comme un phénomène
nécessaire... D'où la fausse persuasion que la liaison entre
le choc et le mouvement est plus intelligible que tout
autre fait physique...

« (Autre cause d'erreur.) Notre langage est emprunté
par voie d'analogie aux objets matériels... M. Hume a le
premier prouvé d'une manière claire que notre langage
ordinaire, relativement aux causes et aux effets, est purement analogique, et s'il y a quelque enchaînement entre
les événements physiques, il sera à jamais invisible pour
nous. » (Dugald-Stewart, *Philosophie de l'esprit humain.
De quelques préjugés naturels...* 1792.)

Séguin, comme Grove, écarte l'hypothèse d'un éther
spécial, *impondérable,* distinct de la matière vulgaire. Dis-
ciple et neveu de Montgolfier, il prêche avec lui la grande
synthèse physique, « l'identité entre elles et avec le mouvement, de toutes les forces de la nature ». Sa place est
marquée parmi les précurseurs de la théorie moderne, à
côté de l'illustre auteur de la *Corrélation des forces physiques.* « Comme dans le cas du frottement, le mouvement
grossier ou palpable, qui est arrêté ou empêché par la
rencontre d'un autre corps, est subdivisé en mouvements
moléculaires ou vibrations, lesquelles vibrations sont chaleur ou électricité suivant les circonstances, de même que
les autres affections sont seulement de la matière mue ou

agitée moléculairement dans une certaine direction déterminée. » (Grove, 1848, *Corrélation*, etc. Trad. Moigno.)

Pour Euler « il n'y a aucun doute qu'il ne faille chercher la source de tous les phénomènes de l'électricité dans une certaine matière fluide et subtile ; mais nous n'avons pas besoin d'en feindre une dans notre imagination. Cette même matière subtile qu'on nomme l'*éther*, et dont j'ai déjà eu l'honneur de prouver la réalité à Votre Altesse, est suffisante... Les rayons de lumière qui se répandent de tous les corps célestes en tout sens, nous prouvent suffisamment que tous ces espaces sont remplis d'une matière subtile... L'*électricité* n'est autre chose qu'un dérangement dans l'équilibre de l'éther répandu dans les moindres pores de tous les corps, dans lesquels il est, tantôt plus, tantôt moins engagé, selon que ces pores sont plus ou moins fermés...

« L'arrangement que nous observons dans la limaille de fer (autour de l'aimant) ne nous laisse pas douter que ce ne soit une matière subtile et invisible qui enfile les parcelles de limaille et les dispose dans la direction que nous voyons... Par son mouvement continuel autour 'de l'aimant, elle forme un *tourbillon* qui reconduit la *matière subtile* d'un pôle à l'autre... La matière qui constitue ces tourbillons est beaucoup plus subtile que l'éther et traverse les pores de l'aimant qui sont impénétrables à l'éther même. Comme l'éther occupe et remplit les pores de l'air, on peut dire que la *matière magnétique* est renfermée dans les pores mêmes de l'éther. »

D'après Secchi : « Le *courant* électrique est un mouvement de la matière impondérable au sein de la matière pondérable, et dans un grand nombre de cas le *flux de matière éthérée* entraîne avec lui les molécules pesantes elles-mêmes.... Le courant étant un transport de l'éther intérieur des corps : la *tension* électrique n'est qu'une accumulation de ce même éther dans les corps que nous disons être électrisés en plus, et une diminution dans celui que nous nommons électrisé en moins ; l'action de la tension est parfaitement semblable à cette force qui, dans les fluides, constitue la pression.....

« Le *courant* se produit toutes les fois que dans la vibration moléculaire la *limite d'élasticité* est dépassée, ce qui dans les métaux arrive plus facilement que dans les corps diaphanes. » Et voici comment Secchi entend la limite d'élasticité : « L'amplitude des oscillations peut augmenter au point de faire sortir les molécules de leur *sphère d'activité*..... Certains atomes peuvent pénétrer dans les sphères d'activité des atomes voisins.... Sphère d'activité désigne la région occupée par l'éther, le *tourbillon éthéré* qui environne la molécule. »

On reconnaîtra bien avec Grove que « la transmission de l'électricité au travers de longs fils de préférence à l'air qui les entoure et qui devrait être au moins autant pénétré par l'éther, est irréconciliable avec l'hypothèse de ce fluide ». A moins, cependant, qu'on ne pense, comme Euler, que « l'air commun que nous respirons a ses pores presque entièrement fermés ».

Thalès donnait une âme à l'ambre et à l'aimant ; cet *esprit* est devenu le *fluide* électrique, l'éther, un gaz. Le mot gaz, comme le remarque Grove, n'est que le mot allemand *Geist* (esprit), c'est l'esprit matérialisé.

« Si l'on suppose, dit Newton dans son *Optique,* que l'*éther,* comme notre air, soit composé de particules qui tâchent de s'écarter les unes des autres (car je ne sais ce que c'est que cet éther) et que ses particules soient excessivement plus petites que celles de l'air..... » Euler l'entend bien ainsi :

« L'éther est une matière subtile et semblable à l'air, mais plusieurs mille fois plus rare et plus élastique. » Non, dit Secchi, « l'éther n'est pas un gaz raréfié, car alors comment expliquer son élasticité considérable et la rapidité avec laquelle il propage la lumière ; ses atomes sont beaucoup plus rapprochés que les molécules des corps pesants.... Le fait que les ondes de différentes longueurs se propagent avec des vitesses différentes a été pendant longtemps une objection sérieuse à la théorie des ondulations, mais Cauchy l'a complètement expliqué en admettant comme principe la non-homogénéité de l'éther contenu dans les corps pesants homogènes. » La comparaison aux vibrations sonores longitudinales de l'air ne peut expliquer la non-interférence des rayons lumineux polarisés à angle droit ; dans l'éther de Fresnel, les vibrations sont transversales.

L'éther, ayant des propriétés élastiques variables avec la direction, ne peut être comparé qu'à un corps cristallisé. L'éther n'est pas un fluide, c'est un solide, un cristal.

Voilà l'éther qui envahit toute la physique et qu'on voudrait nous imposer ! « Il n'est plus possible, dit Lamé, d'arriver à une explication rationnelle et complète des phénomènes de la nature physique sans faire intervenir cet agent dont la présence est inévitable.... Les particules de la matière pondérable nagent en quelque sorte au milieu d'un fluide. Si ce fluide n'est pas la cause unique des phénomènes observables, il doit au moins les modifier, les propager, compliquer leurs lois. » Dans sa préface, Secchi déclare que : « L'éther est bien un être naturel, mais non soumis à la gravité, parce que peut-être il est la cause de celle-ci..... On a admis que la gravité était inhérente à la matière, que la matière ne pouvait être séparée de la gravité, que la gravité était une propriété des atomes. La gravité est une force qui ne résulte que de la réunion d'un grand nombre de molécules unies ensemble, et si, dans le monde, il n'existait qu'un seul atome matériel, il ne serait pas pesant, parce qu'il ne tendrait vers aucun autre. » Newton n'avait pas prévu l'objection de La Palisse !

Le milieu magnétique, disait Faraday, « pourrait bien être une fonction de l'éther ; car il n'est pas tout à fait invraisemblable que, s'il y a un éther, il doive servir simplement à transmettre des radiations ». Aristote, Descartes, Newton, Lavoisier, convenaient de l'hypothèse. Au-

jourd'hui on dit : L'éther existe. « Il y a peu de choses
aussi certaines que l'existence de l'éther. » (Où la certitude va-t-elle se nicher!) « L'existence de l'éther est démontrée par le fait de la propagation des ondes lumineuses
dans les espaces planétaires. »

Young, l'un des fondateurs de la théorie des ondes lumineuses, donnait une preuve différente « qu'un milieu,
ressemblant par plusieurs de ses propriétés à celui qu'on
appelle éther, existe ; c'est ce qui est prouvé invincible-
ment par les phénomènes de l'électricité ».

Un conférencier, résumant l'état de la science en 1888,
s'exprime ainsi : « On peut affirmer avec une certitude
presque absolue que l'Univers est formé de particules
d'éther et d'atomes d'éther. Un atome est formé de particules d'éther, mais cela n'est pas aussi certain. Pour moi,
éther est absolument synonyme d'*électricité*. L'éther in-
terstellaire est un solide ; mais l'éther qui emplit un fil
traversé par un courant électrique est un liquide(¹). »

En tout cela, il faut le remarquer, il s'agit d'un *éther dis-
continu*, formé d'éléments agissant les uns sur les autres
à distance ou au contact. « L'idée d'action à distance le
torturait. Dans ses efforts pour sortir de cette perplexité,
il se révoltait souvent, sans en avoir la conscience, contre
les bornes imposées à l'intelligence humaine.... Faraday
ne voit pas la même difficulté dans ses molécules conti-
guës. Et cependant, quand nous passons, dans notre conception, des masses aux molécules, nous diminuons simplement le volume et la distance, sans rien changer à la nature
de la conception. Toutes les difficultés que l'esprit éprouve
à concevoir une action à des distances sensibles, l'embar-
rassent encore quand il essaye de concevoir une action
à des distances insensibles. » (Tyndall.)

La raison des métaphysiciens que les corps ne *peuvent*
agir à distance parce qu'ils ne *peuvent* agir là où ils ne sont

---

1. *Revue scientifique,* 14 juillet 1888.

pas, que les forces ne *peuvent* varier dans le vide avec la distance parce que la distance n'est ni un obstacle ni un véhicule ; ces raisons, on ne les donne plus guère ; on se contente de trouver « monstrueux » les actions à distance, les atomes indéformables. Et l'on sacrifie la *continuité dynamique,* base de la mécanique et de la science positive, à la *continuité matérielle,* qui n'est autre que la vieille *horreur de la nature pour le vide.*

Si la dispute des philosophes sur la gravitation universelle, sur les actions à distance, ne se réduit pas à une métaphysique de mots, que cherchent ces chicaneurs opiniâtres, comme les appelait Locke? La corde qui relie la terre à la lune? S'ils la trouvent, il faudra qu'ils nous expliquent le mécanisme de son élasticité, de sa cohésion. Et d'ailleurs, espèrent-ils trouver une corde qui passe indifféremment à travers tous les corps, quels que soient leur densité, leur température, leur orientation, leur état physique? Car, ils le savent, les intermédiaires, fluides ou solides, amorphes ou cristallisés, chauds ou froids, durs ou mous, sont sans influence sur le poids ; ils ne changent rien, ni à la direction, ni à l'intensité de la pesanteur. Sans doute cela n'est pas absolument vrai des actions électriques et magnétiques ; mais c'est là précisément ce qui les distingue de l'attraction newtonienne, qui se réduit à une seule force, toujours de même sens, indépendante du mouvement et de l'orientation. Galilée l'a montrée agissant également sur tous les corps terrestres; Newton a étendu son action à la lune et à tout le monde solaire.

Pour nous, la *force* n'a pas d'existence objective ; la force est un produit de l'homme, de son imagination scientifique, un procédé logique pour relier les faits. On est convenu qu'un corps en repos ou en mouvement rectiligne uniforme n'est sollicité par aucune force ; et que tout autre mouvement résulte de la vitesse acquise et des forces actuelles.

53. — Courant hydro-électrique. — Chaîne de Grothus.
Courant électrique.

« En dehors de l'hypothèse des fluides, on n'a encore proposé aucune autre théorie de l'électricité ; et quelle que soit la faveur apportée à cette hypothèse, je pense que plusieurs de ceux qui ont étudié attentivement les phénomènes ne répugneront pas à les considérer comme résultant non de l'action d'un fluide ou de deux fluides, mais comme une polarisation moléculaire de la matière ordinaire, ou comme la matière ordinaire agissant par attraction ou par répulsion dans une direction déterminée. Ainsi la transmission des courants voltaïques dans les liquides est regardée par Grothus comme une série d'affinités chimiques s'exerçant dans une direction déterminée... Le courant ne serait pas autre chose que cette transmission moléculaire de l'affinité chimique...

« En supposant pour le moment que l'électrolyse soit le seul phénomène électrique connu, l'électricité paraîtra consister dans une action chimique transmise. »

(GROVE, *Corrélation des forces physiques*. 1843.)

Dans toute décomposition par la pile, les produits apparaissent seulement aux électrodes ; aucun phénomène ne se manifeste dans l'intervalle. C'est un des faits les plus remarquables et les mieux caractérisés de l'électricité. On l'observe immédiatement lorsque le produit est gazeux ou solide. Faraday l'a illustré en décomposant une solution saline placée dans trois vases en communication par des mèches imbibées ; le changement de couleur de la teinture de tournesol indique la présence de l'acide et de l'alcali dans les deux vases extrêmes dans lesquels plongent les électrodes, tandis que la coloration n'éprouve aucun changement dans le vase du milieu.

On appelle éléments *électro-positifs* (P) ceux qui se développent, comme l'hydrogène, à l'électrode négative ; éléments *électro-négatifs* (N) ceux qui apparaissent à l'électrode positive. Toute molécule (P-N) décomposée par le courant, est regardée comme formée de deux atomes ou radicaux, l'un (P) électro-positif, comme les métaux, l'autre (N) électro-négatif comme l'oxygène, le radical acide SO^4.....

Les figures suivantes représentent la célèbre *chaine de Grothus* :

$$(1) \qquad + \quad \begin{matrix} P_1 & P_2 & P_3 & P_4 \\ | & | & | & | \\ N_1 & N_2 & N_3 & N_4 \end{matrix} \quad -$$

$$(2) \qquad + \quad \begin{matrix} P_1 & P_2 & P_3 & P_4 \\ | & | & | & \\ N_1 & N_2 & N_3 & N_4 \end{matrix} \quad -$$

$$(3) \qquad + \quad \begin{matrix} P_1 & P_2 & P_3 & P_4 \\ | & | & & \\ N_1 & N_2 & N_3 & N_4 \end{matrix} \quad -$$

La figure (1) représente la chaîne primitive de molécu-les $\left(\begin{smallmatrix} P \\ | \\ N \end{smallmatrix}\right)$, dans les figures (2) et (3) les éléments électro-posi-tifs (P) se sont déplacés vers l'électrode négative, les élé-ments électro-négatifs (N) vers l'électrode positive. P_1 est successivement combiné avec N_1, N_2, N_3, les éléments N_4 N_3 sont mis en liberté d'un côté, P_4 P_3 de l'autre ; dans l'intervalle, les molécules sont reconstituées au fur et à mesure de la décomposition. Ainsi se continue le phéno-mène caractéristique du courant hydro-électrique, tant qu'il y a des molécules à décomposer.

Cette explication n'a qu'un défaut ; elle est incomplète. Les molécules $\left(\begin{smallmatrix} P \\ | \\ N \end{smallmatrix}\right)$ sont supposées orientées perpendicu-lairement à la direction du courant. On peut se passer de cette hypothèse et représenter la chaîne de Grothus par la figure (4) qui prend la forme (5) après le dégagement des premiers éléments P_1 et N_4.

$$(4) \qquad - \quad \begin{matrix} P_1 & & N_2 & & P_4 \\ \diagdown & & \diagup & & \diagdown \\ & N_1 \quad P_2 & & P_3 - N_3 & & N_4 \end{matrix} \quad +$$

$$(5) \qquad - \quad \begin{matrix} P_1 & & N_2 & & P_4 \\ & \diagdown & & \diagup & \\ N_1 - P_2 & & P_3 \quad N_3 & & N_4 \end{matrix} \quad +$$

La décomposition de la chaîne (5) ne peut s'effectuer
immédiatement ; les (P) n'étant pas du côté de l'électrode
(+), les (N) du côté de l'électrode (—).

En géométrie et en mécanique, deux points voisins
d'une courbe ou deux positions successives d'une trajectoire ne déterminent que la tangente ou la vitesse et ne
suffisent pas à déterminer l'accélération ou la courbure.
De même, les deux premières figures de la chaîne de
Grothus sont insuffisantes à caractériser le mécanisme
physico-chimique du courant électrique. Au premier
mouvement de décomposition ou de translations individuelles des atomes, il est nécessaire d'ajouter un mouvement de rotation moléculaire amenant les éléments (P)
du côté de l'électrode négative. Cette rotation peut s'effectuer dans un sens ou dans l'autre ; mais, en tout cas,
la projection de la vitesse des éléments (P) sur la direction du courant, doit toujours être dans le sens conventionnel du courant, de (+) vers (—).

$$(5) \quad - \quad P_1 \quad N_1 - P_2 \quad P_4 \quad N_3 \quad N_2 \quad P_3 \quad N_4 \quad +$$

$$(6) \quad - \quad P_1 \quad P_2 - N_1 \quad P_3 - N_2 \quad P_4 - N_3 \quad N_4 \quad +$$

$$(7) \quad - \quad P_1 \quad P_2 \quad N_1 - P_3 \quad N_2 - P_4 \quad N_3 \quad N_4 \quad +$$

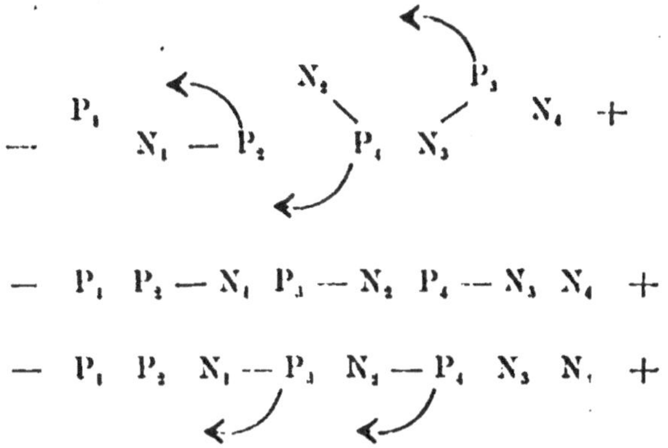

Par un mouvement de rotation, la molécule $(N_1 - P_2)$
de la figure (5) est amenée en $(P_2 - N_1)$ [fig. 6] ; alors la
décomposition hydro-électrique peut s'effectuer de nouveau : P_2 est mis en liberté et N_1 quitte P_2 pour se combiner à P_3 (fig. 7). Une nouvelle rotation devra amener
$(N_1 - P_3)$ en $(P_3 - N_1)$ et ainsi de suite.

Les raisons générales et particulières qui font considérer les molécules des métaux solides et du charbon comme formées d'un grand nombre d'atomes, ont été exposées dans la deuxième partie de cet ouvrage [1].

Je regarde le courant électrique dans le fil conducteur comme résultant de mouvements semblables à ceux qui viennent d'être décrits. *Dans un corps solide simple, métal ou charbon, traversé par un courant électrique, les molécules très complexes (M^n) sont successivement décomposées et reformées comme celles des solutions salines ; la décomposition se fait en deux éléments ; l'un, électro-positif ($P = M$), est généralement un atome métallique, l'autre, électro-négatif ($N = M^{n-1}$), un radical formé d'un grand nombre d'atomes de même espèce.* Dans cet ordre d'idées, la transmission électrique n'est plus un *courant fluide;* le fil télégraphique qui relie les aiguilles de deux cadrans peut être bien mieux comparé à un long équipage de roues.

En général, *il y aura courant électrique, dans un corps solide, liquide ou gazeux, toutes les fois que les mouvements de décomposition moléculaire seront ordonnés en ligne.* L'ordonnance linéaire n'a pas besoin d'être complète, il suffit, pour qu'il y ait courant électrique dans une certaine direction, qu'il y ait plus de décomposition dans cette direction que dans d'autres.

Cette conception du courant, je la regarde comme l'expression synthétique des faits les plus généraux de l'électricité dynamique ; *toutes les conditions qui établissent un certain ordre dans les réactions physico-chimiques, déterminent un courant :* disposition des piles en général, hydro-électriques, thermo-électriques, électro-capillaires. Le simple contact, pourvu qu'il y ait quelque différence d'hétérogénéité ou de température suffit à produire de l'électricité (Becquerel). Deux liquides hétérogènes séparés par une membrane organique, une substance albuminoïde (Oni-

---

1. Voyez en particulier pages 127-217.

mus) ou par un espace capillaire, un corps poreux ou fêlé, donnent naissance à un courant (Becquerel).

En reliant par un fil métallique l'extérieur d'un muscle ou d'un nerf coupé à la plaie saignante, on constate l'existence d'un courant, toujours dans le même sens lorsque le muscle est au repos, courant dont l'intensité varie pendant l'activité, la contraction du muscle. (*Pouvoir électromoteur. Variation négative*, Du Bois Reymond.) C'est un cas particulier des courants de Becquerel ; le muscle est une substance organique placée entre le sang et l'air ; le tissu musculaire vit, se nourrit, respire, assimile et désassimile ; il est le siège de combinaisons et de décompositions chimiques qui s'effectuent dans une certaine direction ; des éléments vont du sang au tissu, d'autres du tissu au sang. Et cela suffit pour déterminer un courant électrique. Sous une action extérieure, chimique, électrique, mécanique, nerveuse, le muscle se contracte ; les produits de la nutrition varient, et généralement aussi la direction des mouvements de décompositions moléculaires ; ce qui explique la variation du courant musculaire.

L'électricité biologique n'est pas un phénomène spécial aux muscles et aux fils nerveux, elle se produit généralement dans tous les organismes. En reliant, au moyen des fils du galvanomètre, la section fraîche d'un navet ou d'une pomme de terre avec l'extérieur, on obtient un courant (Becquerel).

Dans les *flammes* partant d'un corps solide et entourées d'air, il y a des réactions ordonnées, amenant les éléments comburants vers le centre et les éléments combustibles vers l'extérieur ; ce qui suffit à déterminer des courants et explique l'influence si remarquable des aimants sur la flamme d'une bougie, découverte par Bancalari.

Le courant électrique ainsi entendu, ses propriétés générales s'expliquent assez bien pour qu'on puisse dire : *le courant électrique n'est autre chose qu'une série de réactions moléculaires ordonnées en ligne.*

54. — Conductibilité métallique. — Lois des Courants. Courant thermo-électrique et effet inverse.

Nous considérons les molécules (Zn^m, Cu^p) de zinc et de cuivre solides comme formées d'un très grand nombre d'atomes simples (Zn, Cu). Dans la pile hydro-électrique, la molécule d'acide sulfurique $SO^4 H^2$ ou $H^2 SO^4$ attaque la molécule de zinc Zn^m ; un atome Zn se substitue aux deux atomes d'hydrogène de l'acide et :

$$(-) \qquad H^2 - SO^4 \qquad Zn^m \qquad (+)$$

devient :

$$(-) \quad 2H \qquad SO^4 - Zn \qquad Zn^{m-1} \quad (+)$$

Le radical électro-négatif Zn^{m-1} agit sur les molécules métalliques Zn^m ou Cu^p de la plaque de zinc, puis du fil de cuivre, se combine à un ou plusieurs atomes Cu, et ainsi de proche en proche ; le dernier élément Cu^{p-1} se combine aux atomes libres d'hydrogène.

Si le courant traverse un voltamètre, l'*effet inverse* du phénomène intérieur ou locomoteur de la pile se produit : l'élément Cu^{p-1} se combine à un ou plusieurs atomes électro-positifs, à un atome métallique M par exemple ; de l'autre côté les atomes d'hydrogène se combinent à un radical métallique Cu^{p-1}, et mettent en liberté un atome de cuivre Cu ; le dernier de ces atomes Cu mis en liberté se combine à l'élément électro-négatif du voltamètre, un atome d'oxygène O par exemple ; comme l'indique la figure suivante :

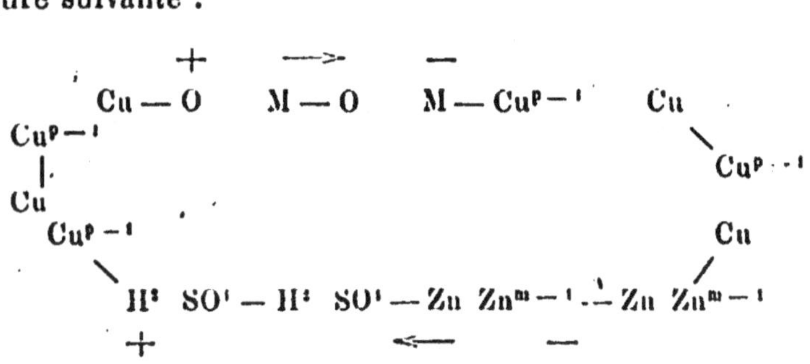

```
            +          --->          --

        Cu — O      M — O      M — Cu^p-1      Cu
   Cu^p-1                                            \
     |                                                Cu^p-1
   Cu
     Cu^p-1                                          Cu
          \                                         /
           H^2  SO^4 — H^2  SO^4 — Zn  Zn^m-1 -- Zn  Zn^m-1
          +                  <---          --
```

Dans la plus grande partie de la longueur du fil conducteur, les molécules Cu^{p-1} —Cu seront reconstituées au fur et à mesure de la décomposition ; aux extrémités les molécules éprouveront des variations de plus en plus profondes ; les atomes de zinc qui se substituent aux atomes de cuivre dans la molécule Cu^p, deviennent de plus en plus nombreux ; la composition chimique est très sensiblement altérée et les bouts des fils conducteurs qui ont servi longtemps deviennent cassants.

La variation de température des conducteurs en activité prouve assez la relation intime du courant et des mouvements moléculaires. Des changements physiques temporaires et permanents ont été constatés par Wertheim, Dufour, dans le coefficient d'élasticité, la ténacité des fils métalliques traversés par les courants. Matteucci a montré que le bismuth conduit mieux le courant voltaïque dans le plan du clivage que dans la direction rectangulaire.

En général, la structure moléculaire a plus d'influence sur la conductibilité que la composition atomique ; l'exemple du diamant et du graphite est classique.

L'arc électrique est un courant métallique dont les éléments sont beaucoup plus écartés que dans le fil solide. Il se produit d'autant plus facilement que les métaux sont plus faciles à volatiliser. Dans le vide, la lumière qui jaillit d'un charbon à l'autre de la lampe électrique, résulte de la combinaison d'éléments tels que C^{m-1} et C.

Le transport de matière du pôle positif au pôle négatif est manifeste ; le charbon positif se creuse et diminue de poids, le charbon négatif s'allonge. En faisant jaillir l'arc entre deux métaux différents, on a constaté que le transport se faisait dans les deux sens, avec plus ou moins d'intensité suivant les circonstances ; presque toujours plus abondamment dans le sens du courant.

La molécule métallique est décomposée en deux radicaux généralement très différents; le gros élément électronégatif $N = M^{n-p}$ ne fera guère que tourner et osciller sur place, tandis que l'autre $P = M^p$ éprouvera des déplacements considérables. Telle est la cause ou l'interprétation des différences de transports dans les deux sens.

Dans le fil conducteur les petits éléments P passent suc-

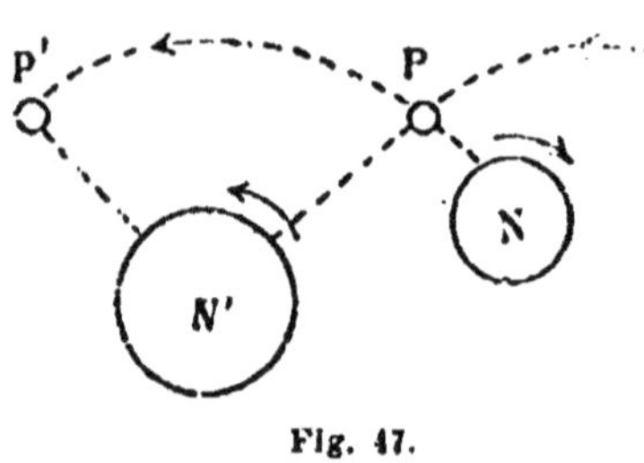

Fig. 47.

cessivement d'un gros élément N à un autre. La combinaison P — N′ produit une quantité d'énergie égale à celle que dépense la décomposition centrifuge P — N. La chaleur totale absorbée par le fil conducteur est égale à l'énergie oscillatoire des molécules P—N; elle est proportionnelle au nombre de molécules m, au moment d'inertie I de la molécule et au carré du nombre p des oscillations.

D'après la constitution même du courant, exposée précédemment, le nombre n des éléments P qui traversent une section quelconque du circuit, est constant; l'intensité électro-chimique est constante (Loi de Faraday). Le nombre total des oscillations moléculaires dans une section est aussi constant et égal à n; le nombre p d'oscillations d'une molécule est proportionnel à $\frac{p}{s}$ dans un fil homogène de section s.

Le nombre total de molécules dans un fil de longueur l, de section s, est égal au volume du fil $l \times s$ divisé par le *volume moléculaire* v. La quantité de chaleur absorbée par le fil conducteur a donc pour expression :

$$Q = K \cdot p^2 \frac{sl}{v} \cdot I = K \cdot n^2 \frac{l}{s} \cdot \frac{I}{v} \cdot$$

Elle est proportionnelle à la longueur l de la partie considérée du circuit, et inversement proportionnelle à la section s et au coefficient de conductibilité $\dfrac{v}{l} = c$. (Loi de Ohm et de Pouillet.)

La *conductibilité spécifique* est le rapport du volume moléculaire au moment d'inertie moléculaire.

$$c = \frac{v}{l} = \frac{m}{\delta} \cdot \frac{1}{m \cdot \varrho^2} = \frac{1}{\delta \cdot \varrho^2}$$

$\delta = \dfrac{m}{v}$ représente la densité, non de la molécule, mais de l'objet.

$\dfrac{1}{c} = \delta . \varrho^2 = \Delta$ est le *moment d'inertie spécifique*, comme δ est la *masse spécifique :* c'est le moment d'inertie d'un point de masse δ situé à une distance de l'axe de rotation égale au rayon de gyration ϱ.

La *résistance électrique* est :

$$r = \frac{l}{s} \cdot \frac{l}{v} = \frac{l}{s} \Delta$$

et l'énergie :

$$Q = K \cdot r \cdot n^2$$

proportionnelle à la résistance (r) et au carré de l'intensité n mesurée au voltamètre. (Loi de Joule.)

Lorsqu'on chauffe la *soudure* de deux corps métalliques différents, placés dans un circuit complet, il se produit un courant (*Courant thermo-électrique* de Seebeck, 1821). Inversement, lorsqu'on fait passer un courant dans un circuit formé de métaux hétérogènes, indépendamment de l'échauffement général produit dans chaque partie du circuit, il y a à chaque soudure une variation thermique spéciale. Dans un circuit donné, le signe de cette variation change avec le sens du courant. (*Effet inverse de Peltier.*)

Par métaux hétérogènes, il faut entendre métaux chimiquement différents, ou métaux de même espèce chimique ayant subi quelques modifications physiques différentes dans leur structure moléculaire.

Au contact des deux métaux, la décomposition moléculaire est déterminée soit par l'échauffement, soit par le courant extérieur ; les molécules $P-N$, $P'-N'$ sont décomposées et des molécules différentes $P-N'$, $N-P'$ sont formées. Le courant passant d'un métal à l'autre peut être représenté ainsi qu'il suit :

$$\longleftarrow P - N \overset{\text{(Soudure)}}{} P' - N' \longleftarrow \qquad \longrightarrow N - P \overset{\text{(Soudure)}}{} N' - P' \longrightarrow$$

$$\underset{f_1}{\xleftarrow{}} \qquad\qquad\qquad \underset{f_2}{\xrightarrow{}}$$

D'un côté P' passe de N' à N, de l'autre P passe de N à N'.

Dans un circuit homogène, l'énergie représente uniquement la force vive des mouvements moléculaires, le travail de décomposition étant toujours compensé par un travail de recombinaison. Ici les choses se passent différemment.

La chaleur de combinaison de $P'-N$, par exemple, est plus grande que la chaleur de décomposition de $P'-N'$, la chaleur de formation de l'alliage $P-N'$ inférieure à l'énergie de décomposition de $P-N$. Dans le premier cas le courant f_1 est dans le sens des déplacements de P' et il y a dégagement de chaleur ; dans le second, le courant f_2, dans le sens des déplacements de P, est accompagné d'une absorption relative de chaleur. C'est ce même courant f_2 qui se produit lorsque la soudure est échauffée par un foyer extérieur.

Dans les piles Marcus, les barreaux sont formés les uns d'un alliage cuivre-zinc, les autres d'un alliage antimoinezinc. On peut regarder les éléments électro-positifs P comme étant,les mêmes dans les deux barres métalliques en contact. P passe de N à N' ou de N' à N suivant le sens du courant ; et la variation de chaleur est la différence entre l'énergie de combinaison P—N, et P—N', inverse suivant le sens du courant. Il en est peut-être de même dans toutes les piles thermo-électriques ; la *soudure* n'étant autre chose qu'un alliage entre ou avec les métaux soudés. Pour apprécier le rôle de la soudure, il faudrait avoir, sur la soudure elle-même, des renseignements que j'ai cherchés en vain dans les ouvrages de physique.

Les effets produits par un courant extérieur sont indépendants de la superficie de la soudure, ils ne dépendent que de la composition des éléments métalliques, du sens et de l'intensité du courant. Au contraire, les effets produits par l'échauffement sont d'autant plus grands que la soudure a plus d'étendue. La pile thermo-électrique de Nobili et Melloni est formée de métaux soudés, antimoine-bismuth ; sa résistance intérieure est très faible, mais son intensité est considérable et la moindre variation de température est accusée par le galvanomètre relié à ses extrémités ; elle constitue un thermomètre extrêmement sensible. Cependant elle est incapable de décomposer quelque solution saline.

Pour qu'une décomposition soit possible, il faut que la force électro-motrice, c'est-à-dire l'énergie relative à la réaction de chaque équivalent électro-chimique ou électro-physique de la pile, soit supérieure à la force électro-résistante ou énergie relative à la mise en liberté de chaque équivalent électro-chimique du voltamètre placé dans le circuit.

Les énergies les plus faibles produisent la séparation qui exige le moins d'énergie. (Berthelot.)

Suivant le mode d'accouplement et le nombre des piles accouplées, les éléments P et N pourront être différents. J'ai supposé jusqu'ici que chaque molécule de zinc Zn^m était attaquée par une molécule d'acide sulfurique SO^4H^2; la réaction suivante, dans laquelle K varie suivant les circonstances, est seule générale :

$$K(SO^4H^4) + Zn^m = 2K.H + K(SO^4Zn) + Zn^{m-k}.$$

La molécule métallique M^m du fil conducteur est décomposée en M^{m-1} et M; ou, en général, en M^{m-k} et M^k.

55. — Polarisation et dégagement. — Piles secondaires de Grove, Becquerel, Planté.

Il y a autant de molécules d'eau ou de sel décomposées dans le voltamètre, qu'il y a de molécules de sulfate de zinc formées dans la pile. Les produits de la décomposition sont des *atomes* d'hydrogène H, de métal M, d'oxygène O ou des radicaux qui se combinent aux éléments N et P des électrodes. Il n'y aurait pas de courant si les produits immédiats des réactions ne se combinaient pas aux électrodes. Cette combinaison est un des chaînons du courant; elle constitue la *polarisation des électrodes*. Dégagée de toute considération étymologique, l'expression « polarisation » est parfaitement nette.

Dans la décomposition du sulfate de zinc au moyen d'électrodes de zinc

$$(+) \quad Z—Z^{n-1} \quad Z—SO^4 \quad Z—SO^4 \quad Z—Z^{n-1} \quad (-)$$
$$+ \longrightarrow -$$

le sulfate de zinc et les molécules de zinc Z^n sont reformées au fur et à mesure de la décomposition; le courant passe, mais, comme dans le fil conducteur de cuivre, il n'apparaît aucun produit de décomposition. L'énergie de recomposition est égale à la chaleur de décomposition; et il n'y a, de ce fait, aucune variation d'énergie chimique.

A côté de la réaction principale il s'en produit presque toujours d'autres qualifiées *d'actions secondaires*, qui généralement ne sont pas 'ordonnées et produisent un dégagement de chaleur, une élévation de température ; ainsi une certaine quantité de chaleur est *transportée* de la pile dans le voltamètre.

Dans la décomposition de la solution aqueuse d'acide iodhydrique H I, l'hydrogène se dégage à l'électrode négative, l'iode à l'électrode positive et se répand dans le vase jusqu'à l'électrode négative. Là, l'hydrogène réagit sur l'iode et une partie, de plus en plus grande, de l'acide iodhydrique est reconstituée. L'énergie absorbée par la décomposition reste constante ; quant aux mouvements de recombinaison, ils ne sont pas *ordonnés* et ne font qu'élever la température du voltamètre. Les choses se passent ainsi jusqu'à ce qu'il n'y ait plus de dégagement d'hydrogène ; alors le voltamètre ne s'échauffe plus, l'acide iodhydrique se reforme au fur et à mesure qu'il se décompose comme dans la décomposition du sulfate de zinc par des électrodes de zinc.

Le *dégagement* de gaz aux électrodes est lui-même le résultat d'actions secondaires ; les atomes, produits immédiats de la décomposition, s'unissent à d'autres atomes de même espèce, déjà combinés aux éléments superficiels des électrodes ; il se forme des molécules H^2, O^2... puis des bulles de gaz qui grossissent et se détachent. Les atomes métalliques qui proviennent de la décomposition d'un sel, se combinent aux atomes de même espèce alliés déjà aux électrodes et forment des molécules plus ou moins complexes et des objets métalliques. Il faudrait avoir pratiqué l'industrie de la *galvanoplastie* pour apprécier toute l'influence du temps et des circonstances particulières sur les dépôts métalliques.

Les produits de la décomposition, après s'être unis aux éléments superficiels des électrodes, peuvent se diffuser dans la masse ; mais la plupart de ces atomes forment entre eux des molécules et des objets qui recouvrent les électrodes ou se dégagent. Avec deux *fils* de platine constamment immergés, le volume d'hydrogène qui se dégage est double de celui de l'oxygène, la perturbation est insensible ; mais, en réalité, quelques quantités d'oxygène et d'hydrogène, différentes l'une de l'autre, sont combinées au platine. Les volumes de gaz dégagés sont d'autant plus faibles que les électrodes ont plus de surface. C'est un fait certain qu'il se forme toujours des composés d'oxygène ou d'hydrogène et de platine. Les lames qui servent d'électrodes prennent des couleurs violacées, orangées ; sous l'action des courants alternatifs, elles se recouvrent d'une poussière noire de métal désagrégé. (De la Rive-Jamin.)

L'hydrogène dégagé peut être absorbé par la partie des électrodes qui émerge de l'eau acidulée. Lorsque deux longues électrodes se trouvent dans la même cloche, il y a simple décomposition de l'eau acidulée tant que le platine est immergé ; mais, dès que lames émergent, la recombinaison de l'hydrogène et de l'oxygène se produit, en tout ou en partie, quelquefois avec explosion ; sans explosion lorsque le courant est faible. Il arrive que le volume du mélange dégagé n'augmente plus, quoique le courant passe ; la reconstitution de l'eau se produit dans le haut de la cloche au fur et à mesure que la décomposition s'opère dans le bas ; et cela, avec une pile incapable de donner des étincelles d'une longueur sensible et sans qu'il y ait d'élévation de température des électrodes. Ce n'est donc pas la chaleur qui produit cette réaction (Bertin). Le phénomène résulte de la présence d'atomes ou au moins d'éléments très différents des molécules H^2; O^2. L'oxygène dégagé dans le voltamètre a l'odeur caractéristique dite de l'*ozone* ; il existe probablement, à côté de l'ozone proprement dit O^3, de l'ozone humide H^2O^3 et bien d'autres composés plus complexes et plus instables. Peut-être se forme-t-il aussi des polymères impaires d'hydrogène dont la présence n'est pas dévoilée par une odeur spéciale. L'hydrogène condensé par le palladium agit comme l'hydrogène naissant.

Le courant d'un couple Bunsen ne passe pas dans le voltamètre à électrode d'or ou de platine inattaquable. Si l'électrode positive est un métal oxydable, ou si le platine a été primitivement plongé dans l'hydrogène, le courant passe, mais, dans le dernier cas, il dure peu ; il passe encore si l'électrode négative est recouverte d'une substance avide d'hydrogène, d'un peroxyde de plomb ou d'argent, de platine ayant séjourné dans l'oxygène.

L'électrode positive étant de fer et l'électrode négative de platine, le courant d'un simple couple voltaïque ne produit aucun dégagement de gaz dans l'eau acidulée. Si l'on frotte le fer ou si l'on interrompt le circuit pour le rétablir ensuite, on voit l'hydrogène se dégager à l'électrode négative pendant quelques secondes. Cette passivité du fer plongé dans l'eau acidulée est attribuée à la formation d'une couche superficielle d'un oxyde spécial.(*Oxyde spécial :* lisez composé inconnu, ou composé trop complexe pour être exprimé en formule simple.)

———

Deux lames de platine, placées dans deux cloches contenant l'une de l'oxygène, l'autre de l'hydrogène, et réunies par un fil métallique, absorbent les gaz et forment une pile (Pile à gaz de Grove). Le courant va de l'oxygène à l'hydrogène par le fil, en sens inverse du courant extérieur qui produirait ces deux gaz en décomposant l'eau.

Les corpuscules gazeux s'unissent aux éléments du platine : l'oxygène à l'élément électro-positif $P = Pt^k$, l'hydrogène au gros élément électro-négatif $N = Pt^{n-k}$.

En général, si, après avoir produit une décomposition saline, on remplace, dans le circuit, la pile par le galvanomètre, on observe pendant un certain temps un *courant secondaire* de sens contraire au courant primitif ; ce courant est déterminé par l'état actuel des électrodes (Becquerel). Dans un voltamètre à électrodes de plomb, l'hydrogène se combine bien au plomb négatif ; sans cette combinaison, pas de courant ; mais à la suite de réactions secondaires l'hydrogène gazeux se dégage, tandis que, à l'électrode positive, l'oxygène est complètement absorbé par le plomb. La réunion de larges feuilles de plomb ainsi polarisées détermine un courant secondaire. Planté a remarqué qu'on augmente beaucoup la profondeur d'absorption de l'oxygène et la durée du courant inverse, en soumettant les électrodes de plomb à un grand nombre de charges et de décharges successives (sorte d'*énervement électrique*) ; et a basé sur ce fait la construction de ses remarquables *piles secondaires*. Les *accumulateurs électriques* Faure ne sont que des piles Planté dans lesquelles les électrodes métalliques sont recouvertes d'un oxyde de plomb insoluble ; un seul courant suffit à la préparation de ces transformateurs. Le courant de charge amène l'oxyde à l'état de « suroxyde » à l'électrode positive, et à l'état « de plomb réduit » à l'électrode négative ; pendant la décharge, le plomb réduit s'oxyde et le suroxyde se réduit.

Les courants secondaires inverses peuvent aussi s'obtenir en prenant pour électrode, au lieu de lames métalliques, des corps poreux, un cylindre d'argile, un bout de ficelle imbibée d'eau salée, une substance végétale ou animale fraîche, une tranche de pomme de terre ou de citrouille, des tiges de salade, des membranes de vessie, des muscles et surtout des nerfs.

Les sels à bases ou acides organiques sont décomposés par le courant, mais les produits de la réaction principale et des réactions secondaires sont très complexes. Au reste, la décomposition des plus simples solutions minérales est toujours accompagnée de quelques productions

accessoires. A côté du chlore et de l'hydrogène provenant
de la décomposition de l'acide chlorhydrique en solution
aqueuse, il se forme un peu d'acide chlorique. L'ammoniaque dissous dans l'eau est difficilement décomposable
par le courant, à moins que la solution ne contienne un
peu d'acide sulfurique ; il se forme alors de l'hydrogène,
de l'azote, de l'oxygène, de l'azotate d'ammoniaque. L'acide sulfurique, s'il est concentré, donne du soufre au
passage du courant; s'il est étendu, de l'hydrogène, de
l'oxygène, de l'ozone, de l'eau oxygénée.

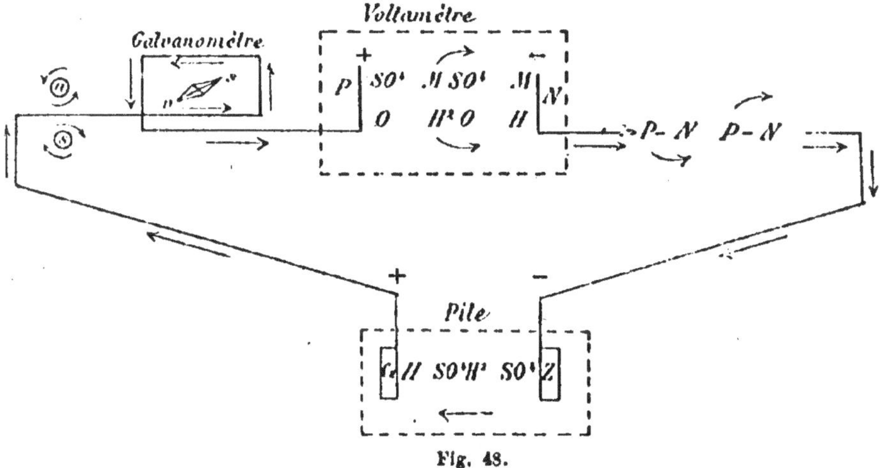

56. — Actions mécaniques des courants et des aimants.

Les molécules des métaux solides sont formées d'un
très grand nombre d'atomes de même espèce, placés parallèlement et alternativement en sens inverses. Dans le
courant électrique, chaque molécule est décomposée en
deux éléments, dont l'un, électro-négatif est très gros relativement à l'autre. Dans la figure ci-jointe, l'élément
électro-positif est un simple atome ($n\,s$) qui passe d'une
molécule A à une molécule B ; il est orienté, perpendiculairement à la direction du courant ($+\,F\,-$), en sens inverse de l'aiguille aimantée voisine (S N).

Les attractions et répulsions entre les courants de même sens (F et F_1) ou de sens contraire (F et F_2) résultent des *actions différentielles* des atomes, bien plus faibles que les *actions intégrales* d'atome à atome qui déterminent les combinaisons chimiques. Dans les actions différentielles d'un

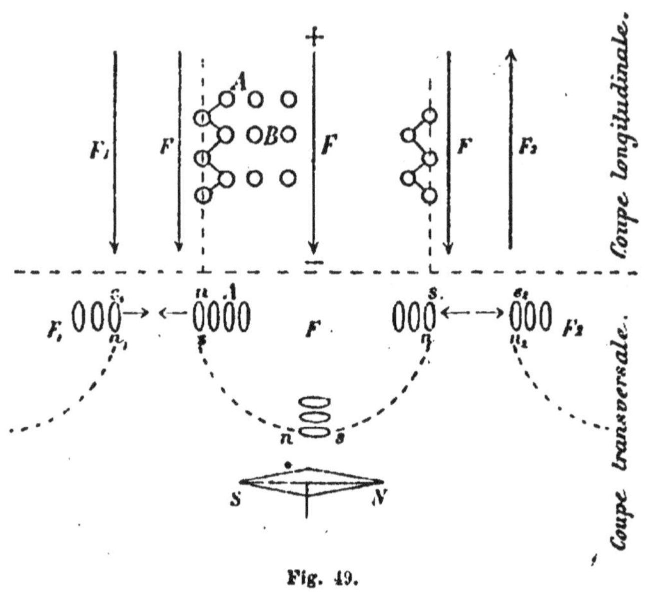

Fig. 49.

grand nombre d'atomes réagissant simultanément les uns sur les autres, l'action des atomes les plus rapprochés est prépondérante et détermine le sens du phénomène[1].

Les actions réciproques de deux atomes dépendent de

---

1. A propos de la théorie électro-chimique de Berzélius, Comte dit, dans sa *Philosophie positive :* « Il serait difficile que la faible adhérence de deux corps électrisés, même par le mode magnétique, si aisément surmonté par de médiocres efforts mécaniques, pût véritablement faire comprendre cette liaison moléculaire (affinité, cohésion) qui, sur le moindre fragment, résiste à toutes les forces mécaniques. »

Je crois avoir suffisamment répondu à cette objection en établissant la distinction entre l'*action intégrale* et l'*action différentielle* de plusieurs atomes différemment orientés et différemment éloignés de l'élément sur lequel ils agissent. L'action différentielle, résultat de la différence d'actions opposées, peut être très petite relativement à l'action intégrale, somme d'actions de même sens.

Les effets magnétiques et électro-statiques résultent des actions d'un nombre d'éléments très petit relativement à la totalité des éléments de l'objet aimanté ou électrisé; ce qui explique leur faiblesse. Mais rien n'est plus fort et plus violent que les actions directes entre corpuscules électriques, comme le prouve péremptoirement la foudre.

l'orientation relative et de la distance ; deux atomes perpendiculaires entre eux et à la ligne qui joint leurs centres n'exercent entre eux que l'attraction newtonienne généralement insensible. Dans toute autre position les actions polaires déterminent les phénomènes d'orientation, d'attraction ou de répulsion et d'induction.

L'aiguille aimantée s'oriente suivant S N ou en sens inverse NS, suivant qu'elle est placée au-dessus ou au-dessous du courant ; le pôle N en tout cas à la gauche du bonhomme d'Ampère. Un courant mobile tend à se placer en croix avec l'aiguille fixe ou avec l'aimant en fer à cheval. Dans cette situation, l'aiguille SN, en sens inverse des atomes *ns*, est attirée par des forces dont la résultante passe au centre de gravité ; elle serait repoussée par un courant de sens contraire.

En général, deux atomes *ns* — *sn* parallèles et de sens contraires s'attirent ; deux atomes parallèles et de même sens *ns* — *ns* se repoussent (dans le premier cas, leurs rotations autour de l'axe polaire sont de sens inverses et de même sens dans le second). — Deux parties successives d'un même courant se repoussent.

Toute substance magnétique et en particulier le fer, est, suivant la théorie d'Ampère, le siège de courants électriques. La constitution de ces solides n'est pas absolument statique, quelques atomes se diffusent dans la masse à la manière des éléments des liquides en mouvements hydrotrophiques. Dans un aimant, les atomes qui se diffusent restent constamment orientés dans une direction déterminée.

Lorsque les atomes qui constituent la molécule électriquement décomposée sont d'espèces différentes ou bien ont une disposition très différente du parallélisme, la proximité peut ne pas déterminer la prépondérance et par suite le sens de l'action mécanique. De là des perturbations aux lois ordinaires du magnétisme, classées sous le nom générique de *diamagnétisme*.

A ma connaissance, on n'a fait aucune expérience sur les actions mécaniques des courants hydro-électriques. La partie du courant qui traverse la pile ou le voltamètre produit-elle la même déviation du galvanomètre que le fil conducteur du cuivre du même circuit ?

Dans ce qui précède, les atomes et molécules sont représentés comme parfaitement orientés soit dans les courants, soit dans les aimants ; cela uniquement pour la simplicité de l'explication. On ne doit voir, en somme, dans ce schéma (fig. 49) qu'une composante de la constitution corpusculaire, une projection sur la direction du courant. Les molécules A, B ne sont pas parallèles et l'atome *ns*, qui passe de l'un à l'autre, éprouve une variation d'orientation, un mouvement de *précession*. Plus le courant est intense, plus la position des atomes se rapproche de celle qui est représentée par la figure idéale et abstraite, plus est grande l'influence sur l'aiguille aimantée. La proportionnalité de l'intensité mesurée au galvanomètre à l'intensité mesurée au voltamètre, n'a été constatée que dans les cas où la partie du fil qui produit la déviation n'éprouve pas de grandes variations thermiques : Un fil fin, rougi par le courant, produit-il la même déviation magnétique qu'une autre partie du même circuit formé d'un fil de gros diamètre ?

57. — Conductibilité des liquides. — Courants moléculaires et atomiques. — Transmission nerveuse.

Le courant ne traverse que ce qu'il décompose ; ou plutôt, le courant n'est qu'une manifestation des réactions ordonnées ; les variations thermiques, au contraire, accompagnent toutes les réactions, ordonnées ou non. La décomposition électrique est chimique ou physique suivant que les produits de la réaction, molécules ou atomes, sont des éléments différents ou des éléments de même espèce. Le sulfate de cuivre liquide est décomposé en atome de cuivre et radical sulfurique. L'eau peut être décomposée chimiquement en atomes d'oxygène et d'hydrogène, ou physiquement en molécules $(H^2O)^p$; le mercure, physiquement aussi, en atomes ou radicaux métalliques Hg, Hg^p, comme les molécules de cuivre solide.

Dans les liquides, les molécules sont en constantes décomposition et reconstitution; mais ces réactions ne sont pas ordonnées. Pour qu'il y ait courant au sein d'un liquide, il suffit que les mouvements de permutation soient ordonnés en ligne. Tous les courants hydro-électriques ne sont pas identiques. Dans l'acide chlorhydrique, par exemple, le courant peut consister en l'ordonnance des mouvements spontanés entre les molécules $(HCl)^p$ — $(HCl)^q$ du liquide, ou en une décomposition physique plus simple HCl — $(HCl)^{p-1}$ ou encore en une décomposition chimique H — Cl. La réaction qui se produira dans le passage d'un faible courant sera celle qui exigera le moins d'énergie.

Dans la décomposition électrique de la solution aqueuse d'acide sulfurique, les quantités d'hydrogène dégagées sont très différentes suivant l'état de saturation; pour un certain degré, il se dégage 6.H par molécule acide, comme si le corps décomposé avait pour formule SO^4H^2; $2H^2O$ (Bourgoin). Pour entendre ainsi les choses, il faut considérer les liquides comme ayant une constitution statique. Regardées comme le siège de permutations constantes, les solutions peuvent contenir des composés dynamiques très divers : des actions peuvent se produire entre molécules plus ou moins complexes d'eau $(HO^2)^m$ et d'acide $(SO^4H^2)^n$, entre les éléments des molécules de vapeurs SO^4H^2 et H^2O, et déterminer des corps tels que SO^4 — HO et H qui, réagissant sur les molécules du liquide, donnent naissance à l'ozone O^3, à l'eau oxygénée HO — HO, dont la présence a été expérimentalement constatée, et probablement à bien d'autres.

Le passage d'un liquide à travers une paroi poreuse ou fêlée, un tube capillaire, une membrane organique, détermine un courant électrique. (Becquerel.)

Ces phénomènes si nombreux et divers apportent un appui considérable à la théorie d'après laquelle il suffit d'un certain ordre dans les mouvements de permutation des éléments liquides pour déterminer un courant électrique.

L'*endosmose* comporte nécessairement un sens, une direction des mouvements de permutation à travers la paroi. Quant aux liquides qui occupent les pores ou les fêlures, ils jouent le même rôle que les éléments mobiles des colloïdes.

Inversement, sous l'influence d'un courant extérieur, passant dans un liquide contenu dans un vase divisé en deux compartiments par une membrane de papier parchemin, il se produit une dénivellation, un *transport* du liquide, soit dans le sens conventionnel du courant (eau), soit dans le sens inverse (essence de térébenthine). La quantité de liquide qui traverse la paroi est proportionnelle à l'intensité du courant, elle dépend de la composition chimique de la paroi ; elle est indépendante de la superficie et de l'épaisseur (Wiedemann-Quincke).

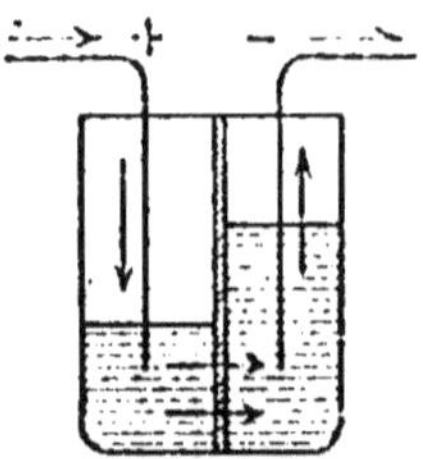

Exp. de Becquerel, Wiedemann, Quincke.

Fig. 50.

Le transport peut encore s'effectuer le long d'un solide *mouillé :* Un vase clos A contient un tube de verre B ouvert à sa partie supérieure et un liquide au-dessus duquel on a fait le vide. La mise en communication des deux parties du liquide A et B avec les deux pôles d'une machine de

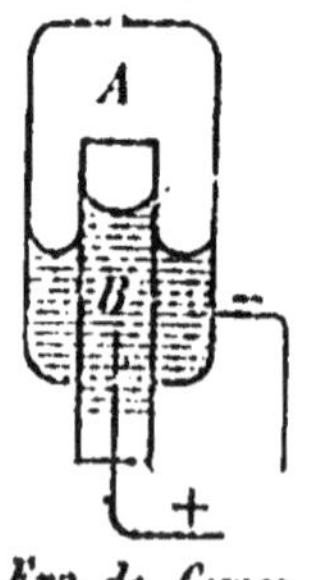

Exp. de Gernez.

Fig. 51.

Holtz ne tarde pas à produire une dénivellation. Si la surface du tube est enduite de stéarine, le liquide ne mouille pas le verre et le courant ne produit aucun changement de niveau (Gernez). Le transport résulte de mouvements hydrotrophiques ordonnés entre les éléments du liquide qui adhère à la paroi solide.

> Les courants physiologiques sont non seulement fonction de la nutrition, mais pour ainsi dire la nutrition même.
>
> OXIMUS.

Lorsqu'on met en communication le fil d'un galvanomètre avec l'intérieur d'un muscle, d'un nerf, d'un morceau de tissu vivant quelconque, d'une pulpe de pomme de terre par exemple, et l'autre avec l'extérieur, la déviation de l'aiguille aimantée indique un courant électrique (Du Bois Reymond, Becquerel).

Deux lapins A et B ont mangé des quantités égales de persil : immédiatement après le repas, les nerfs pneumogastriques ont été coupés. Les extrémités nerveuses de A sont mises en communication avec le zinc d'une pile, le cuivre en contact avec la région de l'estomac. Quatre heures après, on ouvre les deux lapins : le persil est totalement digéré chez A, et à peine altéré chez B dont l'action nerveuse n'a pas été remplacée par le courant voltaïque (Wilson Philips).

Le courant organique, galvanique, comme le courant de la pile voltaïque, n'est autre chose qu'une série de permutations corpusculaires ordonnées en ligne. Cet ordre linéaire peut exister plus ou moins dans tous les tissus; mais il est développé au suprême degré dans les *nerfs, fils conducteurs spécialement adaptés à la transmission nerveuse* qui n'est elle-même que la *nutrition ordonnée*. La fonction a différencié l'organe; la communication moléculaire a déterminé la forme et la substance des conducteurs.

Les organismes sont soumis aux lois de la physique comme aux lois de la mécanique. Les atomes des vivants agissent comme ceux des minéraux, sauf les différences de circonstances. Où donc est la barrière infranchissable qui sépare la chaleur, la pesanteur biologique, de la pesanteur, de la chaleur minérale? Et cependant on déclare aujourd'hui qu'il n'y a absolument rien de commun entre « l'influx nerveux » et l'électricité. Et l'on donne des raisons :

La première, c'est que la vitesse de transmission nerveuse est très petite à côté de la transmission télégraphique. Comme si l'électricité était une chose ayant une vitesse propre, indépendante des objets électrisés. La vitesse de transmission nerveuse varie avec les circonstances; elle tombe à près de un mètre par seconde chez les hibernants, et s'accroît considérablement dans les organes échauffés au-dessus de leur température normale. La vitesse de l'électricité varie avec la nature des conducteurs, avec leur température et dans bien d'autres conditions encore, comme le prouve la lente transmission de la télégraphie sous-marine.

Seconde raison : La ligature d'un nerf qui ne détruit pas la continuité physique, détruit la continuité physiologique, et interrompt la fonction nerveuse. A cela on peut répondre qu'une éponge se comportera tout différemment à l'égard du courant électrique, suivant qu'elle sera imbibée d'une solution saline, ou suffisamment pressée pour que tout le liquide en soit chassé.

Enfin, on allègue « la variation négative de Du Bois Reymond »; pendant que le nerf transmet, il y a affaiblissement ou suppression du courant normal de repos, du courant nutritif qui va de la périphérie au centre. Il n'y a rien d'étonnant à ce que les mouvements de permutations longitudinales déterminent une variation dans les permutations transversales.

Et l'on oublie les raisons si nombreuses, si variées, qui

rapprochent la transmission nerveuse du courant électrique; depuis l'influence de la chaleur, des agents chimiques, de la nutrition, jusqu'à la forme même des nerfs.
On oublie que le muscle est directement irritable, sans
intermédiaire, par l'électricité; et qu'en bien des cas le
fil conducteur de la pile peut remplacer le nerf. Assurément les filets nerveux ne sont pas en cuivre, et les blastèmes ne sont pas de l'acide sulfurique; mais il n'y a pas
plus de différence entre le courant physiologique et le
courant voltaïque, qu'entre un morceau de viande dans le
suc gastrique, et une pièce de monnaie dans l'eau régale.
S'il n'y a qu'une physique, qu'une chimie; s'il n'existe
aucune différence radicale entre la chimie vitale et la
chimie minérale, il n'y a non plus aucune différence essentielle entre le courant nerveux et le courant hydro-électrique ou métallique; il n'y a qu'un mécanisme pour le
voltaïsme et le galvanisme, bien différent d'ailleurs de
celui de l'électricité franklinique.

« Je suis assez tenté de croire, disait Diderot vingt ans
avant l'expérience de Galvani, que ce que les médecins
nomment *fluide nerveux* n'est autre chose que la *matière
électrique* (1). »

Les physiologistes qui craignent de se compromettre
emploient, pour désigner la transmission nerveuse, les
termes d'ondulation, vibration, influx, courant d'une espèce particulière, et autres expressions élastiques, qui ne
satisfont guère que ceux qui prennent les mots pour des
explications, en perdant complètement de vue l'utilité.
Cette terminologie vague disparaîtra lorsque l'électricité
sera regardée non plus comme un fluide, une substance
spéciale, mais comme une manifestation des mouvements
de la matière ordinaire, pondérable ; lorsqu'on ne verra
dans le courant voltaïque ou galvanique autre chose
qu'une série linéaire de permutations tournantes des élé-

---

1. Note de Diderot dans le *Système de la Nature* de d'Holbac. 1770.

ments constituants du fil conducteur. Déjà Spencer voit dans l'irritation d'un nerf un changement apporté à son état moléculaire ; pour lui, « l'excitation transmise le long d'un nerf est une onde de transformation isomérique ». Et Onimus dit excellemment : « Les courants physiologiques sont à la fois cause et effet des actions chimiques (¹). »

« Les courants continus agissent sourdement et continuellement : et pendant ce temps, bien que les organes soient dans un repos apparent, il se produit des effets importants dans la structure des tissus... En dehors de la commotion, l'électricité agit puissamment sur la nutrition. C'est là même, suivant Onimus, son rôle principal et celui qui domine l'électropathie. C'est surtout l'électricité provenant des piles qui a ce caractère (¹). »

Nous ne nous occupons ici que des faits biologiques les plus élémentaires ; nous n'essayerons pas d'expliquer la commotion. La non-continuité de ce phénomène doit être attribuée à la complexité des organes dont les différentes parties réagissent les unes sur les autres. La fibre musculaire ne peut être comparée à une simple cellule en communication avec une fibre nerveuse ; le muscle est en rapport, non seulement avec les nerfs moteurs, mais avec les nerfs sensitifs et les vaso-moteurs qui président à sa nutrition. Et la contraction des muscles lisses, relativement inférieurs, est toute différente de celle des muscles striés de la vie animale.

L'effet transmis par un nerf à un centre ou à un organe périphérique est, dit-on, indépendant de la nature de l'excitant ; que l'excitant soit mécanique, chimique, thermique, électrique, l'effet est toujours le même. Est-ce bien là l'expression absolue de la réalité ?

De même qu'une substance peut être décomposée de différentes manières, ainsi les mouvements hydrotrophiques peuvent être divers dans une même substance ;

____

1. *Le Temps* du 19 Janvier 1886. Causerie scientifique.

un même nerf pourrait transmettre des courants différents, non comme mécanisme général, mais comme éléments permutants. Les sécrétions, les variations de température de l'organisme dépendent, dans certaines limites,
du genre d'excitation des nerfs correspondants. Le système nerveux est le grand intermédiaire de la fonction
médicatrice : les médicaments qui ne sont pas des aliments directs entretenant matériellement la nutrition, les
médicaments proprement dits agissent seulement sur les
éléments nerveux; ils amorcent le phénomène, leur fonction est purement dynamique (Gautier). Les médicaments
différents agissent différemment sur les nerfs différents et
probablement aussi sur un même nerf. Les effets de l'é-
lectricité ne sont pas non plus indépendants de la source.
Dans l'électrothérapie il convient d'employer les courants
électriques qui se rapprochent le plus des courants biologiques qu'on veut déterminer ou modifier, c'est-à-dire
les courants moléculaires, osmotiques, en remplaçant les
fils métalliques par des conducteurs hydro-électriques.

58. — Solides-liquides à une et à deux dimensions.
Bulles et Nappes.
Contraction de la veine liquide. — Tourbillons.

(Illustration.)

De toutes les expériences de transport électrique, la plus
remarquable est sans contredit la suivante ; en voici la
description telle qu'elle se trouve dans le *Traité de physique* de Daguin : « M. Armstrong remplit presque entièrement d'eau distillée deux verres A et B dont les bords
étaient à 12 millimètres l'un de l'autre et il les réunit au
moyen d'un fil de soie humide C qui plongeait dans les
deux verres. Ayant mis ensuite le vase A en communication avec la chaudière d'une puissante machine hydro-
électrique, et l'autre B avec le sol, une légère colonne
d'eau, à laquelle le fil servait d'axe, se forma en D entre

les deux vases, et le fil se mettant en mouvement passa
tout entier dans le verre B en marchant dans le sens du
courant d'électricité négative. La colonne d'eau D sub-
sista encore quelques secondes sans être soutenue par le fil,
puis elle se sépara et l'électricité passa par étincelles entre les deux verres. Si le fil de soie était fixé au fond du
vase A, on voyait l'eau monter dans ce vase et baisser en
B ; et si l'on projetait un peu de poussière sur la colonne
D on reconnaissait qu'il y avait un courant superficiel
allant de B en A en sens contraire d'un autre courant intérieur allant de A en B et qui avait entraîné le fil de soie.
Ayant réussi à maintenir la colonne D pendant plusieurs
minutes sans l'intermédiaire du fil, M. Armstrong ne vit
aucun changement de niveau dans les deux verres, d'où il
conclut que les deux courants d'eau extérieur et intérieur
étaient égaux..... Il y a ici une petite colonne liquide se

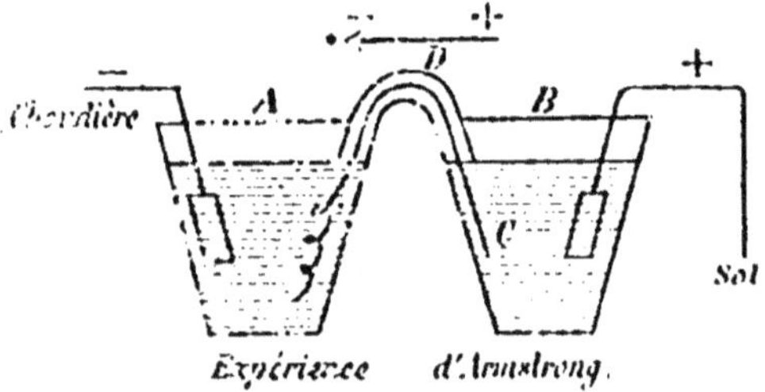

Fig. 52.

soutenant malgré la pesanteur, sous l'influence d'un courant abondant d'électricité et l'on reconnaît l'existence
d'un double courant d'eau..... »

La colonne liquide D est un faisceau de courants moléculaires. Les mouvements des molécules P—N, en décomposition et reconstitution constantes, sont ordonnés
longitudinalement ; les éléments P tournés vers l'extérieur
se déplacent dans le sens conventionnel du courant, les
éléments N tournés vers l'intérieur se déplacent en sens
inverse. Lorsque la molécule P—N, en toute liberté,
tourne autour de son centre de gravité, le transport des

éléments électro-positifs est équivalent au transport des
éléments électro-négatifs. Si la colonne liquide est traversée par un fil solide, le fil est entraîné dans le mouvement
des N ; si le fil est fixe, les mouvements des N sont retar-
dés et il y a excès de transport des éléments P.

L'existence de cette colonne liquide montre que la *liquidité* peut exister seulement dans le sens longitudinal.
Cette colonne est *solide* transversalement et peut être qua-
lifiée de *solide-liquide à deux dimensions*. Quelle différence
y a-t-il entre cette colonne et de l'eau ordinaire contenue
dans un verre ? Dans l'une, les mouvements hydrotrophiques se font en tous sens ; dans l'autre, ils se font, en
chaque zone, dans une direction déterminée.

Dans la direction longitudinale *ab* (fig. 53), non seulement il n'y a pas de résistance au
glissement, mais le glissement de la
ligne NN_1N_2 sur PP_1P_2 se produit
spontanément ; N combiné à P est
successivement lié à P_1, P_2.

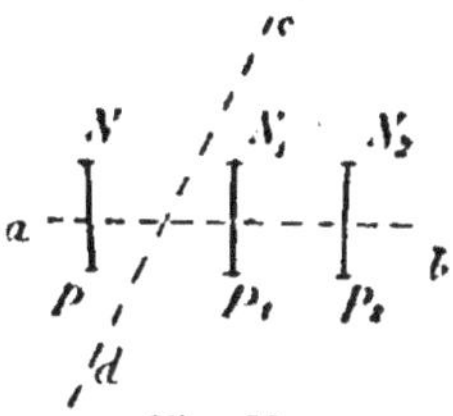

Il faudrait une force, une *tension*
pour empêcher ces déplacements. C'est
ce mode dynamique qui constitue la *liquidité longitudinale*.
Dans toute direction transversale *cd*, au contraire, en
vertu de l'action extérieure du courant électrique, il n'y
a pas de glissement, pas de mutations corpusculaires
spontanées ; et il faudrait une force extérieure pour produire ces glissements et les déformations qu'ils entraînent. Le corps a une forme et peut résister dans ces
directions ; c'est ce qui caractérise la *solidité transversale*.

Lorsque les mouvements hydrotrophiques s'exécutent,
en chaque point, non dans une direction mais dans un
plan déterminé, le corps est une *bulle;* un *solide-liquide à
une dimension*, solide dans une direction, liquide dans les

Fig. 53.

deux autres. Les solides ont trois dimensions ; les liquides proprement dits n'ont pas de forme, partant pas de dimensions.

Il suffit de regarder une bulle d'eau de savon pour observer les mouvements superficiels ; quant aux mouvements transversaux, ils ne sont pas absolument nuls ; le gaz carbonique se diffuse de l'extérieur à l'intérieur d'une bulle pleine d'air. Les mouvements transversaux sont seulement beaucoup moins nombreux que ceux qui s'exécutent dans les directions parallèles à la surface. Dans les solides proprement dits il existe aussi quelques mouvements de diffusion qui ne compromettent pas la solidité ; à moins qu'ils ne deviennent très nombreux, comme il arrive dans une membrane soumise à une osmose très active.

La force qui empêche les glissements transversaux de se produire c'est la *tension superficielle,* exercée directement par les bords de l'anneau solide qui entoure la bulle plane, ou indirectement, grâce à la forme, par l'excès de pression intérieure de la bulle sphérique. C'est cette tendance à se produire des glissements transversaux qui constitue la *contractilité* ou tendance des bulles à augmenter d'épaisseur et par suite à diminuer de superficie.

Dans la plupart des courants vulgaires, les différentes parties sont retardées ou entraînées par les voisines ; il en résulte un certain ordre dans les mouvements hydrotrophiques et par suite un certain degré de solidité et de contractilité, qui se manifestent dans diverses circonstances. Tel est le cas des *nappes* liquides à aspect de bulle, qui se produisent lorsqu'une veine liquide rencontre un petit plateau circulaire. Comprimé entre le plateau et une tranche parallèle de la veine V, le liquide s'écoule dans le plan A B. Dans ces conditions les mouvements hydrotrophiques sont ordonnés suivant les rayons du plateau AB ; la *nappe* est une *bulle* dans laquelle les mouvements de permutations corpusculaires ne s'exécutent que suivant les méridiens. Comme la bulle, la nappe est solide transversalement et contractile. Chaque file, chaque courant moléculaire isolé prendrait sous la seule action de la

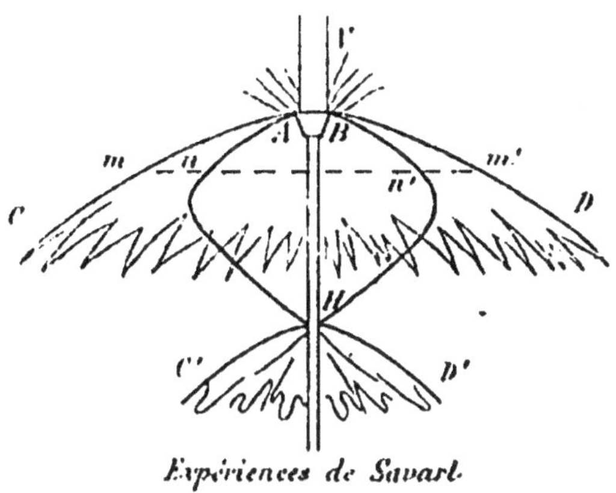

Expériences de Savart.
Fig. 54.

pesanteur la forme parabolique ; la contractilité ou tendance à diminuer de superficie, augmente la courbure ; il y a *tension* suivant *mm'*, tendance au raccourcissement, résultant de ce que les mouvements hydrotrophiques tendent à se produire dans toute direction où ils ne se produisent pas. Si la vitesse de chute de la veine est assez grande, la nappe en ombrelle se déchire (en CD) à une certaine distance de AB qui dépend de la nature du liquide. Lorsque la vitesse est assez faible, la contractilité peut diminuer les parallèles *nn'* jusqu'à les annuler. Alors la nappe se ferme, se réfléchit sur l'axe H et forme ainsi un ovoïde clos suivi d'une ombrelle ouverte HC'D'.

Lorsqu'un liquide sort rapide-

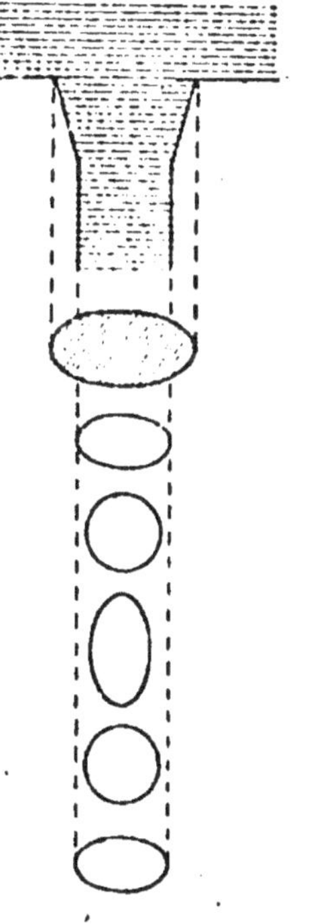

Contraction et Inversion de la Veine liquide
Fig. 55.

ment par une ouverture, les frottements sur les bords de l'orifice ordonnent les mouvements hydrotrophiques ; d'où contractilité normale à l'axe et par suite *contraction de la veine* et, si celle-ci n'est pas circulaire, *inversion de la veine*. La contraction se produisant avec vitesse, les déformations continuent au delà de la zone où la superficie de la section commence à être constante. Si l'orifice est ovale, la section de la veine sera alternativement allongée dans une direction et dans la direction perpendiculaire ; de telle sorte que la même figure peut représenter la série des sections inversées d'une veine ovale (Poncelet et Lesbros) et la suite des gouttes de la veine rompue à son extrémité inférieure (Savart).

On comprend que la nature du liquide et du milieu puisse avoir une influence sur la tension superficielle et par suite sur les circonstances de l'écoulement, contrairement à la règle de Toricelli : l'écoulement de l'eau dans une atmosphère chargée d'éther ou d'alcool est plus rapide que dans l'air.

Lorsqu'on fait tourner un vase plein d'eau autour d'un axe vertical, avec une vitesse constante et rapide, la surface du liquide finit par prendre la forme d'un paraboloïde de révolution. Cet équilibre relatif résulte de l'action de la pesanteur et de la force fictive centrifuge.

Tout autre est l'état dynamique des *tourbillons* en entonnoir, dans lesquels les couches situées à des distances différentes de l'axe ont des vitesses angulaires différentes. Chaque couche glisse sur les voisines : il y a un excès de permutations corpusculaires suivant les *parallèles,* ou des courants électriques suivant ces circonférences normales à l'axe. De cette ordonnance hydrotrophique résulte une certaine solidité et une contractilité qui, jointe à la pesanteur, la pression statique du milieu, la force centrifuge et la puissance motrice extérieure, détermine la forme du tourbillon.

Dans le gaz il peut se produire aussi des tourbillons en entonnoir; l'état électrique des *trombes* atmosphériques est la conséquence des mouvements de rotation des molécules d'air et d'eau. Des molécules peuvent être aussi décomposées et cette décomposition, ordonnée suivant les circonférences parallèles, donner lieu à des courants électriques.

Au commencement de cette année 1887, Ch. Weyher a créé et étudié des *trombes artificielles* dans ses ateliers de Pantin. Un tambour de 1 mètre de diamètre fermé en haut et pourvu à l'intérieur de palettes rayonnantes, est mis en rotation autour de son axe vertical avec une vitesse de 30 à 40 mètres à la seconde, égale à celle des vents les plus violents. L'appareil fonctionnant à 3 mètres au-dessus d'un bassin, l'eau forme au centre du tourbillon un cône de 20 centimètres de diamètre et de 10 centimètres de hauteur, au-dessus duquel des gouttelettes sont lancées jusqu'au tambour. De la paille flottante se rassemble au sommet du cône et est quelquefois projetée à 2 mètres de hauteur. Ayant placé sur le bassin, une planche flottante, Weyher a vu se développer, dans la mince couche d'eau qui la recouvrait, des petits cônes liquides se promenant à droite et à gauche avec une grande vitesse. (A cette occasion, je rappellerai, avec Claude Bernard, qu'une expérience négative ne prouve rien à côté d'une expérience positive. Un expérimentateur peut ne pas parvenir à réaliser les mêmes circonstances, cela n'infirme pas le fait observé. (L'expérience des tourbillons en vase clos montre qu'une masse d'air était en rotation autour d'un axe vertical ; l'air descend par les circonférences extérieures et remonte par les circonférences intérieures. L'odeur d'ozone constatée par Weyher dans certaines expériences, prouve suffisamment que dans les tourbillons gazeux il y a autre chose que des *translations* moléculaires.

Il faut bien dire un mot des *tourbillons de fumée* de William Thomson. Leur renommée tient surtout à leur singularité et à ce que leur étude est basée sur une théorie mathématique des fluides de Helmholtz dont tout le monde parle et que personne ne connaît. Tant est vraie l'expression de Fontenelle que pour beaucoup de gens une chose est rabaissée et quasi-déshonorée dès qu'elle est comprise.

Les tourbillons des fumeurs de pipe se produisent quelquefois dans le tir du canon ; on peut les engendrer systématiquement en faisant sortir brusquement de la fumée, c'est-à-dire du gaz contenant en suspension une multitude de petits objets, à travers une fente annulaire. Ce qu'on réalise facilement en frappant un coup sec sur le fond membraneux du tambour qui contient la fumée.

Ces tourbillons ont la forme d'un anneau, d'un tore, dans lequel chaque section droite circulaire est animée d'un mouvement de rotation autour de l'axe perpendiculaire à son plan. Deux tourbillons voisins dans la position AB — A'B' s'attirent. Les vitesses des parties voisines sont alors de même sens. Dans la position AB — CD, les parties voisines

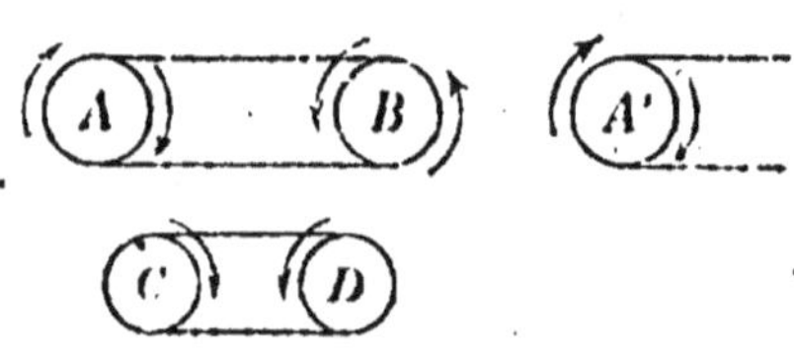

Tourbillons de fumée de W. Thomson.

Fig. 56.

ont des vitesses linéaires de sens contraires, il y a répulsion réciproque, AB se dilate, CD se contracte et passe au travers de AB; c'est alors le tour de AB de se contracter tandis que CD se dilate ; AB traverse CD et ainsi de suite.

Assurément, les causes de ces phénomènes sont multiples; si le milieu a sur eux une grande influence, les attractions et répulsions corpusculaires déterminées par les mouvements de rotation doivent aussi entrer en ligne de compte.

Le comble de la bizarrerie, c'est d'avoir pris le tourbillons des fumeurs pour image des atomes. Les *atomes-tourbillons* sortant de la Pipe du Créateur; voilà qui ne manque pas de pittoresque, mais qui ne se recommande pas par la simplicité. Prendre un phénomène aussi compliqué pour fait primordial, élémentaire, me semble dénué de toute logique. Et pourquoi? Parce que les tourbillons de fumée sont *insécables*, ils fuient devant la lame, on ne peut les couper avec un sabre !

On a si souvent comparé à un danseur la Terre animée de ses deux mouvements diurne et annuel, ou encore la Terre et la Lune à un couple valsant autour du Soleil; il me sera bien permis d'assimiler le courant électrique à la chaîne finale du *Quadrille des Lanciers* ou à la *Boulangère*, cette ronde dans laquelle chaque danseuse passe des bras d'un danseur aux bras du danseur voisin, après avoir tourné successivement avec chacun d'eux. On peut aussi prendre en comparaison la chaîne des couvreurs étagés aux divers degrés d'une échelle et se passant les tuiles de mains en mains, ou la chaîne d'incendie.

Les manœuvres ou les danseurs représentent les gros éléments électro-négatifs ; les danseuses, les éléments électro-positifs, les tuiles, les seaux.

Une place publique occupée par une nombreuse série de chaînes d'incendie, à peu près parallèles, représente un élément superficiel de *nappe* liquide ; tous les seaux sont transportés d'un côté de la place à l'autre, soit, par exemple, de l'Est à l'Ouest, en passant de la main gauche à la main droite de chaque manœuvre et de la main droite de l'un à la main gauche du voisin. Tous les manœuvres sont orientés, regardent le Sud. Qu'on imagine une désorientation générale ; que tous les manœuvres tournent sur eux-mêmes d'un angle quelconque, différant de l'un à l'autre, tout en continuant à passer les seaux ou à les recevoir des voisins de droite et de gauche : on aura l'image de la constitution d'une *bulle* liquide. Les seaux sont échangés en tout sens, sans ordre ; et, s'il s'effectue un transport, il sera beaucoup moins rapide que le transport ordonné. Telle est l'illustration de la diffusion et du mouvement calorifique à transmission si lente relativement à la transmission électrique.

Pour représenter plus exactement les mouvements hydrotrophiques, ordonnés ou non, il faut armer de patins les manœuvres et les placer sur un lac de glace à une distance notable les uns des autres. Pour échanger les seaux, ils sont obligés de les lancer et éprouvent eux-mêmes un recul et un mouvement inverse lorsqu'ils reçoivent le seau dirigé vers eux. Qu'un manœuvre tombe à la renverse en lançant son seau verticalement, voilà une molécule de vapeur qui s'échappe dans l'atmosphère ou se diffuse dans la masse liquide. Enfin on peut imaginer, à un instant donné, un certain nombre de seaux en l'air et ainsi une surface liquide contenant un excès d'éléments ,électro-positifs.

59. — Suite de la Théorie des Solides.
Élasticité et Rupture.

Les déformations, élastiques ou permanentes, des solides se produisent généralement sous l'action d'efforts croissants. Pour expliquer ce fait capital, dans la doctrine qui regarde les corps comme formés de *points matériels,* il faut supposer que ces points élémentaires exercent entre eux des attractions dont l'intensité augmente à mesure que l'écartement devient plus grand, hypothèse en opposition radicale avec tous les faits de pesanteur, magnétisme, électricité, et qui sert uniquement à relier les phénomènes d'élasticité. Pour rattacher le fait de la rupture à cette théorie, il faut, de plus, supposer que la fonction de la distance qui représente l'action moléculaire devient subitement nulle après avoir graduellement augmenté.

La Nature ne fait pas de saut. Autrement dit : nous avons le sentiment de la continuité. Autrefois c'était l'horreur du vide qu'avait la Nature ; ici comme ailleurs, on mettait à la charge de la grande entité le résultat de nos habitudes cérébrales individuelles et surtout spécifiques. C'était la loi de la continuité de l'espace. Quant à la continuité du temps, elle est évidente : un corps ne peut occuper deux positions à la fois, et, en-général, tout phénomène dure un certain temps ; il n'y a pas de phénomène absolument instantané. C'est ainsi que chacun comprend la durée. Les sophistes travaillent bien inutilement à définir le temps que tout le monde entend de la même façon et très nettement.

La nature ne fait pas de saut, dit Leibnitz ; et pourtant la discontinuité est patente en maintes circonstances. La mort subite par un coup de foudre n'est pas moins une discontinuité que la rupture d'une barre de fer. Entre l'arbre et l'homme, les évolutionnistes voient une longue suite de transformations continues ; les mécaniciens regardent le choc, si instantané qu'il paraisse, comme un changement progressif de vitesse. La nature ne fait pas de saut : cela ne veut pas dire que tout phénomène brut, concret, est continu ; cela signifie seulement que dans tout phénomène, organique ou inorganique, nous cherchons une certaine continuité abstraite, subjective. Toute explication qui ne comporte aucune continuité ne nous satisfait pas ; ainsi devient notre cerveau. Pas de continuité, pas de science. Les créations spéciales forment un catalogue ; l'évolution seule est une théorie. C'est avec une véritable souffrance que les plus disciplinés se soumettent à l'autorité, quand il s'agit de la doctrine des forces élastiques discontinues. Une longue habitude peut la diminuer ; mais je ne crois pas que l'illustre auteur de cette doctrine en ait jamais, lui-même, éprouvé une satisfaction sans mélange. Tant qu'on regardera les corps comme formés de points matériels, dont les réactions ne sont fonction que de la distance, on pourra procurer aux géomètres l'occasion d'exercer leur talent, mais on n'échappera pas à la désolante discontinuité. J'entends la continuité dynamique qui réside, non pas dans le fait qu'on ne passe pas insensiblement d'un élément chimique, simple ou composé, à un autre ; que deux corpuscules sont tenus séparés par une répulsion égale à l'attraction qui les unit ; mais, dans cette hypothèse que l'action mutuelle de deux points, c'est-à-dire de deux corps, abstraction faite de leur forme et de leurs mouvements propres, devient subitement nulle après avoir augmenté progressivement.

La considération des atomes à pôles d'aimant rattache les déformations mécaniques à l'ensemble de la physique et rétablit la continuité. L'action d'un atome sur un autre résulte non seulement de la distance, mais de l'orientation relative ; et il suffit de concevoir une variation convenable d'orientation pour comprendre une variation quelconque d'attraction ou répulsion. Les centres de gravité de deux atomes peuvent s'éloigner et leur attraction mutuelle devenir plus grande. Il n'y a pas de *sphère*, de *rayon d'activité* limitant la zone d'attraction des éléments : deux atomes agissent toujours l'un sur l'autre, tendent à se rapprocher ou à s'éloigner et à tourner l'un relativement à l'autre. Dans un seul cas, l'action est nulle, c'est lorsque les deux atomes sont en croix, leurs axes polaires rectangulaires et leurs centres sur la normale commune ; état essentiellement instable d'ailleurs.

Lors de la rupture, deux atomes sont séparés lorsque, ne pouvant plus changer d'orientation, ils sont soumis à une force supérieure à celle qui les relie. La séparation effectuée, un nouvel état d'équilibre s'établit, les atomes prenant de nouvelles orientations dans chaque morceau sous leurs actions mutuelles. Et c'est là ce qui explique comment les deux lèvres d'une cassure n'exercent généralement aucune action sensible l'une sur l'autre([1]), tandis qu'elles s'attiraient énergiquement avant la rupture. Ce fait est inexplicable dans la doctrine des corpuscules sans forme, sans pôles. Les actions élémentaires ne résultent pas uniquement de la distance, sans quoi les deux lèvres se recolleraient. Les surfaces de cassure sont bien formées des mêmes éléments, avant et après la rupture, mais ces éléments sont très différemment orientés.

Pendant la déformation, les molécules N—P sont désorientées; la ligne NN_1P_2 éprouve un déplacement tangentiel relativement à PP_1N_2 un glissement. Il y a dilatation ou contraction, suivant que ces deux lignes s'éloignent ou se rapprochent. Lorsque la cause de la déformation cesse, les molécules reprennent leurs orientation, position et forme primitives, l'objet se détend, reprend ses dimensions; la déformation est entièrement élastique.

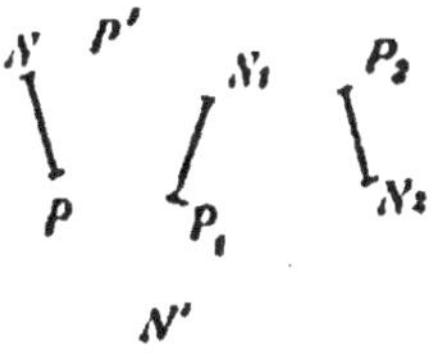

Fig. 37.

La molécule NP peut être non seulement déformée, mais décomposée; alors la déformation n'est plus simplement élastique; elle est en partie permanente ou bien il y a rupture.

Si l'objet a une structure régulière, s'il est cristallisé par exemple, un grand nombre d'éléments se trouvent dans les mêmes conditions relativement aux efforts extérieurs et sont décomposés à la fois. Dans ce cas, les déformations, toujours élastiques, sont immédiatement suivies de la rupture par glissement ou par écartement normal. Une série de molécules $N-P$, N_1-P_1, N_2-P_2, sont simultanément décomposées, NN_1N_2 sont à la fois séparées de PP_1P_2, tangentiellement, obliquement ou normalement. Les éléments NN_1N_2 s'allient entre eux, ou à d'autres éléments P' du même morceau; de même, les élé-

---

1. Voyez pages 55, 57 et 59.

ments PP,P, s'unissent aux N$_1$; et si l'on rapproche les lèvres de la cassure, les éléments désorientés ne s'attirent plus.

Si l'objet est amorphe, n'a pas une structure régulière; si, par exemple, le solide provient du refroidissement lent et non ordonné d'un liquide, les molécules P — N sont tournées dans toutes les directions. Dans une zone soumise aux mêmes influences extérieures, les molécules, différemment orientées, ne seront pas décomposées à la fois. Dès que quelques décompositions moléculaires seront effectuées, qu'un élément N aura quitté P pour s'allier à P$_1$, les molécules ne reprendront pas exactement leurs positions primitives, quand la cause déviatrice aura cessé d'agir; il y aura bien une détente partielle, un certain ressort, mais la déformation sera en partie permanente. La *limite d'élasticité* sera dépassée. La rupture se produit seulement lorsque toutes les molécules d'une certaine zone sont décomposées, après des déformations permanentes plus ou moins considérables suivant la matière, la forme de l'objet et le genre d'efforts.

On s'explique ainsi très bien l'*énervement*, c'est-à-dire la rupture produite sous des efforts et avec des déformations moindres, au moyen d'actions alternatives de sens contraires. Les molécules dont les orientations sont très diverses, sont plus rapidement décomposées par un mouvement que par un autre; les dernières décomposées dans une déformation, sont les premières décomposées dans la déformation inverse.

Deux atomes peuvent se réunir ou se séparer de bien des manières, suivant leur orientation relative. Et c'est dans cette conception qu'il faut chercher la différence des réactions chimiques violentes avec les réactions lentes, biologiques par exemple, qui correspondent cependant à la même quantité de chaleur, mais plus lentement dégagée, plus longuement répartie et, par suite, à des variations bien plus faibles de température. Différence inexplicable dans la théorie des éléments-points. Dans la longue série de réactions qui se produisent au sein des organismes et qui aboutissent d'une part à l'oxygène, de l'autre au gaz carbonique (ou à Na Cl et HCl), à chaque stade nous voyons varier légèrement l'orientation relative des éléments O et C, qui finissent par se combiner ou se séparer, comme se séparent les éléments d'un fil de fer alternativement plié dans un sens et dans l'autre.

Et dans l'osmose, comment expliquer la diminution du courant produite par la tension de la membrane(¹), sinon par la variation d'amplitude des gros éléments squelettiques, causée par leur écartement?

Les éléments P ou N mis en liberté dans les déformations permanentes se diffusent dans la masse et déterminent des courants électriques, qui se manifestent lorsque les déformations sont ordonnées; il suffit d'attacher les fils du galvanomètre aux extrémités de la barre qui passe au laminoir, pour observer une déviation de l'aiguille aimantée. Cette diffusion peut être très lente et détermine dans le corps déformé une activité interne faible mais de longue durée. Les fils métalliques tordus continuent pendant très longtemps à se détordre et se retordre (*Élasticité résiduelle* de Wéber); le caoutchouc, après s'être en grande partie et rapidement détendu, ne revient que très lentement à sa forme primitive exacte.

60. — Induction. — Dualité de l'étincelle d'induction.

Placez devant vous une aiguille aimantée montée sur un pivot; prenez à la main un aimant; approchez-le, éloignez-le, faites-le passer de droite à gauche, en réglant et rythmant convenablement le mouvement; vous arriverez ainsi à imprimer à l'aiguille un mouvement

---

1. Voir pages 281 et 282.

rapide de rotation et vous aurez sous les yeux l'image de l'induction et de l'influence électrique.

Tout atome agit sur un autre atome; et l'action réciproque varie avec la distance et l'orientation relative. Tout changement d'orientation, de position d'un atome exerce une influence sur les autres atomes. A distance considérable, l'action n'est sensible que dans le cas où un grand nombre d'atomes concourent simultanément à la produire.

Un aimant, un courant, dans lesquels les atomes ont un certain degré d'orientation et des mouvements rapides, exercent sur les atomes d'un corps quelconque une action qui peut se manifester de deux manières : par le déplacement du corps dans l'espace (actions magnéto et électromécaniques); par le déplacement des atomes dans l'objet (induction et influence électriques et magnétiques).

Sous l'influence de l'aimant ou du courant, quelques atomes libres du fer doux s'orientent et déterminent l'aimantation. Les atomes liés en molécules peuvent aussi éprouver des désorientations dans les conducteurs ; et si le mouvement est rapide, il en résulte des décompositions centrifuges, qui se manifestent par des courants électriques, si elles sont ordonnées.

La décomposition, le courant, le phénomène dynamique, cessent avec la cause perturbatrice, le déplacement de l'inducteur, par exemple ; mais les éléments conservent une position différente de leur position initiale sous l'influence statique de l'inducteur (état électro-tonique entrevu par Faraday). Cette position initiale, ils la reprennent lorsque cesse l'influence statique, lorsque l'inducteur s'éloigne, par exemple; ce qui donne lieu à un nouveau phénomène dynamique, inverse du premier.

Dans tout courant interrompu, les molécules, ramenées brusquement à leurs positions naturelles par leurs actions réciproques, sont décomposées ; et de là naît un *extra-courant* de sens contraire au courant primitif.

Dans l'induction, comme dans les actions mécaniques, ce sont les éléments les plus rapprochés qui ont une influence prépondérante et qui déterminent le sens du phénomène.

Dans l'air, *l'étincelle d'induction* se compose d'un trait et d'une auréole.

Le *trait*, quasi instantané, en zigzag s'il est long, semblable à celui des machines électriques à frottement, accompagné d'un bruit sec ou d'un craquement. Il perce une feuille de papier.

L'auréole siffle, dure plusieurs secondes et enflamme le papier.

Si les conducteurs d'où jaillit l'étincelle sont animés d'un mouvement rapide, l'auréole s'élargit, le trait ne change pas.

Un courant d'air rapide est sans influence sur le trait; il entraîne l'auréole et peut l'éteindre.

L'auréole est influencée par l'aimant, comme l'arc électrique de Davy; l'aimant n'a pas d'influence sur le trait (Du Moncel, Perrot).

L'étincelle d'induction est donc complexe : elle se compose d'un *arc électrique,* c'est-à-dire d'un courant, et d'une *étincelle électrique* qui résulte du choc des corpuscules.

L'induction de Faraday développe à la fois un *courant électrique* et de *l'électricité superficielle.*

61. — Électricité superficielle.

Température électrique.—Influence d'Œpinus. — Électricité de frottement.
Électricité des gaz. — La foudre. — État radiant de Crookes.

Les phénomènes d'électricité statique dépendent de la forme et non du volume; ils sont les mêmes, que le conducteur soit plein ou creux, pourvu que la forme superficielle soit la même ; dans la bouteille de Leyde primitive, si l'on enlève l'eau, la charge électrique reste à la surface mouillée du vase.

Ces faits prouvent suffisamment que le siège de l'électricité statique est dans l'*atmosphère superficielle* des objets.

Pas plus que la chaleur, la pesanteur, l'électricité n'est une substance spéciale, un fluide impondérable ; l'électricité statique est une *propriété des éléments superficiels.* Ces éléments de l'atmosphère des objets peuvent être très divers et contenir des molécules et atomes du corps lui-même et des milieux dans lesquels il a séjourné. L'atmosphère appartient aussi bien à l'un qu'à l'autre des corps en contact ; la surface d'un solide placé dans l'air est aussi la surface de l'air.

Dans un *vide* assez approché : plus d'atmosphère superficielle, plus d'électricité.

Les phénomènes électriques sont en rapport intime avec l'état corpusculaire des corps ; et il faut entendre par état corpusculaire le résultat de la forme, de la composition, de la disposition et des mouvements des molécules et des atomes.

La chaleur, la température, sont des fonctions des mouvements corpusculaires ; l'électricité est aussi intimement liée à ces mouvements. Les phénomènes électriques se distinguent surtout des phénomènes calorifiques, en ce qu'ils ont un sens. Froid n'est pas l'inverse de chaud : un corps froid n'est qu'un corps chaud à température plus basse. Il n'y pas des quantités de froid, il n'y a que des quantités de chaleur, toujours positives et qui s'ajoutent. Tandis que l'électricité positive et l'électricité négative se retranchent ; leur somme est nulle, positive ou négative, toujours inférieure à la plus grande des deux quantités primitives. Il n'y a qu'une température calorifique ; il y a deux températures électriques, une positive, une négative.

Un corps a toujours une certaine quantité de chaleur ;

un corps peut être électrisé positivement, négativement
ou être à l'état neutre.

L'électricité a un *sens*; la chaleur n'en a pas. Le sens
des mouvements corpusculaires est sans influence sur la
quantité de chaleur, qui ne dépend que de la grandeur
absolue des vitesses. La chaleur ne peut être représentée
que par une fonction des puissances paires des vitesses;
elle est représentée par la force vive. Au contraire, l'électricité doit être en rapport avec le sens des mouvements;
il faut donc que ces mouvements aient un *sens*.

*Les mouvements corpusculaires continus peuvent seuls don-
ner lieu à des manifestations électriques.* Lorsque les éléments restent en place dans l'atmosphère de l'objet électrisé, ces mouvements ne peuvent être que des *rotations
continues.* L'électricité est positive ou négative, suivant
le *sens de la rotation.*

La fonction qui représentera la quantité d'électricité,
doit changer de signe avec le signe du mouvement; elle
ne contient que les puissances impaires des vitesses. De
tout cela, j'induis l'hypothèse suivante :

*La charge électrique est représentée, en grandeur et signe,
par la somme des aires que décrivent les corpuscules dans
l'unité de temps, en tournant autour de leur centre de gravité.*

$$Q = \Sigma I \cdot \omega.$$

Cela admis, l'expérience conduit aux résultats suivants :

*Les corpuscules qui tournent dans le même sens se repous-
sent; ils s'attirent quand ils tournent en sens contraire.* Les
attractions et répulsions, dirigées suivant la ligne qui
joint les centres de gravité des corpuscules, sont proportionnelles aux aires décrites et inversement aux carrés
des distances (Lois de Coulomb).

$$f = \varphi \cdot \frac{\Sigma I \cdot \omega \times \Sigma I' \cdot \omega'}{v^2}$$

φ est un coefficient qui dépend de l'orientation des axes de rotation des corpuscules relativement à la ligne qui les joint.

Si tous les corpuscules ont la même vitesse de rotation, la charge est :

$$Q = \omega \Sigma I = N \cdot I \cdot \omega.$$

L'énergie électrique interne, ou force vive corpusculaire correspondant à la charge Q, est :

$$\frac{1}{2} \Sigma I \omega^2 = \frac{1}{2} N I_\omega^2 = \frac{1}{2} \omega \cdot Q.$$

La vitesse angulaire commune ou moyenne ω des corpuscules en rotation continue, je l'appelle *température électrique;* il ne faut pas la confondre avec le *potentiel électrique* ψ, auquel on donne quelquefois le même nom et qui se rapporte à l'*énergie externe.*

L'énergie électrique totale d'une charge Q, développant une charge — Q dans un conducteur qu'elle peut ensuite attirer jusqu'à elle, est la somme des énergies électriques interne et externe.

$$T = \frac{1}{2} Q \left(\psi + 2\omega \right) = N I \omega \left(\omega + \frac{\psi}{2} \right).$$

La capacité électrique d'un conducteur est :

$$C = \frac{Q}{\psi} = \frac{N I \cdot \omega}{\psi}.$$

Dans la condensation, ω et ψ étant la température et le potentiel de la source, la capacité augmente proportionnellement au nombre N des corpuscules électrisés.

A la surface d'un conducteur libre, le potentiel et la température électriques sont constants; la densité électrique est proportionnelle au nombre de corpuscules électrisés par unité de superficie.

Une molécule simple $ns - s'n'$ peut tourner autour d'axes divers. Une rotation assez rapide autour de ox ou oy amènera fatalement la disloca-
tion centrifuge. En général, une rotation pouvant être remplacée par trois rotations autour d'axes ox, oy, oz, déterminera, si elle est assez rapide, la décomposition physique ou chimique des molécules plus ou moins complexes.

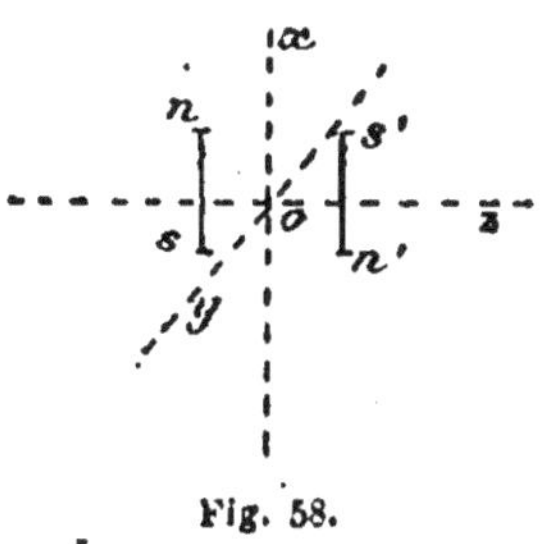

Fig. 58.

L'électrisation de l'eau accélère l'évaporation (Peltier) en produisant des décompositions moléculaires ; elle dé-termine ainsi la décomposition chimique proprement dite ou atomique. Une masse d'eau étant en communication avec le sol par un fil de platine de très petites dimensions (électrode à la Wollaston), on approche un bâton de résine frotté : l'oxygène se dégage à la pointe. Lorsqu'on retire le bâton électrisé, c'est l'hy-drogène qui se dégage à l'élec-trode. C'est encore ce qui se passe

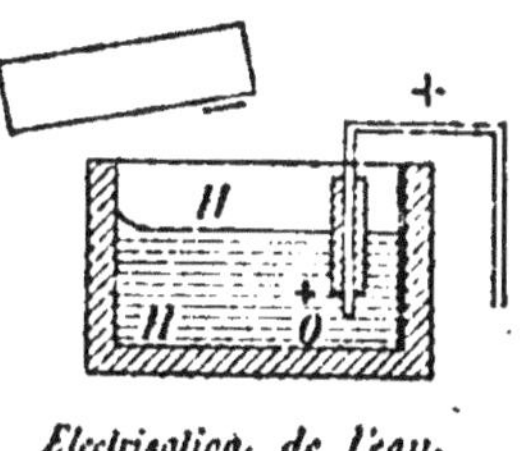

Électrisation de l'eau.

Fig. 59.

lorsqu'on charge l'eau d'une bouteille de Leyde avec une machine électrique au moyen de l'électrode à la Wol-laston : l'oxygène se dégage pendant la charge et l'hydro-gène pendant la décharge. (Buff, Grove, Andrews, Soret.) Avant de se dégager, l'hydrogène reste à la surface, car sa quantité ne varie pas lorsqu'on change le volume de l'eau en respectant la superficie ; « il n'est ni dissous ni combiné ». (Lippmann.) Combiné, l'atome H serait lié statiquement à d'autres atomes et formerait une molécule ; dissoute, la molécule H² serait unie dynamiquement aux molécules du liquide. L'hydrogène n'est ici ni combiné, ni dissous ; il est à l'état naissant ou atomique, en rotation électrique et maintenu à la surface par l'attraction du bâton de résine. Libres de toute influence électrique, les atomes d'hydrogène se repoussent et tendent à s'échapper dans le sol; accumulés en grand nombre à la fine pointe de l'électrode, ils forment des molécules, puis des bulles de gaz.

Le mouvement de rotation de la molécule autour de l'axe oz (fig. 58), qui n'entraîne ni déformation, ni décomposition, ne produit-il aucun phénomène physique ?

La rotation autour de l'axe polaire détermine le magnétisme ; et l'aimant n'a pas d'action manifeste sur les corps électrisés en repos relatif. Ainsi, pas de relation directe entre l'électricité superficielle et la rotation proprement dite autour de l'axe polaire.

Deux atomes, ns et $n's'$, directement parallèles, tournant avec la même vitesse et dans le même sens autour de la droite perpendiculaire aux axes polaires et passant par leurs centres, se repoussent par leurs pôles ; mais s'ils tournent en sens inverses, ils se repoussent et s'attirent dans les différentes phases du mouvement. Ce n'est donc pas l'action polaire qui détermine l'électricité statique ; les attractions et les répulsions électriques sont des propriétés spéciales, en relation intime avec la rotation autour de l'axe oz ; elles sont appliquées, non aux pôles, mais au centre de gravité des éléments. *Les attractions et répulsions électriques sont des forces centrales et non polaires.*

L'électricité superficielle est déterminée par le mouvement continu de précession des atomes, par le mouvement de rotation de l'axe polaire. Le signe de l'électricité, le sens des déplacements, est déterminé, non par la position des pôles, mais par le *sens relatif* de la rotation. Les charges électriques sont conventionnellement comparées à celles du *verre* (électricité vitreuse ou positive) et de la *résine* (électricité résineuse ou négative), frottés avec de la laine.

Pendant un temps suffisamment court, tout mouvement peut être regardé comme continu; lors donc que deux corpuscules, en pleine masse aussi bien qu'à la surface, oscilleront en présence l'un de l'autre, ils s'attireront ou se repousseront, suivant que les rotations seront de sens contraire ou de même sens.

Lorsqu'un conducteur A est à l'état neutre, il y a, à un instant donné, autant de corpuscules tournant dans un sens que des corpuscules tournant en sens inverse; que les mouvements soient d'ailleurs continus ou alternatifs. Si l'on approche de lui un corps électrisé B, un corps contenant dans son atmosphère un excès de corpuscules tournant dans un sens déterminé S; tous les corpuscules de A qui, à cet instant, tournent dans le sens S, seront repoussés; tandis que ceux qui tournent en sens inverse seront attirés. Un corps est dit *bon conducteur* lorsque les éléments de son atmosphère peuvent se déplacer. Les corpuscules superficiels des conducteurs seront séparés *par influence électrique* en deux parties : d'un côté ceux qui tournent dans un sens, de l'autre ceux qui tournent en sens inverse. Chaque élément se trouve enveloppé de toute part par des éléments tournant dans le même sens et conserve son mouvement de rotation. Les quantités d'électricité positive et négative développées par influence sont égales.

Tandis que dans l'*induction* les molécules intérieures sont décomposées, dans l'*influence* les molécules superficielles, plus libres et généralement plus simples, conservent leur mouvement de rotation; elles peuvent être aussi décomposées.

L'électrisation positive, sans le secours d'un objet électrisé, est toujours due aux actions polaires. Règle générale : *le déplacement relatif de deux corps neutres détermine un certain degré d'électrisation.* Deux atomes *ns, n's'*, étant en présence, si *n'* est plus rapproché de *s* que de *n, s* sera attiré et suivra le mouvement de *n'*. Vu l'extrême petitesse des atomes, tout déplacement sensible de *s* correspondra à une très grande déviation angulaire dans un temps très court et déterminera une rotation extrêmement rapide. Ainsi, à la surface de deux corps en mouvement relatif, il y aura des corpuscules en rotation; s'il y a plus d'éléments tournant dans un sens que dans l'autre, le corps sera et restera électrisé.

Toute action est accompagnée d'une réaction égale et contraire; les actions atomiques sont des forces intérieures au système des deux corps, et la somme des aires décrites dans un temps sensible est nulle; c'est-à-dire que les quantités totales d'électricité positive et négative développées dans les deux corps sont équivalentes et que celles qui restent sur chacun d'eux sont égales et de signes contraires.

Les axes polaires ont une direction voisine de la normale à la surface, aussi le *déplacement tangentiel* ou *frottement,* lorsque les corps sont en contact, est celui qui produit le plus d'électricité; mais, en général, tout déplacement relatif, même *normal,* détermine un état électrique, un développement d'électricité dit par simple *contact.* Sans revenir sur les actions thermo-électriques, je ferai remarquer que le *contact* est précédé et suivi d'un *déplacement,* quelquefois accompagné d'une pression; et c'est à ce déplacement qu'il faut attribuer l'électrisation.

Les corpuscules tournants de l'atmosphère des objets exercent une influence sur les molécules de l'air ambiant, repoussent celles qui tournent dans le même sens et attirent celles qui tournent en sens inverse. La réaction de ces molécules extérieures est une des causes de la *déper-*

dition de l'électricité, mais non la principale ; au contraire, l'électricité superficielle ne peut se conserver sans la pression de l'air. Les corpuscules tournant dans le même sens tendent toujours à s'éloigner les uns des autres, à s'échapper tangentiellement par les supports et aussi normalement aux parties courbes de la surface. Cette expansibilité détermine une compression tangentielle et une *pression électrique* normale, d'autant plus grande que la courbure superficielle est plus prononcée.

Un corps électrisé est, dans l'obscurité, enveloppé d'une lueur diffuse qui augmente avec la charge et la courbure du conducteur, et diminue lorsque la pression augmente. Dans les circonstances ordinaires des expériences, l'aigrette qui apparaît à la pointe électrisée est brillante et ramifiée, ou pâle et ovoïde, suivant que l'électrisation est positive ou négative.

Lorsque des corpuscules tournant en sens inverse se rencontrent, il y a transformation de mouvements continus en mouvements alternatifs, transformation de l'énergie électrique interne ou de rotation et de l'énergie électrique externe ou de translation, en énergie thermique ou oscillatoire ; et il en résulte une élévation considérable de température, une *étincelle électrique.* La couleur de l'étincelle, comme celle de l'arc voltaïque, dépend de la substance des conducteurs et du milieu.

La gravitation relative des corpuscules tournant en sens inverse, déterminée par leur attraction mutuelle, peut se produire à travers les corps mauvais conducteurs. Ainsi l'étincelle électrique perce des lames de verre très épaisses. Lorsqu'elle est longue, l'étincelle est rarement rectiligne ; elle est sinueuse ou en zigzag comme l'éclair. Elle suit la ligne de moindre résistance : entre deux boules électrisées, A dans l'air, B dans un liquide à une très faible profondeur, l'étincelle suit, non pas la droite AB, mais la

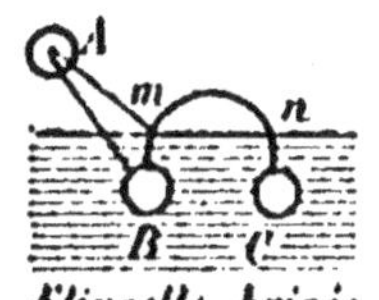

Étincelle brisée.

Fig. 60.

ligne brisée AmB, mB étant à peu près normale à la surface. Si les boules B et C sont toutes les deux dans le liquide, l'étincelle BmnC a une grande partie de sa longueur dans l'air.

Lorsqu'un gaz occupant un espace très restreint est influencé de part et d'autre par des électricités contraires, il se produit des lueurs, résultat de la rencontre des molécules tournant en sens inverse et en même temps des réactions chimiques provenant des dislocations centrifuges. Berthelot a réalisé, au moyen de cette *effluve électrique*, des combinaisons irréalisables par les procédés violents, seuls en usage avant lui dans les laboratoires. Voici une des expériences les plus remarquables : entre deux tubes de verre mince, à parois parallèles, une feuille de papier humide et de l'air ; les deux tubes sont tapissés, le plus petit intérieurement, le plus grand extérieurement, de lames métalliques en communication avec les pôles d'une machine ou source d'électricité superficielle « à haute tension ». Dans ces conditions, l'azote a été fixé sur le papier ; et ainsi a été réalisée expérimentalement cette union si importante de l'azote avec les éléments végétaux, cellulose, gomme, dextrine.

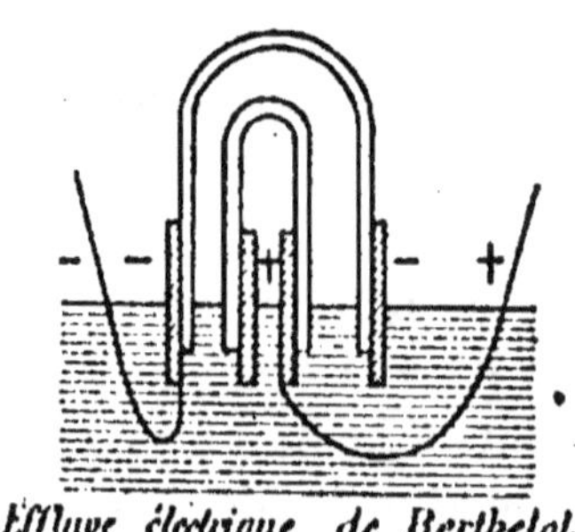

Effluve électrique de Berthelot.

Fig. 61.

De fortes décharges *à côté* d'un tube plein d'oxygène O^2 produisent de l'ozone O^3 en abondance ; tandis qu'elles n'en produisent qu'en très petites quantités en traversant le tube.

On a diverses raisons de dire que l'étincelle, au point de vue chimique, n'agit que par l'élévation de température qu'elle produit ; mais cela ne renseigne guère sur le mécanisme de l'action, en réalité très complexe, de l'étincelle : action polaire, action électrique de précession, choc mécanique.

La *foudre* est un phénomène électrique : fait immense établi en 1752 par Franklin, vainqueur des dieux irrités.

L'électricité atmosphérique résulte des mouvements de rotation des molécules des gaz et vapeurs ; mouvements qui peuvent déterminer, avec l'électricité franklinique, des décompositions physiques et chimiques. Les phénomènes lumineux, calorifiques et la condensation résultent de la rencontre des éléments. La pluie ordinaire est une condensation par refroidissement ; la pluie d'orage, souvent accompagnée d'un coup de tonnerre, provient de la précipitation d'éléments en rotations contraires.

Les mouvements de rotation des corpuscules atmosphériques résultent de la rencontre de vents contraires et surtout des mouvements tourbillonnaires cycloniques.

« Nous vîmes autant de canaux qui venaient depuis les nues sur ces endroits où l'eau était élevée, et chacun de ces canaux était large par le bout qui tenait à la nue comme le large bout d'une trompette et faisait la même figure que peut faire la mamelle ou la tette d'un animal tirée perpendiculairement par quelque poids. »

(THEVENOT, *Voyage du Levant.*)

Les *cyclones*, tornados, typhons, ouragans, les *trombes*, sont des masses d'air, de vapeur d'eau, de nuages, animés d'un mouvement de translation horizontal et d'un mouve-

Trombe et Foudre en boule.

Fig. 62.

ment de giration autour d'un axe vertical ; ils diffèrent par la grandeur, qui varie de quelques mètres à des cenfaines de kilomètres. Ces grands cyclones correspondent seulement à la partie supérieure (ABCD) des trombes. (Piddington. — Reid. — Reffleldt. — Faye.)

On a dit : l'électricité est la cause des trombes ; c'était attribuer une chose à une autre chose encore plus inconnue dans son mécanisme. Le mouvement tourbillonnaire détermine l'état électrique et la forme en entonnoir. La trombe se forme par en haut et s'abaisse de plus en plus comme tous les tourbillons ; électrisée, elle attire l'eau et les corps légers. Inversement, elle est attirée vers le bas. Sous l'action de cette attraction, la trombe peut s'étrangler, se rompre ; la partie détachée prend la forme sphérique : c'est la *foudre en boule*. « On vit sortir de temps à autre du centre de la trombe des globes de feu et des globes de vapeurs comme soufrées. » (Becquerel.)

Quelle est la cause ou quelles sont les causes des mouvements cycloniques? Rencontre de nuages, de vents contraires ; cause extérieure à notre planète? L'immense force vive des cyclones a sa source en haut. Le siège des orages est dans les hautes régions glacées de notre atmosphère [Faye(¹)]. La formation de la *grêle* est intimement liée à celle des cyclones ; les grêlons sont électrisés, animés de mouvements rapides de rotation ; leur froid atteint quelquefois, en plein été, — 30° au-dessous de zéro.

La surface d'un nuage ne doit pas être entendue comme celle d'un solide ; c'est la surface immense des globules qui le composent. « L'origine de l'électricité peut se trouver en majeure partie dans l'anéantissement de la surface libre qui accompagne la formation des grêlons. » (Spring.)

« ..... Les nuages se réunissaient par petits groupes qui semblaient se précipiter les uns sur les autres. Le dessous du nuage s'allongeait, offrant une énorme protu-

---

1. Voyez les annuaires du Bureau des Longitudes de 1875-1877. — *Mémoires de Faye.*

bérance; puis des torrents d'eau s'en échappaient, inondant des espaces très circonscrits... Le vent devint violent et très froid... Le nuage qui laissait épancher la grêle avait les bords dentelés et offrait dans ses bords mêmes un mouvement de tourbillonnement. Il semblait que chaque grêlon fût chassé par une répulsion électrique; les uns s'échappaient par-dessous, les autres par-dessus... Tous les grêlons étaient animés d'une grande vitesse horizontale... Un grand nombre vinrent me frapper sans me faire le moindre mal; puis ils tombaient aussitôt qu'ils m'avaient touché...

« ..... Le nuage qui passa au-dessus de ma tête et dans lequel la grêle était toute formée, ne la laissa échapper qu'une demi-lieue au delà du point où je me trouvais... Tous ces grêlons étaient animés d'un mouvement de rotation très rapide. » (Lecoc, 2 août 1835. Orage du Puy-de-Dôme, dans Faye.)

J'ai pu faire très nettement, pendant l'orage qui traversa La Châtre le 19 juillet 1887, une observation souvent relevée. C'était bien un cyclone; la direction du vent, indiquée par la girouette et les arbres brisés, a varié et très régulièrement pendant le quart d'heure qu'a duré le phénomène; elle était très différente de la translation parfaitement marquée par l'arrivée de la nuée et la zone grêlée. A l'intérieur du cyclone, pas de foudre, ni tonnerre, ni éclair en zigzag; des lueurs violettes, folles, rappelant les éclairs de chaleur et les tubes de Geissler, avec des sifflements ou plutôt des *chifflements*. A l'extérieur, avant et après le passage, la foudre proprement dite tombant de la source électrique à la zone influencée.

L'électricité atmosphérique accusée à l'électroscope, presque toujours positive, résulte probablement des courants tourbillonnaires des couches extérieures de l'atmosphère; son siège est là où les molécules n'ont plus de ressort vertical, mais seulement des rotations et des translations horizontales.

Lorsque les gaz sont extrêmement rares, les corpuscules parcourent des trajectoires rectilignes de longueur sensible ; si, de plus, la température est très élevée, ou si le gaz est électrisé à haute tension, les mouvements de translation et de rotation sont extrêmement rapides, disloquent les éléments et impriment au fluide des propriétés spéciales, récemment étudiées par Crookes ([1]).

« A mesure que nous nous élevons de l'état solide à l'état liquide et de celui-ci à l'état gazeux, nous voyons diminuer le nombre et la variété des propriétés physiques des corps, chaque état en présentant quelques-uns de moins que l'état précédent. Quand les solides se transforment en liquides, toutes les nuances de dureté ou de mollesse cessent nécessairement d'exister ; toutes les formes cristallines ou autres disparaissent. L'opacité et la couleur sont souvent remplacées par une transparence incolore et les molécules des corps acquièrent une mobilité pour ainsi dire complète.

Si nous considérons l'état gazeux, nous voyons s'anéantir un plus grand nombre des caractères évidents des corps. Les immenses différences qui existaient entre leurs poids ont presque disparu ; les traces des différences de couleur qu'ils avaient conservées s'effacent. Désormais tous les corps sont transparents et élastiques... Ils ne forment plus qu'un même genre de substances, et les différences de densité, de dureté, d'opacité, de couleur, d'élasticité et de forme, qui rendent presque infini le nombre des solides et liquides, sont désormais remplacées par de très faibles variations de poids et quelques nuances de couleur sans importance.

Si nous imaginons un état de la matière aussi éloigné de l'état gazeux que celui-ci l'est de l'état liquide, nous pourrons peut-être, pourvu que notre imagination aille jusque-là, concevoir à peu près la *matière radiante*, et de même qu'en passant de l'état liquide à l'état gazeux la matière a perdu un grand nombre de ses qualités, de même elle doit en perdre plus encore dans cette dernière transformation. »

(FARADAY, 1819.)

« Dans les gaz, une molécule ne peut s'avancer dans aucune direction sans se heurter presque aussitôt à une autre. Mais si nous retirons d'un vase clos une grande partie de l'air ou du gaz qu'il contient, le nombre des

---

1. Tout ce qui concerne la matière radiante, figures et texte, est extrait du numéro du 25 oc·bre 1879 de la *Revue scientifique*. Conférence de Crookes. Voir aussi l'article de Crookes publié le 3 juillet 1880.

molécules diminue et la distance qu'une molécule donnée peut parcourir sans se heurter contre une autre s'accroît, la longueur moyenne de la course libre étant en raison inverse des molécules restantes. Et plus la longueur moyenne de la course libre augmente, plus les propriétés physiques du gaz se modifient. »

Un phénomène que l'on observe dans les tubes de Geissler doit avoir un rapport intime avec la course libre des molécules. Le pôle négatif est entouré d'un espace sombre pendant que le *courant fourni par une bobine d'induction* traverse un tube de verre où l'on a fait le vide. Cet espace sombre croît et décroît selon que le vide est rendu plus ou moins parfait. Il est assez naturel de conclure que l'espace sombre est égal à la course libre des molécules.

Lorsque la course libre est comparable aux dimensions du vase, on doit considérer non plus une masse matérielle et continue, mais des molécules individuellement animées de vitesses énormes.

Partout où elle frappe, la *matière radiante* détermine de la phosphorescence, ce qui permet d'observer la trajectoire des molécules dans des circonstances diverses. La matière radiante se meut en ligne droite ; interceptée par un objet, elle donne une ombre, c'est-à-dire une zone non phosphorescente. Elle exerce une action mécanique énergique sur les corps qu'elle vient frapper ; elle peut faire tourner un petit moulinet ; inversement, le pôle duquel elle est lancée tend à reculer et peut être déplacé s'il est mobile. Elle produit de la chaleur lorsqu'elle est arrêtée dans son mouvement. Dans les circonstances ordinaires des expériences, les phénomènes radiants dépendent surtout du pôle négatif, et seulement de ce pôle si le vide est poussé assez loin.

La matière radiante est déviée par l'aimant. Deux courants de matière radiante se repoussent.

Il y a un certain degré de raréfaction de l'air plus favo-

rable que tout autre au développement des propriétés de
la matière radiante; on peut l'estimer à un millionième
d'atmosphère. Au delà de ce degré, la phosphorescence
diminue jusqu'à ce que l'étincelle électrique se refuse à
passer, ce qui arrive lorsque le vide est poussé assez loin. »
(Crookes, 1879.)

Au delà d'une certaine limite de raréfaction, le verre
n'a plus d'atmosphère et il n'y a plus d'électricité, plus
de matière radiante. Ces vides, si approchés du vide absolu, s'obtiennent en pompant plusieurs fois successivement, avec la machine pneumatique à mercure, le gaz carbonique qui remplit le vase et dont on absorbe finalement
le reste avec un fragment de potasse chauffée; ou bien,
par la méthode d'Alvergniat, en chauffant le vase de verre
jusqu'à ramollissement pendant qu'on fait le vide à la
pompe à mercure.

En résumé : les atomes lancés par un conducteur en
communication avec une *machine électrique d'induction ou
d'influence,* produisent des lueurs en se rencontrant, ou en
frappant d'autres corps ; la zone dans laquelle ils se meu-
vent parallèlement est obscure. Animés de translation, de
rotation, de précession, les atomes sont magnétiques et
électriques; ils sont attirés par l'aimant et par tout corps
conducteur, et se repoussent entre eux.

**62. — Relations entre l'électricité superficielle
et le courant électrique.
Bons et mauvais conducteurs. — Corps résineux.**

Dans le courant électrique, les atomes (*ns* fig. 49) ne
restent pas parallèles en passant d'une molécule à l'autre ; leur mouvement de précession détermine l'électricité
superficielle. Inversement, le déplacement, dans un sens
déterminé, des corpuscules tournants de l'atmosphère superficielle détermine des rotations moléculaires, des dé-

compositions centrifuges ordonnées, des courants électriques.   •

« L'électricité statique, en repos, n'a pas d'action magnétique, tandis que l'électricité en mouvement dévie
l'aiguille aimantée. » Il y a diverses espèces de déplacements de l'électricité. Le dépla-
cement à la surface des conducteurs détermine un courant électrique. L'expérience classique
de Faraday consiste à étendre
sur une lame de verre un papier

Décomposition chimique
par l'électricité de frottement
Fig. 63.

imbibé d'amidon et d'iodure de potassium (le réactif fa-
vori du grand physicien) et à le mettre en communication
d'une part avec la machine de frottement, d'autre part avec
le sol. L'iode est mis en liberté du côté de la machine et
une tache bleue met en évidence la décomposition ou le
courant électrique ayant le sens du transport de l'électricité positive.

Le déplacement superficiel peut être relatif; l'électricité reste en repos dans l'espace, tandis que le conducteur se déplace : c'est la *convention électrique* d'Helmholtz.
Un disque de caoutchouc A, à
bord doré électrisé, est en rotation autour de son axe ; un corps
électrisé fixe M, ou mieux un
anneau métallique N en communication avec le sol, détermine la condensation et l'immobilité de l'électricité sur le
disque A. Ainsi maintenue fixe

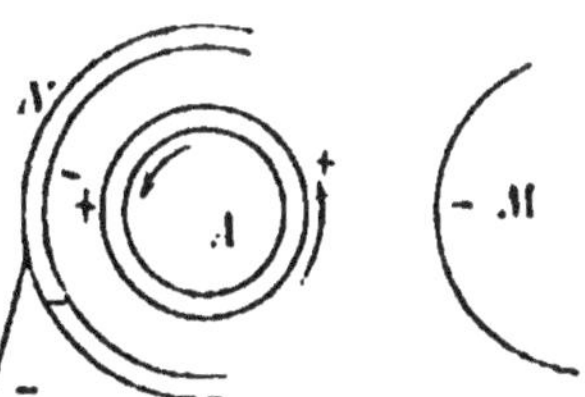

Convection électrique d'Helmholtz
Fig. 64.

dans l'espace, l'électricité se déplace relativement au
disque tournant. Dans ces conditions, l'aiguille aimantée
est déviée comme elle le serait par un courant de même
sens que le déplacement de l'électricité superficielle positive.

Le déplacement d'un *inducteur* développe à la fois, dans

le conducteur *induit*, de l'électricité superficielle et des courants, agissant sur les corpuscules de l'atmosphère superficielle et sur les éléments profonds de la masse.

Le courant électrique des piles voltaïques est accompagné d'un développement d'électricité superficielle généralement insignifiant ; les pôles d'une pile n'ont pas d'action sensible sur le pendule électrique ou l'électroscope ordinaire. Ce développement devient considérable lorsque les fils conducteurs sont en communication avec des corps d'une grande capacité, condensateurs (fig. 24) ou conducteurs d'une très grande superficie, comme une ligne télégraphique, une bobine d'induction et particulièrement la bobine Rumkorff avec condensateur Fizeau.

Les décharges d'électricité superficielle peuvent modifier profondément l'aimantation.

Les corps simples *métalliques* sont les vrais *conducteurs électriques* ; l'électricité statique peut se déplacer à leur surface et leur résistance dynamique est très faible.

Les *liquides*, en général, et les corps hygrométriques *humides* sont bons conducteurs de l'électricité superficielle, mais leur résistance au courant est infiniment plus grande que celle des métaux.

Les bons conducteurs ont donc de grandes ressemblances et peuvent être rangés sous deux types : solides métalliques simples et liquides.

Les *mauvais conducteurs*, à la fois de l'électricité superficielle et du courant, comprennent les gaz, quelques liquides (huiles, essence de térébenthine), tous les solides composés et quelques corps atomiquement simples (soufre, diamant). Ils présentent de grandes dissemblances.

Les solides composés qui deviennent bons conducteurs à haute température sont décomposés ; en ce cas comme en tout autre, le courant ne traverse que ce qu'il décompose.

Les corpuscules gazeux n'ont de propriétés électriques que dans les circonstances où leurs mouvements ont une certaine régularité, ordre ou sens.

Un grand nombre de solides mauvais conducteurs peuvent être rattachés au *type résine,* qui comprend les sécrétions animales et végétales, cires, soies, résines, la gomme laque, le plus parfait des isolateurs, et l'ambre, qui a donné son nom grec à l'électricité. Tous ces corps ont une faible densité, se décomposent avant de se volatiliser, se ramollissent avant de fondre ; ils présentent de grandes différences de consistance pour des variations assez faibles de température ; très raides et fragiles à froid, ils deviennent mous et ductiles à chaud ; leur cohésion est faible, leur cassure lisse et brillante. La poix-résine offre l'exemple remarquable d'une fluidité très lente avec une grande fragilité.

Les corps résineux ont une grande complication atomimique et moléculaire et ne rentrent pas dans la catégorie des combinaisons à proportions définies simples. Leur constitution se rapproche plutôt des liquides et des colloïdes que de celle des métaux. Quelques éléments se diffusent dans la masse, tandis que le plus grand nombre conservent des positions fixes et déterminent la solidité, comme il arrive dans les gelées ; ou bien, tous les éléments peuvent changer de place et alors l'objet est mou ou lentement fluide ; il ressemble à une dissolution dans laquelle les mouvements de permutation seraient extrêmement lents.

Des éléments tournants, comme ceux qui déterminent l'électricité superficielle et sont capables d'influence électrique, peuvent exister à l'intérieur. Quand on décharge un condensateur, la lame isolante conserve un résidu électrique qui se manifeste plus tard. Un bâton de résine frotté avec de la laine a une charge totale négative et est aussi électrisé négativement à la surface ; on le constate avec le plan d'épreuve de Coulomb, l'électroscope, le conducteur creux de Maxwell. Mis en communication avec une machine à plateau de verre, la résine conserve, un certain temps, une charge positive à sa surface, tandis que l'influence totale dans l'appareil de Maxwell indique une charge négative à l'intérieur. Exposée à l'air, la résine perd son électricité positive et l'électricité négative apparaît à sa surface. Une aiguille de gomme laque ou de soufre est, par influence, électrisée négativement à un bout et positivement à l'autre ; et revient intantanément à l'état neutre, lorsqu'on éloigne l'objet influent (Mateucci). Au moyen d'objets pleins et creux, Felici a montré que l'influence était plus profonde que superficielle. Vu la lenteur de propagation électrique dans la résine, on ne peut attribuer cette électrisation à des décompositions moléculaires accompagnées de déplacements des éléments.

La fleur de soufre, le verre pulvérisé, sont bons conducteurs de l'électricité statique, tandis qu'en masse compacte ils conduisent très mal. Ces *poudres*, avec les corpuscules gazeux et autres qu'elles contiennent entre les grains, ont une constitution qui se rapproche, à certains points de vue, de la constitution des résines.

Entre les gros éléments des mauvais conducteurs s'en trouvent d'autres beaucoup plus petits, jouissant d'une mobilité analogue à celle des corpuscules situés dans les atmosphères superficielles ; sous l'action d'un corps électrisé, ces corpuscules, intérieurs ou extérieurs, sont attirés ou repoussés suivant le sens actuel de leur mouvement de rotation. Ils éprouvent ainsi un petit déplacement électrique, accompagné d'une légère augmentation de volume constatée dans diverses expériences et conservent le mouvement de précession qu'ils avaient au début de l'influence, comme il arrive dans l'électrisation superficielle des conducteurs métalliques. Ces éléments ont une mo-

bilité qui n'est très grande que dans des limites très restreintes.

L'aimant n'a pas d'action manifeste sur les aiguilles de
résines électrisées de Matteucci.

La *Tourmaline*, verre cristallisé naturel, est électrisé
lorsque sa température varie, positivement à un bout, négativement à l'autre ; et le sens de l'électrisation est,
pendant l'échauffement, inverse de ce qu'il est pendant le
refroidissement. L'explication de ce phénomène doit être
cherchée dans le mécanisme des courants thermo-électriques rapproché de la constitution des mauvais conducteurs.

Le *Spath d'Islande*, carbonate de chaux cristallisé, s'é-
lectrise positivement lorsqu'on le comprime entre les
doigts et conserve longtemps son électrisation, qui doit
être attribuée aux glissements produits par la pression.
D'autres cristaux jouissent de la même propriété.

63. — Affinité, Cohésion, Solidités, Fluidités. Pesanteur, Chaleur, Électricité.

« Les petites particules des corps n'ont-elles pas certaines vertus ou forces par où elles agissent à certaines distances... les unes sur les autres pour produire la plupart des phénomènes de la nature. Car c'est une chose connue que des corps agissent les uns sur les autres par les attractions de la gravité, du magnétisme et de l'électricité ; et, de ces exemples, qui nous indiquent le cours ordinaire de la nature, on peut inférer qu'il n'est pas hors d'apparence qu'il ne puisse y avoir encore d'autres puissances attractives, la nature étant très conforme à elle-même. Je n'examine point ici quelle peut être la cause de ces attractions... Je n'emploie ici ce mot d'*attraction* que pour signifier en général une force quelconque par laquelle les corps tendent réciproquement les uns vers les autres, quelle qu'en soit la cause ; car c'est des phénomènes de la nature que nous devons apprendre que les corps s'attirent réciproquement et quelles sont les lois et les propriétés de cette attraction, avant que de chercher quelle est la cause qui la produit... Les attractions de la gravité, du magnétisme et de l'électricité s'étendent jusqu'à des distances fort sensibles ; c'est pour cela qu'elles ont été observées par des yeux vulgaires ; il peut y avoir d'autres attractions qui s'étendent à de si petites distances qu'elles ont échappé jusqu'ici à nos observations ; et peut-être que l'attraction électrique peut s'étendre à ces sortes de petites distances, sans même être excitée par le frottement.....

« ..... La nature se trouvera très simple et très conforme à elle-même, produisant tous les grands mouvements des corps célestes par l'attraction d'une pesanteur réciproque entre ces corps; et presque tous les petits mouvements de leurs particules par quelques autres puissances attractives et repoussantes, réciproque entre ces particules.....

« ..... Les plus petites particules de matière peuvent être unies ensemble par les plus fortes attractions et composer de plus grosses particules dont la vertu attractive soit moins forte ; et plusieurs de ces dernières peuvent tenir ensemble et composer des particules encore plus grosses, dont la vertu attractive soit encore moins forte ; et ainsi de suite durant plusieurs successions, jusqu'à ce que la progression finisse par les plus grosses particules d'où dépendent les opérations chimiques et les couleurs des corps naturels et qui, jointes ensemble, composent des corps d'une grandeur sensible. » (Newton, *Optique*.)

« La *figure*, qui dans les corps célestes ne fait rien ou presque rien à la loi de l'action des parties les unes sur les autres, parce que la distance est très grande, fait tout ou presque tout quand la distance est petite ou nulle. » (Buffon, *Seconde vue sur la Nature*.)

« Les actions physico-chimiques dépendent d'une *affinité* fixe et d'une force antagoniste variable, *cohésion* ou *expansibilité*. » (Berthollet, *Statique chimique*.)

« C'est le *calorique* qui tend à écarter les molécules et fait équilibre à leurs *affinités* réciproques. » (Lavoisier et Laplace.)

« Les attractions *chimiques* et *électriques* sont dues à une même cause agissant dans un cas sur les *molécules*, dans l'autre sur les *masses*. » (Davy.)

« L'*électricité* et l'*affinité* sont une seule et même chose. L'électricité n'est que l'affinité à distance. » (Faraday.)

« L'*affinité* n'est que l'effet de la *polarité électrique* des particules, déterminé par les *charges d'électricité* positive et négative qu'elles possèdent. » (Berzélius.)

« Chaque atome a une électricité spéciale et est entouré d'une *atmosphère chargée d'électricité* inverse; dans la com-

binaison de deux atomes d'électricités contraires, les atmosphères se neutralisent. » (Ampère.)

« La combinaison chimique est un des effets de l'affinité chimique, mais elle n'en est pas le seul effet. » (Liebig.)

« Tous les changements qui s'opèrent à la surface du globe sont dus à des *combinaisons* qui se font ou à des *combinaisons* qui se défont. » (Dumas.)

Depuis Mayer, la *chaleur* est positivement regardée comme résultant des *mouvements moléculaires*; les objets sont à l'*état dynamique*, résultant de l'*affinité*, de la *chaleur* et des *chocs* des éléments.

Les combinaisons les *plus énergiques correspondent à la plus grande* perte de chaleur. (Berthelot.)

Affinité doit être considérée uniquement comme l'expression d'un fait chimique, d'un fait caractéristique : les éléments s'unissent entre eux. Les affinités sont *électives*, c'est-à-dire qu'elles ne s'exercent pas indifféremment entre les divers éléments ; c'est encore un fait non moins caractéristique. Quant à l'affinité prise comme explication des phénomènes, elle est définitivement classée dans la catégorie verbale du type *virtus dormitiva.*

Attraction ou *répulsion à distance,* expressions de faits : certains corps, dans certaines circonstances, s'approchent ou s'écartent l'un de l'autre.

Plus de calorique, plus de fluide électrique; la pesanteur, la chaleur, la température, l'électricité, le magnétisme, sont des propriétés abstraites de corps pesants, chauds, électrisés.

L'attraction newtonienne est le fait élémentaire, la base des phénomènes relatifs aux grandes masses et aux grandes distances; insensible entre petites masses même à petite distance.

Le *magnétisme* (et accessoirement l'*électricité frankli-nique*) est le fait élémentaire, la base des phénomènes relatifs aux petites distances (cohésion, adhérence, solidité, liquidité, etc.), insensible aux grandes distances.

Il n'y a pas *de sphère, de rayon d'activité;* les attractions. et répulsions s'exercent à toute distance; mais varient avec la *distance,* l'*orientation* et le *mouvement* des éléments.

L'*affinité chimique* proprement dite, c'est l'*action atomique intégrale;* l'affinité physique ou *moléculaire,* la *cohésion,* l'*électricité magnétique,* résultent des *actions atomiques différentielles* à petite ou à grande distance.

La *solidité* est caractérisée par l'oscillation sur place des principaux éléments. Elle peut exister suivant une, deux ou trois dimensions.

Les éléments des *gaz* sont animés de grandes vitesses de translation et de rotation en tous sens et n'exercent pas entre eux d'actions atomiques sensibles.

La *liquidité* ou *état diffusif* est caractérisée par les mouvements spontanés de décomposition et de combinaison.

Le *courant électrique* n'est qu'une diffusion ordonnée en ligne. L'*aimantation* résulte de l'orientation atomique.

La *chaleur* c'est l'énergie interne totale; les énergies internes spéciales ne sont que des parties de l'énergie totale calorifique.

La *température* résulte des mouvements alternatifs de translation des éléments ; l'*électricité* des mouvements continus de rotation.

Les combinaisons physico-chimiques qui se manifestent dans des circonstances données sont celles qui peuvent *subsister;* ce sont d'ordinaire les plus *stables* et sont, le plus souvent, caractérisées par la perte maxima d'énergie calorifique.

TABLE DES MATIÈRES

DEUXIÈME PARTIE

THÉORIES DYNAMIQUES GÉNÉRALES

OU LES ÉLÉMENTS DES OBJETS SONT CONSIDÉRÉS COMME DES CORPS
AYANT A LA FOIS
UNE ÉNERGIE DE TRANSLATION ET UNE ÉNERGIE DE ROTATION,

TROISIÈME PARTIE

SUITE DES THÉORIES DYNAMIQUES GÉNÉRALES

DANS LESQUELLES LES ÉLÉMENTS MATÉRIELS SONT REGARDÉS COMME DES CORPS ANIMÉS DE MOUVEMENTS DE TRANSLATION ET DE ROTATION, AUTOUR D'AXES ET DANS DES SENS DÉTERMINÉS EN RELATION AVEC LES FORCES QUI LES SOLLICITENT.

Nancy, impr. Berger-Levrault et Cⁱᵉ.

BIBLIOTHÈQUE DU MARIN

Sous ce titre, on a entrepris la publication d'un certain nombre de volumes, dans lesquels seront traitées toutes les questions offrant un intérêt spécial pour les personnes qui exercent les professions maritimes et plus particulièrement pour les officiers de marine, les ingénieurs, les constructeurs, les mécaniciens, etc., etc.

Les matières qui font l'objet de l'enseignement de l'École navale et de l'École d'application, sauf, bien entendu, les sciences générales, comme l'analyse et la mécanique, la physique et la chimie, auront leur place marquée dans la *Bibliothèque du marin*.

Les volumes seront illustrés chaque fois que des figures ou gravures devront aider à l'intelligence du texte.

Le prix de chaque volume sera fixé suivant son importance.

La nomenclature suivante donnera une idée du plan de la collection ; toutefois, cette liste n'est pas définitive et d'autres titres pourront trouver place dans la *Bibliothèque :*

Titres des ouvrages.

Astronomie et navigation.
Hydrographie.
Météorologie nautique.
Océanographie.
Électricité avec ses applications à la marine.
Théorie du navire. (En vente.)
Constructions navales.
Machines marines.
Artillerie navale.
Torpilles et torpilleurs des puissances étrangères.

Connaissances militaires nécessaires aux officiers de marine.
Histoire des flottes militaires. (En vente).
Précis de droit maritime international et de diplomatie. (En vente.)
Manuel du service à la mer à l'usage des commandants comptables et des officiers d'administration.
Organisation maritime des principales puissances.

Les ouvrages marqués d'un astérisque sont parus ou en cours d'impression ou en préparation.

Volumes parus dans cette collection :

Théorie du navire, par E. Guyou, capitaine de frégate, suivie d'un traité des évolutions et allures, par le contre-amiral MOTTEZ. Un vol. in-8° de 418 pages, broché. — Prix . . . . **5 fr.**
Ouvrage couronné par l'Académie des Sciences.

Précis de droit maritime international et de diplomatie, d'après les documents les plus récents, par A. LE MOINE, capitaine de frégate licencié en droit. Un vol. in-8° de 360 pages, broché. — Prix . . . . **6 fr.**

Histoire des Flottes militaires, par Ch. CHABAUD-ARNAULT, capitaine de frégate de réserve. Un vol. in-8° de 512 pages, broché. — Prix . . . **6 fr.**